教育部高等学校电子信息类专业教学指导委员会规划教材

高等学校电子信息类专业系列教材

Data Structure

Description Based on C Programming Language

数据结构

——基于C语言的描述

彭波 主编
Peng Bo

清华大学出版社

北京

内 容 简 介

本书系统地介绍数据结构基础理论知识及算法设计,第1～7章从抽象数据类型的角度讨论各种基本类型的数据结构及其应用,主要包括线性表、栈和队列、串、数组和广义表、树和二叉树及图;第8章和第9章主要讨论查找和排序的各种实现方法及其综合比较;第10章介绍不同类型文件的基本操作方法;第11章介绍数据结构课程实验的目的、步骤及内容;附录给出全书习题的参考答案。全书采用类C语言作为数据结构和算法的描述语言,随书配备电子教案,以及第11章实验的源代码。

本书在内容选取上符合人才培养目标的要求及教学规律和认知规律,在组织编排上体现"先理论、后应用、理论与应用相结合"的原则,并兼顾学科的广度和深度,力求适用面广。本书具有结构严谨、层次清楚、概念准确、深入浅出、描述清晰等特点。

本书可作为计算机类专业和信息类相关专业的本科或专科教材,也可供从事计算机工程与应用工作的科技工作者参考。

图书在版编目(CIP)数据

数据结构:基于C语言的描述/彭波主编. —北京:清华大学出版社,2019(2021.6 重印)
(高等学校电子信息类专业系列教材)
ISBN 978-7-302-53115-9

Ⅰ. ①数… Ⅱ. ①彭… Ⅲ. ①数据结构-高等学校-教材 ②C语言-程序设计-高等学校-教材 Ⅳ. ①TP311.12 ②TP312.8

中国版本图书馆 CIP 数据核字(2019)第 104435 号

责任编辑:盛东亮
封面设计:李召霞
责任校对:李建庄
责任印制:宋 林

出版发行:清华大学出版社
   网 址:http://www.tup.com.cn,http://www.wqbook.com
   地 址:北京清华大学学研大厦 A 座   **邮 编:**100084
   社 总 机:010-62770175   **邮 购:**010-62786544
   投稿与读者服务:010-62776969,c-service@tup.tsinghua.edu.cn
   质量反馈:010-62772015,zhiliang@tup.tsinghua.edu.cn
   课件下载:http://www.tup.com.cn,010-83470236
印 装 者:三河市龙大印装有限公司
经 销:全国新华书店
开 本:185mm×260mm   **印 张:**23.5   **字 数:**569 千字
版 次:2019 年 10 月第 1 版   **印 次:**2021 年 6 月第 2 次印刷
定 价:69.00 元

产品编号:082634-01

高等学校电子信息类专业系列教材

序
FOREWORD

我国电子信息产业销售收入总规模在 2013 年已经突破 12 万亿元,行业收入占工业总体比重已经超过 9%。电子信息产业在工业经济中的支撑作用凸显,更加促进了信息化和工业化的高层次深度融合。随着移动互联网、云计算、物联网、大数据和石墨烯等新兴产业的爆发式增长,电子信息产业的发展呈现了新的特点,电子信息产业的人才培养面临着新的挑战。

(1) 随着控制、通信、人机交互和网络互联等新兴电子信息技术的不断发展,传统工业设备融合了大量最新的电子信息技术,它们一起构成了庞大而复杂的系统,派生出大量新兴的电子信息技术应用需求。这些"系统级"的应用需求,迫切要求具有系统级设计能力的电子信息技术人才。

(2) 电子信息系统设备的功能越来越复杂,系统的集成度越来越高。因此,要求未来的设计者应该具备更扎实的理论基础知识和更宽广的专业视野。未来电子信息系统的设计越来越要求软件和硬件的协同规划、协同设计和协同调试。

(3) 新兴电子信息技术的发展依赖于半导体产业的不断推动,半导体厂商为设计者提供了越来越丰富的生态资源,系统集成厂商的全方位配合又加速了这种生态资源的进一步完善。半导体厂商和系统集成厂商所建立的这种生态系统,为未来的设计者提供了更加便捷却又必须依赖的设计资源。

教育部 2012 年颁布了新版《高等学校本科专业目录》,将电子信息类专业进行了整合,为各高校建立系统化的人才培养体系,培养具有扎实理论基础和宽广专业技能的、兼顾"基础"和"系统"的高层次电子信息人才给出了指引。

传统的电子信息学科专业课程体系呈现"自底向上"的特点,这种课程体系偏重对底层元器件的分析与设计,较少涉及系统级的集成与设计。近年来,国内很多高校对电子信息类专业课程体系进行了大力度的改革,这些改革顺应时代潮流,从系统集成的角度,更加科学合理地构建了课程体系。

为了进一步提高普通高校电子信息类专业教育与教学质量,贯彻落实《国家中长期教育改革和发展规划纲要(2010—2020 年)》和《教育部关于全面提高高等教育质量若干意见》(教高【2012】4 号)的精神,教育部高等学校电子信息类专业教学指导委员会开展了"高等学校电子信息类专业课程体系"的立项研究工作,并于 2014 年 5 月启动了《高等学校电子信息类专业系列教材》(教育部高等学校电子信息类专业教学指导委员会规划教材)的建设工作。其目的是为推进高等教育内涵式发展,提高教学水平,满足高等学校对电子信息类专业人才培养、教学改革与课程改革的需要。

本系列教材定位于高等学校电子信息类专业的专业课程,适用于电子信息类的电子信息工程、电子科学与技术、通信工程、微电子科学与工程、光电信息科学与工程、信息工程及其相近专业。经过编审委员会与众多高校多次沟通,初步拟定分批次(2014—2017年)建设约100门课程教材。本系列教材将力求在保证基础的前提下,突出技术的先进性和科学的前沿性,体现创新教学和工程实践教学;将重视系统集成思想在教学中的体现,鼓励推陈出新,采用"自顶向下"的方法编写教材;将注重反映优秀的教学改革成果,推广优秀的教学经验与理念。

为了保证本系列教材的科学性、系统性及编写质量,本系列教材设立顾问委员会及编审委员会。顾问委员会由教指委高级顾问、特约高级顾问和国家级教学名师担任,编审委员会由教育部高等学校电子信息类专业教学指导委员会委员和一线教学名师组成。同时,清华大学出版社为本系列教材配置优秀的编辑团队,力求高水准出版。本系列教材的建设,不仅有众多高校教师参与,也有大量知名的电子信息类企业支持。在此,谨向参与本系列教材策划、组织、编写与出版的广大教师、企业代表及出版人员致以诚挚的感谢,并殷切希望本系列教材在我国高等学校电子信息类专业人才培养与课程体系建设中发挥切实的作用。

吕志伟 教授

前 言
PREFACE

　　"数据结构"课程是计算机、电子信息类及相关专业的专业基础。它在整个课程体系中处于承上启下的核心地位：一方面扩展和深化在离散数学、程序设计语言等课程学到的基本技术和方法；另一方面为进一步学习操作系统、编译原理、数据库等专业知识奠定坚实的理论与实践基础。本课程在教给学生数据结构设计和算法设计的同时，培养学生的抽象思维能力、逻辑推理能力和形式化思维方法，增强分析问题、解决问题和总结问题的能力，更重要的是培养专业兴趣，树立创新意识。本书在内容选取上符合人才培养目标的要求及教学规律和认知规律，在组织编排上体现"先理论、后应用、理论与应用相结合"的原则，并兼顾学科的广度和深度，力求适用面广泛。

　　全书共分 11 章。第 1 章综述数据、数据结构和抽象数据类型等基本概念及算法描述与分析方法；第 2～7 章主要从抽象数据类型的角度分别讨论线性表、栈和队列、串、数组和广义表、树和二叉树、图等基本类型的数据结构及其应用；第 8 章和第 9 章讨论查找和排序的各种方法，着重从时间性能、应用场合及使用范围方面进行分析和比较；第 10 章主要介绍顺序文件、索引文件、索引顺序文件、哈希文件、多关键字文件的基本操作方法；第 11 章介绍数据结构课程实验的目的、步骤及内容。本书对数据结构众多知识点的来龙去脉做了详细解释和说明；每章后面配有难度各异的适量习题，并在附录中给出习题的参考答案，供读者理解知识及复习提高之用。随书配备电子教案，以及第 11 章实验的源代码。

　　全书采用类 C 语言描述数据结构和操作算法。类 C 语言是 C 语言的一个精选子集，同时又采用了 C++ 对 C 非面向对象的增强功能，使本书对各种抽象数据类型的定义和与数据结构相关的操作算法的描述更加简明清晰，可读性更好，既不拘泥于 C 语言的细节，又容易转换成能够上机执行的 C 程序或 C++ 程序。

　　从课程性质上讲，"数据结构"是高等院校计算机科学、电子信息科学及相关专业考试计划中的一门专业基础课；其教学要求是学会分析研究计算机加工的数据结构的特性，以便为应用涉及的数据选择适当的逻辑结构、存储结构及其相应的算法，并初步掌握算法的时空分析技术。从课程学习上讲，"数据结构"的学习是复杂程序设计的训练过程；其教学目的是着眼于原理与应用的结合，在深化理解和灵活掌握教学内容的基础上，学会把知识用于解决实际问题，书写出符合软件工程规范的文件，编写出结构清晰及正确易读的程序代码。可以说，"数据结构"比"高级程序设计语言"等课程有着更高的要求，它更注重培养学生分析抽象数据的能力。

　　在本书的构思与编写过程中，得到了孙一林、邱李华等多位教授，以及多位研究生的帮助，在此表示感谢。本书可作为计算机类专业和电子信息类相关专业的本科或专科教材，也可供从事计算机工程与应用工作的科技工作者参考。本书结构严谨、层次清楚、概念准确、深入浅出、通俗易懂、便于自学。

由于编者水平有限,书中不当之处敬请读者提出批评和建议。订购本书作为教材的教师可联系编者获取第 11 章实验的源代码(见清华大学出版社官方网站本书页面)。

编　者

2019 年 8 月

目 录
CONTENTS

第1章　绪论 ··· 1

1.1　数据结构的范畴 ··· 1

1.1.1　计算机处理问题的分类 ································· 1

1.1.2　非数值性问题的求解 ··································· 2

1.2　数据结构发展的概况 ··· 3

1.3　数据结构相关的概念 ··· 4

1.3.1　数据的概念 ··· 4

1.3.2　结构的概念 ··· 5

1.3.3　类型的概念 ··· 7

1.4　算法描述与算法分析 ··· 9

1.4.1　算法的概念 ··· 9

1.4.2　算法描述 ·· 11

1.4.3　算法分析 ·· 13

习题 ··· 17

第2章　线性表 ·· 21

2.1　线性表的类型定义 ··· 21

2.1.1　线性表的定义 ··· 21

2.1.2　线性表的抽象数据类型 ································· 22

2.2　线性表的顺序表示及操作实现 ··································· 23

2.2.1　顺序表的定义 ··· 23

2.2.2　顺序表的操作实现 ····································· 24

2.3　线性表的链式表示及操作实现 ··································· 34

2.3.1　单链表的定义 ··· 34

2.3.2　单链表的操作实现 ····································· 35

2.3.3　循环链表 ·· 46

2.3.4　双向链表 ·· 47

2.3.5　静态链表 ·· 50

2.4　线性表两种存储表示的比较 ····································· 52

2.4.1　基于空间的比较 ······································· 52

2.4.2　基于时间的比较 ······································· 52

习题 ··· 53

第3章　栈和队列 ·· 55

3.1　栈 ··· 55

3.1.1 栈的类型定义 ··· 55

3.1.2 栈的存储表示及操作实现 ··· 56

3.1.3 栈与递归问题 ··· 62

3.2 队列 ··· 66

3.2.1 队列的类型定义 ··· 66

3.2.2 队列的存储表示及操作实现 ··· 68

习题 ··· 78

第4章 串 ··· 80

4.1 串的类型定义 ··· 80

4.1.1 串的定义 ··· 80

4.1.2 串的抽象数据类型 ··· 81

4.2 串的存储表示及操作实现 ··· 83

4.2.1 定长顺序存储表示 ··· 83

4.2.2 堆分配存储表示 ··· 87

4.2.3 串的块链存储表示 ··· 91

4.3 串的模式匹配 ··· 96

4.3.1 简单的模式匹配方法——BF算法 ··· 96

4.3.2 改进的模式匹配方法——KMP算法 ··· 98

习题 ··· 102

第5章 数组和广义表 ··· 104

5.1 数组 ··· 104

5.1.1 数组的类型定义 ··· 104

5.1.2 数组的顺序表示及操作实现 ··· 106

5.2 矩阵的压缩存储 ··· 109

5.2.1 特殊矩阵的压缩存储 ··· 109

5.2.2 稀疏矩阵的压缩存储 ··· 113

5.3 广义表 ··· 122

5.3.1 广义表的类型定义 ··· 122

5.3.2 广义表的链式表示及操作实现 ··· 125

习题 ··· 134

第6章 树和二叉树 ··· 136

6.1 树 ··· 136

6.1.1 树的类型定义 ··· 137

6.1.2 树的存储表示及操作实现 ··· 142

6.2 二叉树 ··· 148

6.2.1 二叉树的类型定义 ··· 149

6.2.2 二叉树的重要性质 ··· 152

6.2.3 二叉树的存储表示及操作实现 ··· 155

6.2.4 线索二叉树 ··· 160

6.3 树和森林与二叉树的转换 ··· 164

6.3.1 树与二叉树的转换 ··· 165

6.3.2 森林与二叉树的转换 ··· 167

6.4　哈夫曼树及其应用 ……………………………………………………………… 169

    6.4.1　哈夫曼树 ………………………………………………………………… 169

    6.4.2　哈夫曼编码 ……………………………………………………………… 174

习题 …………………………………………………………………………………… 178

第 7 章　图 ………………………………………………………………………… 181

7.1　图的类型定义 …………………………………………………………………… 181

    7.1.1　图的定义 ………………………………………………………………… 181

    7.1.2　图的抽象数据类型 ……………………………………………………… 186

    7.1.3　图的遍历 ………………………………………………………………… 187

7.2　图的存储表示与操作实现 ……………………………………………………… 188

    7.2.1　邻接矩阵 ………………………………………………………………… 189

    7.2.2　邻接表 …………………………………………………………………… 190

    7.2.3　十字链表 ………………………………………………………………… 192

    7.2.4　邻接多重表 ……………………………………………………………… 193

    7.2.5　图的操作实现 …………………………………………………………… 194

7.3　图的连通性及其应用 …………………………………………………………… 198

    7.3.1　无向图的连通分量 ……………………………………………………… 198

    7.3.2　生成树和生成森林 ……………………………………………………… 198

    7.3.3　最小生成树 ……………………………………………………………… 200

7.4　有向无环图及其应用 …………………………………………………………… 205

    7.4.1　拓扑排序 ………………………………………………………………… 206

    7.4.2　关键路径 ………………………………………………………………… 209

7.5　最短路径 ………………………………………………………………………… 214

    7.5.1　单源最短路径 …………………………………………………………… 214

    7.5.2　其他最短路径 …………………………………………………………… 217

习题 …………………………………………………………………………………… 218

第 8 章　查找 ……………………………………………………………………… 221

8.1　查找的基本概念 ………………………………………………………………… 221

8.2　静态查找表 ……………………………………………………………………… 223

    8.2.1　静态查找表的类型定义 ………………………………………………… 223

    8.2.2　顺序表的查找 …………………………………………………………… 223

    8.2.3　有序表的查找 …………………………………………………………… 224

    8.2.4　索引顺序表的查找 ……………………………………………………… 227

8.3　动态查找表 ……………………………………………………………………… 229

    8.3.1　动态查找表的类型定义 ………………………………………………… 230

    8.3.2　二叉排序树和平衡二叉树 ……………………………………………… 230

    8.3.3　B_- 树、B^+ 树和键树 ……………………………………………… 245

8.4　哈希表 …………………………………………………………………………… 255

    8.4.1　哈希表的定义 …………………………………………………………… 255

    8.4.2　哈希函数的构造 ………………………………………………………… 257

    8.4.3　处理冲突的方法 ………………………………………………………… 259

    8.4.4　哈希表上的查找 ………………………………………………………… 260

习题 …………………………………………………………………………………… 264

第 9 章　排序 ·· 267

9.1　排序的基本概念 ··· 267

9.2　插入排序 ··· 269

9.2.1　直接插入排序 ·· 269

9.2.2　希尔排序 ·· 271

9.3　交换排序 ··· 273

9.3.1　冒泡排序 ·· 273

9.3.2　快速排序 ·· 274

9.4　选择排序 ··· 278

9.4.1　简单选择排序 ·· 278

9.4.2　堆排序 ·· 279

9.5　归并排序 ··· 284

9.5.1　2-路归并排序 ··· 285

9.5.2　归并排序 ·· 286

9.6　基数排序 ··· 287

9.6.1　多关键字排序 ·· 287

9.6.2　链式基数排序 ·· 288

9.7　排序方法比较 ·· 292

习题 ·· 295

第 10 章　文件 ··· 298

10.1　文件的基本概念 ··· 298

10.2　顺序文件 ·· 300

10.2.1　顺序文件的查找 ··· 300

10.2.2　顺序文件的修改 ··· 301

10.2.3　顺序文件的特点 ··· 301

10.3　索引文件 ·· 301

10.3.1　索引文件的分类 ··· 302

10.3.2　索引文件的存储 ··· 302

10.3.3　索引文件的操作 ··· 302

10.3.4　利用查找表建立多级索引 ·· 303

10.4　索引顺序文件 ··· 304

10.4.1　ISAM 文件 ··· 304

10.4.2　VSAM 文件 ·· 306

10.5　哈希文件 ·· 308

10.5.1　哈希文件的操作 ··· 309

10.5.2　哈希文件的特点 ··· 309

10.6　多关键字文件 ··· 309

10.6.1　多重表文件 ·· 310

10.6.2　倒排文件 ·· 311

10.7　文件综合举例 ··· 312

习题 ·· 314

第 11 章　课程实验 ·· 316

　11.1　实验概述 ·· 316

　　11.1.1　教学目的 ·· 316

　　11.1.2　实验步骤 ·· 317

　11.2　实验内容 ·· 318

　　11.2.1　线性表 ·· 318

　　11.2.2　栈和队列 ·· 320

　　11.2.3　串 ··· 321

　　11.2.4　数组和广义表 ·· 323

　　11.2.5　树和二叉树 ·· 325

　　11.2.6　图 ··· 326

　　11.2.7　查找 ·· 328

　　11.2.8　排序 ·· 330

附录　习题参考答案 ·· 332

第 1 章

CHAPTER 1

绪　　论

主要知识点

- 数据结构的范畴及相关的概念。
- 算法的基本概念及描述方法。
- 算法的时间复杂度及空间复杂度的分析方法。

使用计算机求解任何问题都离不开程序设计,而程序设计的实质就是数据表示和数据处理。数据要能被计算机处理,首先必须能够存储在计算机的内存中,这项任务称为数据表示,数据表示的核心任务是数据结构的设计;一个实际问题的求解必须满足各项处理的要求,这项任务称为数据处理,数据处理的核心任务是算法设计。因此,数据结构主要讨论数据表示和数据处理的基本问题。

1.1　数据结构的范畴

数据结构起源于程序设计。随着计算机应用领域的扩大和软件与硬件技术的飞速发展,计算机的应用已远远超出了科学和工程计算的范围,并广泛地应用于情报检索、信息管理、系统工程,乃至人类社会活动的一切领域。与此同时,计算机的处理对象也从简单的纯数值性数据发展到非数值性和具有一定结构的数据,例如文本、图形、图像、音频、视频及动画等,处理的数据量也越来越大,这就给程序设计带来一个问题:应该如何组织待处理的数据以及数据之间的关系(结构)。

1.1.1　计算机处理问题的分类

计算机处理的问题可以分为数值性问题和非数值性问题。

1. 数值性问题

众所周知,20 世纪 40 年代,电子计算机问世的直接原因是解决弹道计算问题。早期的电子计算机的应用范围只限于科学和工程计算,处理对象是纯数值性数据,通常人们把这类问题称为数值性问题。例如,线性方程求解问题涉及的运算对象是简单的整型、实型或布尔型数据。程序设计者的主要精力集中于程序设计的技巧,不需要重视数据结构。

2. 非数值性问题

根据统计,当今处理非数值性问题占用了 90% 以上的机器时间,这类问题涉及的数据结构更为复杂,数据元素之间的相互关系一般无法用数学方程式描述。因此,解决此类问题的关键已经不再是数学分析和计算方法，而是需要建立问题的数学模型和设计相应的算法，才能有效地解决问题。

1.1.2　非数值性问题的求解

1968年，美国唐纳德·克努特(Donald E. Knuth)教授开创了数据结构的最初体系，他所著的《计算机程序设计艺术(第Ⅰ卷)·基本算法》是第一本比较系统地阐述数据逻辑结构和存储结构及其操作的著作。1976年，瑞士计算机科学家尼古拉斯·沃斯(Niklaus Wirth)教授(图灵奖获得者)提出：数据结构＋算法＝程序。斗转星移至今，尽管新的技术方法不断涌现，这句名言依然焕发着无限的生命力，它借助面向对象知识的普及，使数据结构技术更加完善和易于使用。由此，也说明了数据结构在计算机学科中的地位和不可替代的独特作用。

例1-1　学生情况管理问题。

用计算机来完成学生管理就是用计算机程序来处理学生情况登记表，实现增加、删除、修好、查找等功能。图1-1是一张简单学生情况登记表。在学籍管理问题中，计算机的操作对象是每个学生的情况信息(档案表项)，各档案表项之间的关系可以用称为线性表的数学模型来描述。在该数学模型中，计算机处理的数据之间存在的是"一个对一个"的线性关系，这类数学模型可称为线性的数据结构。

姓名	性别	年龄	籍贯	班别	成绩			
					数学	物理	化学	外语
孙臣	男	18	北京	6003	95	90	92	96
钱晓	女	20	上海	6002	90	95	85	80
常依	女	19	长沙	6004	85	90	80	75
吴伟	男	19	湖北	6001	85	80	75	90
…	…	…	…	…	…	…	…	…

图1-1　学生情况登记表

例1-2　人机对弈问题。

计算机之所以能够和人对弈，是因为对弈的策略实现已经存入计算机内。在对弈问题中，计算机的操作对象是对弈过程中可能出现的棋盘状态(格局)，而格局之间的关系是由对弈规则决定的。因为从一个格局可以派生出多个格局，所以这种关系通常不是线性的。如图1-2(a)所示为井字棋(又称三子连珠，由两个人对弈，棋盘为3×3的方格，当一方的三个棋子占同一行、同一列或同一对角线时便为胜方)的一个格局，从该格局出发可以派生出五个新格局，从新格局出发，还可以再派生出新格局，如图1-2(b)所示。格局之间的关系可以用称为树的数学模型来描述。在该数学模型中，计算机处理的数据之间存在"一个对多个"的层次关系，这类数学模型可称为树的数据结构。

例1-3　城市最小造价通信网问题。

用计算机求解城市最小造价通信网问题就是由计算机程序在已知某些城市之间直接的通信线路预算造价的情况下，求出n个城市中任意两个城市之间直接或间接的通信线路，使网络造价最低。图1-3(a)所示为7个城市预算造价通信网，图1-3(b)所示为7个城市最小

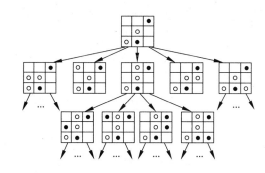

(a) 井字棋的一个格局   (b) 对弈树的局部

图 1-2 对弈问题中格局之间的关系

造价通信网。在城市最小造价通信网问题中,如果用圆圈表示一个城市,两个圆圈之间的连线表示对应城市之间的通信线路,连线上的数值表示该通信线路的造价,则城市之间的通信关系可以用称为图的数学模型来描述。在该数学模型中,计算机处理的数据之间存在的是"多个对多个"的任意关系,这类数学模型可称为图的数据结构。

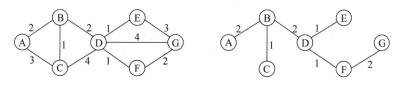

(a) 7个城市预算造价通信网   (b) 7个城市最小造价通信网

图 1-3 通信网问题中城市之间的关系

由上述三个例子可以看出,描述这些非数值问题的模型已经不再是数学方程,而是线性表、树、图等的数据结构。在抽象出问题的模型之后,数据结构的任务还包括对这个模型进行求解。因此,简单说来,数据结构是一门研究非数值性计算的程序设计问题中计算机的操作对象以及它们之间的关系和操作等的学科。

1.2 数据结构发展的概况

数据结构随着程序设计的发展而发展。程序设计经历了三个阶段:无结构阶段、结构化阶段和面向对象阶段。相应地,数据结构的发展也经历了三个阶段。

1. 无结构阶段

20 世纪 40 年代至 60 年代,计算机的应用主要是针对科学计算,程序设计技术以机器语言及汇编语言为主,程序处理的数据是纯粹的数值,数据之间的关系主要是数学公式或数学模型。在这一阶段,人类的自然语言与计算机编程语言之间存在着巨大的鸿沟,程序设计属于面向计算机的程序设计,设计人员关注的重心是使程序尽可能被计算机接受并按指令正确执行,至于程序能否让人理解并不重要。

2. 结构化阶段

20 世纪 60 年代至 80 年代,计算机开始广泛应用于非数值处理领域,数据表示成为程序设计的重要问题,人们认识到程序设计规范化的重要性,提出了程序结构模块化,并开始注意数据表示与操作的结构化。数据结构及抽象数据类型就是在这种背景下形成的。数据结构概念的引入对程序设计的规范化起到了重大的作用。从沃斯提出的著名公式"数据结构＋算法＝程序"可以看到,数据结构和算法是构成程序的两个重要组成部分,一个软件系统通常是以一个或几个关键数据结构为核心而组成的。

随着软件系统的规模越来越大、复杂性不断增加,人们不得不对结构化技术进行重新评价。软件系统的实现依赖于关键数据结构,如果这些关键数据结构的一个或几个有所改变,则会涉及整个系统,甚至导致整个系统彻底崩溃。

3. 面向对象阶段

面向对象技术(首先是面向对象程序设计)开始于 20 世纪 80 年代初,是目前最流行的程序设计技术。在面向对象技术中,问题世界的相关实体视为一个对象,对象由属性和方法构成,属性用于描述实体的状态或特征,方法用于改变实体的状态或描述实体的行为。一组具有相同属性和方法的对象的集合抽象为类,而每个具体的对象都是类的一个实例。例如,"学生"是一个类,"张三""李四"等对象都是"学生"类的实例。

由于对象(类)将密切相关的属性(数据)和方法(操作)定义为一个整体,从而实现了封装和信息隐藏。使用类时,不需要了解其内部的实现细节,如果数据(结构)修改了,只需要修改类内部的局部代码,而软件系统的其余部分不需要修改。

数据结构主要强调两个方面的内容:一个是数据之间的关系;另一个是针对这些关系的基本操作。这两个方面实际上蕴含着面向对象的思想:类重点描述实体的状态与行为,而数据结构重点描述数据之间的关系及其基本操作,数据及其相互关系构成了对实体状态的描述,针对数据元素之间关系的操作构成了对实体行为的描述。由此可见,类与数据结构之间具有对应关系,如图 1-4 所示。

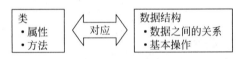

图 1-4　类和数据结构之间的对应关系

值得注意的是,数据结构的发展并未终结。其一,数据结构将继续随着程序设计的发展而发展;其二,面向各个专门领域中特殊问题的数据结构得到研究和发展,例如多维图形数据结构等,各种实用的高级数据结构被研究出来,各种空间数据结构也在探索中;其三,从抽象数据类型的观点来讨论数据结构已经成为一种必然的趋势。

1.3　数据结构相关的概念

在本节中将先对以后各章节中反复出现的数据结构相关概念赋以确定的含义,以便在后面的学习中与读者取得"共同的语言"。

1.3.1　数据的概念

1. 数据

数据(Data)是信息的载体,在计算机科学中指所有能输入到计算机中并能被计算机程序识别、存储和处理的符号集合。数据是计算机程序加工的"原料"。

例如,一个利用数值分析方法求解代数方程的程序,其处理对象是整数和实数;一个编译程序或文字处理程序,其处理对象是字符串;一个影视作品制作程序,其处理对象是文、图、声、像等。对于计算机及其相关科学而言,数据的含义极为广泛,例如图像、声音、动画、视频等都可以通过编码而归之于数据的范畴。

2. 数据元素

数据元素(Data Element)是数据基本单位,也称元素(Element)、结点(Node)、顶点(Vertex)、记录(Record),在计算机程序中常作为一个整体进行考虑和处理。一个数据元素可以是不可分割的原子,称为原子项;也可以由若干个数据项组成,称为组合项。数据项是数据不可分割的最小单位。

例如,包括书名、作者名、分类号、出版单位及出版时间等的一条书目信息在计算机图书管理程序中作为一个数据元素,而书名、分类号等称作数据项。数据元素具有广泛的含义,一般来说,能独立、完整地描述问题世界的一切实体都是数据元素。

3. 数据对象

数据对象(Data Object)是性质相同的数据元素的集合,是数据的一个子集。

例如,整数数据对象的集合可以表示为 N={0,±1,±2,…};大写字母字符数据对象的集合可以表示为 C={'A','B',…,'Z'};银行业务处理系统中的数据对象是全体储户及全体贷款客户资料;电话号码查询系统中的数据对象是全体电话用户。

4. 数据关系

数据关系(Data Relation)反映了数据对象中数据元素所固有的一种结构。在数据处理领域,通常把数据之间的这种固有关系简单地用前驱和后继来描述。

例如,在编写家庭族谱时,数据对象是家庭中的所有成员,对家族中某成员的描述就是一个数据元素,各数据元素之间存在着血缘关系;父亲是儿子的前驱,儿子是父亲的后继,小孩子没有后继。一张按照名次排列的成绩表,数据对象是全班同学,对某个同学属性(姓名、成绩等)的描述就是一个数据元素,各数据元素之间存在着名次关系;第一名没有前驱,其后继是第二名,第二名的前驱是第一名,其后继是第三名。

1.3.2　结构的概念

1. 数据结构

数据结构(Data Structure)是相互之间存在一种或多种特定关系的数据元素的集合。在任何问题中,数据元素都不是孤立存在的,而是在它们之间存在着某种关系,这种数据元素相互之间的关系称为结构。

它研究的内容包括数据的逻辑结构和数据的物理(存储)结构。

2. 逻辑结构

数据的逻辑结构(Logical Structure)是对操作对象的一种数学描述,换句话说,是从操作对象抽象出来的数学模型。结构定义中的"关系"描述的是数据元素之间的逻辑关系,与数据的存储无关,是独立于计算机的。

根据数据元素之间逻辑关系的不同特性,通常有四类基本逻辑结构。

1) 集合

集合(Set)中的数据元素之间除了"同属于一个集合"外别无其他的关系,即只有数据元素而无任何关系,如图 1-5(a)所示。

2）线性结构

线性结构（Linear Structure）中的数据元素之间存在着"一个对一个"的关系，即除了第一个数据元素无前驱、最后一个数据元素无后继外，其他相邻数据元素均具有唯一的前驱和后继，如图1-5（b）所示。

3）树状结构

树状结构（Tree Structure）中的数据元素之间存在着"一个对多个"的关系，即除了一个根数据元素外，其他各元素均有唯一的前驱，所有数据元素都可以有多个后继，如图1-5（c）所示。

4）图状结构或网状结构

图状结构或网状结构（Graph or Net Structure）中的数据元素之间存在着"多个对多个"的关系，即所有数据元素都可以有多个前驱或多个后继，如图1-5（d）所示。

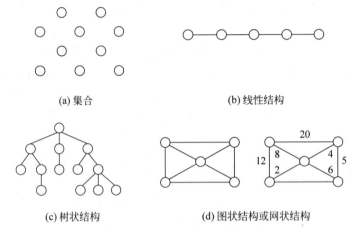

(a) 集合　　　　　　　　(b) 线性结构

(c) 树状结构　　　　　(d) 图状结构或网状结构

图1-5　数据的四类基本逻辑结构

由于"集合"是数据元素之间关系极为松散的一种结构，是数据结构的一种特例，因此也可以用其他结构来表示它。

例1-4　描述一周七天数据的逻辑结构。

该数据的逻辑结构可以用一个数据元素的集合 D 和定义在该集合上的一个关系 R 来表示，如图1-6所示，其中：

D = { Sun, Mon, Tue, Wed, Thu, Fri, Sat }
R = { < Sun, Mon >, < Mon, Tue >, < Tue, Wed >, < Wed, Thu >, < Thu, Fri >, < Fri, Sat > }

图1-6　一周七天数据的逻辑结构

3. 物理结构

数据的物理结构（Physical Structure）又称为存储结构（Storage Structure），是数据及其逻辑结构在计算机中的表示。换言之，存储结构除了存储数据元素之外，必须隐式或显式地存储数据元素之间的逻辑关系。

数据元素之间的关系在计算机中有两种不同的表示方法：顺序表示和非顺序表示。并由此得到两种不同的存储结构：顺序存储结构和链式存储结构。

1) 顺序存储结构

顺序表示的特点是借助数据元素在存储器中的相对位置来表示数据元素之间的逻辑关系,由此得到的结构称为顺序存储结构(Sequential Storage Structure)。

2) 链式存储结构

非顺序表示的特点是借助指示数据元素存储地址的指针(Pointer)表示数据元素之间的逻辑关系,由此得到的结构称为链式存储结构(Linked Storage Structure)。

通常,在程序设计语言中,顺序存储结构借助于数组描述,链式存储结构借助于指针描述。在实际程序设计过程中,一种数据的逻辑结构到底选择哪种存储结构会影响到具体算法的实现。也就是说,在实现具体算法之前,必须先确定存储结构。

例 1-5　分别用顺序存储结构和链式存储结构表示 Y＝3＋6,每个数据元素占 4 个字节,如图 1-7 所示。

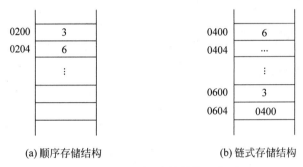

(a) 顺序存储结构　　　　　　　　　(b) 链式存储结构

图 1-7　Y＝3＋6 存储结构示意图

数据的逻辑结构和物理结构是密切相关的两个方面,在后面的学习中可以了解到,任何一个算法的设计都取决于选定的逻辑结构,而算法的实现依赖于采用的存储结构。

1.3.3　类型的概念

1. 数据类型

数据类型(Data Type)是和数据结构密切相关的一个概念,最早出现在高级程序语言中,用来刻画(程序)操作对象的特性。类型明显或隐含地规定了在程序执行期间变量或表达式所有可能取值的范围以及在这些值上允许进行的操作。因此,数据类型是一个值的集合和定义在这个值集上的一组操作的总称。

例如,C 语言中的"整数类型",其值集为某个区间上的整数(区间大小依赖于不同的机器),定义在其上的操作为加、减、乘、除和取模等算数运算。

按照"值"的不同特性,高级程序语言中的数据类型可以分为两类:

(1) 原子类型:其值是不可分解的。例如 C 语言的整型、实型、字符型等,以及指针类型。原子类型通常由语言直接提供。

(2) 结构类型:其值可分解为若干个成分(或称为分量),并且它的成分(分量)可以是非结构的,也可以是结构的。例如 C 语言数组的值由若干分量组成,每个分量可以是整数,也可以是数组等。结构类型通常借助于语言提供的描述机制来定义。

2. 抽象数据类型

抽象数据类型(Abstract Data Type,ADT)是指一个数据模型以及定义在该模型上的一组操作。抽象数据类型的定义仅取决于它的一组逻辑特性,而与其在计算机的内部如何表示和实现无关,即不论其内部结构如何变化,只要它的数学特性不变,都不影响其外部的使用。

抽象数据类型可以理解为对数据类型的进一步抽象,其区别仅在于:数据类型指的是高级程序语言中已经实现的数据结构;而抽象数据类型的范畴更广,它不再局限于各处理器中已经定义并实现的数据类型(基本数据类型),还包括用户在设计软件系统时自己定义的数据类型。

随着计算机科学的不断发展,特别是面向对象的程序设计语言的研究和发展,提出了抽象数据类型的概念。为了提高软件复用率,在近代程序设计方法学中指出,一个软件系统框架应该建立在数据之上,而不是像传统软件设计方法学,将一个软件系统框架建立在操作之上。也就是说,在构成软件系统每个相对独立的模块中定义一组数据和施与这些数据之上的一组操作,并在模块内部给出它们的表示和实现细节,在模块外部使用的只是抽象的数据和抽象的操作。显然,所定义数据类型的抽象层次越高,含有该抽象数据类型软件模块的复用率也就越高。

3. 抽象数据类型的表示

一个抽象数据类型的定义不涉及它的实现细节,在形式上可繁可简,本书对抽象数据类型的定义采用如下格式描述:

```
ADT 抽象数据类型名 {
    数据对象(Data): <数据对象的定义>
    逻辑关系(Relation): <数据关系的定义>
    基本操作(Operation): <基本操作的定义>
} ADT 抽象数据类型名
```

其中,基本操作的定义格式为:

```
基本操作名(参数表)
    初始条件: <初始条件描述>
    操作结果: <操作结果描述>
```

基本操作有两种参数:赋值参数只为操作提供输入值;引用参数以 & 开头,除了可以输入值之外,还将返回操作结果。"初始条件"描述了操作执行之前数据结构和参数应该满足的条件;若不满足,则操作失败,并返回相应的出错信息;若初始条件为空,则省略它。"操作结果"说明操作正常完成之后,数据结构的变化状况和应该返回的结果。

例 1-6 复数的抽象数据类型定义。

```
ADT Complex {
    Data:
        D = {e1,e2 | e1,e2 ∈ RealSet}
    Relation:
        R = {< e1,e2 > | e1 是复数的实数部分,e2 是复数的虚数部分}
    Operation:
        InitComplex(&z,v1,v2)
            初始条件:无。
            操作结果:构造并返回复数 z,其实部和虚部分别赋予参数 v1 和 v2 的值。
        GetReal(z,&RealPart)
```

初始条件：复数 z 已经存在。

　　　　　操作结果：用 RealPart 返回复数 z 的实部值。

　　　GetImag(z,&ImagPart)

　　　　　初始条件：复数 z 已经存在。

　　　　　操作结果：用 ImagPart 返回复数 z 的虚部值。

　　　Add(z1,z2,&sum)

　　　　　初始条件：复数 z1 和 z2 已经存在。

　　　　　操作结果：用 sum 返回两个复数 z1,z2 的和值。

　　　Subtract(z1,z2,&sub)

　　　　　初始条件：复数 z1 和 z2 已经存在。

　　　　　操作结果：用 sub 返回两个复数 z1,z2 的差值。

　　　Multiply(z1,z2,&mult)

　　　　　初始条件：复数 z1 和 z2 已经存在。

　　　　　操作结果：用 mult 返回两个复数 z1,z2 的积值。

　　　Division(z1,z2,&div)

　　　　　初始条件：复数 z1 和 z2 已经存在。

　　　　　操作结果：用 div 返回两个复数 z1,z2 的商值。

} ADT Complex

　　需要注意的是，从定义的角度看，抽象数据类型中的每一个操作都应该力求功能单一且明确，并减少各操作的功能重叠。从编程的角度看，各个模块之间必须有严格约定的接口，因此首先需要利用固有数据类型表示并描述上述定义的各个操作。

1.4　算法描述与算法分析

　　对数据施加的操作即为数据运算，而数据的运算是通过算法来描述的，因此算法是数据结构的重要内容之一。

1.4.1　算法的概念

　　算法（Algorithm）是对特定问题求解步骤的一种描述，是为了解决一个或一类问题给出的一个确定的、有限长的操作序列。

1. 算法特性

1）有穷性（Limitedness）

对于任意一组合法的输入值，一个算法必须总是在执行有穷步骤之后结束，且每个步骤都在有穷时间内完成。

2）确定性（Definiteness）

对每种情况下所应执行的操作在算法中都必须有确切的规定，使执行者或阅读者明确其含义及如何执行，并且在任何条件下算法只有一个入口和一个出口。

3）可行性（Feasibleness）

算法中描述的所有操作都必须足够基本，并且都是可以通过已实现的基本运算执行有限次来实现的。

4）有输入（Input）

输入作为算法加工对象的量值，通常体现为算法中的一组变量；有些输入量需要在算法执行过程中输入，而有的算法表面上可以没有输入，实际上已经嵌入算法之中。

5）有输出（Output）

输出是一组与输入有确定关系的量值，是算法进行信息加工后得到的结果，这种确定关系即为算法的功能。

算法和程序是不同的。程序（Program）是对一个算法使用某种程序设计语言的具体实现，原则上，任何一个算法都可以用任何一种程序设计语言实现。算法的有穷性意味着不是所有的计算机程序都是算法。例如操作系统是一个在无限循环中执行的程序而不是一个算法，然而可以把操作系统的各个任务看成是一个单独的问题，每一个问题由操作系统中的一个子程序通过特定的算法来实现，得到输出结果后便终止。

2．设计要求

1）正确性（Correctness）

正确的算法首先应该没有语法错误，其次对于合法的输入数据能够得出符合要求的结果。在检验算法的正确性时，通常会首先选择一些常见的数据作为输入，检查算法是否可以输出符合要求的结果；接着会精心选择特别典型、苛刻甚至是刁难的输入数据来检验算法是否能够输出符合要求的结果。从理论上讲，真正正确的算法对于所有合法的输入都将产生符合要求的输出。

2）可读性（Readability）

算法首先是让人容易读懂和交流，其次才是机器的执行。可读性差的算法不但会妨碍程序员的理解，而且可能会隐藏着许多错误，也难于调试和修改。良好的可读性有助于人们对算法的理解，便于算法的交流与推广。

3）鲁棒性（Robustness）

算法不但对合法的输入数据能够输出符合要求的结果，而且当输入数据非法时，也能适当地作出反应或进行处理，而不会产生莫明其妙的结果，甚至产生错误动作或陷入瘫痪。

4）高效性（High-Efficiency）

算法的效率包括时间效率和空间效率，时间效率显示了算法运行得有多快；而空间效率则显示了算法需要多少额外的存储空间。不言而喻，一个“好”算法应该具有较短的执行时间并占用较少的辅助空间。

通常，算法的效率是指算法执行时间的长短和占用存储空间的大小。如果同一个问题有多种不同的算法来解决，则执行时间短的算法是效率高的算法。任何一个算法都要求一定量的内存，算法所需要的内存越少越好。实际上，算法的执行时间与内存消耗都与问题的规模（即数据量）有关，使用时间复杂度和空间复杂度来衡量算法的效率和内存消耗量。

3．设计规范

设计出一个好的算法不是一蹴而就的事情，设计者需要具有良好的算法设计习惯。下面列出的算法设计规范会帮助初学者养成良好的算法设计习惯。

1）算法说明

算法说明即算法的规格说明，是一个完整算法不可缺少的部分。设计者应该在算法开始之处以注释的形式写明如下内容：算法的功能、函数参数表中各参数的含义和输入输出的属性、算法中引用了哪些全局变量或外部定义的变量以及它们的作用和入口初值、参数和引用的全局或外部变量的条件限制等。

其实，算法说明还可以包含很多内容，例如算法思想的陈述、使用的存储结构等。并且算法说明应该在开始设计算法时就写。当然在算法设计过程中,可能会对算法说明作些补充和修改。

2)注释说明

在难懂的语句和关键的语句(段)之后加以注释可以大大提高程序的可读性。注释要恰当,并非越多越好。通常注释要比被注释的语句更抽象一些。例如,不要使用"i 增加 1"来注释语句"i++ ;"。

3)合理安排输入和输出

算法的输入和输出大致有三种方式:第一种是通过标准库函数来获取算法所需要的输入数据和显示算法的运行结果;第二种是将函数的参数作为输入和输出的媒介;第三种是通过全局变量甚至是外部变量隐式地传递信息。除非真的需要,一般不要使用第三种输入和输出方式。

4)适当的错误处理

通常情况下,无法清楚地确定全部的合法输入,但却可以很容易界定非法输入和操作的异常情况(如内存不足等)。因此,算法中对于非法输入及异常情况必须提供适当的处理。

5)合理选用语句和算法结构

赋值语句、选择语句和循环语句是最基本的三种语句,仅使用这三种语句便足以设计一切算法了。只使用这三种语句来设计算法可以使算法结构清晰、可读性好,也可以客观地避免一些无谓的逻辑错误。

1.4.2 算法描述

算法设计者在构思和设计了一个算法之后,必须清楚准确地将所设计的求解步骤记录下来,即算法描述。

1. 描述方法

在不同层次上讨论的算法具有不同的描述方法,例如自然语言、流程图、计算机程序语言及类计算机程序语言,但要求都是必须精确地描述计算过程。一般而言,描述算法最合适的语言是介于自然语言和程序语言之间的类计算机程序语言。它的控制结构往往类似于 C 等高级程序语言,可以使用任何表达能力强的方法使算法表达更加清晰和简洁,而不至于陷入具体的程序语言的某些细节中。从易于上机验证算法和提高实际程序设计能力考虑,本书采用类 C 语言描述算法。

2. 描述说明

本书采用的类 C 语言精选了 C 语言的一个核心子集,并利用了 C++ 对 C 的部分扩展功能;同时为增加算法的可读性,对语句规则也作了若干扩充修改,增强了语言的描述功能。以下对其简要说明。

1)数据类型定义

数据的存储结构使用下面两种形式的类型定义来描述:

```
typedef struct {
    成员表列;
} 类型名;
typedef struct 结构名 {
```

    成员表列；
 } 类型名;

数据元素的类型约定为 ElemType，由用户在使用该数据元素类型时再自行具体定义。

2）基本操作算法描述

函数类型 函数名(函数参数表){
// 算法说明
  语句序列
} // 函数名

  除了函数的参数需要说明类型外，算法中使用的辅助变量可以不作变量说明，必要时对其作用给予注释。为了便于算法描述，在函数参数表中除了值调用方式外，增添了 C++ 的引用调用参数传递方式。在形参表中，以 & 开头的参数即为引用参数，引用参数能被函数本身更新参数值，可以以此作为输出数据的管道。

3）内存动态分配与释放

分配内存空间: 指针变量 = new 数据类型;
释放内存空间: delete 指针变量;

4）赋值语句

简单赋值: 变量名 = 表达式;
串联赋值: 变量名 1 = 变量名 2 = ⋯ = 变量名 k = 表达式;
成组赋值: (变量名 1,⋯,变量名 k) = (表达式 1,⋯,表达式 k);
       结构名 = 结构名;
       结构名 = {值 1,⋯,值 k};
       变量名[] = 表达式;
       变量名[起始下标⋯终止下标] = 变量名[起始下标⋯终止下标];
条件赋值: 变量名 = 条件表达式?表达式 T:表达式 F;

5）选择语句

条件语句 1: if(条件表达式) 语句;
条件语句 2: if(条件表达式) 语句;
       else 语句;
开关语句 1: switch(表达式) {
        case 值 1 : 语句序列 1; break;
         ⋮
        case 值 n : 语句序列 n; break;
        default : 语句序列 n + 1;
       }
开关语句 2: switch {
        case 条件 1 : 语句序列 1; break;
         ⋮
        case 条件 n : 语句序列 n; break;
        default : 语句序列 n + 1;
       }

6）循环语句

for 语句: for(赋值表达式序列; 条件表达式; 修改表达式序列) 语句;

while 语句:	while(条件表达式) 语句;
do‐while 语句:	do {
	语句序列;
	} while(条件表达式);

7) 结束语句

函数结束语句:	return 表达式;
	return;
case 结束语句:	break;

8) 输入和输出语句

输入语句:	cin >>变量 1 >>…>>变量 n;
输出语句:	cout <<表达式 1 <<…<<表达式 n;

9) 基本函数

求绝对值:	abs(表达式)
退出程序:	exit(表达式)

10) 逻辑运算

与运算 &&:	对于 A&&B,当 A 的值为 0 时,不再对 B 求值。
或运算‖:	对于 A‖B,当 A 的值为非 0 时,不再对 B 求值。

11) 注释

单行注释:	//文字序列

1.4.3 算法分析

可能有人认为,随着计算机功能的日益强大,程序的运行效率变得越来越不那么重要了。然而计算机功能越强大,人们就越想去尝试更复杂的问题,而更复杂的问题则需要更大的计算量。实际上,人们不仅需要算法,而且还需要"好"算法。例如,理论上通过穷举法列出所有可能的输入字符的组合情况可以破解任何密码,但如果密码较长或组合情况太多,这个破解算法就需要很长时间,可能几年、十几年甚至更多,这样的算法显然没有实际意义。因此在选择和设计算法时要有效率的观念,这一点比提高计算机本身的速度更为重要。同一问题可以用不同算法解决,而一个算法的质量优劣将影响到算法乃至程序的效率。算法分析的目的在于选择合适算法和改进算法。一个算法的评价主要从时间复杂度和空间复杂度来考虑。

1. 度量算法效率的方法

算法执行时间需要通过依据该算法编制的程序在计算机上运行时所消耗的时间来度量,而度量一个程序的执行时间通常有两种方法。

1) 事后统计方法

该方法首先将算法编制成程序,然后输入适当的数据运行,最后测算其时间和空间开销。不同算法的程序可以通过一组或若干组相同的统计数据以分辨优劣,但这种方法有两个主要缺点:其一,编写程序实现算法将花费较多的时间和精力;其二,所得实验结果依赖于计算机的硬件、软件等环境因素,有时容易掩盖算法本身的优劣。

2) 事前分析估算方法

同一个算法用不同的语言实现,或者用不同的编译程序进行编译,或者在不同的计算机上运行时,其效率均不相同。这表明使用绝对的时间单位衡量算法效率是不合适的。撇开这些与计算机硬件、软件等有关的因素,事前对算法所消耗的资源进行估算,得到一个大致正确的结果,这也称为渐进复杂度(Asymptotic Complexity)。估算技术是工程学的基本内容之一,它不能代替对一个问题的严格细节分析,但如果估算表明一个方法不可行,那么进一步的分析就没有必要了。

2. 算法所耗费的时间

语句的执行次数称为语句频度(Frequency Count)。语句频度与语句执行一次所需时间的乘积定义为每条语句的执行时间。算法中每条语句的执行时间之和即为一个算法所耗费的时间,记为 $T(n)$,n 称为问题规模,即算法求解问题的输入量。例如,矩阵乘积的问题规模是矩阵的阶数,一个图论的问题规模是图中的顶点数或边数。

算法转换为程序之后,每条语句执行一次所需要的时间取决于机器的指令性能、速度以及编译所产生的代码质量等难以确定的因素。如果要独立于机器的硬件、软件系统来分析算法耗费的时间,则设每条语句执行一次所需要的时间均是单位时间,那么一个算法所耗费的时间就是该算法中所有语句的频度之和。

例 1-7 求两个 n 阶方阵的乘积 $C = A \times B$。

算法 1-1

```
#define n 100                              // n 可以根据需要定义
void MatrixMultiply(int A[n][n], int B[n][n], int C[n][n]) {
// 求两个 n 阶方阵的乘积 C = A × B; 为分析方便,左边给出标号
(1) for(i = 0; i<n; j++)                   // 频度 f(n) = n + 1
(2)     for(j = 0; j<n; j++)   {           // 频度 f(n) = n(n + 1)
(3)        C[i][j] = 0;                     // 频度 f(n) = n²
(4)        for(k = 0; k<n; k++)            // 频度 f(n) = n²(n + 1)
(5)           C[i][j] += A[i][k] * B[k][j]; // 频度 f(n) = n³
        }
}                                          // MatrixMultiply
```

在算法 1-1 中,(1)中的循环变量 i 要增加到 n,即测试到 i=n 时才会终止,因此(1)的频度是 n+1,但其循环体却只能执行 n 次。(2)作为(1)循环体内的语句应执行 n 次,但(2)本身要执行 n+1 次,因此(2)的频度是 n(n+1)。同理可知,(3)、(4)和(5)的频度分别是 n^2、$n^2(n+1)$ 和 n^3。算法 1-1 所耗费的时间是所有语句的频度之和,即矩阵阶数 n 的函数:

$$T(n) = \sum_{i=1}^{5} f_i(n) = 2n^3 + 3n^2 + 2n + 1$$

3. 算法的时间复杂度

一般情况下,一个算法所耗费的时间 $T(n)$ 是算法所求解问题规模 n 的某个函数 $f(n)$,算法的时间度量记作 $T(n) = O(f(n))$,这表示随着问题规模 n 的增大,算法执行时间的增长率和 $f(n)$ 的增长率相同,即当问题规模 n 趋向无穷大时,$T(n)$ 的数量级称为算法的渐近

时间复杂度（Asymptotic Time Complexity），简称时间复杂度（Time Complexity）。

例 1-8 对于算法 1-1，当矩阵的阶数 n 趋向于无穷大时，显然有：

$$\lim_{n\to\infty}[T(n)/n^3]=\lim_{n\to\infty}[(2n^3+3n^2+2n+1)/n^3]-2$$

上式表明，当 n 充分大时，$T(n)$ 和 n^3 之比是一个不等于零的常数，即 $T(n)$ 和 n^3 是同阶的，或者说 $T(n)$ 和 n^3 的数量级相同，表示随着问题规模 n 的增大，算法所耗费时间的增长率和 n^3 的增长率相同，记作 $T(n)=O(n^3)$。

算法的时间复杂度分析最初因唐纳德·克努特在其经典著作《计算机程序设计艺术》中的使用而流行，大 O（读作"大欧"）记号也是该书中提倡的。数学符号"O"严格的数学定义是：如果 $T(n)$ 和 $f(n)$ 是定义在正整数集合上的两个函数，则 $T(n)=O[f(n)]$ 表示存在正的常数 C 和 n_0，使得当 $n\geq n_0$ 时都满足 $0\leq T(n)\leq C\cdot f(n)$。

大 O 记号用来描述增长率的上限，即当输入的问题规模为 n 时，算法所耗费时间的最大值，其含义如图 1-8 所示。

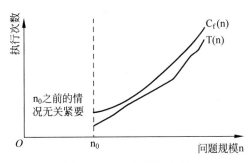

图 1-8　大 O 记号的含义

例 1-9 用两个算法 A_1 和 A_2 求解同一问题，所耗费时间分别是 $T_1(n)=100n^2$，$T_2(n)=5n^3$。

当输入量 n<20 时，有 $T_1(n)>T_2(n)$，算法 A_2 花费的时间较少。随着问题规模 n 的增大，两个算法的时间开销之比 $5n^3/100n^2=n/20$ 也随着增大；即当问题规模较大时，算法 A_1 比算法 A_2 要有效得多。

算法 A_1 和 A_2 的时间复杂度 $O(n^2)$ 和 $O(n^3)$ 从宏观上评价了两个算法在时间方面的质量。如果将算法中频度最大的语句称为基本操作，则 $f(n)$ 就是基本操作的频度。例如，算法 1-1 的时间复杂度为 $T(n)=O(n^3)$，语句（5）是基本操作，$f(n)=n^3$ 是该算法中基本操作的频度。

因此，算法的时间复杂度取决于算法中基本操作的频度。

例 1-10 交换 a 和 b 的内容。

算法 1-2

```
void Exchange( int a, int b) {
// 交换 a 和 b 的内容；为分析方便,左边给出标号
(1) temp = a;
(2) a = b;
(3) b = temp;
} // Exchange
```

在算法 1-2 中,(1)、(2)、(3)的频度均为 1。算法 1-2 的时间复杂度称为常量阶,记作 $T(n)=O(1)$。

一般情况下,一个没有循环(或有循环,但循环次数与问题规模 n 无关)的算法,即使算法中有成千上万条语句,其执行时间也不过是一个较大的常数。此类算法的时间复杂度为 $O(1)$。

例 1-11　变量计数示例一。

算法 1-3

```
void Count_1() {
// 变量计数示例一; 为分析方便,左边给出标号
(1) x = 0;   y = 0;
(2) for(k - 1;k < = n;k++)
(3)      x++;
(4) for(i = 1;i < = n;i++)
(5)      for(j = 1;j < = n;j++)
(6)          y++;
} // Count_1
```

在算法 1-3 中,基本操作是(6),其频度为 $f(n)=n^2$,其时间复杂度为 $T(n)=O(n^2)$。一般情况下,对步进循环语句只需要考虑循环体中语句执行次数,而忽略该语句中步长加 1、终值判别、控制转移等操作。

因此,对于步进循环语句,算法的时间复杂度是由循环体中基本操作执行次数来决定的。

例 1-12　变量计数示例二。

算法 1-4

```
void Count_2() {
// 变量计数示例二; 为分析方便,左边给出标号
(1) x = 1;
(2) for(i = 1;i < = n;i++)
(3)      for(j = 1;j < = i;j++)
(4)          for(k = 1;k < = j;k++)
(5)              x++;
} // Count_2
```

在算法 1-4 中,基本操作是(5),内循环执行次数虽然与问题规模 n 没有直接的关系,但却与相邻外层循环的变量取值有关,而最外层循环的次数直接与 n 有关,所以可以从内层循环向外层循环分析基本操作的频度:

$$\sum_{i=1}^{n}\sum_{j=1}^{i}\sum_{k=1}^{j}1=\sum_{i=1}^{n}\sum_{j=1}^{i}j=\sum_{i=1}^{n}(i(i+1)/2)=[n(n+1)(2n+1)/6+n(n+1)/2]/2$$

算法 1-4 的时间复杂度为 $T(n)=O(n^3/6+$ 低幂次项$)=O(n^3)$。

因此,当有若干个循环语句时,算法的时间复杂度是由嵌套层数最多的循环语句中最内层基本操作的频度 $f(n)$ 决定的。

例 1-13　在数组 $A[0..n-1]$ 中查找给定值 k 的算法如算法 1-5 所示。

算法 1-5

```
int Search(int A[], int n, int k) {
// 在数组 A[n]中查找给定值 k; 为分析方便,左边给出标号
```

```
(1) i = n - 1;
(2) while((i > = 0)&&(A[i]!= k))
(3)   i -- ;
(4) return i;
} // Search
```

在算法 1-5 中,基本操作是(3),其频度不仅与问题规模 n 有关,还与输入实例中数组 A 的各个元素的取值以及 k 的取值有关:如果 A 中没有与 k 相等的元素,则基本操作的频度 $f(n)=n$;如果 A 的最后一个元素等于 k,则基本操作的频度 $f(n)$ 是常数。

因此,有时算法时间复杂度不仅与问题规模有关,还与输入实例的初始状态有关。

常见的时间复杂度按数量级递增排列依次为:常量阶 $O(1)$、对数阶 $O(\log_2 n)$、线性阶 $O(n)$、线性对数阶 $O(n\log_2 n)$、平方阶 $O(n^2)$、立方阶 $O(n^3)$、……、k 次方阶 $O(n^k)$、指数阶 $O(2^n)$ 等。显然,时间复杂度为指数阶 $O(2^n)$ 的算法效率极低,当 n 值稍大时就无法应用;因此,应该尽可能选用多项式阶 $O(n^k)$ 的算法,而不希望用指数阶的算法。

一般情况下,对一个问题(或一类算法)只需要选择一种基本操作来讨论算法的时间复杂度即可。但有时也需要同时考虑几种基本操作,甚至可以对不同的操作赋予不同的权值,以反映执行不同操作所需要的相对时间,这种做法便于综合比较解决同一个问题的两种完全不同的算法。

在所有可能的输入数据集均以等概率出现的情况下,算法的期望运行时间称为平均时间复杂度。但在很多情况下,各种输入数据集出现的概率难以确定,算法的平均时间复杂度也就难以确定。因此,另一种更可行也更常用的办法是讨论算法在最坏情况下的时间复杂度,即分析最坏情况以估算算法执行时间的一个上界,这就保证了算法的运行时间不会比其更长。例如,算法 1-5 在最坏情况下的时间复杂度为 $T(n)=O(n)$,它表示对于任何的输入数据集,该算法的运行时间不可能大于 $O(n)$。

4. 算法的空间复杂度

类似于时间复杂度的讨论,一个算法的空间复杂度(Space Complexity)定义为该算法所耗费的存储空间 $S(n)$,它也是问题规模 n 的函数,记作 $S(n)=O[f(n)]$,其中 n 为问题规模,分析方法与算法的时间复杂度类似。

算法在执行期间所耗费的存储空间应该包括三个部分:第一部分为输入数据所耗费的存储空间,其只取决于问题本身,和算法无关;第二部分为程序代码所耗费的存储空间,对不同算法来说也不会有数量级的差别;第三部分为辅助变量所耗费的存储空间,随算法的不同而不同,有的只需要占用不随问题规模 n 改变而改变的少量临时空间,有的则需要占用随着问题规模 n 增大而增大的临时空间。因此,在求解算法的空间复杂度时,只需要分析算法执行过程中辅助变量所耗费的存储空间。

习题

一、填空题

1. 数据的逻辑结构是数据元素之间的逻辑关系,通常有四类:(　　)、(　　)、(　　)和(　　)。

2. 数据的存储结构是数据在计算机存储器内的表示,主要有:(　　)和(　　)。

3. 设待处理问题的规模为 n,如果一个算法的时间复杂度为一个常数,则表示成数量级的形式为(　　);如果为 $n \times \log_2 5n$,则表示成数量级的形式为(　　)。

4. 算法的每一步必须有确切的定义。也就是说,对每一步需要执行的动作必须严格、清楚地给出规定,这是算法的(　　)。

5. 算法原则上都是能够由机器或人完成的。整个算法像是一个解决问题的"工作序列",其中的每一步都是力所能及的一个动作,这是算法的(　　)。

二、选择题

1. 假设有如下遗产继承规则:丈夫和妻子可相互继承遗产,子女可继承父亲或母亲的遗产,子女之间不能相互继承遗产。那么表示该遗产继承关系最合适的数据结构应是(　　)。

(A) 树　　　　　　(B) 图　　　　　　(C) 线性表　　　　　　(D) 集合

2. 下面程序段的时间复杂度为(　　)。

```
for(i = 0;i < m;++i)
    for(j = 0;j < n;++j)
        a[i][j] = i * j;
```

(A) $O(m^2)$　　　(B) $O(n^2)$　　　(C) $O(m * n)$　　　(D) $O(m+n)$

3. 执行下面程序段,S 语句被执行的次数为(　　)。

```
for(i = 0;i < n;++i)
    for(j = 0;j < i;++j)
        S;
```

(A) n^2　　　(B) $n^2/2$　　　(C) $n(n+1)$　　　(D) $n(n-1)/2$

4. 下面算法的时间复杂度为(　　)。

```
int Ex_1(int n) {
    if((n == 0)||(n == 1))  return 1;
    else return n * Ex_1(n - 1);
}    // Ex_1
```

(A) $O(1)$　　　(B) $O(n)$　　　(C) $O(n^2)$　　　(D) $O(n!)$

5. 使用 Ex_2(5)调用下面算法时,该算法被调用的总次数为(　　)。

```
int Ex_2(int n) {
    if(n == 0)  return 1;
    else return n * Ex_2(n - 1);
}    // Ex_2
```

(A) 1　　　　　(B) 2　　　　　(C) 5　　　　　(D) 6

三、问答题

1. 算法与程序有何异同?

2. 什么是数据的逻辑结构?什么是数据的存储结构?

3. 什么是数据结构?试举一个例子,叙述其逻辑结构、存储结构和运算三个方面的内容。

4. 算法的时间复杂度仅与问题的规模相关吗？

5. 设 n 为正整数，用大 O 表示法如何描述下列程序段的时间复杂度？

(1) i = 1;
```
k = 0;
while(i < n) {
    k = k + 10 * i;
    i++;
}
```

(2) i = 0;
```
k = 0;
do {
    k = k + 10 * i;
    i++
} while(i < n);
```

(3) x = n;   //n 是常数且 n > 1
```
while(x >= (y + 1) * (y + 1))
    y++;
```

(4) i = 1; j = 0;
```
while(i + j <= n) {
    if(i > j)  j++;
    else  i++;
}
```

(5) x = 91;
```
y = 100;
while(y > 0)
    if(x > 100)  {
        x = x - 10;
        y -- ;
    }
    else  x++;
```

四、算法设计题

1. 按增长率由小至大的顺序排列这些函数：2^{100}、$(3/2)^n$、$(2/3)^n$、n^n、$n^{0.5}$、$n!$、2^n、$\lg n$、$n^{\lg n}$、$n^{(3/2)}$。

2. 多项式 $A(x)$ 的算法可以根据下列两个公式之一来设计：

(1) $A(x) = a_n x^n + a_{n-1} x^{n-1} + \cdots + a_1 x + a_0$

(2) $A(x) = (\cdots(a_n x + a_{n-1}) x + \cdots + a_1 x) + a_0$

试根据算法的时间复杂度分析比较这两种算法的优劣。

3. 设有 3 个函数：$f(n) = 100n^3 + n^2 + 1000$，$g(n) = 25n^3 + 5000n^2$，$h(n) = n^{1.5} + 5000n\log n$。试分析并判断下列关系是否成立：

(1) $f(n) = O(g(n))$ (2) $g(n) = O(f(n))$

(3) $h(n) = O(n^{1.5})$ (4) $h(n) = O(n\log n)$

4. 设有两个算法在同一个机器上运行，其执行时间分别为 $100n^2$ 和 2^n。如果要使前者快于后者,则 n 至少需要多大?

5. 有时为了比较两个同数量级算法的优劣,必须突出主项的常数因子,而将低幂次项用大 O 表示。例如,设 $T_1(n)=1.39n\lg n+100n+256=1.39n\lg n+O(n)$,$T_2(n)=2.0n\lg n-2n=2.0\lg n+O(n)$。因为前者的常数因子小于后者,所以当 n 足够大时 $T_1(n)$ 优于 $T_2(n)$。试用此方法表示下列函数,并指出当 n 足够大时,哪一个较优,哪一个较劣?

(1) $T_1(n)=5n^2-3n+60\lg n$ (2) $T_2(n)=3n^2+1000n+3\lg n$

(3) $T_3(n)=8n^2+3\lg n$ (4) $T_4(n)=1.5n^2+6000n\lg n$

## 第 2 章

线 性 表

主要知识点

- 线性表的类型定义。
- 线性表的顺序表示及基于顺序表的基本操作实现。
- 线性表的链式表示及基于单链表的基本操作实现。
- 循环链表、双向链表和静态链表。

线性结构的基本特征是：在数据元素的非空有限集合中,有且只有一个称为"第一个"的数据元素;有且只有一个称为"最后一个"的数据元素;除第一个之外,集合中的每个数据元素都有唯一的直接前驱(简称前驱);除最后一个之外,集合中的每个数据元素都有唯一的直接后继(简称后继)。线性表是一种典型的线性结构。

2.1 线性表的类型定义

线性表是最简单、最基本、最常用的一种线性结构,它的主要基本操作是插入、删除和查找等。

2.1.1 线性表的定义

在日常生活中,线性表的例子不胜枚举。

例如,英文字母表(A,B,…,Z)是一个线性表,表中的每个字母都是一个数据元素。

又如,一副扑克牌点数(2,3,…,10,J,Q,K,A)是一个线性表,表中的数据元素是每张牌的点数。

再如,表 2-1 给出的学生成绩表是一个线性表,表中的每个学生所对应的一行信息是一个数据元素,由姓名、学号、性别和成绩四个数据项组成。

表 2-1 学生成绩表

学 号	姓 名	性 别	成 绩
001	孙晨	男	95
002	钱晓	女	85
003	常依	女	90
004	吴伟	男	88
005	范佩	男	93
…	…	…	…

综合上述例子,可以得到线性表定义:

线性表(Linear List)是 n(n≥0)个具有相同属性的数据元素组成的有限序列,即表中的数据元素属于同一个数据对象,且相邻的数据元素之间存在着"序偶"关系。

(1) 数据元素个数 n 称为线性表的长度(n=0 时称为空表);

(2) 将非空线性表(n>0)记为:(a_1, a_2, a_3, …, a_i, …, a_n);

(3) 数据元素 a_i(1≤i≤n)只是个抽象符号,其具体含义在不同情况下可以不同。

线性表是一个相当灵活的数据结构,其长度可以根据需要增长或缩短,即对线性表的数据元素不仅可以进行访问操作,还可以进行插入和删除等操作。

2.1.2　线性表的抽象数据类型

```
ADT List {
    Data:
        D = {aᵢ|aᵢ ∈ ElemSet, i = 1,2,…,n, n≥0}(具有相同类型的数据元素集合)
    Relation:
        R = {<aᵢ₋₁,aᵢ>|aᵢ₋₁,aᵢ ∈ D,i = 2,…,n}(相邻数据元素具有前驱和后继的关系)
    Operation:
        InitList(&L)
            初始条件:无。
            操作结果:构造一个空线性表L。
        DestroyList(&L)
            初始条件:线性表L已经存在。
            操作结果:销毁L。
        ClearList(&L)
            初始条件:线性表L已经存在。
            操作结果:重置L为空表。
        ListLength(L)
            初始条件:线性表L已经存在。
            操作结果:返回L中的数据元素个数。
        GetElem(L,i,&e)
            初始条件:线性表L已经存在,且 1≤i≤ListLength(L)。
            操作结果:用e返回L中的第i个数据元素的值。
        LocateElem(L,e)
            初始条件:线性表L已经存在。
            操作结果:在L中查找第1个其值与e相等的数据元素,并返回该元素在L中的位序;
                    如果L中没有这样的数据元素,则返回值为0。
        ListInsert(&L,i,e)
            初始条件:线性表L已经存在,且 1≤i≤ListLength(L) + 1。
            操作结果:在L中第i个位置之前插入新的数据元素e。
        ListDelete(&L,i,&e)
            初始条件:线性表L已经存在,且 1≤i≤ListLength(L)。
            操作结果:删除L的第i个数据元素,并用e返回其值,且令L的长度减1。
        TraverseList(L)
            初始条件:线性表L已经存在。
            操作结果:依次访问L中的每个数据元素。
} ADT List
```

说明：

（1）对于不同的应用，线性表的基本操作是不同的；并非任何时候都需要以上所有操作，有些问题只需要一部分操作。

（2）上述操作是最基本的，对于实际问题中涉及的关于线性表的更复杂操作，可以用这些基本操作的组合来实现。

（3）对于不同的应用，上述操作的接口可能不同。例如删除操作，如果要求删除线性表中值为 x 的数据元素，则 ListDelete 操作中的输入参数就不能是位置 i 而应该是值 x；如果要求删除线性表中的数据元素后不返回其值，则 ListDelete 操作中就不包含参数 e。

（4）利用上述操作可完成许多重要工作，例如研究算法、求解算法及分析算法等；在这一层次上研究问题可以避开技术细节，面向应用，深入讨论问题。

2.2 线性表的顺序表示及操作实现

在实际应用程序中，涉及线性表的基本操作都需要根据线性表的具体存储结构加以实现。线性表可以有两种存储表示方法：顺序存储表示和链式存储表示；而顺序存储表示是计算机中最简单、最常用的一种存储方式。

2.2.1 顺序表的定义

把线性表中的数据元素按照其逻辑次序依次存放在一组地址连续的存储单元里的方式称为线性表的顺序存储表示，采用这种存储结构的线性表称为顺序表（Sequential List）。

1. 顺序表中数据元素的存储地址

通常情况下，设线性表中的所有数据元素具有相同的属性，则其占用的存储空间也相同。假设线性表中的每个数据元素占用 d 个存储单元，第一个数据元素的起始地址为 $LOC(a_1)$，则第 2 个数据元素的起始地址为

$$LOC(a_2) = LOC(a_1) + d$$

……

第 i 个数据元素的起始地址为

$$LOC(a_i) = LOC(a_1) + (i-1)d \quad (i = 1, 2, 3, \cdots, n)$$

因此，线性表中第 n 个数据元素 a_n 的存储地址可以通过式（2-1）计算：

$$LOC(a_n) = LOC(a_1) + (n-1)d \quad (1 \leqslant i \leqslant n) \tag{2-1}$$

在顺序表中，每个数据元素 a_i 的存储地址是该元素在线性表中位置 i 的线性函数，只要确定了第一个数据元素的起始地址和每个数据元素所占空间的大小，就可以在相同时间内求出任何一个数据元素的存储地址，因此顺序表是一种随机存取（Random Access）结构。图 2-1 给出了顺序表的示意图。

2. 顺序表的类型定义

采用结构类型来定义顺序表类型，在顺序表的结构定义中：

（1）由于高级程序设计语言中的数组类型也具有随机存取的特性，并且在内存中占据的是一组地址连续的存储单元，因此可以采用数组来描述顺序表中数据元素的存储区域。

（2）除了采用一维数组存储线性表的数据元素以外，还应该设计一个表示线性表当前

长度的域。

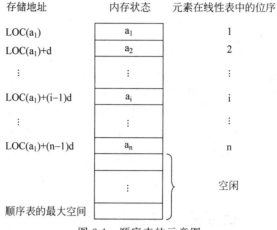

图 2-1　顺序表的示意图

（3）考虑到线性表的长度可变，需要设计一个表示线性表当前存储空间的域。

```
#define LIST_INIT_SIZE    100           // 线性表存储空间的初始分配量
#define LIST_INCREMENT    10            // 线性表存储空间的分配增补量
typedef struct  {
    ElemType   * elem;                  // 线性表存储空间基地址
    int        length;                  // 线性表当前长度
    int        listsize;                // 当前分配的存储容量(以 ElemType 为单位)
} SqList;
```

因为线性表所需要的容量会随问题不同而异，所以为顺序表定义了一个"存储空间的分配增补量"，为动态扩充数组容量提供方便；也就是说，一旦插入数据元素造成空间不足，则可进行再分配，为顺序表增加一个大小为 LIST_INCREMENT 个数据元素的空间。

3. 顺序表的主要特点

顺序表是用一维数组实现的线性表，数组的下标可以看作线性表数据元素在内存中的相对地址，因此顺序表的最大特点是逻辑上相邻的两个数据元素在物理位置上也相邻，即以数据元素在计算机内"物理位置相邻"来表示线性表中数据元素之间的逻辑关系。

2.2.2　顺序表的操作实现

1. 初始化操作

1）算法设计

（1）按照需要为线性表分配一个预定义大小的存储区域 LIST_INIT_SIZE，即顺序表的最大容量，如果存储分配失败，则给出错误信息。

（2）设置线性表的长度为 0。

（3）设置线性表的当前存储容量为顺序表的最大容量。

2）算法描述

算法 2-1

```
void InitList_Sq(SqList &L)  {
// 构造一个最大容量为 LIST_INIT_SIZE 的顺序表 L
```

```
    L.elem = new ElemType[LIST_INIT_SIZE];
    if(!L.elem)  Error("Overflow!");      // 存储分配失败
    L.length = 0;
    L.listsize = LIST_INIT_SIZE;
} // InitList_Sq

void Error(char * s)  {
// 出错信息处理函数,用于处理异常情况
    cout << s << endl;
    exit(1);
} // Error
```

一个完整的算法应该有针对各种异常情况的解决办法。在算法 2-1 中,函数 Error 是一个自定义的出错信息处理函数,本书将使用这一函数处理异常情况,使算法正常转到用户操作界面的环境,而不至于转到操作系统的意外状态。

3)算法分析

(1)问题规模:线性表的“最大容量”。

(2)基本操作:生成数组空间、设置线性表的长度和当前存储容量。

(3)时间分析:基本操作与问题规模无关,因此算法 2-1 的时间复杂度为 O(1)。

采用动态分配线性表的存储区域可以更有效地利用系统的资源,当不需要该线性表时,可以使用销毁操作及时释放掉它所占用的存储空间。

2. 销毁操作

1)算法设计

(1)释放线性表中数据元素所占用的存储空间。

(2)设置线性表的长度为 0。

(3)设置线性表存储容量为 0。

2)算法描述

算法 2-2

```
void DestroyList_Sq(SqList &L)  {
// 释放顺序表 L 中元素所占用的存储空间
    delete []L.elem;
    L.length = 0;
    L.listsize = 0;
} // DestroyList_Sq
```

3)算法分析

(1)问题规模:线性表的“最大容量”。

(2)基本操作:释放数组空间、设置线性表的长度和存储容量为 0。

(3)时间分析:基本操作与问题规模无关,因此算法 2-2 的时间复杂度为 O(1)。

3. 清空操作

1)算法设计

重新设置线性表为空表,即令表的长度为 0,但不释放掉该表所占用的存储空间。

2）算法描述

算法 2-3

```
void ClearList_Sq(SqList &L)  {
// 重置顺序表 L 为空表
    L.length = 0;
} // ClearList_Sq
```

3）算法分析

（1）问题规模：线性表的"当前长度"。

（2）基本操作：设置线性表的长度为 0。

（3）时间分析：基本操作与问题规模无关,因此算法 2-3 的时间复杂度为 O(1)。

4．求表长操作

1）算法设计

直接返回顺序表中的长度域值。

2）算法描述

算法 2-4

```
int ListLength_Sq(SqList L)  {
// 返回顺序表 L 的长度
    return L.length;
} // ListLength_Sq
```

3）算法分析

（1）问题规模：线性表的"当前长度"。

（2）基本操作：求线性表的长度。

（3）时间分析：基本操作与问题规模无关,因此算法 2-4 的时间复杂度为 O(1)。

5．取值操作

1）算法设计

（1）判断取数据元素值操作所要求的相关参数是否合理,如果不合理,则给出错误信息；

（2）返回线性表中待取数据元素的值。

2）算法描述

算法 2-5

```
void GetElem_Sq(SqList L, int i, ElemType &e)  {
// 用 e 返回顺序表 L 中第 i 个元素(1≤i≤L.length); 若参数不合理则给出相应信息并退出运行
    if((i<1)||(i>L.Length))               // 取元素值的参数不合理
        Error("Position Error!");
    e = L.elem[i-1];
}                                         // GetElem_Sq
```

3）算法分析

（1）问题规模：线性表的"当前长度"。

（2）基本操作：返回线性表中待取数据元素的值。

（3）时间分析：基本操作与问题规模无关，因此算法 2-5 的时间复杂度为 O(1)。

6．定位操作

1）算法设计

（1）从顺序表的第一个数据元素起，依次与给定的数据元素值进行比较，如果存在与其值相等的数据元素，则返回第一个相等元素的位序；

（2）如果查遍整个顺序表都没有找到与其值相等的数据元素，则返回为 0。

2）算法描述

算法 2-6

```
int LocateElem_Sq(SqList L,ElemType e)  {
// 查找并返回顺序表 L 中第 1 个与 e 相等的数据元素的位序；若未找到则返回 0
    i = 1;                          // 指示位序,初值为 1
    p = L.elem                      // 指向 L 第 i 个元素,初始指向首个元素
    while((i < = L.length)&&( * p++!= e))   i++;
    if(i < = L.length)  return i;
    else   return 0;
}                                   // LocateElem_Sq
```

3）算法分析

（1）问题规模：线性表的"当前长度"（设值为 n）。

（2）基本操作：指示位置的变量加 1(i++)。

（3）时间分析：当 i=1 时，变量 i 加 1 操作的次数为 0；当 i=n 时，变量 i 加 1 操作的次数为 n−1；定位成功时的平均执行次数为(n−1)/2，定位不成功时的执行次数为 n，因此算法 2-6 的时间复杂度为 O(n)。

7．插入操作

线性表的插入操作是指在线性表的第 i−1 个数据元素和第 i 个数据元素之间插入一个新的数据元素，也就是使长度为 n 的线性表(a_1, a_2, a_3, …, a_{i-1}, a_i, …, a_n)变成长度为 n+1 的线性表(a_1, a_2, a_3, …, a_{i-1}, e, a_i, …, a_n)，数据元素 a_{i-1} 和 a_i 之间的逻辑关系发生了变化。在线性表的顺序存储结构中，由于逻辑上相邻的数据元素在物理位置上也是相邻的，因此除非 i=n+1，否则必须移动数据元素才能反映这个逻辑关系的变化。

图 2-2 给出了在顺序表中进行插入操作前和插入操作后其数据元素在存储空间的位置变化。

1）算法设计

一般情况下，在顺序表的第 i(1≤i≤n)个元素之前插入一个数据元素时，需要将第 n 至第 i(共 n−i+1)个数据元素依次向后移动一个位置。

（1）检查插入操作要求的相关参数是否合理，如果不合理，则给出错误信息。

（2）判断当前存储空间是否已满，如果已满，则需要系统增加空间。

（3）把顺序表中原来第 n 至第 i 个数据元素依次往后移动一个位置。

（4）把新数据元素插入在顺序表的第 i 个位置上。

（5）修正顺序表的长度。

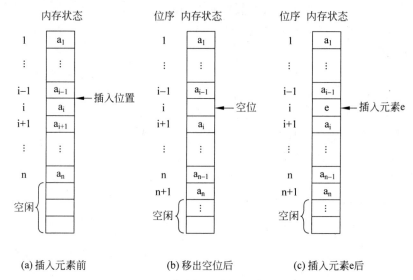

(a) 插入元素前   (b) 移出空位后   (c) 插入元素e后

图 2-2　顺序表插入数据元素的过程

2）算法描述

算法 2-7

```
void ListInsert_Sq(SqList &L, int i, ElemType e)  {
// 在顺序表 L 中第 i 个位置前插入元素 e; 若插入位置不合理则给出相应信息并退出运行
// i 的合理值为 1≤i≤L. length + 1
    if((i < 1)||(i > L. length + 1))            // 插入元素的参数不合理
        Error("Position Error!");
    if(L. length > = L. listsize)               // 若当前存储空间已满,则增加空间
        Increment(L);
    q = &(L. elem[ i - 1]);                      // 令指针 q 指向插入位置
    for(p = &(L. elem[L. length - 1]); p > = q; -- p)
        * (p + 1) = * p;                         // 依次后移元素
    * q = e;                                     // 在 L 的第 i 个位置中插入 e
    ++L. length;                                 // 修正 L 的长度,令其增 1
}                                                // ListInsert_Sq


void Increment(SqList &L)  {
// 为顺序表 L 扩充 LIST_INCREMENT 个数据元素的空间
    newlist = new ElemType[L. listsize + LIST_INCREMENT];
                                                 // 增加 LIST_INCREMENT 个存储分配
    if(!newlist)  Error("Overflow!");           // 存储分配失败
    for(i = 0; i < L, length; i++)
        newlist[i] = L. elem[i];                 // 腾挪原空间中的数据到 newlist 中
    delete []L. elem;                            // 释放元素所占的原空间 L. elem
    L. elem = newlist;                           // 移交空间首地址
    L. listsize += LIST_INCREMENT;               // 修改扩充后顺序表的最大空间
}                                                // Increment
```

3）算法分析

（1）问题规模：线性表的“当前长度”（设值为 n）。

（2）基本操作：依次后移元素。

（3）时间分析。

如果当前存储空间已满，则算法的时间主要花费在增加空间（Increment(L)）上，此时需要腾挪原空间中的数据到新空间 newlist 中，移动次数为 n。

如果当前存储空间不满，则算法的时间主要花费在 for 循环中后移元素的次数上。当 i＝n+1 时，后移数据元素次数为 0，即算法在最优时的时间复杂度是 O(1)；当 i＝1 时，后移数据元素次数为 n。则后移数据元素的平均次数由式（2-2）表示：

$$E_{is} = \sum_{i=1}^{n+1} p_i(n-i+1) \tag{2-2}$$

其中：在表中第 i 个位置插入一个数据元素的移动次数为 n-i+1；p_i 表示在表中第 i 个位置上插入一个数据元素的概率。

一般地，假设在表中任何合法位置（$1 \leqslant i \leqslant n+1$）上插入数据元素机会均等，则有 $p_1 = p_2 = \cdots = p_{n+1} = 1/(n+1)$。因此，在等概率插入的情况下，式（2-2）可以化简为式（2-3）：

$$E_{is} = \frac{1}{n+1} \sum_{i=1}^{n+1}(n-i+1) = \frac{n}{2} \tag{2-3}$$

式（2-3）表示后移数据元素的平均次数为 n/2，即在顺序表上进行插入操作时，平均要移动一半的数据元素。综合考虑，算法 2-7 的时间复杂度为 O(n)。

可以看出，增加空间（Increment(L)）的算法是很费时间的，特别是在当前表长度较大时，因此在实际的应用程序中，应该尽量少使用增加空间，也就是说，尽可能一次为顺序表分配足够使用的数组空间。

8. 删除操作

线性表的删除操作是使长度为 n 的线性表（$a_1, a_2, a_3, \cdots, a_{i-1}, a_i, a_{i+1}, \cdots, a_n$）变成长度为 n-1 的线性表（$a_1, a_2, a_3, \cdots, a_{i-1}, a_{i+1}, \cdots, a_n$），数据元素 a_{i-1} 和 a_{i+1} 之间的逻辑关系发生了变化。为了在存储结构上反映这个变化，同样需要移动数据元素。

图 2-3 给出了在顺序表中进行删除操作的前后，其数据元素在存储空间的位置变化。

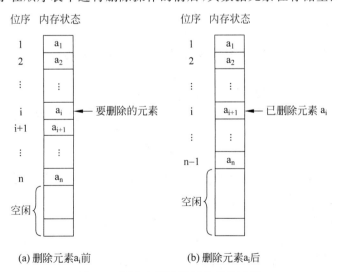

(a) 删除元素a_i前　　　　　　　(b) 删除元素a_i后

图 2-3　顺序表删除数据元素的过程

1) 算法设计

一般情况下,在删除顺序表的第 i 个数据元素时,需要将第 i+1 至第 n 个(共 n−i)数据元素依次向前移动一个位置。

(1) 检查删除操作要求的有关参数的合理性,如果不合理,则给出错误信息。

(2) 将待删除数据元素的值赋给变量。

(3) 把顺序表中原来第 i+1 至第 n 个数据元素依次向前移一个位置。

(4) 修正顺序表的长度。

2) 算法描述

算法 2-8

```
void ListDelete_Sq(SqList &L, int i, ElemType &e)  {
// 删除顺序表 L 中第 i 个元素并用 e 返回其值; 若插入位置不合理则给出相应信息并退出运行
// i 的合理值为 1≤i≤L.length
    if((i<1)||(i>L.length))              // 删除元素的参数不合理
        Error("Position Error!");
    e = L.elem[i-1];                     // 将待删除元素的值赋给 e
    p = &(L.elem[i-1]);                  // 指向 L 中待删除元素的位置
    q = L.elem + L.length - 1;           // 指向 L 中最后一个元素的位置
    for(++p;p <= q;++p)
        *(p-1) = * p;                    // 依次前移元素
    -- L.length;                         // 修正 L 的长度,令其减 1
}                                        // ListDelete_Sq
```

3) 算法分析

(1) 问题规模:线性表的"当前长度"(设值为 n)。

(2) 基本操作:依次前移元素。

(3) 时间分析:算法执行时间主要花费在 for 循环中前移元素的次数上。当 i=1 时,前移数据元素次数为 n−1;当 i=n 时,前移数据元素次数为 0,即算法在最优时的时间复杂度是 $O(1)$。前移数据元素的平均次数由式(2-4)表示:

$$E_{dl} = \sum_{i=1}^{n} q_i(n-i) \tag{2-4}$$

其中:删除表中第 i 个位置数据元素的移动次数为 n−i;q_i 表示在表中第 i 个位置上删除一个数据元素的概率。

一般地,假设在顺序表中任何合法位置($1 \leq i \leq n$)上删除元素机会均等,则有 $q_1 = q_2 = \cdots = q_{n+1} = 1/n$。因此,在等概率删除的情况下,式(2-4)可以化简为式(2-5):

$$E_{dl} = \frac{1}{n} \sum_{i=1}^{n} (n-i) = \frac{n-1}{2} \tag{2-5}$$

式(2-5)表示前移数据元素的平均次数为 $(n-1)/2$,即在顺序表上进行删除操作时,平均约移动一半的数据元素。综合考虑,算法 2-8 的时间复杂度为 $O(n)$。

9. 输出所有数据元素操作

1) 算法设计

当顺序表 L 非空时,依次输出 L 中的所有数据元素。

2）算法描述

算法 2-9

```
void TraverseList_Sq(SqList L)  {
// 依次输出顺序表 L 中的每个数据元素
    if(L.length!= 0) {
        i = 1;                      // 指示位序,初值为 1
        p = L.elem                  // 指向 L 第 i 个元素,初始指向首元素
        while(i <= L.length)  {     // 依次输出 L 中的元素
            cout << * p++ ;
            i++ ;
        }
    }
}                                   // TraverseList_Sq
```

3）算法分析

（1）问题规模：线性表的"当前长度"（设值为 n）。

（2）基本操作：依次输出表中每个数据元素、位序增 1。

（3）时间分析：基本操作与问题规模成正比,因此算法 2-9 的时间复杂度为 O(n)。

例 2-1　将两个有序顺序表 A 和 B 合并为一个新的有序顺序表 C。

1）算法设计

（1）设置有序顺序表 C 的表长,即 C. listsize＝C. length＝A. length＋B. length。

（2）设置 A. elem、B. elem、C. elem 的下标分别为 i、j、k,且初始值均为 0。

（3）当 i≤A. length 且 j≤B. length 时,进行 A 和 B 的合并。如果 A. elem[i]≤B. elem[j],则令 C. elem[k]＝A. elem[i],并令 i 和 k 加 1;如果 A. elem[i]＞B. elem[j],则令 C. elem[k]＝B. elem[i],并令 j 和 k 加 1。

（4）如果 A 有剩余元素,则将其插入到 C; 如果 B 有剩余元素,则将其插入到 C。

2）算法描述

算法 2-10

```
void Merge_Sq(SqList A, SqList B, SqList &C)  {
// 将两个有序顺序表 A 和 B 合成一个有序顺序表 C
    C.length = A.length + B.length;      // 设 C 的表长
    C.listsize = C.length;               // 设 C 的存储容量
    C.elem = new ElemType[C.length]      // 为 C 动态分配存储空间
    if(!C.elem)  Error("Overflow!");     // 存储分配失败
    i = 0;  j = 0;  k = 0;
    while((i < A.length)&&(j < B.length)) // 合并 A 和 B
        if(A.elem[i]<= B.elem[j])  {
            C.elem[k] = A.elem[i];
            i++ ;
            k++ ;
        }
        else  {
            C.elem[k] = B.elem[j];
            j++ ;
            k++ ;
        }
```

```
    while(i < A.length)  {                    // 插入 A 的剩余段
        C.elem[k] = A.elem[i];
        i++;
        k++;
    }
    while(j < B.length)  {                    // 插入 B 的剩余段
        C.elem[k] = B.elem[j];
        j++;
        k++;
    }
}                                             // Merge_Sq
```

3) 算法分析

(1) 问题规模：表 A 的“当前长度”(设值为 n)与表 B 的“当前长度”(设值为 m)之和。

(2) 基本操作：数据元素赋值、下标修改。

(3) 时间分析：算法执行时间主要花费在三个 while 循环的基本操作上，执行的总次数为 n+m，因此算法 2-10 的时间复杂度为 O(n+m)。

例 2-2　插入数据元素 e 到一个递增的顺序表 L 中，且保证插入后表的有序性不变。

1) 算法设计

(1) 如果顺序表 L 已满，则给出相应信息并退出运行。

(2) 从顺序表 L 的最后一个数据元素开始，依次向前寻找第 1 个小于或等于 e 的数据元素位置；在寻找过程中，由于大于 e 的数据元素都放在 e 之后，因此可以边寻找边后移元素，当找到第 1 个小于或等于 e 的数据元素时，该位置也空出来了，将 e 插入该位置即可。

(3) 修正顺序表 L 的长度。

2) 算法描述

算法 2-11

```
void Ins_IncreaseList(SqList &L, ElemType e) {
// 插入 e 到递增顺序表 L 中,且保证插入后 L 的有序性不变; 若 L 满则给出相应信息并退出运行
    if(L.length >= L.listsize)
        Error("Linear List Overflow!");      // L 已满,给出相应信息
    for(i = L.length; (i > 0)&&(L.elem[i-1] > e); i-- )
        L.elem[i] = L.elem[i-1];             // 比较并后移元素
    L.elem[i] = e;                           // 插入 e 到 L 中
    L.length++;                              // 修正 L 的长度,令其增 1
}                                            // Ins_IncreaseList
```

3) 算法分析

(1) 问题规模：表 L 的“当前长度”(设值为 n)。

(2) 基本操作：数据元素后移。

(3) 时间分析：基本操作的平均执行次数为 n/2(分析参见算法 2-7)，因此算法 2-11 的时间复杂度为 O(n)。

例 2-3　逆置顺序表 L，且只允许在原表的存储空间外增加一个附加的工作单元。

1) 算法设计

(1) 设置 m 为顺序表 L 长度的一半，即 $m = \lfloor L.length/2 \rfloor$。

（2）依次将 L. elem[0]与 L. elem[n－1]交换，L. elem[1]与 L. elem[n－2]交换，……，L. elem[k]与 L. elem[n－k－1]交换，直至完成顺序表中所有元素逆置。

2）算法描述

算法 2-12

```
void Invert_Sq(SqList &L)  {
// 逆置顺序表 L
    n = L.length;   m = n/2;
    for(i = 0;i < m;i++)  {                    // 交换 L.elem[i]与 L.elem[n－i－1]
        temp = L.elem[i];
        L.elm[i] = L.elem[n－i－1];
        L.elem[n－i－1] = temp;
    }
}                                              // Invert_Sq
```

3）算法分析

（1）问题规模：待逆置表 L 的"当前长度"（设值为 n）。

（2）基本操作：数据元素交换。

（3）时间分析：算法执行时间主要花费在 for 循环的基本操作上，数据元素交换的次数为 n/2，因此算法 2-12 的时间复杂度为 $O(n)$。

例 2-4　调整顺序表 L：使其左边所有的数据元素均小于 0，右边所有的数据元素均大于或等于 0。

1）算法设计

（1）分配临时存储空间 temp。

（2）将顺序表 L 中的所有数据元素依次和 0 比较：小于 0 的数据元素从 temp[0]开始依次向右存放，大于或等于 0 的数据元素从 temp[n－1]开始依次向左存放。

（3）将整理好的 temp 赋值到顺序表 L，并销毁 temp。

2）算法描述

算法 2-13

```
void Adjust_Sq(SqList &L)  {
// 调整顺序表 L: 使其左边的所有元素均小于 0,右边的所有元素均大于或等于 0
    n = L.length;
    temp = new ElemType[n];                    // 分配临时存储空间 temp
    if(!temp) Error("Over How!");
    x = 0;   y = n－1;
    for(i = 0;i < n;i++)                        // 将 L 中的元素依次和 0 比较
        if(L.elem[i]< 0)  {                     // < 0 元素从 temp[0]开始向右存放
            temp[x] = L.elem[i];
            x++;
        }
        else  {                                // ≥0 元素从 temp[n－1]开始向左存放
            temp[y] = L.elem[i];
            y－－;
        }
    for(i = 0;i < n;i++)  L.elem[i] = temp[i];  // 将整理好的 temp 腾挪到 L 中
    delete []temp;                             // 销毁临时存储空间 temp
}                                              // Adjust_Sq
```

3）算法分析

（1）问题规模：待调整表 L 的"当前长度"（设值为 n）。

（2）基本操作：数据元素赋值。

（3）时间分析：算法执行时间主要花费在两个 for 循环的基本操作上，数据元素赋值的次数均为 n，因此算法 2-13 的时间复杂度为 O(n)。

2.3 线性表的链式表示及操作实现

由 2.2 节讨论可知，线性表顺序存储结构的特点是逻辑关系上相邻的两个数据元素在物理位置上也相邻，因此可以随机存取表中任一元素。然而，从另一个方面来看，这个特点也铸成了这种存储结构的弱点：在作插入或删除操作时，需要移动大量的数据元素，操作不便，特别是当元素信息量较多时，时间开销相当大。本节将讨论线性表的另一种表示方法，即链式存储结构，由于它不要求逻辑上相邻的数据元素在物理位置上也相邻，因此它可以克服顺序存储结构的不足，但同时也失去了顺序表可以随机存取的优点。

2.3.1 单链表的定义

用一组任意的存储单元存放线性表的数据元素，且元素的逻辑次序和物理次序不一定相同。为了能够正确表示数据元素之间的逻辑关系，在存储元素值的同时，还必须存储指示其后继的地址信息，称为指针（Pointer）或链（Link），这两部分组成一个结点（Node）表示线性表中的一个数据元素。通过每个结点的指针将线性表中的数据元素按照其逻辑顺序链接在一起的存储方式称为线性表的链式存储结构，采用这种存储结构的线性表称为链表（Linked List）。每个结点只有一个指针域的链表称为单链表（Single Linked List）。

1．单链表的结点结构

单链表的结点结构如图 2-4 所示。其中，data 为数据域，存放数据元素的值；next 为指针域，存放后继元素的地址。

例如，线性表(5,8,9,21,4,19,15,17)的线性链式存储结构如图 2-5 所示。整个链表的存取必须从头指针 Head 开始进行，头指针指示单链表中第一个结点的存储地址。因为最后一个数据元素没有后继，所以其结点指针域中的指针为空（NULL），通常称为"空指针"。

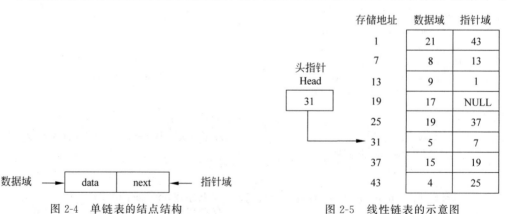

图 2-4 单链表的结点结构　　　　图 2-5 线性链表的示意图

2．单链表的逻辑状态表示

由于在使用单链表时，常常只注重结点之间的逻辑顺序，而不关心每个结点在存储器中的实际物理位置，因此可以把单链表画成用箭头相连接的结点序列，结点之间的箭头表示指针域中的指针。如图 2-5 所示的线性链表就可以画成如图 2-6 所示的形式，其中：Head 是头指针，指示链表中第一个结点的存储位置；空指针用"∧"表示。

```
Head ─→ 5 •─→ 8 •─→ 9 •─→ 21 •─→ 4 •─→ 19 •─→ 15 •─→ 17 ∧
```
图 2-6　线性链表的逻辑状态

3．单链表的头结点和头指针

从图 2-6 所示的单链表可以看到，除了第一个结点外，其他每个结点的存储地址都存放在其前驱的指针域中，而第一个结点则由头指针指示。这个特例需要在单链表实现时做特殊处理，这必然增加了程序的复杂性和出现 bug(计算机系统或者程序中存在的任何一种破坏正常运转能力的问题或者缺陷)的概率。因此，通常的做法是在单链表第一个结点之前附设一个同结构的结点，称为头结点(Head Node)。头结点的数据域可以不存储任何信息，也可以存储如线性表的长度等附加信息；头结点的指针域存储指向单链表第一个结点的存储地址，如图 2-7(a)所示。当头结点的指针域为"空"时，单链表为空链表，如图 2-7(b)所示。

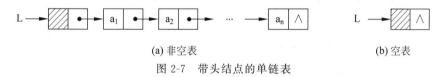

(a) 非空表　　　　　　　　　　(b) 空表
图 2-7　带头结点的单链表

指向头结点的指针称为头指针(Head Pointer)。加上头结点之后，无论单链表是否为空，头指针始终指向头结点，因此空表和非空表的处理也就统一了。

4．单链表的类型定义

```
typedef struct LNode {
    ElemType    data;              // 数据域
    struct LNode  * next;          // 指针域
} LNode;
typedef LNode *LinkList;
```

在这里，LinkList 和 LNode * 是不同名字的同一个指针类型(命名的不同是为了概念上更明确)。LinkList 类型的指针变量 L 表示它是单链表的头指针，LNode * 类型的指针变量表示它是指向某一结点的指针。

5．单链表的主要特点

在单链表中，结点之间的逻辑关系由结点中的指针指示，逻辑上相邻的两个结点其存储的物理位置不要求相邻，因此这种存储结构不是顺序结构。

2.3.2　单链表的操作实现

1．初始化操作

1) 算法设计

(1) 生成一个新结点作为头结点。

（2）设置头结点的指针域为空。

2）算法描述

算法 2-14

```
void InitList_L(LinkList &L)  {
// 构造一个空单链表 L
    L = new LNode;
    L -> next = NULL;
} // InitList_L
```

3）算法分析

算法 2-14 的时间复杂度为 O(1)。

2. 销毁操作

1）算法设计

从单链表的头结点开始依次释放表中每一个结点所占用的存储空间。

2）算法描述

算法 2-15

```
void DestroyList_L(LinkList &L)  {
// 释放单链表 L 所占用的存储空间
    while(L)  {
        p = L;
        L = L -> next;
        delete p;
    }
} // DestroyList_L
```

3）算法分析

（1）问题规模：线性表的"当前长度"，即单链表的结点个数（设值为 n）。

（2）基本操作：指针后移、释放结点存储空间。

（3）时间分析：算法执行时间主要花费在 while 循环的基本操作上，执行次数为 n+1，因此算法 2-15 的时间复杂度为 O(n)。

3. 清空操作

1）算法设计

（1）从单链表的第一个结点开始依次释放表中每个结点所占用的存储空间。

（2）令头结点指针域为空。

2）算法描述

算法 2-16

```
void ClearList_L(LinkList &L)  {
// 清空单链表 L, 释放所有结点空间
    p = L -> next;
    while(p)  {
        q = p;
        p = p -> next;
        delete q;
```

```
    }
    L - > next = NULL;
} // ClearList_L
```

3）算法分析

（1）问题规模：线性表的"当前长度"，即单链表的结点个数（设值为 n）。

（2）基本操作：指针后移、释放结点存储空间。

（3）时间分析：算法执行时间主要花费在 while 循环的基本操作上，执行次数为 n，因此算法 2-16 的时间复杂度为 O(n)。

4．求表长操作

在顺序表中，线性表的长度是它的一个属性，很容易求得。但在单链表中，整个链表由一个"头指针"表示，线性表长度即为链表中的结点个数，只能通过指针顺链表向后扫描，依次"访问"结点，计数得到。

1）算法设计

（1）设置一个指针，初始时指向单链表的头结点。

（2）设置一个计数器，初始时为 0。

（3）通过指针顺链表向后扫描：如果指针不空，则令计数器加 1，且令指针指向其后继结点，如此循环直至指针为"空"停止。

2）算法描述

算法 2-17

```
int ListLength_L(LinkList L) {
// 顺单链表 L 向后扫描,依次访问结点,计数得到 L 的长度,并返回其值
    p = L;                              // 设置指针,初始指向 L 的头结点
    length = 0;                        // 设置计数器 length 初始为 0
    while(p - > next)  {               // 顺表向后扫描,计算表长
        length++;
        p = p - > next;
    }
    return length;
}                                      // ListLength_L
```

3）算法分析

（1）问题规模：线性表的"当前长度"，即单链表的结点个数（设值为 n）。

（2）基本操作：计数器加 1、指针后移。

（3）时间分析：算法执行时间主要花费在 while 循环中的基本操作上，执行次数为 n，因此算法 2-17 的时间复杂度为 O(n)。

5．取值操作

在单链表中，任何两个结点存储位置之间没有固定的联系，每一个结点的存储位置都包含在其前驱结点的指针域中，因此需要通过指针顺链向后扫描，判断待取结点是否存在。

1）算法设计

（1）设置一个指针，初始时指向单链表的第一个结点。

（2）设置一个计数器，初始时为 1。

（3）通过指针顺链表向后扫描，判断取数据元素值操作所要求的相关参数是否合理，如

果不合理,则给出错误信息。

(4) 取结点数据域中的值并返回。

2) 算法描述

算法 2-18

```
void GetElem_L(LinkList L,int i,ElemType &e)  {
// 用 e 返回单链表 L 中第 i 个结点的数据域值; 若 i 值不合理,则给出相应信息并退出运行
// i 的合理值为 1≤i≤表长
    p = L-> next;                        // 设置指针,初始时指向 L 的第一个结点
    j = 1;                               // 设置计数器,初始时为 1
    while(p&&(j < i))  {                 // 顺链向后扫描
        p = p-> next;
        ++j;
    }
    if(!p||(j> i))  Error("Position Error!");
    else  e = p-> data;
}                                        // GetElem_L
```

3) 算法分析

(1) 问题规模:线性表的"当前长度",即单链表的结点个数(设值为 n)。

(2) 基本操作:指针后移、计数器加 1。

(3) 时间分析:算法执行时间主要花费在 while 循环的基本操作上。当取链表中结点值的参数 i 合理时,其平均执行次数为 $(n-1)/2$;当取链表中结点值的参数 i 大于 L 的长度时,其执行次数为 n。因此算法 2-18 的时间复杂度为 $O(n)$。

6. 定位操作

1) 算法设计

(1) 设置一个指针,初始时指向单链表的第一个结点。

(2) 从第一个结点起,通过指针顺链表向后扫描,依次将结点数据域的值和给定的元素值相比较:如果存在与其值相等的结点,则返回第一个相等的结点指针;如果查遍整个单链表都不存在这样一个结点,则返回空指针"NULL"。

2) 算法描述

算法 2-19

```
LNode  * LocateElem_L(LinkList L, ElemType e)  {
// 查找单链表 L 中第一个数据域值和 e 相等的结点。若存在则返回其指针; 若不存在则返回 NULL
    p = L-> next;                        // 设置指针,初始时指向 L 第一个结点
    while(p&&(p-> data!= e))             // 顺链向后扫描
        p = p-> next;
    return p;
}                                        // LocateElem_L
```

3) 算法分析

(1) 问题规模:线性表的"当前长度",即单链表的结点个数(设值为 n)。

(2) 基本操作:指针后移。

(3) 时间分析:算法执行时间主要花费在 while 循环中的基本操作上。当链表中存在

与给定元素值相等的结点时,其平均执行次数为$(n-1)/2$;当链表中不存在与给定元素值相等的结点时,其执行次数为n。因此算法2-19的时间复杂度为$O(n)$。

7. 插入操作

1)算法设计

(1)顺链表向后扫描寻找第i-1个结点,并检查插入操作要求的相关参数是否合理,如果不合理,则给出相应信息并退出运行。

(2)生成一个新结点。

(3)将待插入的数据元素值赋给新结点的数据域。

(4)将第i个结点的指针赋给新结点的指针域。

(5)修改第i-1个结点指针域中的指针,令其指向新结点。

图2-8给出了在单链表中插入新结点的过程。

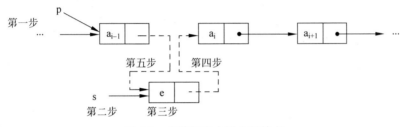

图2-8 在单链表中插入新结点

2)算法描述

算法2-20

```
void ListInsert_L(LinkList &L,int i,ElemType e)  {
// 在单链表L中第i个位置前插入值为e的结点;若插入位置不合理则给出相应信息并退出运行
// i的合理值为1≤i≤表长+1
    p=L;  j=0;
    while(p&&(j<i-1))  {                     // 在L中顺链向后扫描寻找第i-1个结点
        p=p->next;
        ++j;
    }
    if(!p||(j>i-1))  Error("Position Error!");
    else  {
        s=new LNode;                         // 生成新结点
        s->data=e;                           // 将e赋给新结点的数据域
        s->next=p->next;                     // 将第i个结点指针赋给新结点指针域
        p->next=s;                           // 修改第i-1个结点指针域中指针
    }
}                                            // LinkInsert_L
```

3)算法分析

(1)问题规模:线性表的"当前长度",即单链表的结点个数(设值为n)。

(2)基本操作:指针后移等。

(3)时间分析:算法执行时间主要花费在while循环中的基本操作上。插入成功时的平均执行次数为$n/2$,插入不成功时的执行次数为n,因此算法2-20的时间复杂度为$O(n)$。

8. 删除操作

1）算法设计

（1）顺链表向后扫描寻找第 i−1 个结点，并检查插入操作要求的相关参数是否合理，如果不合理，则给出相应信息并退出运行。

（2）设置一个指针指向待删除结点，即第 i 个结点，为删除后释放结点空间做准备。

（3）取出待删除结点数据域的值，为返回其值做准备。

（4）删除第 i 个结点，即修改第 i−1 个结点的指针，令其指向第 i+1 个结点。

（5）释放第 i 个结点的存储空间。

图 2-9 给出了在单链表中删除结点的过程。

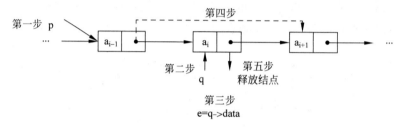

图 2-9　在单链表中删除结点

2）算法描述

算法 2-21

```
void ListDelete_L(LinkList &L,int i,ElemType &e) {
// 删除单链表 L 第 i 个结点，并用 e 返回其数据域值；若删除位置不合理则给出相应信息并退出运行
// i 的合理值为 1≤i≤表长
    p = L;   j = 0;
    while((p->next)&&(j<i-1))  {              // 在 L 中顺链向后扫描寻找第 i-1 个结点
        p = p->next;
        ++j;
    }
    if(!(p->next)||(j>i-1))  Error("Position Error!");
    q = p->next;                             // 设置指针 q 指向被删除结点
    e = q->data;                             // 取出第 i 个结点数据域的值
    p->next = q->next;                       // 删除第 i 个结点
    delete q;                                // 释放第 i 个结点的存储空间
}                                            // LinkDelete_L
```

3）算法分析

（1）问题规模：线性表的"当前长度"，即单链表的结点个数（设值为 n）。

（2）基本操作：指针后移等。

（3）时间分析：算法执行时间主要花费在 while 循环中的基本操作上。删除成功时的平均执行次数为 (n−1)/2，删除不成功时的执行次数为 n，因此算法 2-21 的时间复杂度为 O(n)。

9. 输出所有数据元素操作

1）算法设计

当单链表非空时，从第一个结点开始，顺链表向后扫描，依次输出表中每个结点数据域的值。

2）算法描述

算法 2-22

```
void TraverseList_L(LinkList L) {
// 依次输出单链表 L 中每个结点数据域的值
    p = L->next;
    while(p)  {
        cout << p->data;
        p = p->next;
    }
} // TraverseList_L
```

3）算法分析

（1）问题规模：线性表的"当前长度"，即单链表的结点个数（设值为 n）。

（2）基本操作：依次输出表中每个数据元素、指针后移。

（3）时间分析：基本操作与问题规模成正比，因此算法 2-22 的时间复杂度为 O(n)。

例 2-5　逆序创建单链表。

建立单链表的过程是一个动态生成结点的过程，即从"空表"的初始状态起，依次建立各数据元素结点，并逐个插入到单链表中。逆序创建单链表即是按照逆序读入数据，从表尾到表头逆向建立单链表。

1）算法设计

首先建立一个空表，然后重复下面操作：

（1）生成一个新结点。

（2）按照逆位序读入数据到新结点的数据域。

（3）将新结点作为第一个结点插入到单链表中。

（4）修改单链表头结点的指针域，令其指向新插入结点。

图 2-10 给出了按照逆位序建立单链表的过程。

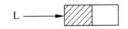

(a) 建立一个空表

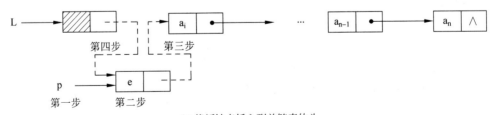

(b) 将新结点插入到单链表的头

图 2-10　逆序建立单链表

2）算法描述

算法 2-23

```
void CreateList_L(LinkList &L, int n)  {
```

```
// 按照逆序输入 n 个元素的值,从表尾到表头逆向建立单链表 L
    InitList_L(L);                              // 建立一个空链表 L
    for(i = n;i > 0; -- i)  {
        p = new LNode;                          // 生成一个新结点
        cin >> p -> data;                       // 读入数据到新结点数据域
        p -> next = L -> next;                  // 插入新结点到 L 中
        L -> next = p;                          // 头结点指针指向新结点
    }
}                                               // CreateList_L
```

3) 算法分析

(1) 问题规模:待输入的数据元素个数 n。

(2) 基本操作:建立结点并插入到单链表中。

(3) 时间分析:算法执行时间主要花费在 for 循环的基本操作上,执行次数为 n,因此算法 2-23 的时间复杂度为 O(n)。

例 2-6 将两个有序单链表 La 和 Lb 合并为一个有序单链表 Lc,且 Lc 和 La 共用一个表头。

1) 算法设计

(1) 设置初始状态。当单链表 La 和 Lb 非空时,指针 pa 和 pb 分别指向单链表 La 和 Lb 中的第一个结点;因为单链表 Lc 和 La 共用一个表头,所以指针 pc 指向单链表 La 的头结点。

(2) 将 La 和 Lb 合并为 Lc。有两种情况:如果 $pa->data \leqslant pb->data$,则将 pa 所指向的结点连接到 pc 所指向的结点之后,同时修改 pc 和 pa;如果 $pa->data > pb->data$,则将 pb 所指向的结点连接到 pc 所指向的结点之后,同时修改 pc 和 pb。

(3) 插入剩余段。如果一个单链表的元素已经合并完,则将另一个单链表的剩余元素段连接在 pc 所指结点之后。

(4) 释放单链表 Lb 的头结点。

2) 算法描述

算法 2-24

```
void Merge_L(LinkList La,LinkList Lb,LinkList &Lc) {
// 将两个有序单链表 La 和 Lb 合成一个有序单链表 Lc,且 Lc 和 La 共用一个表头
    pa = La -> next;
    pb = Lb -> next;
    Lc = pc = La;                               // Lc 和 La 共用一个表头
    while(pa&&pb)
        if(pa -> data <= pb -> data) {          // 如果 pa -> data≤pb -> data
            pc -> next = pa;
            pc = pa;
            pa = pa -> next;
        }
        else {                                  // 如果 pa -> data > pb -> data
            pc -> next = pb;
            pc = pb;
            pb = pb -> next;
        }
```

```
        pc - > next = pa?pa:pb;                // 插入剩余段
        delete Lb;                             // 释放 Lb 头结点的存储空间
    }                                          // Merge_L
```

3）算法分析

（1）问题规模：待合并的两个有序单链表的"长度和"（设 La 表长为 n，Lb 表长为 m）。

（2）基本操作：修改指针。

（3）时间分析：算法执行时间主要花费在 while 循环的基本操作上，执行次数最多为 n＋m，因此算法 2-24 的时间复杂度为 O(n＋m)。

该算法在合并两个有序单链表为一个有序单链表时，不需要再另外建立新链表的结点空间，只是将原来两个单链表中结点之间的逻辑关系解除，重新按照元素值非递减关系将所有结点连接成一个有序单链表即可。

例 2-7　一元多项式的表示及相加。

在数学上，一个一元多项式可以按照其升幂表示为 $A(x)＝a_0＋a_1 x＋a_2 x^2＋\cdots＋a_n x^n$，它由 n＋1 个系数唯一确定。因此，可以用一个线性表$(a_0, a_1, a_2, \cdots, a_n)$来表示，每一项的指数 i 隐含在其系数 a_i 的序号里。

如果有 $A(x)＝a_0＋a_1 x＋a_2 x^2＋\cdots＋a_n x^n$ 和 $B(x)＝b_0＋b_1 x＋b_2 x^2＋\cdots＋b_m x^m$，一元多项式求和即为求 $C(x)＝A(x)＋B(x)$，这实质上是一个合并同类项的过程。

在实际应用中，多项式的指数可能很高且变化很大，在表示多项式的线性表中就会存在很多零元素。一个较好的存储方法是只存非零元素，但需要在存储非零元素系数的同时存储相应的指数。这样，一个一元多项式的每一个非零项可以由系数和指数唯一表示。例如，$S(x)＝5＋10x^{30}＋90x^{100}$ 就可以用线性表$((5, 0), (10, 30), (90, 100))$来表示。

1）一元多项式的存储表示

由于线性表有两种存储结构，一元多项式也可以有两种存储表示方法。

（1）如果采用顺序存储结构，则对于指数相差很多的两个一元多项式，相加操作会改变多项式的系数和指数。若相加的某两项指数不等，则需要将这两项插入到顺序表中；若某两项的指数相等，则需要系数相加，且需要在顺序表中删除相加结果为零的项。因此采用顺序存储结构表示一元多项式，实现相加操作，其效率不高。

（2）如果采用链式存储结构，则每一个非零项对应单链表中的一个结点，且单链表应该按照指数递增有序排列。系数非零项的结点结构如图 2-11 所示。

图 2-11　一元多项式链表结点结构

修改 2.3.1 节中定义的单链表类型定义如下：

```
typedef struct LNode    {
    float        coef;                 // 系数
    int          expn;                 // 指数
    struct LNode  * next;              // 指向下一个元素项的指针
```

```
} LNode;
typedef LNode Polynomial;
```

在实际应用中采用哪一种存储表示要视一元多项式做何种运算而定。如果只对一元多项式进行"求值"等不改变多项式的系数和指数的运算,则采用类似顺序表的顺序存储结构即可,否则应该采用链式存储结构表示。

2)一元多项式的相加操作

两个单链表的头指针分别为 Pa 和 Pb。要求进行多项式加法:Pa=Pa+Pb,利用两个多项式的结点构成"和多项式",且"和多项式"与 Pa 共用一个头结点。

3)算法设计

设指针 p 指向单链表 Pa 的第一个结点,指针 q 指向单链表 Pb 的第一个结点。两个多项式求和实质上是对 p 结点的指数域和 q 结点的指数域进行比较,有下列三种情况:

(1)如果 p—>expn<q—>expn,则 p 结点应该为"和多项式"中的一个结点,将指针 p 后移,如图 2-12 所示。

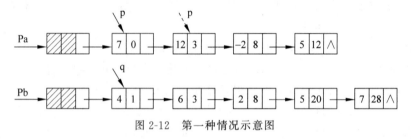

图 2-12   第一种情况示意图

(2)如果 p—>expn>q—>expn,则 q 结点应该为"和多项式"中的一个结点,将 q 结点插入到单链表 A 中 p 结点之前,再将指针 q 后移,如图 2-13 所示。

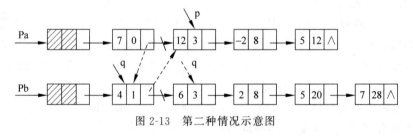

图 2-13   第二种情况示意图

(3)如果 p—>expn=q—>expn,则 p 与 q 所指结点为同类项,将 q 结点的系数加到 p 结点的系数上。若相加结果不为 0,则将指针 p 后移,删除 q 结点;若相加结果为 0,则表明"和多项式"中无此项,删除 p 结点和 q 结点,并将指针 p 和指针 q 分别后移,如图 2-14 所示。

4)算法描述

算法 2-25

```
void AddPolyn(Polynomial &Pa, Polynomial Pb)   {
// 多项式加法: Pa = Pa + Pb,利用两个多项式的结点构成"和多项式"
    p = Pa－>next;                              // 设 p 指向 Pa 中的当前结点
    q = Pb－>next;                              // 设 q 指向 Pb 中的当前结点
```

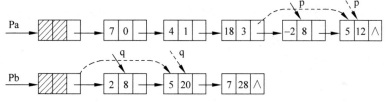

(a) 相加系数不为0

(b) 相加系数为0

图 2-14 第三种情况示意图

```
pre = Pa;                                    // 设 pre 指向 p 的前驱
while(p&&q)  {
    if(p -> expn < q -> expn)    {           // 第一种情况
        pre = p;
        p = p -> next;
    }
    else if(p -> expn > q -> expn)  {        // 第二种情况
        u = q -> next;
        q -> next = p;
        pre -> next = q;
        pre = q;
        q = u;
    }
    else  {                                  // 第三种情况
        p -> coef = p -> coef + q -> coef;   // 系数相加
        if(p -> coef == 0)  {                // 系数为 0,删除 p 结点并释放其空间
            pre -> next = p -> next;
            delete p;
        }
        else   pre = p;                      // 系数非 0,指针 pre 后移
        p = pre -> next;                     // 指针 p 后移
        u = q;
        q = q -> next;                       // 指针 q 后移
        delete u;                            // 释放 q 结点空间
    }
}
    if(q)   pre -> next = q;                  // 将 Pb 中剩余结点连接到 Pa 后面
    delete Pb;                                // 释放 Pb 的头结点
}                                            // AddPloyn
```

5) 算法分析

(1) 问题规模:两个多项式的"项数和"(设多项式 A 有 n 项,多项式 B 有 m 项)。

（2）基本操作：指数比较、系数相加、指针修改。

（3）时间分析：算法执行时间主要花费在 while 循环的基本操作上，执行次数最多为 n+m，因此算法 2-25 的时间复杂度为 O(n+m)。

2.3.3　循环链表

在单链表中，将最后一个结点的指针域 NULL 改为指向头结点，这样形成的链式存储结构称为单向循环链表，简称循环链表（Circular Linked List）。

循环链表是线性表另一种形式的链式存储结构，即首尾相接的链式存储结构。在循环链表中也设置一个头结点，如图 2-15（a）所示。空循环链表如图 2-15（b）所示。

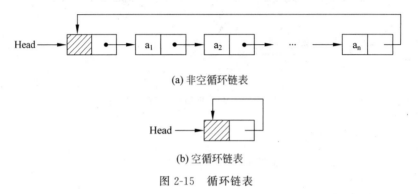

(a) 非空循环链表

(b) 空循环链表

图 2-15　循环链表

因为循环链表与单链表结构一样，所以它们的基本操作也基本一致，其差别仅在于当涉及访问表中结点操作时，其终止条件不再像单链表那样判别 p 或 p—>next 是否为空，而是判别它们是否等于头指针。

在很多实际问题中，链表的操作常常是在表的首尾位置上进行。如果表长为 n，则对设头指针的循环链表第一个结点的查找时间是 O(1)，最后一个结点的查找时间是 O(n)。如果在循环链表中仅设置尾指针 Rear 而不设头指针 Head，则对第一个结点和最后一个结点的查找时间都是 O(1)。因此，实际应用中多采用尾指针表示循环链表。设置尾指针的循环链表如图 2-16 所示。

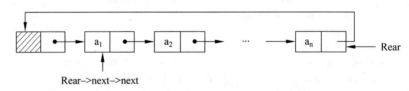

Rear->next->next

图 2-16　仅设尾指针 Rear 的循环链表

在单链表中，从一个已知结点出发，只能访问到该结点及其后继结点，而无法找到该结点之前的其他结点。而在循环链表中，从任意结点出发都可以访问到表中所有结点，这一优点使某些运算在循环链表上更易于实现。

例 2-8　有两个仅设尾指针的循环链表 La 和 Lb，将 Lb 连接到 La 之后。

1）算法设计

（1）保存循环链表 La 的头结点，作为连接后的新循环链表头结点。

（2）将循环链表 Lb 的第一个结点连接到循环链表 La 的最后一个结点上。

（3）释放循环链表 Lb 的头结点。

（4）将循环链表 Lb 最后一个结点指向循环链表 La 的头结点。

（5）重置连接后新循环链表的尾指针。

2）算法描述

算法 2-26

```
void Connect_CL(LinkList &La,LinkList Lb) {
// La 和 Lb 是两个仅设尾指针的循环链表,将 Lb 链接到 La 之后
    p = La -> next;                        // p 指向 La 的头结点
    La -> next = Lb -> next -> next;        // 将 Lb 连接到 La 之后
    delete Lb -> next;                     // 释放 Lb 的头结点
    Lb -> next = p;                        // 连接之后构成循环
    La = Lb;                               // 重置尾指针
}                                          // Connect_CL
```

3）算法分析

（1）问题规模：两个循环链表的"长度和"（设 La 长度为 n,Lb 长度为 m）。

（2）基本操作：指针修改等。

（3）时间分析：基本操作与问题规模无关,因此算法 2-26 的时间复杂度为 $O(1)$。

如果在单链表或头指针表示的循环链表上进行这种连接操作,则都需要扫描 La,找到其最后一个结点 a_n,然后将 Lb 的第一个结点 b_1 连接到 a_n 的后面,其时间复杂度是 $O(n)$。如果在尾指针表示的循环链表上实现,则只需要修改指针,不需要扫描整个链表。

2.3.4　双向链表

在单链表或循环链表的结点中,只有一个指示后继的指针域,因此,从某个结点出发只能顺链往后寻找其他结点。如果要寻找结点的前驱,则需要从表头指针出发。即在单链表或循环链表中,求后继的时间复杂度为 $O(1)$,而求前驱的时间复杂度为 $O(n)$。为了克服单链表或循环链表这种单向性的缺点,可以利用双向链表。

在循环链表中,每个结点中除了一个存放后继的指针域外,再增加一个指向其前驱的指针域,链表中有两条方向不同的链,这样形成的链式存储结构称为双向循环链表,简称双向链表（Double Linked List）。

1. 双向链表的结点结构

双向链表的结点结构如图 2-17 所示。其中,data 为数据域,存放元素的数据；prior 为前向指针域,存放其前驱的地址；next 为后向指针域,存放其后继的地址。

图 2-17　双向链表结点结构

2. 双向链表的头结点和头指针

在双向链表的第一个结点之前也附加一个同结构的结点,称之为头结点。头结点的数

据域可以不存储任何信息,也可以存储如线性表的长度等附加信息;头结点的前向指针域存储指向最后一个结点的指针,后向指针域存储指向第一个结点的指针,如图 2-18(a)所示。指向头结点的指针是头指针。当头结点的前向指针域和后向指针域均指向头结点自己时,称为空双向链表,如图 2-18(b)所示。

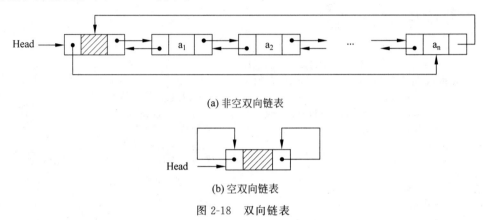

(a) 非空双向链表

(b) 空双向链表

图 2-18　双向链表

3. 双向链表的类型定义

```
typedef struct DuLNode  {
    ElemType        data;              // 数据域
    struct DuLNode  * prior;           // 前向指针域
    struct DuLNode  * next;            // 后向指针域
} DuLNode;
typedef DuLNode  * DuLinkList;
```

在双向链表中,有些操作(如 ListLength、GetElem 和 LocateElem 等)仅需要涉及一个方向的指针,它们的算法设计和单链表相同,但在插入和删除结点时有很大不同,需要同时修改两个方向上的指针。

4. 双向链表的主要特点

在单链表中,求给定结点后继的时间复杂度为 $O(1)$,求前驱的时间复杂度为 $O(n)$。在双向链表中,求给定结点的前驱结点和后继结点的时间复杂度均为 $O(1)$。

例 2-9　在双向链表 L 中,将数据元素值为 e 的结点插入到第 i 个结点之前。

1) 算法设计

顺链向后扫描寻找第 i 个结点,检查插入参数 i 是否合理,如果不合理,则给出相应信息并退出运行;如果合理,则生成一个新结点,并将待插数据元素值赋给其数据域,然后按照如下步骤完成插入:

(1) 设新结点前向指针指向 p 结点的前驱。

(2) 设新结点后向指针指向 p 结点。

(3) 修改 p 结点前驱的后向指针。

(4) 修改 p 结点的前向指针。

图 2-19 给出了在双向链表中插入新结点时指针的变化状况。

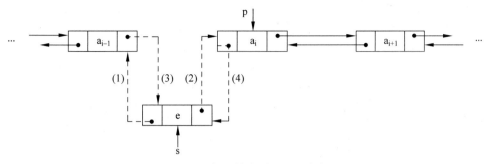

图 2-19　插入结点到双向链表中

2）算法描述

算法 2-27

```
void ListInsert_DuL(DuLinkList &L,int i,ElemType e) {
// 在双向链表 L 中第 i 个结点之前插入值为 e 的结点；若 i 值不不合理则给出相应信息并退出运行
    p = GetElemP_DuL(L,i);                  // 确定双向链表 L 中第 i 个结点的指针 p
    if(p == NULL)  Error("Position Error!");
    s = new DuLNode;
    s -> data = e;
    s -> prior = p -> prior;                // ①设新结点前向指针指向 p 结点前驱
    s -> next = p;                          // ②设新结点后向指针指向 p 结点
    p -> prior -> next = s;                 // ③修改 p 结点前驱的后向指针
    p -> prior = s;                         // ④修改 p 结点的前向指针
}                                           // ListInsert_DuL

DuLNode * GetElemP_DuL(DuLinkList L,int i) {
// 返回双向链表 L 中第 i 个结点指针,1≤i≤表长 +1; 若表中不存在该结点,则返回 NULL
    p = L -> next;  j = 1;
    while((p!= L)&&(j < i))  {              // 在 L 中顺链向后扫描寻找第 i 个结点
        p = p -> next;
        ++j;
    }
    if(((p == L)&&(j!= i))||(j > i))  return NULL;
    return p;                               // 返回第 i 个结点指针
}                                           // GetElemP_DuL
```

3）算法分析

（1）问题规模：双向链表 L 的“长度”（设 L 长度为 n）。

（2）基本操作：指针后移等。

（3）时间分析：该算法的执行时间主要依赖于定位第 i 个结点的算法 GetElemP_DuL。插入成功时的平均执行次数为 n/2,因此算法 2-27 的时间复杂度为 O(n)。

例 2-10　在双向链表 L 中,删除第 i 个结点,并用 e 返回其数据域值。

1）算法设计

顺链向后扫描寻找第 i 个结点,检查删除参数 i 是否合理,如果不合理,则给出相应信息并退出运行;如果合理,则用 e 返回第 i 个结点数据域的值,然后按照以下步骤完成删除:

（1）修改第 i−1 个结点的后向指针,令其指向第 i+1 个结点。

（2）修改第 i+1 个结点的前向指针，令其指向第 i-1 个结点。

（3）释放第 i 个结点的存储空间。

图 2-20 给出了在双向链表中删除结点时指针的变化状况。

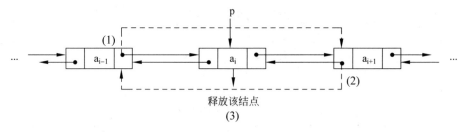

释放该结点
（3）

图 2-20 删除双向链表中结点

2）算法描述

算法 2-28

```
void ListDelete_DuL(DuLinkList &L, int i, ElemType &e) {
// 用 e 返回双向链表 L 第 i 个结点数据域值并删除该结点；若 i 值不合理则给出相应信息并退出运行
    p = GetElemP_DuL(L, i);                    // 确定双向链表 L 中第 i 个结点的指针 p
    if(p == NULL)   Error("Position Error!");
    e = p->data;                                // 取出第 i 个结点数据域值
    p->prior->next = p->next;                   // ①修改第 i-1 个结点后向指针
    p->next->prior = p->prior;                  // ②修改第 i+1 个结点前向指针
    delete p;                                   // ③释放第 i 个结点空间
}                                               // ListDelete_DuL

DuLNode * GetElemP_DuL(DuLinkList L, int i) {
// 返回双向链表 L 中第 i 个结点指针,1≤i≤表长；若表中不存在该结点,则返回 NULL
    p = L;   j = 0;
    while((p->next!= L)&&(j<i-1))   {           // 在 L 中顺链向后扫描寻找第 i 个结点
        p = p->next;
        ++j;
    }
    if((p->next == L)||(j>i-1))return NULL;
    return p->next;                             // 返回第 i 个结点指针
}                                               // GetElemP_DuL
```

3）算法分析

（1）问题规模：双向链表 L 的"长度"（设 L 长度为 n）。

（2）基本操作：指针后移等。

（3）时间分析：该算法的执行时间主要依赖于定位第 i 个结点的算法 GetElemP_DuL。删除成功时的平均执行次数为 $(n-1)/2$，因此算法 2-28 的时间复杂度为 $O(n)$。

2.3.5 静态链表

有时，也可以借用一维数组来描述线性表，数组的大小一般要大于线性表当前长度。数组中一个分量表示一个结点，在存储元素值的同时，还使用游标（cur）代替单链表中的指针，存储指示其后继的相对地址（最后一个分量游标域值为 0），这种用数组描述的链表称为静态链表(Static Linked List)。

1. 静态链表的结点结构

静态链表的结点结构如图 2-21 所示。其中,data 为数据域,存放元素的数据;cur 为游标域,存放其后继的相对地址。

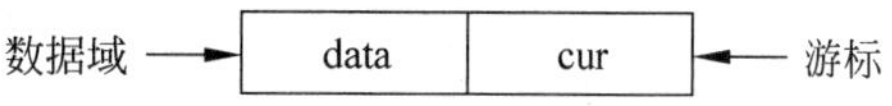

数据域 → | data | cur | ← 游标

图 2-21 静态链表结点结构

数组中的第 0 个分量可以看成头结点:其数据域可以不存储任何信息,也可以存储如线性表的长度等附加信息;其游标域指示静态链表的第一个结点。

图 2-22 给出了一个静态链表的示例。图 2-22(a)是一个修改之前的静态链表;图 2-22(b)是插入元素"Shi"和删除元素"Zheng"之后的静态链表。

	数据域	游标域			数据域	游标域
0		1		0		1
1	Zhao	2		1	Zhao	2
2	Qian	3		2	Qian	3
3	Sun	4		3	Sun	4
4	Li	5		4	Li	**9**
5	Zhou	6		5	Zhou	6
6	Wu	7		6	Wu	**8**
7	Zheng	8		7	Zheng	8
8	Wang	0		8	Wang	0
9				9	**Shi**	**5**
10				10		

（a）修改前的状态 　　　（b）修改后的状态

图 2-22 静态链表

2. 静态链表的类型定义

```
# define List_Size 100              // 静态链表大小,可根据实际需要而定
typedef struct {
    ElemType    data;               // 数据域
    int         cur;                // 游标,指示结点在数组中的相对位置
} component;
typedef component SlinkList[List_Sizet1];
```

3. 静态链表的主要特点

静态链表存储结构仍然需要预先分配一个较大的空间,但在作线性表的插入和删除时不需要移动元素,仅修改指针即可,因此仍然具有链式存储结构的主要优点。

例 2-11 在静态链表 S 中,查找第一个值为 e 的元素。如果找到,则返回其在 S 中的相对位置;否则返回 0。

1) 算法设计

在静态链表中实现线性表的操作和单链表相似,以整型游标 i 代替动态指针 p,i＝S[i].cur 的操作即为指针后移(类似于单链表操作中的 p＝p－＞next)。

2) 算法描述

算法 2-29

```
int LocateElem_SL(SlinkList S,ElemType e)  {
```

```
// 在静态链表 S 中查找第一个值为 e 的元素: 如果找到,则返回它在 S 中的位置; 否则返回 0
    i = S[0].cur;                          // 令 i 指示 S 的第一个结点
    while(i&&(S[i].data!= e))              // 在 S 中顺链向后查找
      i = S[i].cur;
    return i;
}                                          // LocateElem_SL
```

3) 算法分析

(1) 问题规模: 静态链表的结点个数(设值为 n)。

(2) 基本操作: 顺链向后查找元素。

(3) 时间分析: 算法执行时间主要花费在 while 循环中的基本操作上。查找成功时的平均执行次数是(n−1)/2,查找不成功时的执行次数是 n,因此算法 2-29 的时间复杂度为 O(n)。

2.4　线性表两种存储表示的比较

线性表有两种存储表示: 顺序存储结构和链式存储结构。在实际应用中究竟选用哪一种存储结构合适呢? 这要根据具体问题的要求和性质来决定。

2.4.1　基于空间的比较

1. 分配方式

顺序表采用静态分配方式。在程序运行之前必须明确规定存储规模。如果线性表的长度变化较大,则存储规模难以预先确定: 估计过大将造成空间浪费,估计太小又将使空间溢出机会增多。

链式表采用动态分配方式。在程序运行之中只要内存尚有一个结点的空间可以分配,就不会产生溢出。因此,当线性表的长度变化较大,难以事先估计其存储规模时,采用链式存储结构为好。

2. 存储密度

存储密度(Storage Density)是指结点数据本身所占用的存储量和整个结点结构所占用的存储量之比。

顺序表的存储密度为 1。当线性表长度变化不大,易于事先确定其大小时,为了节约存储空间,宜采用顺序存储结构。

链式表的存储密度小于 1。链表中的结点除了数据域外,还需要额外设置指针域存储逻辑上与其相邻接的下一结点的地址,从存储密度来讲是不经济的。

2.4.2　基于时间的比较

1. 存取方式

顺序表是随机存取结构,对表中任一元素都可以在 O(1)的时间内直接取得。当对线性表主要进行查找操作,很少进行插入和删除操作时,采用顺序存储结构为宜。

链式表是顺序存取结构,对表中每个结点都必须从头指针开始顺链向后扫描才能进行存取,时间复杂度为 O(n)。

2. 插入和删除操作

在顺序表中进行插入和删除操作时,平均要移动表中近一半的数据元素,尤其是当元素个数较多、元素信息量较大时,移动元素所花费的时间开销相当大。

在链式表中进行插入和删除操作时,只需要修改指针。对于频繁进行插入和删除数据元素的线性表,宜采用链表存储结构。

习题

一、填空题

1. 如果顺序表中第一个元素存储地址是 100,每个元素长度为 2,则第五个元素存储地址是( )。

2. 在一个长度为 n 的顺序表的第 $i(1 \leqslant i \leqslant n+1)$ 个元素之前插入一个元素,需要向后移动( )个元素,删除第 $i(1 \leqslant i \leqslant n)$ 个元素时,需要向前移动( )个元素。

3. 设单链表中指针 p 指向结点 a,如果要删除 a 的后继(假设 a 存在后继),则需要修改指针的操作为( )。

4. 在由尾指针 rear 指示的循环链表中在表尾插入一个结点 s 的操作序列是( );删除开始结点的操作序列为( )。

5. 在一个具有 n 个结点的单链表中,在指针 p 所指结点后插入一个新结点的时间复杂度为( );在给定值为 e 的结点后插入一个新结点的时间复杂度为( )。

二、选择题

1. 在长度为 n 的顺序表中查找元素 e 的时间复杂度为( )。
   (A) O(0)　　　　(B) O(1)　　　　(C) O(n)　　　　(D) $O(n^2)$

2. 已知线性表 L 采用顺序存储结构,如果每个元素占用 4 个存储单元,第九个元素的地址为 144,则第一个元素的地址是( )。
   (A) 108　　　　(B) 180　　　　(C) 176　　　　(D) 112

3. 如果在某个线性表中最常用的操作是选取第 i 个元素和寻找第 i 个元素的前驱,则采用( )存储结构最节省时间。
   (A) 顺序表　　(B) 单链表　　(C) 双链表　　(D) 单循环链表

4. 在具有 n 个结点的有序单链表中插入一个新结点,并仍然保持其有序性的时间复杂度是( )。
   (A) O(1)　　　　(B) O(n)　　　　(C) $O(n^2)$　　　　(D) $O(n\log_2 n)$

5. 在一个单链表中,已知 q 所指向的结点是 p 所指向的结点的前驱,如果在 q 和 p 之间插入 s 所指向的结点,则应该执行( )操作。
   (A) s->next=p->next; p->next=s;
   (B) q->next=s; s->next=p;
   (C) p->next=s->next; s->next=p;
   (D) p->next=s; s->next=q;

三、问答题

1. 什么时候选用顺序表?什么时候选用链表作为线性表的存储结构为宜?

2. 为什么在单循环链表中设置尾指针比设置头指针更好?

3. 在单链表、循环链表和双向链表中,如果仅知道指针 p 指向某结点,而不知道头指针,则能否将 p 所指向的结点从相应的链表中删除? 如果可以,则其时间复杂度各为多少?

4. 在图 2-23 所示的数组 A 中连接存储着一个线性表,表头指针为 A[0]. next,则该线性表是什么?

A	0	1	2	3	4	5	6	7	8
data		60	56	42	38		74	25	
next	4	3	7	6	2		0	1	

图 2-23　线性表的存储结构

5. 下述算法的功能是什么?

```
LinkList Ex(LinkList L) {
// L是无头结点单链表
    if(L&&L->next) {
        Q = L;   L = L->next;   P = L;
        while(P->next)   P = P->next;
        P->next = Q;   Q->next = NULL;
    }
    return L;
} // Ex
```

四、算法设计题

1. 试分别用顺序表和单链表作为存储结构,实现将线性表$(a_0, a_1, \cdots, a_{n-1})$就地逆置的操作。所谓"就地"是指辅助空间应为 $O(1)$。

2. 设顺序表 L 是一个递减有序表,试设计一个算法将 e 插入到 L 中,并使 L 仍为一个有序表。

3. 设 La 和 Lb 是两个单链表,表中元素递增有序,试设计一个算法将 La 和 Lb 就地归并成一个按元素值递减有序的单链表 Lc,请分析算法的时间复杂度。

4. 已知一个单链表 L,试设计一个算法将单链表中值重复的结点删除,使所得的结果单链表中各结点值均不相同。

5. 假设在长度大于 1 的循环链表中,既无头结点也无头指针。s 为指向循环链表中某个结点的指针,试设计一个算法删除 s 所指向结点的前驱。

## 第 3 章

栈 和 队 列

主要知识点

- 栈和队列的类型定义。
- 栈的存储表示及基于存储结构的基本操作实现。
- 队列的存储表示及基于存储结构的基本操作实现。

栈和队列是两种重要的线性结构,从数据结构的角度看,栈和队列也是线性表,其特殊性在于栈和队列的基本操作是线性表操作的子集,它们是操作受限制的线性表,因此可以称为限定性的数据结构。但从数据类型的角度看,它们是和线性表大不相同的两类抽象数据类型。栈和队列在操作系统、编译原理及大型应用软件系统中得到了广泛的应用。

3.1 栈

栈的特点在于其基本操作的特殊性,即它必须按照"后进先出"的规则进行操作。与线性表相比,其插入和删除操作受到更多的约束和限定。

3.1.1 栈的类型定义

在日常生活中,有很多"后进先出"的例子。例如,把餐厅里洗净的一摞碗看作一个栈。通常,后洗净的碗总是摞在先洗净的碗上面,最后洗净的碗摞在最上面;而使用时却是从这摞碗顶端拿取,即后洗净的先取用。栈的操作特点正是上述实际的抽象。

1. 栈的定义

栈(Stack)是限定仅可以在表尾进行插入和删除操作的线性表。允许插入和删除的一端称为栈顶(Top),栈顶将随着栈中数据元素的增减而浮动,且通过栈顶指针指明当前数据元素位置;不允许插入和删除的一端称为栈底(Bottom),栈底指针并不随着栈中数据元素的增减而移动,它是固定的。不含任何数据元素的栈称为空栈(Empty Stack)。

如图 3-1 所示,栈中有 3 个数据元素,插入元素(也称入栈)顺序是 a_1、a_2、a_3,当需要删除元素(也称出栈)时,其顺序只能为 a_3、a_2、a_1。换言之,在任何时候出栈的数据元素都只能是栈顶元素,即最后入栈者最先出栈,所以栈中元素除了具有线性关系外,还具有后进先出(Last In First Out,LIFO)的特性。栈也可以简称为 LIFO 表。

图 3-2 所示的铁路调度站 A 是一个栈。车辆由轨道 B 进入调

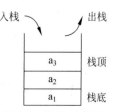

图 3-1 栈的示意图

度站 A,调度站 A 中的车辆从轨道 C 离去;后进入调度站 A 的车辆将先调出。

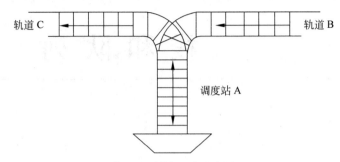

图 3-2 铁路调度示意图

在程序设计语言中,也有很多栈的应用例子。例如,在对程序设计语言编写的源程序进行编译时,类似于表达式括号匹配问题就是用栈来解决的。又如,计算机系统在处理子程序之间的调用关系时,用栈来保存处理执行过程中的调用层次,等等。

2. 栈的抽象数据类型

```
ADT Stack  {
    Data:
        D = {aᵢ | aᵢ ∈ ElemSet, i = 1,2,…,n, n≥0}(具有相同类型的数据元素集合)
    Relation:
        R = {< a_{i-1},aᵢ > | a_{i-1},aᵢ ∈ D,i = 2,…,n}(约定 aₙ 端为栈顶,a₁ 端为栈底)
    Operation:
        InitStack(&S)
            初始条件:无。
            操作结果:构造一个空栈 S。
        DestroyStack(&S)
            初始条件:栈 S 已经存在。
            操作结果:销毁 S。
        ClearStack(&S)
            初始条件:栈 S 已经存在。
            操作结果:重置 S 为空栈。
        StackLength(S)
            初始条件:栈 S 已经存在。
            操作结果:返回 S 中的数据元素个数。
        GetTop(S,&e)
            初始条件:栈 S 已经存在且非空。
            操作结果:用 e 返回 S 的栈顶数据元素。
        Push(&S,e)
            初始条件:栈 S 已经存在。
            操作结果:插入数据元素 e 为 S 的新栈顶元素。
        Pop(&S,&e)
            初始条件:栈 S 已经存在且非空。
            操作结果:删除 S 的栈顶数据元素,并用 e 返回其值。
} ADT Stack
```

3.1.2 栈的存储表示及操作实现

和线性表类似,栈也有两种存储表示:顺序存储表示和链式存储表示。

1. 顺序栈及操作实现

1) 顺序栈的定义

把自栈底到栈顶的元素按照逻辑顺序依次存放在一组地址连续的存储单元里的方式称为栈的顺序存储结构,采用这种存储结构的栈称为顺序栈(Sequential Stack)。同时附设指针 top 指示栈顶元素在顺序栈中的位置(相对地址)。

通常的做法是以 top=0 表示"空栈"。鉴于 C 语言中数组下标约定从 0 开始,因此对用 C 语言描述的顺序栈需要以 top=−1 表示空栈。图 3-3 给出了顺序栈中的栈顶指针和栈中元素之间的关系。

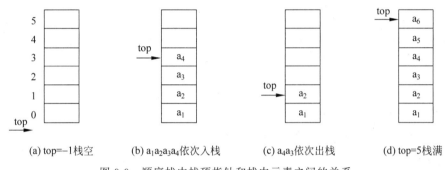

图 3-3 顺序栈中栈顶指针和栈中元素之间的关系

2) 顺序栈的类型定义

采用结构类型来定义顺序栈类型,在顺序栈的结构定义中:

(1) 类似于顺序表,用一维数组描述顺序栈中数据元素的存储区域。

(2) 考虑到栈顶位置是随着进栈和出栈操作而变化的,应该设计一个整型量 top(通常称为栈顶指针)来指示当前栈顶数据元素的相对位置。

(3) 考虑到栈的长度可变,需要设计一个表示栈当前存储空间的域。

```
#define STACK_INIT_SIZE    100              // 栈存储空间的初始分配量
#define STACK_INCREMENT    10               // 栈存储空间的分配增补量
typedef struct  {
    ElemType  * elem;                        // 栈存储空间基地址
    int        top;                          // 栈顶指针,栈非空时指向栈顶元素
    int        stacksize;                    // 当前分配的存储容量(以 ElemType 为单位)
} SqStack;
```

因为栈所需要的容量会随问题不同而异,所以为顺序栈定义了一个"存储空间的分配增补量",为动态扩充数组容量提供方便;也就是说,一旦因为插入数据元素造成空间不足时可进行再分配,为顺序栈增加一个大小为 STACK_INCREMENT 个数据元素的空间。

3) 顺序栈的操作实现

(1) 初始化操作

算法描述如算法 3-1 所示。

算法 3-1

```
void InitStack_Sq(SqStack &S)  {
// 构造一个空顺序栈 S
```

```
    S. elem = new ElemType[STACK_INIT_SIZE];
    if(!S. elem)  Error(" Overflow!");            // 存储分配失败
    S. top = - 1;
    S. stacksize = STACK_INIT_SIZE;
}                                                 // InitStack_Sq
```

算法分析：算法 3-1 的时间复杂度为 O(1)。

（2）销毁操作

算法描述如算法 3-2 所示。

算法 3-2

```
void DestroyStack_Sq(SqStack S)  {
// 释放顺序栈 S 所占用的存储空间
    delete []S. elem;
    S. top = - 1;
    S. stacksize = 0;
} // DestroyStack_Sq
```

算法分析：算法 3-2 的时间复杂度为 O(1)。

（3）清空操作

算法描述如算法 3-3 所示。

算法 3-3

```
void ClearStack_Sq(SqStack &S)  {
// 重置顺序栈 S 为空栈
    S. top = - 1;
} // ClearStack_Sq
```

算法分析：算法 3-3 的时间复杂度为 O(1)。

（4）求栈长操作

算法描述如算法 3-4 所示。

算法 3-4

```
int StackLength_Sq(SqStack S)  {
// 返回顺序栈 S 的长度
    return(S. top + 1);
} // StackLength_Sq
```

算法分析：算法 3-4 的时间复杂度为 O(1)。

（5）取栈顶元素值操作

算法描述如算法 3-5 所示。

算法 3-5

```
void GetTop_Sq(SqStack S, ElemType &e) {
// 若顺序栈 S 为空,则给出相应信息并退出运行; 否则用 e 返回栈顶元素值
    if(S. top == - 1)  Error("Stack Empty!");
    e = S. elem[S. top];
} // GetTop_Sq
```

算法分析：算法 3-5 的时间复杂度为 O(1)。

在该算法中,S. top==−1 表明栈已空,此时如果再作取栈顶数据元素值操作,则将因栈中无元素可取而发生溢出,称为"下溢(Below Overflow)"。栈的下溢常用来作为程序的控制条件。

（6）入栈操作

算法设计如下：

① 判断当前存储空间是否已满,如果已满,则需要系统增加空间。

② 先将栈顶指针加 1,再将新数据元素入栈顶。

算法描述如算法 3-6 所示。

算法 3-6

```
void Push_Sq(SqStack &S, ElemType e)  {
// 插入元素 e,作为新的栈顶元素
    if(S.top == (S.stacksize − 1))              // 若当前存储空间已满,则增加空间
        Increment(S);
    S.elem[++S.top] = e;                        // 栈顶指针先加 1,再将 e 压入栈顶
}                                               // Push_Sq


void Increment(SqStack &S)  {
// 为顺序栈 S 扩充 STACK_INCREMENT 个数据元素的空间
    newstack = new ElemType[S.stacksize + STACK_INCREMENT];
                                                // 增加 STACK_INCREMENT 个存储分配
    if(!newstack)  Error(" Overflow!");         // 存储分配失败
    for(i = 0;i <= S.top;i++)
        newstack[i] = S.elem[i];                // 腾挪原空间中的数据到 newstack 中
    delete []S.elem;                            // 释放元素所占用的原空间 S.elem
    S.elem = newstack;                          // 移交空间首地址
    S.stacksize += STACK_INCREMENT;             // 扩充后的顺序栈的最大空间
}                                               // Increment
```

算法分析：在正常情况下(不发生上溢),算法 3-6 的时间复杂度为 O(1)；在非正常情况下(发生上溢),算法 3-6 的时间复杂度为 O(n)。

在该算法中,如果 S. top==S. stacksize−1,则表明顺序栈已满,此时若再做进栈处理则将发生溢出,这种情况称为"上溢(Above Overflow)"。在实际应用中,栈的上溢一般有两种处理方法：一是给出诸如"栈满""溢出"等出错信息,并退出运行,等候处理；二是为了不停止程序运行,重新分配空间(Increment(S)),即在原来顺序栈容量的基础上追加若干个元素空间。显然,第二种处理方法的"扩充"操作比一次性申请空间要耗费时间。算法 3-6 中采用的是第二种方法。

（7）出栈操作

算法设计：

① 判断当前顺序栈是否为空,如果为空,则给出相应信息并退出运行。

② 先用取出栈顶数据元素值,再将栈顶指针减 1。

算法描述如算法 3-7 所示。

算法 3-7

```
void Pop_Sq(SqStack &S,ElemType &e) {
// 若顺序栈 S 为空,给出相应信息并退出运行；否则用 e 返回栈顶元素值并修改栈顶指针
    if(S.top==-1)  Error("Stack Empty!");      // 栈空,给出相应信息并退出运行
    e = S.elem[S.top--];
}                                              // Pop_Sq
```

算法分析：算法 3-7 的时间复杂度为 O(1)。

栈的链式表示如图 3-4 所示。由于栈的操作是线性表操作的特例,则链栈的操作类似单链表的操作,在此不做详细讨论,参见第 2 章第 2.3 节。

图 3-4　链栈的示意图

4）栈的应用举例

例 3-1　数制转换问题。对于输入的任意一个非负十进制整数 N,输出与其等值的 D 进制数,例如八进制数、二进制数。

（1）算法设计

① 基本原理

将一个非负十进制整数 N 转换为另一个等价的 D 进制数问题,可以通过"除 D 取余法"来解决。即：

$$N=(N/D)\times D+N \text{ MOD } D$$

其中,MOD 为求余运算（取模）。

例如,将十进制数 1348 转换为八进制,即 $(1348)_{10}=(2504)_8$,其运算过程如下：

N	N/8	N MOD 8
1348	168	4
168	21	0
21	2	5
2	0	2

又如,将十进制数 13 转换为二进制,即 $(13)_{10}=(1101)_2$,其运算过程如下：

N	N/2	N MOD 2
13	6	1
6	3	0
3	1	1
1	0	1

② 实现方法

由上可知,计算过程是从低位到高位的顺序来产生 D 进制数的各个数位；而输出过程是从高位到低位进行,恰好和计算过程相反。因此,如果将计算过程中得到的 D 进制数的

各位顺序进栈,则按照出栈序列打印输出的即为与输入对应的 D 进制数。

（2）算法描述

算法 3-8

```
void Conversion() {
// 对于输入的任意非负十进制整数,打印输出与其等值的其他进制数
    InitStack_Sq(S);                    // 构造空顺序栈 S
    cin >> N;                           // 输入任意非负十进制数 N
    cin >> D;                           // 输入任意基数 D
    while(N)  {                         // 从低到高位产生 D 进制数各个数位
        Push_Sq(S, N % D);             // 将 N 取模 D 后入栈 S
        N = N/D;                       // 将 N 整除 D
    }
    while(!(S.top == - 1)) {            // 从高到低位输出 D 进制数各个数位
        Pop_Sq(S, e);                  // 将转换后的 D 进制数出栈 S
        cout << e;                     // 输出
    }
}                                      // Conversion
```

（3）算法分析

① 问题规模：待转换的非负"十进制数"N 和"基"D。

② 基本操作：入栈操作、出栈操作。

③ 时间分析：算法执行时间主要花费在两个 while 循环的基本操作上,两个 while 循环的执行次数均为 $\log_D N$,因此算法 3-8 的时间复杂度为 $O(\log_D N)$。

例 3-2 括号匹配检验问题。对于输入的表达式中的任意括号串进行配对检测。

（1）算法设计

① 基本原理

在表达式中,可以包含括号"("和")",且可以嵌套使用,但是需要检测表达式中的括号输入是否匹配：如果是"（（　）　）"序列或"（（　）（　）　）"序列,则为配对正确；如果是"（（　）"序列或"（　））（"序列,则为配对不正确。

检测表达式中的括号输入是否匹配的方法可以采用"期待的急迫程度"这个概念来描述。例如：

$$(\cdots (\cdots (\cdots (\cdots) \cdots) \cdots) \cdots)$$

$$1 \quad 2 \quad 3 \quad 4 \quad 5 \quad 6 \quad 7 \quad 8$$

当计算机接受了第 1 个左括号后,它期待着与其匹配的第 8 个右括号出现,但等来的却是第 2 个左括号；此时第 1 个左括号只能暂时放到一边,而迫切期待着与第 2 个左括号匹配的第 7 个右括号出现；类似地,因为等来的是第 3 个左括号,其期待匹配的程度比第 2 个左括号更急迫,则第 2 个左括号也只能暂时放到一边；当等来的是第 4 个左括号时,由于其期待匹配的程度高于第 3 个左括号,所以第 3 个左括号也暂时放到一边；在接受了第 5 个右括号之后,第 4 个左括号的期待得到满足,消解之后,第 3 个左括号的匹配就成为当前最急迫的任务了,依次类推。可见,这个处理过程与栈的操作相同。

由此,可以自左至右扫描表达式(以按回车键结束),并基于顺序栈设计一个算法来判断输入的一串括号是否配对正确。

② 实现方法

左括号和右括号配对一定是先有左括号,后有右括号。因为括号是可以连续嵌套使用的,所以左括号允许单个或连续出现,并等待右括号出现而配对消解。左括号在等待右括号出现的过程中应暂时保存起来,当右括号出现时则一定是和最近出现的一个左括号配对并消解;当右括号出现而找不到有左括号配对时则一定是发生了配对不正确的情况。左括号的这种保存和与右括号的配对消解过程与栈的"后进先出"原则是一致的。可以先将读到的左括号压入设定的栈中,当读到右括号时就和栈中左括号配对消解,即将栈顶的左括号弹出栈。如果栈顶弹不出左括号,则表示输入括号匹配出错;如果括号串已读完,栈中仍有左括号存在,则也表示输入括号匹配出错。

(2)算法描述

算法 3-9

```
int matching()  {
// 检验表达式中所含括号是否正确嵌套;若是则返回1,否则返回0
    InitStack_Sq(S);                        // 构造空顺序栈 S
    Push_Sq(S,'#');                         // 将"#"入栈表示括号串开始
    ch = getchar();                         // 读取表达式中的一个字符
    state = 1;                              // state = 1,正确; state = 0,出错
    while((ch!= '\n')&&state)  {            // 只要表达式未结束且检验未出错继续检验
        if(ch == '(')  Push_Sq(S,ch);       // 若遇左括号则左括号入栈
        if(ch == ')')  {
            GetTop_Sq(S,e);                 // 取栈顶元素
            if(e == '#')  state = 0;        // 若栈顶元素 = "#",则无左括号配对
            else  Pop_Sq(S,e);              // 若有左括号配对则消解
        }
        ch = getchar();
    }
    GetTop_Sq(S,e);
    if(e!= '#')  state = 0;                 // 若栈顶元素 ≠ "#",则左括号数多于右括号
    if(state)  return 1;                    // 表达式中所含括号是正确嵌套,返回1
    else  return 0;                         // 表达式中所含括号非正确嵌套,返回0
}                                           // matching
```

(3)算法分析

① 问题规模:表达式串的"长度"(设值为 n)。

② 基本操作:字符比较。

③ 时间分析:算法执行时间主要花费在 while 循环的基本操作上,执行次数为 n,所以算法 3-9 的时间复杂度为 O(n)。

3.1.3 栈与递归问题

栈还有一个重要应用是在程序设计语言中实现递归。一个直接调用自己或通过一系列的调用语句间接地调用自己的函数,称为递归函数。

递归是程序设计中一种强有力的数学工具,它可以使问题的描述和求解变得简洁和清晰。递归算法常常比非递归算法更易设计,尤其是当问题本身或所涉及的数据结构是递归

定义的时候,使用递归算法特别合适。例如:

(1) 有很多数学函数是递归定义的,如非负整数的阶乘函数;

(2) 有的数据结构,如二叉树、广义表等,由于结构本身固有的递归特性,使得它们的操作可以递归地描述;

(3) 还有一类问题,虽然问题本身没有明显的递归结构,但用递归求解比迭代求解更简单,如八皇后问题、汉诺(Hanoi)塔问题等。

1. 递归算法的设计

(1) 递归基本步骤:将规模较大的原问题分解为一个或多个规模更小、但具有类似于原问题特性的子问题。即较大的问题递归地用较小的子问题来描述,解原问题的方法同样可以用来解这些子问题。

(2) 递归终止条件:确定一个或多个无须分解、可直接求解的最小子问题。

例如,非负整数 n 的阶乘可递归定义为:

$$f(n) = \begin{cases} 1 & (n=0) \\ n \times f(n-1) & (n>0) \end{cases} \tag{3-1}$$

2. 栈在递归算法的内部实现中所起的作用

1) 多个函数的嵌套调用

当在一个函数的运行期间调用另一个函数时,调用前系统需要先完成三件事情:

(1) 所有实参、返回地址等信息传递给被调用函数保存;

(2) 为被调用函数的局部变量分配存储区;

(3) 将控制权转移到被调用函数的入口。

调用后,系统也应该完成三件事情:

(1) 保存被调用函数的计算结果;

(2) 释放被调用函数数据区;

(3) 依照被调用函数保存的返回地址将控制权转移到调用函数。

当有多个函数构成嵌套调用时,按照"后调用先返回"的原则,函数之间的信息传递和控制必须通过"栈"来实现,即系统将整个程序运行时所需要的数据空间都安排在一个栈中:每当调用一个函数时,就为它在栈顶分配一个存储区;每当从一个函数退出时,就释放它的存储区。因此当前运行的函数的数据域必在栈顶。

2) 递归函数的运行过程

类似于多个函数的嵌套调用,只是调用函数和被调用函数是同一个函数,因此和每次调用相关的一个重要概念是递归函数运行的"层次"。假设调用该递归函数的主函数为第 0 层,则从主函数调用递归函数就为第 1 层;从第 i 层递归调用本函数为进入"下一层",即第 i+1 层。反之,退出第 i 层递归应该返回至"上一层",即第 i-1 层。为了保证递归函数正确执行,系统需要设立一个"递归工作栈"作为整个递归函数运行期间使用的数据存储区。每一层递归所需要的信息构成一个"工作记录",其中包括所有实参、局部变量及上一层的返回地址。每进入一层递归,就产生一个新的工作记录压入栈顶;每退出一层递归,就从栈顶弹出一个工作记录,则当前执行层的工作记录必是递归工作栈栈顶的工作记录。

3. 汉诺塔问题

传说在世界刚创建时有一座钻石宝塔 A,塔上有 64 个金碟。所有碟子按照从大到小的次序从塔底堆放到塔顶。紧挨着这座塔有另外两个钻石宝塔 B 和 C。从世界创始之日起,婆罗门的牧师们就一直在试图把塔 A 上的碟子移到塔 C 上,其间借助于塔 B 的帮助。每次只能移动一个碟子,任何时候都不能把一个碟子放在比它小的碟子上面。当牧师们完成任务时,世界末日也就到了。

1) 算法设计

在该问题中,将一个金碟从一个塔移至另一个塔的问题是一个和原问题具有相同特征属性的问题,只是问题的规模小于 1,因此可以使用递归求解。递归模型如下。

基本项:当 n=1 时,将编号为 1 的金碟从塔 A 移至塔 C;

归纳项:当 n>1 时,将压在编号为 n 的金碟之上的 n−1 个金碟从塔 A 移至塔 B;将编号为 n 的金碟移至塔 C;将塔 B 上的 n−1 个金碟移至塔 C。

2) 算法描述

算法 3-10

```
1   void hanoi( int n, char A, char B, char C) {
    // 将 A 上按直径由大到小且自上而下编号为 1 到 n 的 n 个金碟按规则搬到 C 上,B 可用作辅助
2       if(n==1) move(A,1,C);          // 将编号为 1 的金碟从 A 移到 C
3       else {
4           hanoi(n−1,A,C,B);          // 将 A 上编号为 n−1 的金碟移到 B,C 作辅助
5           move(A,n,C);               // 将编号为 n 的金碟从 A 移到 C
6           hanoi(n−1,B,A,C);          // 将 B 上编号为 n−1 的金碟移到 C,A 作辅助
7       }
8   }                                  // hanoi
```

图 3-5 展示了语句 hanoi(3,A,B,C) 的执行过程(从主函数进入递归函数到退出递归函数返回至主函数)中递归工作栈状态的变化情况。因为算法 3-10 中的递归函数中有四个实参数,所以每个工作记录包含五个数据项:四个实参和返回地址,并以递归函数中的语句行号表示返回地址,同时假设主函数的返回地址为 0。

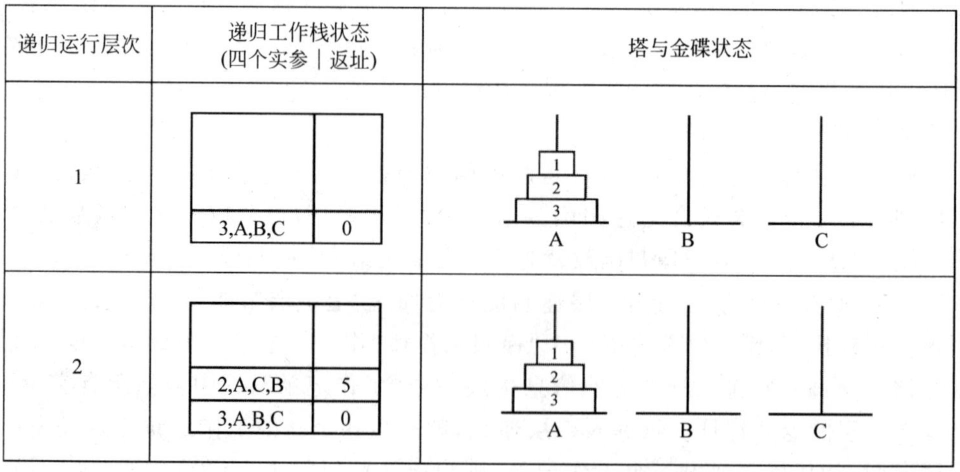

递归运行层次	递归工作栈状态 (四个实参｜返址)		塔与金碟状态
1	3,A,B,C	0	
2	2,A,C,B	5	
	3,A,B,C	0	

图 3-5　汉诺(Hanoi)塔的递归函数运行示意图

递归运行层次	递归工作栈状态 (四个实参｜返址)		塔与金碟状态
3	1,A,B,C 2,A,C,B 3,A,B,C	5 5 0	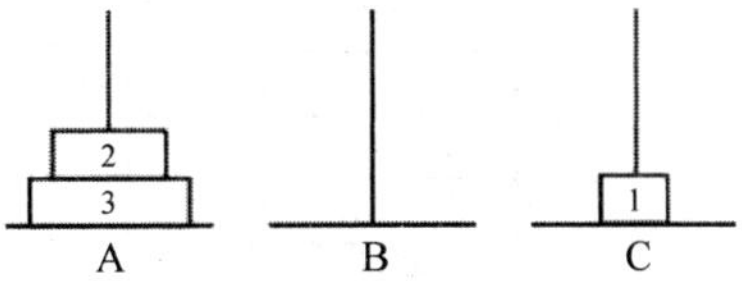
2	2,A,C,B 3,A,B,C	5 0	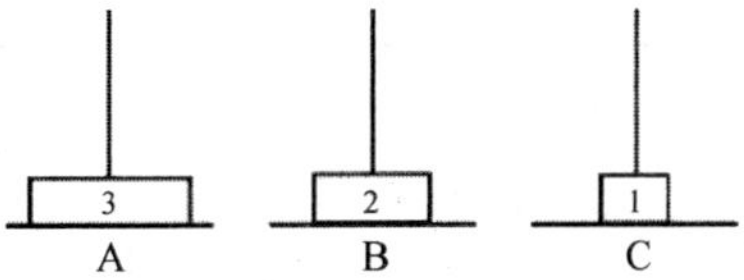
3	1,C,A,B 2,A,C,B 3,A,B,C	7 5 0	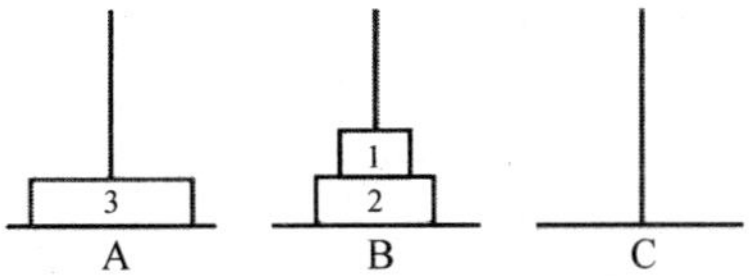
2	2,A,C,B 3,A,B,C	5 0	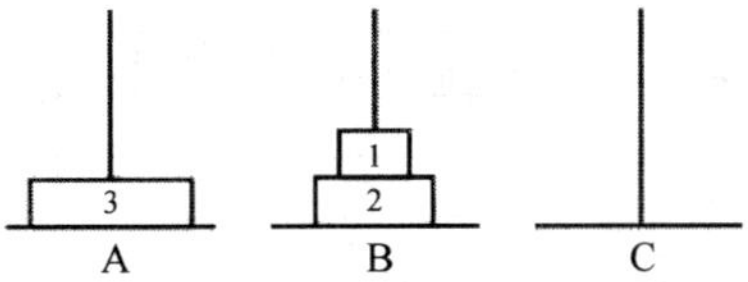
1	3,A,B,C	0	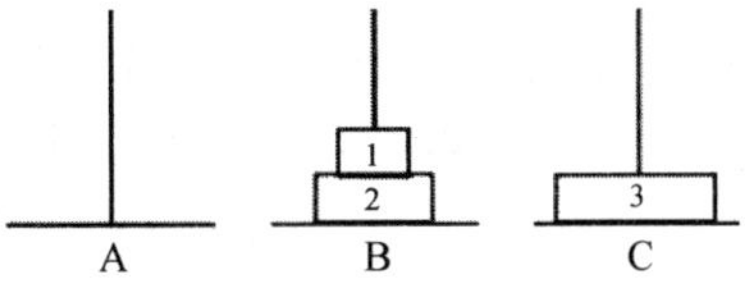
2	2,B,A,C 3,A,B,C	7 0	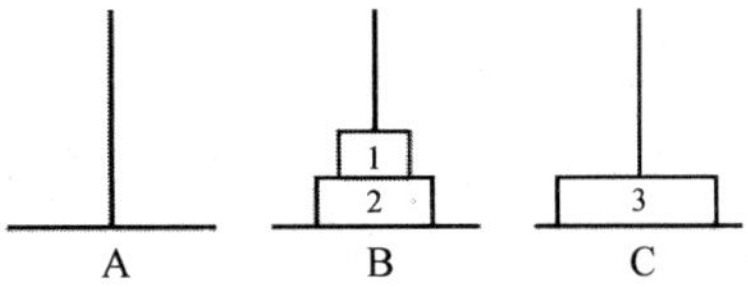
3	1,B,C,A 2,B,A,C 3,A,B,C	5 7 0	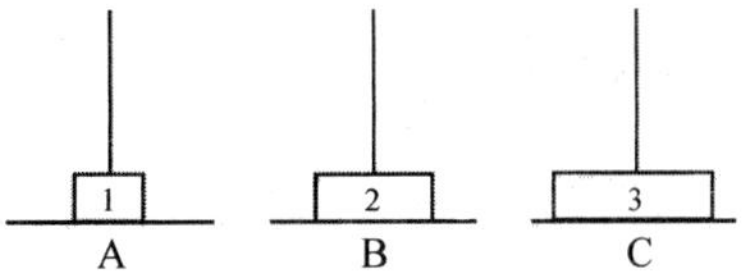

图 3-5 （续）

递归运行层次	递归工作栈状态 (四个实参｜返址)		塔与金蝶状态
2	2,B,A,C 3,A,B,C	7 0	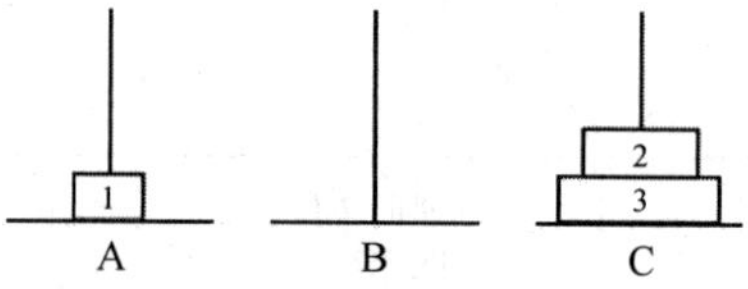
3	1,A,B,C 2,B,A,C 3,A,B,C	7 7 0	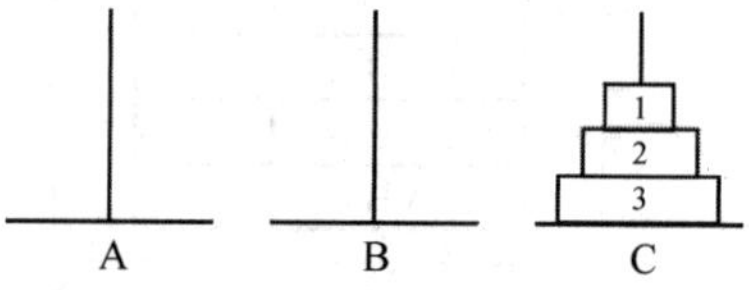
2	2,B,A,C 3,A,B,C	7 0	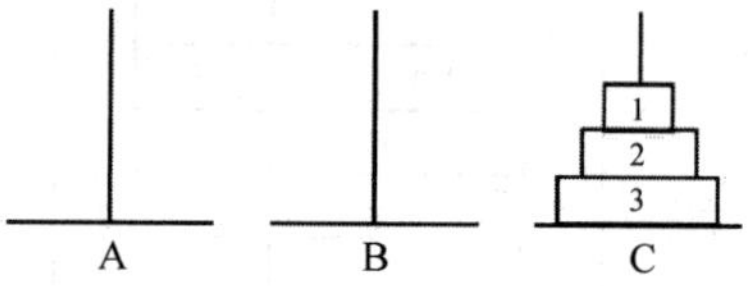
1	3,A,B,C	0	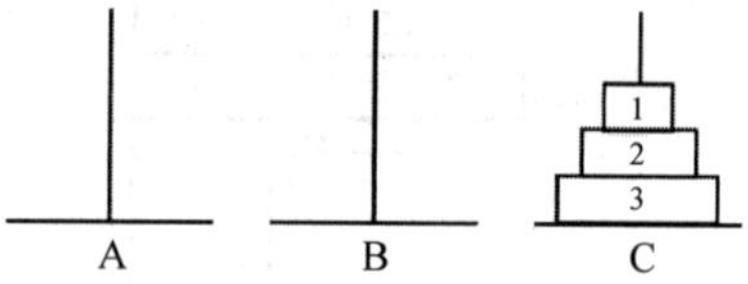
0			

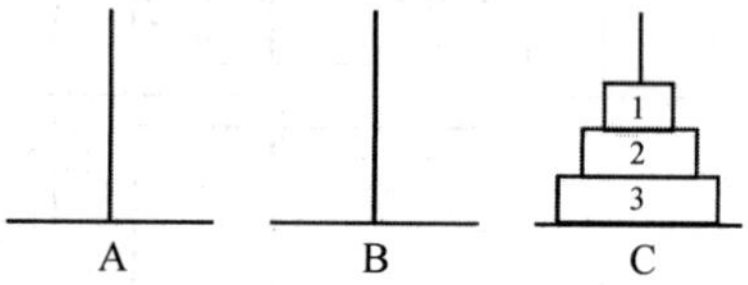

图 3-5 （续）

由于递归函数结构清晰，程序易读，且其正确性也容易证明，因此利用允许递归调用的语言（如 C、C++语言）进行程序设计时，会给用户编制程序和调试程序带来很大方便。对这样一类递归问题编程时，不需要用户自己而是由系统来管理递归工作栈。

3.2 队列

队列的特点在于其基本操作的特殊性，即它必须按照"先进先出"规则进行操作。与线性表相比，它的插入和删除操作受到更多的约束和限定。

3.2.1 队列的类型定义

在日常生活中，经常会遇到为了维护社会正常秩序而需要排队的情景。在计算机程序设计中也经常出现类似问题。数据结构的"队列"与生活中的"排队"极为相似，也是按照"先到先办"的原则行事，并且严格限定：既不允许"加塞儿"，也不允许"中途离队"。

1. 队列的定义

队列（Queue）是只允许在表的一端进行插入操作，而在表的另一端进行删除操作的线性表。允许插入的一端称为队尾（Rear），队尾将随着队列中元素的增加而浮动，通过队尾指针指明队尾的位置；允许删除的一端称为队头（Front），队头将随着队列中元素的减少而浮动，通过队头指针指明队头的位置。不含任何元素的队列称为空队列（Empty Queue）。

如图 3-6 所示，队列中有 5 个元素，插入元素（也称入队）顺序为 a_1、a_2、a_3、a_4、a_5，删除元素（也称出队）顺序依然是 a_1、a_2、a_3、a_4、a_5，即最先入队者最先出队，所以队列中的元素除了具有线性关系外，还具有先进先出（First In First Out，FIFO）的特性。队列也可以简称为FIFO 表。

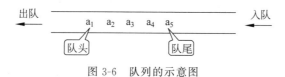

图 3-6　队列的示意图

在现实生活中有许多问题可以用队列来描述。例如，顾客服务部门的工作往往是按队列方式进行的，这类系统称为排队系统。在程序设计中，也经常使用队列记录需要按先进先出方式处理的数据，如键盘缓冲区、操作系统中的作业调度等。

例如，CPU 资源的竞争问题。在具有多个终端的计算机系统中，有多个用户需要使用CPU 各自运行自己的程序，它们分别通过各自终端向操作系统提出使用 CPU 的请求，操作系统按照每个请求在时间上的先后顺序，将其排成一个队列，每次把 CPU 分配给队头用户使用，当相应的程序运行结束后令其出队，再把 CPU 分配给新的队头用户，直到所有用户任务处理完毕。

又如，主机与外部设备之间速度不匹配的问题。以主机和打印机为例来说明，主机输出数据给打印机打印，主机输出数据速度比打印机打印速度要快得多。直接把输出数据送给打印机打印，由于速度不匹配，显然是不行的，因此解决的方法是设置一个打印数据缓冲区，主机把要打印输出的数据依次写入这个缓冲区中，写满后就暂停输出，继而去做其他的事情，打印机就从缓冲区中按照先进先出的原则依次取出数据并打印，打印完后再向主机发出请求，主机接到请求后再向缓冲区写入打印数据，这样利用队列既保证了打印数据的正确，又使主机提高了效率。

2. 队列的抽象数据类型

```
ADT Queue {
    Data:
        D = {aᵢ|aᵢ∈ElemSet, i = 1,2,'…,n, n≥0}(具有相同类型的数据元素集合)
    Relation:
        R = {<aᵢ₋₁,aᵢ>|aᵢ₋₁,aᵢ∈D, i = 2, …,n}(约定 a₁端为队列头,aₙ端为队列尾)
    Operation:
        InitQueue(&Q)
            初始条件：无
            操作结果：构造一个空队列 Q。
        DestroyQueue(&Q)
            初始条件：队列 Q 已经存在。
```

　　　　　　　　操作结果：销毁 Q。
　　　　ClearQueue(&Q)
　　　　　　　　初始条件：队列 Q 已经存在。
　　　　　　　　操作结果：重置 Q 为空队列。
　　　　QuqueLength(Q)
　　　　　　　　初始条件：队列 Q 已经存在。
　　　　　　　　操作结果：返回 Q 的元素个数。
　　　　GetHead(Q,&e)
　　　　　　　　初始条件：队列 Q 已经存在且非空。
　　　　　　　　操作结果：用 e 返回 Q 的队头元素。
　　　　EnQueue(&Q,e)
　　　　　　　　初始条件：队列 Q 已经存在。
　　　　　　　　操作结果：插入元素 e 为 Q 的新队尾元素。
　　　　DeQueue(&Q,&e)
　　　　　　　　初始条件：队列 Q 已经存在且非空。
　　　　　　　　操作结果：删除 Q 的队头元素,并用 e 返回其值。
　　} ADT Queue

3.2.2　队列的存储表示及操作实现

和线性表类似,队列也有两种存储表示：顺序存储表示和链式存储表示。

1. 循环队列及操作实现

1) 循环队列的定义

在队列的顺序存储结构中,除了用一组地址连续的存储单元依次存放队列头到队列尾的数据元素之外,还需要附设两个指针(front 和 rear)分别指示队列头元素和队列尾元素的位置。为了在 C 语言中描述方便起见,在此约定：初始化建立空队列时,令 front＝rear＝0,如图 3-7(a)所示；每当插入新的队列尾元素时,尾指针增 1；每当删除队列头元素时,头指针增 1。因此,在非空队列中,队列头指针 front 始终指向队列头元素,而队列尾指针 rear 始终指向队列尾元素的下一个位置。

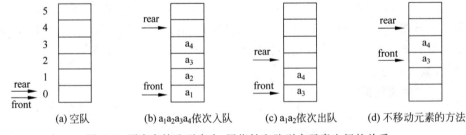

图 3-7　顺序存储队列中头、尾指针和队列中元素之间的关系

　　当队列有 n 个数据元素时,顺序存储的队列应该把队列的所有数据元素都依次存储在数组的前 n 个单元内。如果把队头元素放在数组中下标为 0 的一端,则入队操作(在队尾插入)的时间复杂度仅为 O(1),此时的入队操作相当于追加,不需要移动元素,如图 3-7(b)所示；但出队操作(在队头删除)的时间复杂度为 O(n),因为要保证剩下的 n－1 个元素仍然存储在数组的前 n－1 个单元,就必须将所有元素向前移动一个位置,如图 3-7(c)所示。如果把将队列的所有数据元素必须存储在数组的前 n 个单元这一条件放宽,只要求队列的元

素存储在数组中的连续位置上,则可以得到一种更为有效的存储方法,如图 3-7(d)所示。此时因为没有移动任何元素,入队和出队操作的时间复杂度都是 O(1)。图 3-7 给出了顺序存储队列中的队列头、尾指针和队列中数据元素之间的关系。

如果采用上述方法,则又遇到一个新的问题。随着入队和出队操作的进行,整个队列向数组中下标较大的位置移过去,从而产生了队列的"单向移动性"。当数据元素插入到数组中下标最大的位置上之后,不可以再继续插入新的队尾元素,否则会因为数组越界而招致程序代码被破坏;然而此时数组的低端还有空闲空间,这种现象称为"假溢出",如图 3-8 所示,在这种状态下又不宜像顺序栈那样进行存储再分配扩大数组空间,因为队列的实际可用空间并未占满。解决"假溢出"的一种巧妙方法是将顺序队列臆造为一个环状的空间,如图 3-9 所示,即将存储队列的数组看成是头尾相接的循环结构,允许队列直接从数组中下标最大的位置延续到下标最小的位置,也就是在逻辑上实现循环,而不是在物理上实现循环,如图 3-10 所示。利用数学上的取模操作很容易实现这种逻辑上的循环结构。队列的这种头尾相接的顺序存储结构称为循环队列(Circular Queue)。

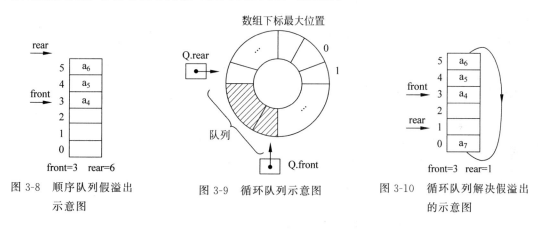

图 3-8　顺序队列假溢出　　　图 3-9　循环队列示意图　　　图 3-10　循环队列解决假溢出
　　　　示意图　　　　　　　　　　　　　　　　　　　　　　　　　的示意图

设存储循环队列的数组长度为 QUEUE_MAX_SIZE,队列的长度用式(3-2)表示:

$$QueueLength = (rear - front + Queue\_Size)\%QUEUE\_MAX\_SIZE \qquad (3-2)$$

当在循环队列的队尾插入元素后,队尾指针的修改用式(3-3)表示:

$$rear = (rear + 1)\%QUEUE\_MAX\_SIZE \qquad (3-3)$$

当在循环队列的队头删除元素后,队头指针的修改用式(3-4)表示:

$$front = (front + 1)\%QUEUE\_MAX\_SIZE \qquad (3-4)$$

在循环队列的操作中还要涉及两个很重要的问题:队列空和队列满的判定条件。在图 3-11(a)所示的队列中只有一个数据元素,如果此时执行出队操作,则队头指针加 1 后与队尾指针相等,即队列空的条件是 front = rear,如图 3-11(b)所示。在如图 3-11(c)和图 3-11(e)所示的队列中只有一个空闲单元,如果此时执行入队操作,则队尾指针加 1 后与队头指针相等,即队列满的条件也是 front = rear,如图 3-11(d)和图 3-11(f)所示。那么应该如何区分队列空和队列满的判定条件呢?此时可以有两种处理方法:

(1) 设立一个标志位,以区别循环队列是"空"还是"满",但是这种方法会给算法设计带来复杂性。

(2) 少用一个数组元素空间,约定以"队列头指针在队列尾指针的下一个位置(指环状

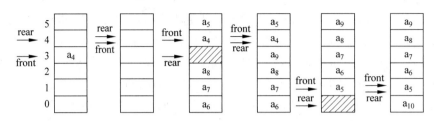

(a)队空的临界状态　(b)队空　(c)队满的临界状态　(d)队满　(e)队满的临界状态　(f)队满
front=3 rear=4　front=rear　front>rear　rear=front　front<rear　rear=front

图 3-11　循环队列空和满的判定

的下一个位置)上"作为队列呈"满"状态的标志,即把图 3-11(c)和图 3-11(e)所示的情况视为队列满,此时队尾位置的指针和队头位置的指针正好相差 1,由此可以得到队列满和队列空不同的判定条件。该方法以牺牲一个元素空间为代价,换取算法设计的简单性,本书采用该方法。

队列满的判定条件用式(3-5)表示:

$$(\text{rear}+1)\%\text{QUEUE\_MAX\_SIZE}=\text{front} \tag{3-5}$$

队列空的判定条件用式(3-6)表示:

$$\text{front}=\text{rear} \tag{3-6}$$

2) 循环队列的类型定义

采用结构类型来定义循环队列类型,在循环队列的结构定义中:

(1) 类似于顺序表,用一维数组描述循环队列中数据元素的存储区域;

(2) 考虑到队头位置随着出队操作而变化,应该设计一个整型量 front(通常称为队头指针)来指示当前队头元素的相对位置;

(3) 考虑到队尾位置随着入队操作而变化,应该设计一个整型量 rear(通常称为队尾指针)来指示当前队尾元素的相对位置。

```
#define QUEUE_MAX_SIZE 100          // 循环队列大小,可根据实际需要而定
typedef struct {
    ElemType   * elem;              // 存储空间基地址
    int        front;               // 头指针,队列非空指向队头元素
    int        rear;                // 尾指针,队列非空指向队尾元素下一位置
} SqQueue;
```

由上分析可见,循环队列不能动态扩充数组容量。如果用户的应用程序中设有循环队列,则必须为它设定一个最大队列长度 QUEUE_MAX_SIZE;如果用户无法估计所用队列的最大长度,则宜采用链队列。

3) 循环队列的操作实现

(1) 初始化操作

算法描述如算法 3-11 所示。

算法 3-11

```
void InitQueue_Sq(SqQueue &Q) {
// 构造一个空循环队列 Q
    Q.elem = new ElemType[QUEUE_MAX_SIZE];
    if(!Q.elem)  Error("Overflow!");        // 存储分配失败
```

```
        Q. front = Q. rear = 0;
}                                                    // InitQueue_Sq
```

算法分析：算法 3-11 的时间复杂度为 O(1)。

（2）销毁操作

算法描述如算法 3-12 所示。

算法 3-12

```
void DestroyQueue_Sq(SqQueue &Q) {
// 释放循环队列 Q 所占用的存储空间
    delete []Q. elem;
    Q. front = Q. rear = 0;
} // DestroyQueue_Sq
```

算法分析：算法 3-12 的时间复杂度为 O(1)。

（3）清空操作

算法描述如算法 3-13 所示。

算法 3-13

```
void ClearQueue_Sq(SqStack &Q)   {
// 重置循环队列 Q 为空队列
    Q. front = Q. rear = 0;
} // ClearQueue_Sq
```

算法分析：算法 3-13 的时间复杂度为 O(1)。

（4）求队列长操作

算法描述如算法 3-14 所示。

算法 3-14

```
int QueueLength_Sq(SqQueue Q) {
// 返回循环队列 Q 的数据元素个数
    length = (Q. rear – Q. front + QUEUE_MAX_SIZE) % QUEUE_MAX_SIZE;
    return length;
} // QueueLength_Sq
```

算法分析：算法 3-14 的时间复杂度为 O(1)。

（5）取队头元素值操作

算法描述如算法 3-15 所示。

算法 3-15

```
void GetHead_Sq(SqQueue Q, ElemType &e) {
// 若循环队列 Q 为空，则给出相应信息并退出运行；否则用返回队头元素值
    if(Q. front == Q. rear)   Error("Queue Empty!");
    e = Q. elem[Q. front];
} // GetHead_Sq
```

算法分析：算法 3-15 的时间复杂度为 O(1)。

在该算法中，Q. front == Q. rear 表明队列已经空，此时如果再作取队头元素值操作，则将因队列中无元素可取而发生溢出，称为"下溢(Below Overflow)"。

（6）入队操作

算法设计：

① 判断当前存储空间是否已满，如果已满，则给出相应信息并退出运行；

② 先将数据元素插入队尾，再根据式(3-3)修改队尾指针。

算法描述如算法 3-16 所示。

算法 3-16

```
void EnQueue_Sq(SqQueue &Q,ElemType e) {
// 若循环队列 Q 已满，则给出相应信息退出运行；否则将元素 e 插入队尾，并修改队尾指针
    if(((Q.rear + 1) % QUEUE_MAX_SIZE) == Q.front)  Error("Queue Overflow!");
    Q.elem[Q.rear] = e;
    Q.rear = (Q.rear + 1) % Queue_Size;
} // EnQueue_Sq
```

算法分析：算法 3-16 的时间复杂度为 O(1)。

（7）出队操作

算法设计：

① 判断循环队列是否为空，如果为空，则给出相应信息并退出运行；

② 先取出队头数据元素值，再根据式(3-4)修改队头指针。

算法描述如算法 3-17 所示。

算法 3-17

```
void DeQueue_Sq(SqQueue &Q,ElemType &e) {
// 若循环队列 Q 为空，则给出相应信息并退出运行；否则用 e 返回队头元素，并修改队头指针
    if(Q.front == Q.rear)  Error("Queue Empty!");
    e = Q.elem[Q.front];
    Q.front = (Q.front + 1) % QUEUE_MAX_SIZE;
} // DeQueue_Sq
```

算法分析：算法 3-17 的时间复杂度为 O(1)。

2. 链队列及操作实现

1）链队列的定义

用链表表示的队列称为链队列(Linked Queue)。一个链队列显然需要两个分别指示队头和队尾的指针(分别称为头指针和尾指针)才能唯一确定。这里，和线性表的单链表一样，为了操作方便起见，也给链队列添加一个同构结点，并令头指针指向头结点；而头结点指针域中的指针指向队列的第一个结点，尾指针指向队列的最后一个结点。当头指针和尾指针均指向头结点时，该链队列为空队列，如图 3-12 所示。链队列没有队列满的问题。

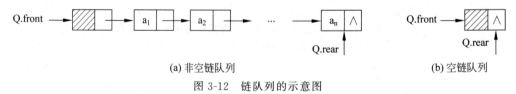

(a) 非空链队列　　　　　　　　　　　　　　　　　　　　(b) 空链队列

图 3-12　链队列的示意图

2）链队列的类型定义

```
typedef struct QNode  {
```

```
    ElemType      data ;              // 数据域
    struct QNode  * next ;            // 指针域
} QNode, * QueuePtr;
typedef struct  {
    QueuePtr      front;             // 头指针,指向链队列头结点
    QueuePtr      rear;              // 尾指针,指向链队列最后一个结点
} LinkQueue;
```

3）链队列的操作实现

（1）初始化操作

算法描述如算法 3-18 所示。

算法 3-18

```
void InitQueue_L(LinkQueue &Q) {
// 构造一个空链队列 Q
    Q. front = Q. rear = new QNode;
    Q. front - > next = NULL;
} // InitQueue_L
```

算法分析：算法 3-18 的时间复杂度为 $O(1)$。

（2）销毁操作

算法描述如算法 3-19 所示。

算法 3-19

```
void DestroyQueue_L(LinkQueue &Q) {
// 释放链队列 Q 所占用的存储空间
    while(Q. front) {
        Q. rear = Q. front - > next;
        delete Q. front;
        Q. front = Q. rear;
    }
} // DestroyQueue_L
```

算法分析：

① 问题规模：队列的"当前长度"，即链队列的结点个数（设值为 n）。

② 基本操作：指针后移、释放结点存储空间。

③ 时间分析：算法执行时间主要花费在 while 循环的基本操作上，执行次数为 $n+1$，因此算法 3-20 的时间复杂度为 $O(n)$。

（3）清空操作

算法描述如算法 3-20 所示。

算法 3-20

```
void ClearQueue_L(LinkQueue &Q)  {
// 清空链队列 L,释放所有结点空间
    p = Q. front - > next;
    while(p)  {
        q = p;
        p = p - > next;
```

```
        delete q;
    }
    Q. front - > next = NULL;   Q. rear = Q. front;
} // ClearQueue_L
```

算法分析：

① 问题规模：队列的"当前长度"，即链队列的结点个数（设值为 n）。

② 基本操作：指针后移、释放结点存储空间。

③ 时间分析：算法执行时间主要花费在 while 循环的基本操作上，执行次数为 n，因此算法 3-20 的时间复杂度为 O(n)。

（4）求队列长操作

算法描述如算法 3-21 所示。

算法 3-21

```
int QueueLength_L(LinkQueue Q) {
// 返回链队列 Q 的长度
    p = Q. front;                        // 设置指针，初始指向链队列头结点
    length = 0;                          // 设置计数器 length 初始为 0
    while(p - > next)   {
        length++ ;
        p = p - > next;
    }
    return length;
}                                        // QueueLength_L
```

算法分析：

① 问题规模：队列的"当前长度"，即链队列的结点个数（设值为 n）。

② 基本操作：计数器加 1、指针后移。

③ 时间分析：算法执行时间主要花费在 while 循环中的基本操作上，执行次数为 n，因此算法 3-21 的时间复杂度为 O(n)。

（5）取队列头元素值操作

算法描述如算法 3-22 所示。

算法 3-22

```
void GetHead_L(LinkQueue Q,ElemType &e) {
// 若链队列 Q 为空，则给出相应信息并退出运行；否则用 e 返回队头结点数据域的值
    if(Q. front == Q. rear)   Error("Queue Empty!");
    e = Q. front - > next - > data;
} // GetHead_L
```

算法分析：算法 3-22 的时间复杂度为 O(1)。

（6）入队操作

算法设计：

链队列的入队列操作只需要处理队尾结点，而不需要考虑其他结点。图 3-13 给出了链队列入队操作时指针的变化状况。

算法描述如算法 3-23 所示。

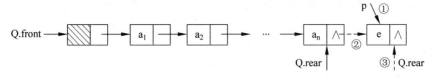

图 3-13　链队列入队操作指针变化状况

算法 3-23

```
void EnQueue_L(LinkQueue &Q;ElemType e) {
// 插入一个数据域值为 e 的结点到链队列 Q 中,成为新的队尾结点
    p = new QNode;
    p -> data = e;   p -> next = NULL;        // 生成一个数据域值为 e 的新结点
    Q. rear -> next = p;                      // 将新结点插到队尾
    Q. rear = p;                              // 修改队尾指针,令其指向新结点
}                                             // EnQueue_L
```

算法分析：算法 3-23 的时间复杂度为 O(1)。

（7）出队操作

算法设计：

链队列的出队操作只需要处理队头结点,而不需要考虑其他结点。链队列的出队操作需要考虑两种情况：

① 当队列长度大于 1 时,用 e 返回链队列队头结点数据域的值,并释放其存储空间。

② 当队列长度等于 1 时,即删除的既是队头结点又是队尾结点,还需要修改队尾指针。

图 3-14 给出了链队列出队操作时指针的变化状况。

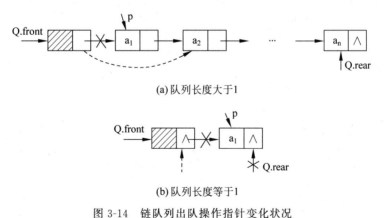

(a)队列长度大于1

(b)队列长度等于1

图 3-14　链队列出队操作指针变化状况

算法描述如算法 3-24 所示。

算法 3-24

```
void DeQueue_L(LinkQueue &Q,ElemType &e) {
// 若链队列 Q 为空,则给出相应信息并退出运行;否则用 e 返回队头结点数据域的值
    if(Q. front == Q. rear)  Error("Queue Empty!");
    p = Q. front -> next;                     // 用指针 p 指向链队列 Q 的队头结点
    e = p -> data;
    Q. front -> next = p -> next;             // 修改队头指针
```

```
        if(Q.rear == p)   Q.rear = Q.front;      // 若队列长度等于1,则修改尾指针
        delete p;                                 // 释放队头结点所占的存储空间
    }                                             // DeQueue_L
```

算法分析:算法 3-24 的时间复杂度为 O(1)。

在链队列出队操作中应该注意队列长度等于 1 的特殊情况。一般情况下,删除队头结点时仅需要修改头结点指针域中的指针即可;但是当删除的既是链队列的队头结点又是队尾结点时,队列将变为空队列,此时队尾指针也丢失了,因此需要修改队尾指针,令其指向头结点。

4)队列的应用举例

例 3-3 模拟患者在医院等候就诊的过程。患者到医院看病的顺序是:先排队等候,再看病治疗。在排队过程中重复做两件事情:一是当患者到达诊室时将病历交给护士,然后排到等候队列中候诊;二是护士从等候队列中取出下一个患者病历,让该患者进入诊室就诊。

(1)算法设计

患者等候就诊按照"先到先服务"的原则,因此利用队列存放患者的病历号:当"患者到达"时,即入队;当"护士让下一位患者就诊"时,即出队;当有"不再接收患者排队"时,即队列中所有元素出队。本算法采用链队列存储结构,"患者到达"用命令"A"(或"a")表示,"护士让下一位患者就诊"用命令"N"(或"n")表示,"不再接收患者排队"用"S"(或"s")表示。

(2)算法描述

算法 3-25

```
void SeeDoctor() {
// 模拟患者在医院等候就诊的过程
    InitQueue_L(Q);                      // 初始化链队列 Q
    flag = 1;                            // flag = 1: 接收患者; = 0: 停止就诊
    while(flag) {
        cout <<"请输入命令: ";  cin >> ch;
        switch(ch) {
            case 'a':
            case 'A':
                cout <<"病历号: ";  cin > n;  cout << endl;
                EnQueue_L(Q,n);          // 入队等候就诊
                break;
            case 'n':
            case 'N':
                if(Q.front -> next) {
                    DeQueue_L(Q,n);      // 患者出队就诊
                    cout <<"病历号为"<< n <<"的患者就诊"<< endl;
                }
                else   cout <<"无患者等候就诊。"<< endl;
                break;
            case 's':
            case 'S':
                cout <<"下列排队的患者依次就诊: "
                while(Q.front -> next) { // 所有患者依次出队就诊
```

```
            DeQueue_L(Q,n);   cout << n <<" ";
        }
        cout << endl <<"今天不再接收患者排队!"<< endl;
        flag = 0;
        break;
    default :
        cout <<" 输入命令不合法!"<< endl;
        }
    }
}                                        // SeeDoctor
```

（3）算法分析

① 问题规模：等候就诊的"患者"（设值为 n）。

② 基本操作：入队、出队。

③ 时间分析：算法 3-25 的时间复杂度为 O(n)。

例 3-4　假设在周末舞会上，男士们和女士们进入舞厅时，各自排成一队。跳舞开始时，依次从男队和女队的队头上各出一人配成舞伴。如果两队初始人数不相同，则较长的那一队中未配对者等待下一轮舞曲。

（1）算法设计

先入队的男士或女士也先出队配成舞伴，因此该问题具有典型的先进先出特性，可以采用队列作为算法的数据结构。本算法采用循环队列。

假设男士和女士的记录存放在一个数组中作为输入，然后依次扫描该数组的各数据元素，并根据性别来决定是进入男队还是女队。当这两个循环队列构造完成之后，依次将两队当前的队头元素出队来配成舞伴，直至某队列变空为止。此时，如果某队仍有等待配对者，则输出此队列中等待者的人数及排在队头的等待者的名字，他（或她）将是下一轮舞曲开始时第一个可获得舞伴的人。

设计循环队列中数据元素的类型如下：

```
typedef struct {
    char  * name;                        // 姓名
    char  sex;                           // 性别,'F'表示女性,'M'表示男性
} Person;
typedef Person ElemType;                 // 将队列中数据元素类型改为 Person
```

（2）算法描述

算法 3-26

```
void DancePartner(Person dancer[ ], int num) {
// 结构数组 dancer 中存放跳舞的男女,结构数组中数据元素类型是 Person, num 是跳舞的人数
    InitQueue_Sq(Mdancers);              // 男士队列 Mdancers 初始化
    InitQueue_Sq(Fdancers);              // 女士队列 Fdancers 初始化
    for(i = 0; i < num; i++) {           // 依次将跳舞者依其性别入队
        p = dancer[i];
        if(p.sex == 'F')
            EnQueue_Sq(Fdancers,p);      // 排入女队
        else
            EnQueue_Sq(Mdancers,p);      // 排入男队
```

```
        }
        cout <<"The dancing partners are: \n \n";
        while(!(Fdancers.front == Fdancers.rear)&&!(Mdancers.front == Mdancers.rear)) {
                                              // 依次输入男女舞伴名
            DeQueue_Sq(Fdancers,p);           // 女士出队
            cout << p.name);                  // 打印出队女士名
            DeQueue_Sq(Mdancers,p);           // 男士出队
            cout << p.name;                   // 打印出队男士名
            cout <<"\n";
        }
        if(!(Fdancers.front == Fdancers.rear)) {    // 输出女士剩余人数及队头女士的名字
            count = QueueLength_Sq(Fdancers);
            cout <<"There are"<< count <<" women waitin for the next round. \n "
            GetHead_Sq(Fdancers,p);           // 取女队队头
            cout << p.name <<" will be the first to get a partner. \n"
        }
        if(!(Mdancers.front == Mdancers.rear)) {    // 输出男队剩余人数及队头者名字
            count = QueueLength_Sq(Mdancers);
            cout <<"\n There are"<< count <<" men waitin for the next round. \n "
            GetHead_Sq(Mdancers,p);           // 取男队队头
            cout << p.name <<" will be the first to get a partner. \n"
        }
    }                                         // DancerPartners
```

（3）算法分析

① 问题规模：跳舞的人（设值为 num）。

② 基本操作：入队，出队。

③ 时间分析：算法 3-26 的时间复杂度为 O(num)。

习题

一、填空题

1. 线性表、栈和队列都属于（   ）结构。可在线性表（   ）位置插入和删除元素；对于栈只能在（   ）插入和删除元素；对于队列只能在（   ）插入元素和在（   ）删除元素。

2. 在操作序列 push(1)，push(2)，pop()，push(5)，push(7)，pop()和 push(6)之后，栈顶元素是（   ），栈底元素是（   ）。

3. 在操作序列 enqueue(1)，enqueue(2)，dequeue()，enqueue(5)，enqueue(7)，dequeue()和 enqueue(9)之后，队头元素是（   ），队尾元素是（   ）。

4. 实现递归函数调用的一种数据结构是（   ）。

5. 在具有 n 个单元的循环队列中，队满时共有（   ）个元素。

二、选择题

1. 如果一个栈的入栈序列是 1、2、3、4、5，则栈不可能的输出序列是（   ）。

（A）54321   （B）45321   （C）43512   （D）12345

2. 如果一个队列的入队顺序是 1、2、3、4，则队列的输出顺序是（   ）。

（A）4321   （B）1234   （C）1432   （D）3241

3. 在解决计算机主机与打印机之间速度不匹配问题时通常设置一个打印缓冲区,该缓冲区应该是一个( )结构。

    (A) 栈   (B) 队列   (C) 数组   (D) 线性表

4. 如果要从栈顶指针为 top 的链栈中删除一个结点,用 e 保存被删除结点的值,则执行( )。

    (A) e＝top；top＝top−＞next；

    (B) e＝top−＞data；

    (C) top＝top−＞next；e＝top−＞data；

    (D) e＝top−＞data；top＝top−＞next；

5. 设栈 S 和队列 Q 的初始状态为空,元素 $a_1,a_2,\cdots,a_6$ 依次通过栈 S,一个元素出栈后即进入队列 Q。如果 6 个元素出队的顺序是 a_2、a_4、a_3、a_6、a_5、a_1,则栈 S 的容量至少应该是( )。

    (A) 6   (B) 4   (C) 3   (D) 2

三、问答题

1. 循环队列的引入是为了克服什么问题?

2. 设有一个栈,元素进栈的次序为 a、b、c、d、e,能否得到出栈序列 c、e、a、b、d 和 c、b、a、d、e? 如果能,则写出操作序列;如果不能,则说明原因。

3. 如果用 Q[n] 表示一个循环队列,用 front 表示队头元素的前一个位置,用 rear 表示队尾元素的位置,那么队列中元素个数是多少?

4. 已知一个栈的入栈序列是 $1,2,\cdots,n$,其输出序列为 $p_1,p_2,\cdots,p_n$,如果 $p_1＝n$,则 p_i 是多少?

5. 如果利用两个栈 S1 和 S2 模拟一个队列,那么应该如何利用栈的运算实现队列的插入和删除操作?

四、算法设计题

1. 试设计一个算法:判定给定的字符向量是否为回文。回文即正读和反读均相同的字符序列,例如字符序列"abba"和字符序列"abdba"均是回文,但字符序列"good"不是回文。提示:将一半字符入栈。

2. 试设计一个算法:判断一个算术表达式的圆括号是否正确配对。提示:采用栈的结构,对表达式进行扫描时,凡遇到字符"("就进栈,遇到字符")"就退栈,表达式扫描完毕后栈应该为空。

3. 假设以带头结点的循环链表表示队列,且只设一个指针指向队尾元素。试设计一个算法:对该循环队列进行置空队、判队空、入队和出队操作。

4. 假设顺序栈 S 中有 2n 个元素,从栈顶到栈底的元素依次为 $a_{2n},a_{2n-1},\cdots,a_1$。试设计一个算法:通过一个循环队列 Q 重新排列该栈中的元素,使得从栈顶到栈底的元素依次为 $a_{2n},a_{2n-2},\cdots,a_2,a_{2n-1},a_{2n-3},\cdots,a_1$。要求空间复杂度和时间复杂度均为 O(n)。

5. 假设编号为 1、2、3、4 的四列火车通过如图 3-2 所示的铁路调度站,可能得到的调度结果有哪些? 如果有 n 列火车通过调度站,试设计一个算法:输出所有可能的调度结果。

## 第 4 章

串

主要知识点

- 串的类型定义。
- 串的存储表示及基于存储结构的基本操作实现。
- 串的模式匹配。

字符串数据是计算机非数值处理的主要对象之一。在早期的程序设计语言中,字符串仅作为输入和输出的常量出现。随着语言加工程序的发展,许多程序设计语言增加了字符串类型,同时也产生了一系列字符串操作。在汇编语言和高级语言编译程序中,源程序和目标程序都是字符串数据。在事物处理程序中,顾客的姓名和地址及货物的名称、产地和规格等一般也都是作为字符串处理的。此外,在信息检索系统、文字编辑系统、事物回答系统、自然语言翻译系统、音乐分析程序,以及多媒体应用系统中,也都是以字符串数据作为处理对象的。字符串一般简称为串,是一种特殊的线性表。

然而,现在使用的计算机硬件结构主要是面向数值计算的需要,基本上没有提供处理字符串数据的操作指令,需要利用软件实现字符串数据类型,而在不同的应用中,所处理的字符串具有不同的特点,要有效地实现字符串的处理,就必须根据具体情况使用合适的存储结构。

4.1 串的类型定义

串(String)的特点在于其每个元素值仅由一个字符组成。串的基本操作和线性表的基本操作也有很大差别。在线性表中,大多以"单个元素"作为操作对象,例如在线性表中查找、插入、删除一个元素等;而在串中,通常以"串的整体"作为操作对象,例如在串中查找、插入及删除一个子串等。

4.1.1 串的定义

串是由零个或多个字符组成的有限序列。一般记为

$$S = "a_1 a_2 \cdots a_n" \quad (n \geqslant 1)$$

其中,S 是串名,用双引号括起来的字符序列是串值;$a_i (1 \leqslant i \leqslant n)$ 可以是字母、数字或其他字符;串中字符数目 n 称为字符串长度。

串值必须用一对双引号括起来,但双引号本身不属于串,它的作用只是为了避免与变量

或数的常量混淆而已。

例如,S="1234",表明 S 是一个串变量名,赋给它的值是字符序列 1234,而不是整数 1234。String="String",表明左边的 String 是一个串变量名,右边的字符序列 String 是赋给它的值。

1. 相关概念

1) 空串和空格串

由零个字符组成的串称为空串(Null String),其长度为零。仅由一个或多个空格组成的串称为空格串(Blank String),其长度为串中空格字符的个数。

例如," "(一个空格)、"   "(四个空格)和"   "(八个空格)是三个不同的空格串,它们的长度分别是 1、4 和 8。而""是一个空串,其长度是 0。

2) 子串、主串和位置

串中任意连续的字符组成的子序列称为该串的子串(Substring)。包含子串的串称为主串(Primary String)。字符在序列中的序号称为该字符在串中的位置(Position),子串在主串中的位置则以子串的第一个字符在主串中的位置来表示。

例如,假设有四个字符串:A="china"、B="chi"、C="na"、D="chi na",那么 A 的长度为 5,B 的长度为 3,C 的长度为 2,D 的长度为 6;B 和 C 都是 A 和 D 的子串,且 B 在 A 和 D 中的位置都是 1,而 C 在 A 中的位置是 4,在 D 中的位置是 5。

2. 串的比较

串的比较是通过组成串中字符之间的比较来进行的。在计算机中,每个字符都有一个唯一的数值表示,称为字符编码,字符之间的大小关系就定义为其字符编码之间的大小关系。字符编码有很多种,对英文字母和其他常用符号,ASCII 码是最常见的一种。例如,字符 A 和字符 B 的 ASCII 码分别为 65 和 66,则有'A'<'B'。对于汉字,它们的大小关系也按编码大小确定。汉字的编码也有很多种,例如中国内地用的是国标码 GB 2312,中国台湾用的是大五码 Big5。

给定两个串:$X = "x_1 x_2 \cdots x_n"$,$Y = "y_1 y_2 \cdots y_m"$。

(1) 当 $n = m$ 且 $x_1 = y_1, \cdots, x_n = y_m$ 时,称 $X = Y$;

(2) 当下列条件之一成立时,称 $X < Y$:

- $n < m$,且 $x_i = y_i (i = 1, 2, \cdots, n)$;
- 存在某个 $k \leqslant \min(m, n)$,使得 $x_i = y_i (i = 1, 2, \cdots, k-1)$,$x_k < y_k$。

(3) 否则,$X > Y$。

例如:"abcd"="abcd","abc"<"abcd","abac"<"abaec","abc">"abafg"。

4.1.2　串的抽象数据类型

```
ADT String  {
    Data:
        D = {aᵢ|aᵢ∈ElemSet, i = 1,2,…,n, n≥0}(具有字符类型的数据元素集合)
    Relation:
        R = {< aᵢ₋₁,aᵢ >|aᵢ₋₁,aᵢ∈D,i = 2,…,n}(相邻数据元素具有前驱和后继的关系)
    Operation:
        StrAssign(&S,chars)
```

初始条件：串常量 chars 已经存在。

操作结果：将 chars 赋值给串 S。

StrCopy(&T,S)

初始条件：串 S 已经存在。

操作结果：将 S 赋值给串 T。

DestroyString(&S)

初始条件：串 S 已经存在。

操作结果：销毁 S。

ClearString(&S)

初始条件：串 S 已经存在。

操作结果：重置 S 为空串。

StrLength(S)

初始条件：串 S 已经存在。

操作结果：返回串 S 的元素个数。

StrCompare(S,T)

初始条件：串 S 和串 T 已经存在。

操作结果：若 S > T,则返回值> 0; 若 S = T,则返回值 = 0; 若 S < T,则返回值< 0。

StrConcat(&T,S1,S2)

初始条件：串 S1 和串 S2 已经存在。

操作结果：返回由 S1 和 S2 连接而成的新串 T。

SubString(&Sub,S,pos,len)

初始条件：串 S 已经存在;1≤pos≤StrLength(S),且 0≤len≤StrLength(S) − pos + 1。

操作结果：用 Sub 返回 S 的第 pos 个字符起长度为 len 的子串。

} ADT String

串的其他操作均可以由 ADT 中定义的基本操作组合而成,例如,串定位 StrIndex、串替换 StrReplace、串插入 StrInser、串删除 StrDelete 等。

例 4-1 利用串比较 StrCompare、求串长 StrLength 和求子串 SubString 基本操作实现串定位 StrIndex(S, T, pos)操作。要求：如果在主串 S 中存在和串 T 值相同的子串,则返回它在主串 S 中第 pos 个字符之后第一次出现的位置;否则返回−1。(设 T 为非空串)

(1) 算法设计

① 分别求出串 S 和串 T 的长度;

② 设置指示器,令初值为 pos;

③ 在串 S 中从第 pos 个字符开始,查找和串 T 相等的第一个子串,并返回其在串 S 中的位置;否则返回−1。

(2) 算法描述

算法 4-1

```
int StrIndex(String S,String T,int pos) {
// 若在串 S 中第 pos 个字符后查找到第一个与 T 相等的子串,则返回其在 S 中的位置;否则返回 − 1
    if(pos > = 1) {
        s_len = StrLength(S);
        t_len = StrLength(T);
        i = pos;
        while(i < = (s_len − t_len + 1)) {
            SubString(Sub,S,i,t_len);
            if(StrCompare(Sub,T)!= 0)    ++i;
```

```
        else   return i;                  // 返回串 T 在主串 S 中的位置
    }
}
    return −1;                           // 主串 S 中不存在与串 T 相等子串
}                                        // StrIndex
```

4.2 串的存储表示及操作实现

如果在程序设计语言中，串只是作为输入输出的常量出现，则只需要存储这个串常量值，也就是字符序列即可。但在大多数非数值处理的程序中，串也以变量的形式出现，因此需要根据串操作的特点，合理地选择和设计串值的存储结构和维护方式。

4.2.1 定长顺序存储表示

类似于线性表的顺序存储表示方法，可以使用一组地址连续的存储单元存储串值的字符序列。

1. 定长顺序串的定义

在程序执行之前，按照预先定义的大小，为串分配一个固定长度的存储区，把串中的字符按照其逻辑次序依次存放在这组地址连续的存储单元里的方式称为串的定长顺序存储表示，采用这种存储结构的串称为定长顺序串（Fixed Length Sequential String）。

在定长顺序串中，一般用下面两种方法来表示串的长度。

（1）在串值后面添加一个不计串长的结束标记符，就像 C/C++ 语言中以 '\0' 来表示串的结束一样。这种存储方法不能直接得到串的长度，而是通过判断当前字符是否为 '\0' 来确定串是否结束，从而求得串的长度，显然不便于进行某些串操作，如图 4-1 所示。

图 4-1 以 '\0' 表示定长顺序串的结束

（2）以下标为 0 的数组分量存放串的实际长度，串值（字符序列）从下标为 1 的数组分量开始存放。这种存储方法能够直接得到串的长度，方便进行串的操作。本书采用这种方法来表示串的长度，如图 4-2 所示。

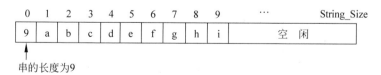

图 4-2 以 0 号单元存储串的长度

2. 定长顺序串的类型定义

```
# define STRING_SIZE  255              //用户可以在 255 内定义最大串长
typedef unsigned char SString[STRING_SIZE + 1]; // 0 号单元存放串的实际长度
```

3. 定长顺序串的主要特点

由于串的存储空间是在程序执行之前分配的,因此其大小在编译时就已经确定。在进行串操作时,如果串的实际长度超过 STRING_SIZE,则超过的串值将被舍去,称之为"截断"。因此,定长顺序串难以适应诸如插入、连接、替换等操作。

4. 定长顺序串的操作实现

1) 赋值操作

(1) 算法设计

① 计算存放在字符数组 chars 中的串常量长度 chars_len;

② 判断串常量长度:如果 chars_len=0,则置串 S 为空串;如果 chars_len<定长顺序串空间,则将 chars 中的字符赋值给串 S;如果 chars_len>定长顺序串空间,则将 chars 部分字符赋值给串 S,发生截断。

(2) 算法描述

算法 4-2

```
void StrAssign_SS(SString &S,char chars[]) {
// 将串常量 chars 赋值给定长顺序串 S; 若 chars 长度大于给定空间则给出"截断赋值"信息
    i = 0;
    chars_len = 0;
    while(chars[i]!= '\0') {                    // 求 chars 长度
        ++chars_len;
        ++i;
    }
    if(!chars_len)  S[0] = 0;                   // chars 长度为 0,生成空串 S
    else  {                                      // chars 长度非 0,生成非空串 S
        j = 0;
        k = 1;
        if(chars_len > STRING_SIZE) {           // 复制 chars 部分字符,发生截断
            while(k <= STRING_SIZE)  S[k++] = chars[j++];
            S[0] = STRING_SIZE;
            cout <<"串常量长度大于给定空间,赋值发生截断!");
        }
        else  {                                  // 复制 chars 所有字符到 S
            while(k <= chars_len)  S[k++] = chars[j++];
            S[0] = chars_len;
        }
    }
}                                                // StrAssign_SS
```

(3) 算法分析

① 问题规模:串常量 chars 的长度(设值为 n);

② 基本操作:求 chars 的长度、字符复制;

③ 时间分析:算法 4-2 的时间复杂度为 O(n)。

2) 清空操作

(1) 算法设计

重新设置串 S 为空串,即令串 S 的长度为 0。

（2）算法描述

算法 4-3

```
void ClearString_SS(SString &S) {
// 重置定长顺序串 S 为空串
    S[0] = 0;
} // ClearString_SS
```

（3）算法分析：算法 4-3 的时间复杂度为 O(1)。

3）求串长操作

（1）算法设计

直接返回定长顺序串 S 中 0 号单元的值。

（2）算法描述

算法 4-4

```
int StrLength_SS(SString S) {
// 返回定长顺序串 S 的长度
    return S[0];
} // StrLength_SS
```

（3）算法分析：算法 4-4 的时间复杂度为 O(1)。

4）比较操作

（1）算法设计

依次比较串 S 和串 T 对应位置上的字符：

① 如果 S 大于 T,则返回一个大于 0 的值;

② 如果 S 小于 T,则返回一个小于 0 的值;

③ 如果 S 等于 T,则返回一个等于 0 值。

（2）算法描述

算法 4-5

```
int StrCompare_SS(SString S, SString T) {
// 比较定长顺序串 S 和 T: 若 S>T,则返回值> 0; 若 S< T,则返回值< 0; 若 S = T,则返回值 = 0
    for(i = 1; (i < = S[0])&&(i < = T[0]);++i)
        if(S[i]!= T[i])  return (S[i] - T[i]);
    return(S[0] - T[0]);
} // StrCompare_SS
```

（3）算法分析

① 问题规模：串 S 和串 T 长度(设值分别为 n 和 m)的最小值,即 Min{n , m};

② 基本操作：字符比较;

③ 时间分析：算法 4-5 的时间复杂度为 O(Min{n , m})。

5）连接操作

（1）算法设计

基于定长顺序串 S1 和 S2 的连接操作,对超过预定义空间(STRING_SIZE)的部分需要实施"截断"。基于 S1 和 S2 长度的不同,连接时可能有如下四种情况发生：

① 如果 S1[0]+S2[0]≤STRING_SIZE,则得到的串 T 是正确的结果;

② 如果 S1[0]<STRING_SIZE,且 S1[0]+S2[0]>STRING_SIZE,则将截断 S2,得到的串 T 包含 S1 及 S2 的一个子串;

③ 如果 S1[0]=STRING_SIZE,则得到的串 T 只包含 S1;

④ 如果 S1[0]>STRING_SIZE,则将截断 S1,得到的串 T 只包含 S1 的一个子串。

(2) 算法描述

算法 4-6

```
void StrConcat_SS(Sstring &T,SString S1,SString S2) {
// 用 T 返回由定长顺序串 S1 和 S2 连接而成的新串
// 若没有发生截断,则给出"正确连接"信息; 若发生截断,则给出"发生截断"信息
    if((S1[0] + S2[0])< = STRING_SIZE)) {              // 没有截断
        j = 1;
        k = 1;
        while(j< = S1[0])   T[k++] = S1[j++];          // 复制 S1 到 T 中
        j = 1;
        while(j< = S2[0])   T[k++] = S2[j++];          // 复制 S2 到 T 中
        T[0] = S1[0] + S2[0];
        cout <<"正确连接,没有发生截断!"
    }
    else if(S1[0]< STRING_SIZE) {                      // 截断 S2
        j = 1;
        k = 1;
        while(j< = S1[0])   T[k++] = S1[j++];          // 复制 S1 到 T 中
        j = 1;
        while(k< = STRING_SIZE)   T[k++] = S2[j++];    // 复制 S2 到 T 中但 S2 被截断
        T[0] = STRING_SIZE;
        cout <<"非正确连接,截断串 S2!"
    }
    else if(S1[0] == STRING_SIZE)  {                   // 截掉 S2,仅取 S1
        j = 1;
        k = 1;
        while(j< = S1[0])   T[k++] = S1[j++];          // 复制 S1 到 T 中
        T[0] = STRING_SIZE;
        cout <<"非正确连接,截掉串 S2,仅取串 S1!"
    }
    else  {                                            // 截断 S1
        j = 1;
        k = 1;
        while(j< STRING_SIZE)   T[k++] = S1[j++];      // 复制 S1 到 T 中但 S1 被截断
        T[0] = STRING_SIZE;
        cout <<"非正确连接,截断串 S1!"
    }
}                                                      // StrConcat_SS
```

(3) 算法分析

① 问题规模:串 S1 和串 S2 的长度(设值分别为 n 和 m)之和;

② 基本操作:字符复制;

③ 时间分析：如果没发生截断，则字符复制的次数为 n＋m；否则小于 n＋m。因此算法 4-6 的时间复杂度为 O(n＋m)。

6) 求子串操作

（1）算法设计

求子串的过程即为复制字符序列的过程：

① 判断待求子串的参数是否合理，如果不合理，则给出相应信息并退出运行。

② 求出主串 S 中第 pos 个字符起长度为 len 的子串。

（2）算法描述

算法 4-7

```
void SubString_SS(SString &Sub,SString S,int pos,int len) {
// 用 Sub 返回定长顺序串 S 的第 pos 个字符起长度为 len 的子串；若参数不合理,则给出错误信息
// 其中:1≤pos≤S 的长度,0≤len≤S 的长度 - pos + 1
    if((pos < 1)||(pos > S[0])||(len < 0)||(len > (S[0] - pos + 1)))
        Error("Position Error!");
    for(i = 1;i < = len;i++)   Sub[i] = S[pos + i - 1];          // 复制字符到 Sub 中
    Sub[0] = len;
}                                                               // SubString_SS
```

（3）算法分析

① 问题规模：待求子串的长度（设值为 len）。

② 基本操作：字符复制。

③ 时间分析：算法 4-7 的时间复杂度为 O(len)。

4.2.2　堆分配存储表示

这种存储表示仍然以一组地址连续的存储单元存放串值字符序列，但它们的存储空间是在程序执行过程中动态分配而得。

1. 堆分配顺序串的定义

在程序执行过程中，按照串的实际长度，在一个称之为"堆"的自由存储空间中，为其分配存储区，把串中的字符按照其逻辑次序依次存放在这组地址连续的存储单元里的方式称为串的堆分配存储表示，采用这种存储结构的串称为堆分配顺序串（Heap Sequential String）。

2. 堆分配顺序串的类型定义

```
typedef struct {
    char    * ch;                                    // 存储空间基地址
    int     length;                                  // 串的实际长度
} HString;
```

图 4-3 给出了堆分配顺序串的示意图。

3. 堆分配顺序串的主要特点

串的存储空间是在程序执行过程中按照串值的实际大小分配的。在进行串操作时不会发生"截断"现象。因此堆分配顺序串适应诸如插入、连接、替换等操作。

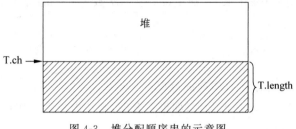

图 4-3 堆分配顺序串的示意图

4. 堆分配顺序串的操作实现

1) 赋值操作

（1）算法设计

① 计算存放在字符数组 chars 中的串常量长度 chars_len。

② 判断串常量长度：如果 chars_len＝0，则置串 S 为空串；否则为串 S 动态分配空间。

③ 将字符数组 chars 中字符赋值给串 S。

（2）算法描述

算法 4-8

```
void StrAssign_HS(HString &S,char chars[]) {
// 将串常量 chars 赋值给堆分配顺序串 S
    i = 0;
    chars_len = 0;
    while(chars[i]!= '\0') {                    // 求 chars 长度
        ++chars_len;
        ++i;
    }
    if(S.ch)   delete S.ch;                     // 若 S 已存在,则释放其所占空间
    if(!chars_len) {                            // chars 长度为 0,置 S 为空串
        S.ch = NULL;
        S.length = 0;
    }
    else {                                      // chars 长度非 0,生成非空串 S
        S.ch = new char[chars_len];             // 为 S 动态分配空间
        if(!S.ch)   Error("Overflow!");
        j = 0;
        k = 0;
        while(k < chars_len)   S.ch[k++] = chars[j++];
        S.length = chars_len;
    }
}                                               // StrAssign_HS
```

（3）算法分析

① 问题规模：串常量 chars 的长度（设值为 n）。

② 基本操作：求 chars 的长度、字符复制。

③ 时间分析：算法 4-8 的时间复杂度为 O(n)，不会发生截断现象。

2) 销毁操作

(1) 算法设计

① 释放串中字符所占用的存储空间。

② 设置串的长度为0。

(2) 算法描述

算法 4-9

```
void DestroyString_HS(HString &S)  {
// 释放堆分配顺序串S中字符所占用的存储空间
    delete [ ]S.ch;
    S.length = 0;
} // DestroyString_HS
```

(3) 算法分析：算法 4-9 的时间复杂度为 O(1)。

3) 清空操作

(1) 算法设计：重新设置串S为空串，即令堆分配顺序串S的基地址为空，长度域值为0。

(2) 算法描述。

算法 4-10

```
void ClearString_HS(HString &S)  {
// 重置堆分配顺序串S为空串
    if(S.ch) {
        delete [ ]S.ch;                          // 若S已存在,则释放其所占空间
        S.ch = NULL;
    }
    S.length = 0;
}                                                // ClearString_HS
```

(3) 算法分析：算法 4-10 的时间复杂度为 O(1)。

4) 求串长操作

(1) 算法设计：直接返回堆分配顺序串中的长度域值。

(2) 算法描述。

算法 4-11

```
int StrLength_HS(HString S)  {
// 返回堆分配顺序串S的长度
    return S.length;
} // StrLength_HS
```

(3) 算法分析：算法 4-11 的时间复杂度为 O(1)。

5) 比较操作

(1) 算法设计,依次比较串S和串T对应位置上的字符：

① 如果 S 大于 T,则返回一个大于 0 的值。

② 如果 S 小于 T,则返回一个小于 0 的值。

③ 如果 S 等于 T,则返回一个等于 0 值。

（2）算法描述。

算法 4-12

```
int StrCompare_HS(HString S,HString T)  {
// 比较堆分配顺序串 S 和 T: 若 S>T,则返回值>0; 若 S<T,则返回值<0; 若 S=T,则返回值=0
    for(i=0;(i<S.length)&&(i<T.length);++i)
        if(S.ch[i]!=T.ch[i])  return (S.ch[i]-T.ch[i]);
    return(S.length-T.length);
} // StrCompare_HS
```

（3）算法分析。

① 问题规模：串 S 和串 T 长度（设值分别为 n 和 m）的最小值，即 $\min\{n, m\}$。

② 基本操作：字符比较。

③ 时间分析：算法 4-12 的时间复杂度为 $O(\min\{n, m\})$。

6）连接操作

（1）算法设计。

① 根据串 S1 和串 S2 的长度之和，为串 T 动态分配存储空间。

② 依次将串 S1 和串 S2 中的字符复制到串 T 中。

（2）算法描述。

算法 4-13

```
void StrConcat_HS(Hstring &T,HString S1,HString S2) {
// 用 T 返回由堆分配顺序串 S1 和串 S2 连接而成的新串
    if(T.ch)  delete T.ch;                        // 释放 T 的旧空间
    T.ch = new char[S1.length+S2.length];
    if(!T.ch)  Error("Overflow!");
    i=0;
    k=0;
    while(i<S1.length)  T.ch[k++]=S1.ch[i++];     // 复制 S1 到 T 中
    i=0;
    while(i<S2.length)  T.ch[k++]=S2.ch[i++];     // 复制 S2 到 T 中
    T.length=S1.length+S2.length;
}                                                 // StrConcat_HS
```

（3）算法分析。

① 问题规模：串 S1 和串 S2 的长度（设值分别为 n 和 m）之和；

② 基本操作：字符复制；

③ 时间分析：字符复制的次数为 n+m，因此算法 4-13 的时间复杂度为 $O(n+m)$，不会发生截断现象。

7）求子串操作

（1）算法设计，求子串的过程即为复制字符序列的过程：

① 判断待求子串的参数是否合理，如果不合理，则给出相应信息并退出运行。

② 如果待求子串长度为 0，则置子串为空串。

③ 如果待求子串长度非 0，则为子串动态分配存储空间，并求出主串 S 中第 pos 个字符起长度为 len 的子串。

（2）算法描述。

算法 4-14

```
void SubString_HS(HString &Sub,HString S,int pos,int len) {
// 用 Sub 返回堆分配顺序串 S 的第 pos 个字符起长度为 len 的子串;若参数不合理,则给出错误信息
// 其中:1≤pos≤S 长度,0≤len≤S 长度 - pos + 1
    if((pos < 1)||(pos > S.length)||(len < 0)||(len > (S.length - pos + 1)))
        Error("Position Error!");
    if(Sub.ch)  delete Sub.ch;                    // 释放 Sub 的旧空间
    if(!len) {                                     // 若 len 为 0,则置空串
        Sub.ch = NULL;
        Sub.length = 0;
    }
    else {                                         // 若 len 非 0,则求子串
        Sub.ch = new char[len];
        if(!Sub.ch)  Error("Overflow!");
        for(i = 0;i < len;i++)
            Sub.ch[i] = S.ch[pos + i - 1];         // 复制字符到 Sub 中
        Sub.length = len;
    }
}                                                  // SubString_HS
```

（3）算法分析。

① 问题规模：待求子串的长度（设值为 len）。

② 基本操作：字符复制。

③ 时间分析：算法 4-14 的时间复杂度为 O(len)。

4.2.3 串的块链存储表示

和线性表的链式存储结构相类似,串也可以采用链表方式存储串值。由于串结构的特殊性,即结构中的每个元素是一个字符,因此用链表存储串值时存在一个"结点大小"的问题,即每个结点可以存放一个字符,也可以存放多个字符。

1. 块链存储结构的定义

在串的链式存储结构中,依据结点大小有两种存储方式。

1）非压缩方式

一个结点只存储一个字符,其优点是操作方便,但存储利用率低,如图 4-4 所示。

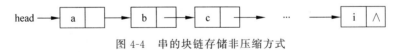

图 4-4 串的块链存储非压缩方式

2）压缩方式

为了提高存储空间利用率,一个结点可以存储多个字符。由于串长不一定是结点大小的整数倍,因此链表中的最后一个结点不一定全被串值占满,此时补上 '\0' 或其他的非串值字符（通常 '\0' 不属于串的字符集,是串的结束标志）,如图 4-5 所示。

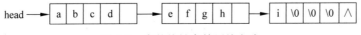

图 4-5 串的块链存储压缩方式

为了便于串的操作,当以链表存储串值时,除了头指针外还可以附设一个尾指针,用来指示链表中的最后一个结点,并给出当前串的有效长度。采用这种存储结构的串称为块链存储结构。

2. 块链存储结构的类型定义

```
# define Chunk_Size   80                      // 结点大小
typedef struct Chunk {
    char          data[Chunk_Size];           // 字符数组
    struct Chunk  * next;                     // 指向下一块的指针
} Chunk;
typedef struck {
    Chunk         * head, * tail;             // 串的头指针和尾指针
    int           length;                     // 串的当前长度
} LinkString
```

由于在一般情况下,对串进行操作时,只需要从头向尾顺序扫描即可,因此对串值不必建立双向链表。设尾指针的目的是为了便于进行串连接操作,但应该注意连接时需要处理第一个串尾的无效字符。

3. 块链存储结构的存储密度

在块链存储结构中,结点大小的选择直接影响着串处理的效率。在各种串的处理系统中,所处理的串往往很长或很多。例如,一本书的几百万个字符,情报资料的成千上万个条目。串的块链存储结构中结点大小的选择直接影响着串处理的效率。这就要求考虑串值的存储密度,如式(4-1)所示。

$$串值的存储密度 = \frac{串值所占的存储位}{实际分配的存储位} \tag{4-1}$$

显然,当结点存储的字符个数少时,存储密度低,运算处理更加方便,但存储占用量大;当结点存储的字符个数多时,存储密度高,存储占用量小,但运算处理不方便。

4. 块链存储结构的主要特点

串值的块链存储结构对某些串操作,如连接操作等有一定的方便之处,但总的说来不如前述两种存储结构灵活,它存储量大且操作复杂。串的块链存储压缩结构实质上是一种顺序与链式相结合的结构,即块内采用顺序存储结构,块间采用链式存储结构。这种存储结构增加了实现基本操作的复杂性,例如对改变串长的操作,可能涉及结点的增加与删除问题。图4-6给出了在一个串的块链存储结构中插入子串的示例:在串"abcdefg"的第三个字符后插入子串"xyz"。

当结点大小等于1时,块链存储结构的操作和单链表的操作类似,故在此不做详细讨论。

块链存储结构的实际应用是正文编辑系统,可以把整个"正文"看成是一个串,把每一行看成是一个子串,构成一个结点,用定长顺序串(80个字符)表示,而行和行之间用指针连接。

例 4-2 假定串 S 采用定长顺序存储:

(1)将串 S 中所有其值为 ch1 的字符换成 ch2 的字符。

(2)将串 S 中所有字符按照相反的次序仍然存放在 S 中。

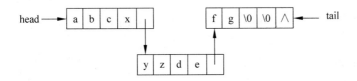

(a) 串的块链存储结构表示串"abcdefg"

(b) 在图 (a) 中第三个字符之后插入子串"xyz"

图 4-6 在串的块链存储结构中插入子串

（3）从串 S 中删除其值等于 ch 的所有字符。

第 1 小题

（1）算法设计：从头到尾扫描串 S，遇到值为 ch1 的字符直接用 ch2 替换。

（2）算法描述。

算法 4-15

```
void Translation_SS(SString &S,char ch1,char ch2)  {
// 将定长顺序串 S 中所有其值为 ch1 的字符换成 ch2 的字符
    for(i=1;i<=S[0];i++)
        if(S.[i]==ch1)   S[i]=ch2;
} // Translation_SS
```

（3）算法分析。

① 问题规模：串 S 的长度（设值为 n）。

② 基本操作：字符替换。

③ 时间分析：算法 4-15 的时间复杂度为 O(n)。

第 2 小题

（1）算法设计。

① 将串 S 中第一个字符与最后一个字符交换。

② 将串 S 中第二个字符与倒数第二个字符交换；……如此下去，直至完成将串 S 的所有字符反序。

（2）算法描述。

算法 4-16

```
void Invert_SS(SString &S)   {
// 将定长顺序串 S 中所有字符反序,之后仍然存放在 S 中
    for(i=1;i<(S[0]/2);i++)   {
        temp=S[i];
        S[i]=S[S[0]-i+1];
        S[S[0]-i+1]=temp;
    }
} // Invert_SS
```

（3）算法分析。

① 问题规模：串 S 的长度（设值为 n）。

② 基本操作：字符交换。

③ 时间分析：字符交换次数为 $\lfloor n/2 \rfloor$，因此算法 4-16 的时间复杂度为 O(n)。

第 3 小题

（1）算法设计，从头到尾扫描串 S，对于值等于 ch 的字符。

① 向前移动其后面所有字符，进行覆盖删除。

② 修改串的当前长度。

（2）算法描述

算法 4-17

```
void DeleteChar_SS(SString &S,char ch)   {
// 从定长顺序串 S 中删除其值等于 ch 的所有字符
    for(i = 1;i < = (S[0]);i++)
        if(S[i] == ch) {
            for(j = i;j<S[0];j++)   S[j] = S[j + 1];
            S[0] = S[0] - 1;
        }
} // Deletechar_SS
```

（3）算法分析。

① 问题规模：串 S 的长度（设值为 n）。

② 基本操作：字符前移。

③ 时间分析：算法执行时间主要花费在两个嵌套的 for 循环中的字符前移操作上，循环次数最多为 n×(n−1)/2，因此算法 4-17 的时间复杂度为 O(n²)。

例 4-3　假定串 S1 和 S2 采用堆分配顺序存储，用串 S2 替换串 S1 中的第 pos 个字符开始的 len 个字符构成的子串。例如，StrReplace（"abcd"，1，3，"xyz"），操作之后返回"xyzd"。

（1）算法设计，判断串替换参数 pos 和 len 是否合理，如果不合理，则给出相应信息并退出运行；否则：

① 为置换后的新串 S1 重新分配存储空间；

② 在新串 S1 中保留原串中第 pos 个字符之前的字符；

③ 在新串 S1 中第 pos 个位置上插入替换子串 S2；

④ 在新串 S1 中复制原串中第 pos＋len 个字符及以后的所有字符；

⑤ 修改新串 S1 的当前长度。

（2）算法描述。

算法 4-18

```
void StrReplace_HS(HString &S1,HString S2,int pos,int len) {
// 若参数 i 和 len 不合理则给出相应信息; 1≤pos≤S1.length,0≤len≤S1.length - pos + 1
// 用串 S2 替换堆分配顺序 S1 中第 pos 个字符开始 len 个字符构成的子串
    if((pos < 1)||(pos > S1.length)||(len < 0)||(len >(S1.length - pos + 1)))
        Error("Parameters Error!");
    else  {
```

```
        for(i = 0;i < S1.length;i++)                  // 将 S1 暂存到数组 a 中
            a[i] = S1.ch[i];
        delete []S1.ch;                               // 释放 S1 的原始空间
        S1.ch = new char[S1.length - len + S2.length];
        if(!S1.ch)  Error(" Overflow!");
        for(i = 0;i < pos - 1;i++)                     // 保留原串中 pos 之前的字符
            S1.ch[i] = a[i];
        for(j = 0;j < S2.length;j++)                   // 将 S2 插入 S1 中
            S1.ch[i++] = S2.ch[j];
        for(k = pos + len - 1;k < S1.length;k++)       // 复制原串 pos + len 及以后的字符
            S1.ch[i++] = a[k];
        S1.length = S1.length - len + S2.length;
    }
}                                                      // StrReplace_HS
```

（3）算法分析。

① 问题规模：主串 S1 和子串 S2 的长度（设值分别为 n 和 m）；

② 基本操作：字符复制；

③ 时间分析：算法 4-18 的时间复杂度为 $O(n+m)$。

例 4-4 假定串 S 采用堆分配顺序存储，求串 S 中出现的第一个最长重复子串的下标和长度。

（1）算法设计

① 设置最长重复子串的下标为 index，最长重复子串的长度为 length；初始时，index 和 length 均赋值为 0；

② 扫描串 S = "$a_1 a_2 \cdots a_{n-1} a_n$"，对于当前字符 a_i，判定其后面是否有相同的字符，如果有，则记为 a_j；接下来再判定 a_{i+1} 是否等于 a_{j+1}，a_{i+2} 是否等于 a_{j+2}，……；如此反复，找到一个不同字符为止，即找到了一个重复出现的子串，把其下标和长度记录在 index1 和 length1 中；将 length1 与 length 相比较，把较长子串的下标和长度存放在 index 和 length 中；

③ 按照②的方法从 $a_{j+length1}$ 之后继续查找重复子串；

④ 对于 a_{i+1} 之后的字符采用上述②和③的方法，最后在 index 与 length 中存放的即为最长重复子串的下标与长度。

（2）算法描述

算法 4-19

```
void MaxSubString_HS(HString S, int &index, int &length)  {
// 求堆分配顺序串 S 中出现的第一个最长重复子串的下标 index 和长度 length
    index = 0;   length = 0;
    i = 0;
    while(i <(S.length - 1))  {
        j = i + 1;
        while(j < S.length)  {
            if(S.ch[i] == S.ch[j])  {                 // 寻找重复出现的子串
                length1 = 1;
                for(k = 1;S.ch[i + k] == S.ch[j + k];k++)
                    length1++;
                if(length1 > length )  {
```

```
            index = i;                          // 将较大串下标赋给 index
            length = length1;                   // 将较大串长度赋给 length
        }
        j += length1;                           // 继续查找后面的重复子串
    }
    else  j++;
}
i++;                                            // 继续扫描 S 第 i 个位置后字符
}
}                                               // MaxSubString_HS
```

（3）算法分析

① 问题规模：串 S 的长度（设值为 n）；

② 基本操作：字符比较；

③ 时间分析：算法执行时间主要花费在三个嵌套的循环中的字符比较上，因此算法 4-19 的时间复杂度为 $O(n^2)$。

4.3 串的模式匹配

子串的定位操作，即从主串 $S="s_1 s_2 \cdots s_n"$ 的第 pos 个字符开始寻找子串 $T="t_1 t_2 \cdots t_m"$ 的过程，通常称为模式匹配（Pattern Matching），其中 T 称为模式（Pattern）。如果匹配成功，则返回 T 在 S 中的位置，如果匹配失败，则返回 0。模式匹配是各种串处理系统中最重要的操作之一。

4.3.1 简单的模式匹配方法——BF 算法

这是一种带回溯的匹配算法，简称 BF（Brute-Force，布鲁特-福斯）算法，其基本思想是：从主串 S 第 pos 个字符开始和模式 T 第一个字符进行比较，如果相等，则继续比较两者的后续字符；否则，从主串 S 的下一个字符开始和模式 T 的第一个字符进行比较，重复上述过程。如果 T 中的字符全部比较完毕，则说明本趟匹配成功；否则说明匹配失败。

1. BF 算法设计

在主串 S 和模式 T 中设置比较的下标 i 和 j（初始时，i=pos,j=1）；循环比较直到 S 中所剩字符个数小于 T 的长度或 T 的所有字符均比较完：如果 S[i]=T[j]，则继续比较 S 和 T 的下一个字符；否则，将 i 和 j 回溯，准备下一趟比较。如果 T 中的所有字符均比较完，则说明匹配成功，返回匹配的起始比较下标；否则，说明匹配失败，返回 0。

例如：主串 S="ababcabcacbab"，模式 T="abcac"，从主串 S 的第一个字符开始匹配。模式匹配过程如图 4-7 所示。

算法 4-20

```
int StrIndex_BF(SString S,SString T,int pos) {
// 返回模式 T 在主串 S 中第 pos 个字符之后的位置；若不存在返回 0
    i = pos;  j = 1;                            // 设置 S 和 T 比较的起始下标
    while((i <= S[0])&&(j <= T[0])) {
        if(S[i] == T[j])  {                     // 字符相等,继续比较下一个字符
```

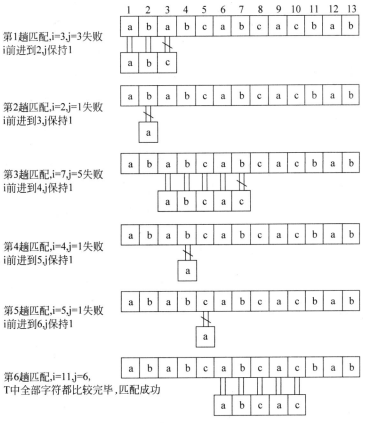

图 4-7 BF 算法的匹配过程示例

```
        i++;
        j++;
    }
    else {                          // 字符不等,i 和 j 分别回溯
        i = i - j + 2;
        j = 1;
    }
}
if(j > T[0])  return (i - T[0]);    // 匹配成功,返回 T 在 S 中位置
else  return 0;                     // 匹配失败,返回 0
}                                   // StrIndex_BF
```

2. BF 算法分析

设主串 S 长度为 n,模式 T 长度为 m。算法 4-20 在匹配成功的情况下有两种极端情况。

(1) 在最好的情况下,每趟不成功的匹配都发生在模式 T 的第一个字符。

例如,S="aaaaaaaaaabc",T="bc",从主串 S 的第一个字符开始匹配。假设匹配成功发生在 s_i 处,那么在第 i-1 趟不成功的匹配中共比较了 i-1 次,第 i 趟成功的匹配共比较了 m 次,则总共比较了 i-1+m 次;由于所有匹配成功的可能共有 n-m+1 种,设从 s_i 开始与模式 T 匹配成功的概率为 p_i,在等概率情况下,$p_i=1/(n-m+1)$,因此平均的比较次数如式(4-2)所示：

$$\sum_{i=1}^{n-m+1} p_i \times (i-1+m) = \sum_{i=1}^{n-m+1} \frac{1}{n-m+1} \times (i-1+m)$$

$$= \frac{(n+m)}{2} = O(n+m) \tag{4-2}$$

即算法 4-20 在最好情况下的时间复杂度是 O(n+m)。

（2）在最坏的情况下，每趟不成功的匹配都发生在模式 T 的最后一个字符。

例如，S="aaaaaaaaaaab"，T="aaab"，从主串 S 的第一个字符开始匹配。假设匹配成功发生在 s_i 处，那么在第 i-1 趟不成功的匹配中共比较了 (i-1)×m 次，第 i 趟成功的匹配共比较了 m 次，则总共比较了 i×m 次，因此平均的比较次数如式(4-3)所示：

$$\sum_{i=1}^{n-m+1} p_i \times (i \times m) = \sum_{i=1}^{n-m+1} \frac{1}{n-m+1} \times (i \times m) = \frac{m(n-m+2)}{2} \tag{4-3}$$

即算法 4-20 在最坏情况下，当 m≪n 时，时间复杂度是 O(n×m)。

4.3.2　改进的模式匹配方法——KMP 算法

BF 算法的特点是简单，但效率较低。一种对其做了很大改进的模式匹配算法是 KMP（D. E. Knuth-J. H. Morris-V. R. Pratt，克努特-莫里斯-普拉特）算法，可以在 O(n+m) 的时间数量级上完成串的模式匹配操作，其基本思想是：主串 S 不进行回溯，即主串 S 中的每个字符只参加一次比较。

1. 改进的模式匹配思想

分析 BF 算法的执行过程，发现造成该算法效率低的原因是回溯，即在某趟匹配失败后，主串 S 要回溯到本趟匹配开始字符的下一个字符，模式 T 要回溯到第一个字符，而这些回溯往往是不必要的。

在第 1 趟匹配过程中，$s_1 \sim s_2$ 和 $t_1 \sim t_2$ 是匹配成功的，而 $s_3 \neq t_3$ 匹配失败，因此有了第 2 趟的匹配。因为在第 1 趟的匹配中有 $s_2 = t_2$，而 $t_1 \neq t_2$，肯定有 $t_1 \neq s_2$，所以第 2 趟匹配是不必要的，可以直接进入到第 3 趟匹配。

在第 3 趟匹配过程中，$s_3 \sim s_6$ 和 $t_1 \sim t_4$ 是匹配成功的，而 $s_7 \neq t_5$ 匹配失败，因此有了第 4 趟的匹配。因为在第 3 趟的匹配中有 $s_4 = t_2$，而 $t_1 \neq t_2$，肯定有 $t_1 \neq s_4$，所以第 4 趟匹配是不必要的；同理，第 5 趟匹配也是不必要的，可以直接进入到第 6 趟匹配。

在第 6 趟匹配过程中，s_6 和 t_1 的比较是多余的，因为在第 3 趟匹配中已经比较了 s_6 和 t_4，并且 $s_6 = t_4$，而 $t_1 = t_4$，肯定有 $s_6 = t_1$，所以在第 6 趟匹配中可以直接从第二对字符 s_7 和 t_2 开始进行比较；这就是说，第 3 趟匹配失败后，指针 i 不动，而是将模式 T 向右"滑动"到第 2 个字符，用 t_2"对准"s_7 继续进行匹配，直至匹配成功。由此，在整个匹配的过程中，i 指针没有回溯。

综上所述，希望在 s_i 和 t_j 匹配失败后，主串 S 的指针 i 不回溯，模式 T 向右滑动至某个位置 k，使得 t_k 对准 s_i 继续进行匹配。

2. 需要解决的问题

假设主串 S="$s_1 s_2 \cdots s_i \cdots s_n$"，模式 T="$t_1 t_2 \cdots t_j \cdots t_m$"。那么需要解决的问题是：当在匹配的过程中产生"失配"（即 $s_i \neq t_j$）时，模式"向右滑动"的距离有多远？换句话说，当主串

中的第 i 个字符与模式 T 中的第 j 个字符发生"失配"时,主串中第 i 个字符(i 指针不回溯)应该与模式中的哪个字符进行比较?

假设此时应该与模式中的第 k(k<j)个字符继续比较,则模式中第 k 个字符之前的 k−1 个字符必定与主串中第 i 个字符之前的 k−1 个字符相等,并且不可能存在 k'>k,即有式(4-4):

$$"t_1 t_2 \cdots t_{k-1}" = "s_{i-k+1} s_{i-k+2} \cdots s_{i-1}" \tag{4-4}$$

而已得到的模式和主串"部分匹配"的结果如式(4-5)所示:

$$"t_{j-k+1} t_{j-k+2} \cdots t_{j-1}" = "s_{i-k+1} s_{i-k+2} \cdots s_{i-1}" \tag{4-5}$$

由式(4-4)和式(4-5),可有如下关系:

$$
\begin{array}{cccccc}
 & & & t_1 & t_2 & \cdots & t_{k-1} & t_k \\
 & & & \| & \| & \cdots & \| & \text{比较} \\
s_1 & s_2 & \cdots & s_{i-j+1} & s_{i-j} & \cdots & s_{i-k+1} & s_{i-k+2} & \cdots & s_{i-1} & s_i \\
 & & & \| & \| & \cdots & \| & \text{不等} \\
 & & & t_1 & t_2 & \cdots & t_{j-k+1} & t_{j-k+2} & \cdots & t_{j-1} & t_j
\end{array}
$$

于是,可以推得式(4-6):

$$"t_1 t_2 \cdots t_{k-1}" = "t_{j-k+1} t_{j-k+2} \cdots t_{j-1}" \tag{4-6}$$

由以上分析可知:当主串中的第 i 个字符与模式中的第 j 个字符不相等时,仅需要将模式向右滑动至模式中的第 k 个字符,和主串中第 i 个字符对齐;此时,模式中前 k−1 个字符的子串"$t_1 t_2 \cdots t_{k-1}$"必定与主串中第 i 个字符之前长度为 k−1 的子串"$s_{i-k+1} s_{i-k+2} \cdots s_{i-1}$"相等。由此,匹配仅需要从模式 T 中的第 k 个字符与主串 S 中的第 i 个字符起继续比较即可。显然,关键的问题是如何确定位置 k。

3. next 数组的定义

模式中的每一个字符 t_j 都对应一个 k 值,而这个 k 值仅仅依赖于模式本身字符序列的构成,而与主串无关。由此可以引出模式的 next[j] 函数的定义,用来表示 t_j 对应的 k 值($1 \leqslant j \leqslant m$)。其定义如式(4-7)所示:

$$
\text{next}[j] = \begin{cases} 0, & j=1 \\ \text{Max} \quad (k \mid 1 < k < j \text{ 且 } "t_1 t_2 \cdots t_{k-1}" = "t_{j-k+1} t_{j-k+2} \cdots t_{j-1}") \\ 1, & \text{其他} \end{cases} \tag{4-7}
$$

next[j] 表明模式中第 j 个字符与主串中相应字符"失配"时,在模式中需要重新和主串中该字符进行比较的字符位置。

改进的模式匹配算法是在已知 next 函数值的基础上执行的,那么应该如何根据式(4-7)求得模式的 next 函数值呢?

由 next[j] 函数的定义可知:当 j=1 时,next[1]=0;当 j>1 时,next[j]=k,表明在模式中存在式(4-6)表示的关系,其中 k 是满足 1<k<j 的某个值,且不可能存在 k'>k。

假设已求出 next[1],next[2],…,next[j],则可采用递推法求 next[j+1]。令 next[j]=k,那么 next[j+1] 可能有下面两种情况。

(1) 如果 $t_k = t_j$,则表明模式中存在式(4-8):

$$"t_1 t_2 \cdots t_k" = "t_{j-k+1} t_{j-k+2} \cdots t_j" \tag{4-8}$$

且不可能存在 k'>k 满足式(4-8),这就是说 next[j+1]=k+1,即 next[j+1]=next[j]+1。

（2）如果 $t_k \neq t_j$，则表明模式中存在式(4-9)：

$$"t_1 t_2 \cdots t_k" \neq "t_{j-k+1} t_{j-k+2} \cdots t_j" \tag{4-9}$$

现在可以把求 next 函数值的问题看成是一个模式匹配的问题，整个模式既是主串又是模式。当 $t_k \neq t_j$ 时，应该将模式向右滑动至以模式中的第 next[k]个字符和主串中的第 j 个字符 t_j 相比较。令 k'＝next[k]，那么 next[j+1]会有下面两种可能。

其一，如果 $t_{k'} = t_j$，则表明在模式中存在式(4-10)：

$$"t_1 t_2 \cdots t_{k'}" = "t_{j-k'+1} t_{j-k'+2} \cdots t_j" \tag{4-10}$$

说明在主串中第 j+1 个字符之前存在一个长度为 k'的最长子串，与模式中从首字符起长度为 k'的子串相等。这就是说 next[j+1]＝k'+1，即 next[j+1]＝next[k]+1。

其二，如果 $t_{k'} \neq t_j$，则表明在模式中存在式(4-11)：

$$"t_1 t_2 \cdots t_{k'}" \neq "t_{j-k'+1} t_{j-k'+2} \cdots t_j" \tag{4-11}$$

同理，当 $t_{k'} \neq t_j$ 时，应该将模式继续向右滑动至以模式中的第 next[k']个字符和主串中的第 j 个字符 t_j 相比较。

依次类推，直至 t_j 和某个字符匹配成功，或不存在任何 k'(1<k'<j)满足式(4-10)，则有 next[j+1]＝1。

例如，设模式 T＝"abcac"，那么：当 j＝1 时，next[1]＝0；当 j＝2 时，next[2]＝1；当 j＝3 时，因为 $t_1 \neq t_2$，所以 next[3]＝1；当 j＝4 时，因为 $t_1 \neq t_3$，所以 next[4]＝1；当 j＝5 时，因为 $t_1 = t_4$，所以 next[5]＝2。

4．KMP 算法设计

在主串 S 和模式 T 中设置比较的下标 i 和 j(初始时，i＝pos，j＝1)；循环比较直到 S 中所剩字符个数小于 T 的长度或 T 的所有字符均比较完：如果 S[i]＝T[j]或 j＝0，则继续比较 S 和 T 的下一个字符；否则，将 j 向右滑动到 next[j]的位置，即 j＝next[j]，准备下一趟比较。如果 T 中的所有字符均比较完，则说明匹配成功，返回匹配的起始比较下标；否则，说明匹配失败，返回 0。

例如：主串 S＝"ababcabcacbab"，模式 T＝"abcac"，从主串 S 的第一个字符开始匹配。模式匹配过程如图 4-8 所示。

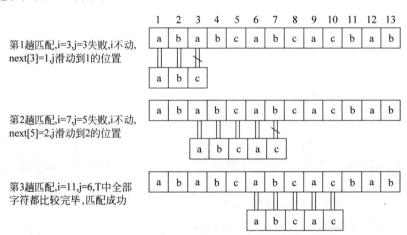

图 4-8　KMP 算法的匹配过程

算法 4-21

```
int StrIndex_KMP(SString S,SString T,int pos) {
// 利用 next 函数求解,返回模式 T 在主串 S 中第 pos 个字符之后的位置; 若不存在返回 0
    i = pos; j = 1;                              // 设置 S 和 T 比较的起始下标
    while((i <= S[0])&&(j <= T[0])) {
        if((j == 0)||(S[i] == T[j])) {           // 字符相等或 j = 0,比较下一个字符
            i++;
            j++;
        }
        else j = next[j];                        // 模式 T 向右移动
    }
    if(j > T[0]) return (i - T[0]);              // 匹配成功,返回 T 在 S 中位置
    else return 0;                               // 匹配不成功,返回 0
}                                                // StrIndex_KMP

void Get_next(SString T,int &next[]) {
// 用数组 next[]返回模式 T 的 next 函数值
    j = 1; next[1] = 0; k = 0;                   // 设置初值
    while(j < T[0]) {
        if((k == 0)||(T[j] == T[k])) {
            ++j;
            ++k;
            next[j] = k;
        }
        else k = next[k];
    }
}                                                // Get_next
```

5. KMP 算法分析

设主串 S 长度为 n,模式 T 长度为 m。StrIndex_KMP 函数在任何情况下的时间复杂度均为 O(n+m); Get_next 函数的时间复杂度为 O(m),但通常模式的长度比主串的长度要小得多,因此对整个匹配算法 4-21 来说,增加的这点时间是值得的。

KMP 算法仅当模式与主串存在许多"部分匹配"情况下才显得比 BF 算法快得多。虽然 BF 算法的时间复杂度为 O(n×m),但在一般情况下其实际执行时间近似于 O(n+m),因此至今仍被广泛采用。KMP 算法最大的特点是指示主串的指针不需要回溯,对主串仅需要从头至尾扫描一遍即可完成匹配,因此对于处理外设输入的庞大数据文件非常有效,可以边读入边匹配,而不需要回头重读。

例 4-5 试求解模式 T＝"abcaabbabcabaac"的滑动位置函数 next。

- 当 j = 1 时,next[1]＝0;
- 当 j = 2 时,next[2]＝1;
- 当 j = 3 时,因为 $t_1 \neq t_2$,所以 next[3]＝1;
- 当 j = 4 时,因为 $t_1 \neq t_3$,所以 next[4]＝1;
- 当 j = 5 时,因为 $t_1 = t_4$,所以 next[5]＝2;
- 当 j = 6 时,因为 $t_2 \neq t_5$,则继续比较有 $t_1 = t_5$,所以 next[6]＝2;
- 当 j = 7 时,因为 $t_2 = t_6$,所以 next[7]＝3;

- 当 $j=8$ 时,因为 $t_3 \neq t_7$,则继续比较有 $t_1 \neq t_7$,所以 $next[8]=1$;
- 当 $j=9$ 时,因为 $t_1=t_8$,所以 $next[9]=2$;
- 当 $j=10$ 时,因为 $t_2=t_9$,所以 $next[10]=3$;
- 当 $j=11$ 时,因为 $t_3=t_{10}$,所以 $next[11]=4$;
- 当 $j=12$ 时,因为 $t_4=t_{11}$,所以 $next[12]=5$;
- 当 $j=13$ 时,因为 $t_5 \neq t_{12}$,则继续比较有 $t_2=t_{12}$,所以 $next[13]=3$;
- 当 $j=14$ 时,因为 $t_3 \neq t_{13}$,则继续比较有 $t_1=t_{13}$,所以 $next[14]=2$;
- 当 $j=15$ 时,因为 $t_2 \neq t_{14}$,则继续比较有 $t_1=t_{14}$,所以 $next[14]=2$。

该模式的滑动位置函数 next 求解结果如图 4-9 所示。

j	1	2	3	4	5	6	7	8	9	10	11	12	13	14	15
模式 T	a	b	c	a	a	b	b	a	b	c	a	b	a	a	c
next[j]	0	1	1	1	2	2	1	2	3	4	5	3	2	2

图 4-9 模式 T="abcaabbabcabaac"的滑动位置函数 next 值

习题

一、填空题

1. 空串与空格串的区别在于( )。

2. 两个字符串相等的充分必要条件是( )。

3. 设 S="I_am_a_teacher",其长度为( )。

4. 在 KMP 算法中,模式 T 向右滑动的位置 k 与主串( )。

5. 模式"abaabcac"的 next 函数值序列为( )。

二、选择题

1. 设有两个串 p 和 q,求 q 在 p 中首次出现的位置的运算称作( )。
   - (A) 连接
   - (B) 模式匹配
   - (C) 求子串
   - (D) 求串长

2. 串是一种特殊的线性表,其特殊性体现在( )。
   - (A) 可以顺序存储
   - (B) 数据元素是一个字符
   - (C) 可以链式存储
   - (D) 数据元素可以是多个字符

3. 在顺序串中,根据空间分配方式的不同,可以分为( )。
   - (A) 直接分配和间接分配
   - (B) 静态分配和动态分配
   - (C) 顺序分配和链式分配
   - (D) 随机分配和固定分配

4. 下列关于串的叙述中,正确的是( )。
   - (A) 一个串的字符个数即该串的长度
   - (B) 一个串的长度至少是 1
   - (C) 空串是由一个空格字符组成的串
   - (D) 如果两个串 S1 和 S2 长度相同,则这两个串相等

5. 设串 S1="ABCDEFG",S2="PQRST",通过连接操作 StrConcat(&T,S1,S2)返回 S1 和 S2 连接而成的新串 T,通过求子串操作 SubString(&Sub,S,i,j)返回 S 从第 i 个字符起长度为 j 的子串 Sub,通过求长度操作 SteLength(S)返回 S 的长度;那么执行操作

SubConcat(T,SubString(Sub1,S1,2,StrLength(S2)),SubString(Sub2,S1,StrLength(S2),2)))后,T是( )。

  (A) BCDEF   (B) BCDEFG   (C) BCPQRST (D) BCDEFEF

三、问答题

1. 下列每对术语的区别是什么?

(1) 串变量和串常量;

(2) 主串和子串;

(3) 串名和串值;

(4) 空串和空白串。

2. 定长顺序串和堆分配顺序串的存储特点分别是什么?

3. 设串 S="I am a student",T="good",Q="worker":

(1) SubString(Sub, S, 8, 7)操作后,Sub 的结果是什么?

(2) SubString(Sub, T, 2, 1)操作后,Sub 的结果是什么?

(3) StrReplace(S, 8, 7, Q)操作后,S 的结果是什么?

(4) StrConcat(A, SubString(Sub1, S, 6, 2), StrConcat(B, T, SubString(Sub2, S, 7, 8)))操作后,A 的结果是什么?

4. 已知串 S="(xyz)+*",T="(x+z)*y",利用 StrConcat、SubString 和 StrReplace 操作如何将串 S 转化为串 T?

5. 下列串的 next 函数值是什么?

(1) T="aaab";

(2) T="abcabaa";

(3) T="aaabcaab";

(4) T="abcaabbabcabaacbacba"。

四、算法设计题

1. 试设计一个算法:将子串 T 插入主串 S 第 pos 个位置上。

2. 试设计一个算法:删除串 S 中第 pos 个字符开始的 t 个字符。

3. 试设计一个算法:用子串 T 替换主串 S 中第 n 个字符开始 m 个字符构成的子串。

4. 试设计一个算法:求解串 S 和 T 的最长公共子串。

5. 如果一个文本串使用事先给定的字母映射表进行加密。例如,设字母映射表如图 4-10 所示,则串"encrypt"被加密为"tkzwsdf"。试设计一个算法:

(1) 将输入的文本串进行加密后输出;

(2) 将输入的已加密的文本串进行解密后输出。

a	b	c	d	e	f	g	h	i	j	k	l	m	n	o	p	q	r	s	t	u	v	w	x	y	z
n	g	z	q	t	c	o	b	m	u	h	e	l	k	p	d	a	w	x	f	y	i	v	r	s	j

图 4-10 字母映射表

## 第 5 章

数组和广义表

主要知识点

- 数组和广义表的类型定义。
- 数组的顺序表示以及基于顺序表的基本操作实现。
- 矩阵的压缩存储以及基于存储结构的基本操作实现。
- 广义表的链式表示以及基于链表的基本操作实现。

数组和广义表是两种广义的线性表。在线性表、栈、队列及串的讨论中,不难看出元素都是原子类型,元素的值是不再分解的。而数组和广义表可以看成是线性表在下述含义上的扩展:表中的元素本身也是一个数据结构。大多数程序设计语言都可使用数组来描述数据,其他数据结构的顺序存储结构也多是以数组形式来描述的。广义表在文本处理、人工智能及计算机图形学等领域得到广泛应用,且使用价值和应用效果逐渐受到人们重视。在LISP 和 PROLOG 程序中,所有的概念和对象都是用广义表表示的。

5.1 数组

从逻辑结构上看,多维数组是一维数组的扩充;但从存储结构上看,一维数组是多维数组的特例。在程序设计语言中,重点是数组使用,而本节重点是数组的内部实现,即如何在计算机内部处理数组,其中主要问题是数组的存储结构与寻址方法。

5.1.1 数组的类型定义

1. 数组的定义

数组(Array)是由下标与值组成的数偶的有序集合,即它的每个元素是由一个值与一组下标所确定的。对于每组有定义的下标总有一个相应的数值与之对应,且这些值都是同一类型的。下标决定了元素的位置,数组中各元素之间的逻辑关系由下标体现出来,下标的个数决定了数组的维数。因为由下标所决定的位置之间的关系可以看成是一种有序的线性关系,因此可以说数组是有限个相同类型数据元素组成的有序序列。从这个角度看,数组是线性表的推广,其逻辑结构实际上是一种线性结构。

1)一维数组

一维数组$(a_0, a_1, \cdots, a_{n-1})$由 n 个元素组成,每个元素除具有相同类型的值外,还有一个下标以确定元素的位置,显然一维数组就是一个线性表。一维数组在计算机内是存放在一块连续的存储单元中,适合于随机查找。

2）二维数组

二维数组由 m×n 个元素组成,元素之间是有规则的排列。每个元素由相同类型的值及一对能够确定元素位置的下标组成。二维数组可以看成是一维数组的推广。

例如,设 A 是一个有 m 行 n 列的二维数组,如图 5-1(a)所示。其中,每个元素是一个列向量形式的线性表,如图 5-1(b)所示;或者是一个行向量形式的线性表,如图 5-1(c)所示。因此,二维数组可以看成是有 m 个(或 n 个)元素的特殊线性表,其元素为一维数组。

$$A_{m \times n} = \begin{bmatrix} a_{00} & a_{01} & a_{02} & \cdots & a_{0,n-1} \\ a_{10} & a_{11} & a_{12} & \cdots & a_{1,n-1} \\ \vdots & \vdots & \vdots & & \vdots \\ a_{m-1,0} & a_{m-1,1} & a_{m-1,2} & \cdots & a_{m-1,n-1} \end{bmatrix}$$

（a）二维数组 A

$$A_{m \times n} = \begin{bmatrix} a_{00} \\ a_{10} \\ \vdots \\ a_{m-1,0} \end{bmatrix} \begin{bmatrix} a_{01} \\ a_{11} \\ \vdots \\ a_{m-1,1} \end{bmatrix} \cdots \begin{bmatrix} a_{0,n-1} \\ a_{1,n-1} \\ \vdots \\ a_{m-1,n-1} \end{bmatrix}$$

（b）二维数组 A 的列向量是一个线性表

$$A_{m \times n} = ((a_{00}\ a_{01} \cdots a_{0,n-1}), (a_{10}\ a_{11} \cdots a_{1,n-1}), \cdots, (a_{m-1,0}\ a_{m-1,1} \cdots a_{m-1,n-1}))$$

（c）二维数组 A 的行向量是一个线性表

图 5-1　二维数组是线性表的推广

3）多维数组

n 维数组的每个元素由相同类型的值及 n 个能确定元素位置的下标组成,按数组的 n 个下标变化次序关系的描述,可以确定数组元素的前驱和后继关系并写出对应的线性表。

n 维数组也可以由元素为(n−1)维数组的特殊线性表来定义,这样维数大于一的多维数组是由线性表结构辗转合成得到的,是线性表的推广。

2. 数组的抽象数据类型

数组一旦被定义,它的维数和维界就不再改变。因此,除了结构初始化和销毁外,数组通常只有两种基本运算:

（1）存取:给定一组下标,存取相应的数组元素。

（2）修改:给定一组下标,修改相应数据元素中的某一个或某几个数据项的值。

```
ADT Array {
    Data:
        j = 0, …, bi − 1, i = 1, 2, …, n
        D = {a_{j1j2…jn} | a_{j1j2…jn} ∈ ElemSet,
            其中: n(n > 0)是数组维数, b_i 是数组第 i 维长度, j_i 是数组元素第 i 维下标}
    Relation:
        R = {R_1, R_2, …, R_n}
        R_i = {< a_{j1j2…jn}, a_{j1j2…jn} >|
            0≤j_k≤b_k − 1, 1≤k≤n 且 k≠i, 0≤j_i≤b_i − 2, a_{j1j2…jn}, a_{j1j2…jn}∈D, i = 2, …, n}
    Operation:
        InitArray(&A, dim, bound1, …, boundn)
```

　　　　　初始条件：无。

　　　　　操作结果：若维数 dim 和各维长度 bound1,…,boundn 合法则构造相应的 n 维数组 A。

　　　DestroyArray(&A)

　　　　　初始条件：n 维数组 A 已经存在。

　　　　　操作结果：销毁数组 A。

　　　ValueArray(A,&e,index1,…,indexn);

　　　　　初始条件：n 维数组 A 已经存在。

　　　　　操作结果：若给定的各下标值 index1,…,indexn 不超界,则用 e 返回给定下标值所
　　　　　　　　　　指定的 A 的元素值。

　　　AssignArray(&A,e,index1,…,indexn);

　　　　　初始条件：n 维数组 A 已经存在。

　　　　　操作结果：若给定的各下标值 index1,…,indexn 不超界,则将 e 的值赋予给定下标
　　　　　　　　　　值所指定的 A 的元素。

　} ADT Array

5.1.2　数组的顺序表示及操作实现

　　数组一般不做插入或删除操作。也就是说,一旦建立了数组,结构中的元素个数和元素之间的关系就不再发生变动。因此,数组一般采用顺序存储的方式。

1. 数组顺序表的定义

　　把数组中的元素按照逻辑次序依次存放在一组地址连续的存储单元里的方式称为数组的顺序存储结构,采用这种存储结构的数组称为数组顺序表(Array Sequential List)。

　　1) 一维数组的顺序存储

　　一维数组$(a_0,a_1,\cdots,a_{n-1})$由 n 个元素组成,如果数组的每个元素占 L 个存储单元且从地址 A 开始依次分配数组各元素,则数组 A 中任一元素 a_i 的存储地址可以由式(5-1)表示,其分配情况如图 5-2 所示。

$$LOC(a_i)=LOC(a_0)+i\times L \tag{5-1}$$

其中：$LOC(a_0)$是 a_0 的存储地址,即一维数组 A 的基地址。

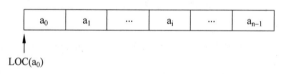

图 5-2　一维数组存储分配

　　2) 二维数组的顺序存储

　　二维数组的每个元素含有两个下标,需要将二维关系映射为存储器的一维关系。常用的映射方法有两种：按行优先和按列优先。例如,C/C++ 中的数组采用的是按行优先存储方式,FORTRAN、PASCAL 中的数组采用的是按列优先存储方式。

　　(1) 按行优先存储方式

　　按行优先存储方式是指先行后列,先存储行号较小的元素,行号相同者先存储列号较小的元素。如果每个元素占 L 个存储单元且从地址 A 开始依次分配数组中各元素,则数组 A 中任一元素 a_{ij} 的存储地址可以由式(5-2)表示,其分配情况如图 5-3 所示。

$$LOC(a_{ij})=LOC(a_{00})+(b_2\times i+j)\times L \tag{5-2}$$

其中：$i\in[0,b_1-1],j\in[0,b_2-1]$;$b_1$ 是数组 A 第一维的长度,b_2 是数组 A 第二维的长

度；$LOC(a_{ij})$是a_{ij}的存储地址；$LOC(a_{00})$是a_{00}的存储地址，即二维数组 A 的基地址。

图 5-3 二维数组按行优先存储分配

（2）按列优先存储方式

按列优先存储方式是指先列后行，先存储列号较小的元素，列号相同者先存储行号较小的元素。如果每个元素占 L 个存储单元且从地址 A 开始依次分配数组各元素，则数组 A 中任一元素 a_{ij} 的存储地址可以由式（5-3）确定，其分配情况如图 5-4 所示。

$$LOC(a_{ij}) = LOC(a_{00}) + (b_1 \times j + i) \times L \tag{5-3}$$

其中：$i \in [0, b_1 - 1]$，$j \in [0, b_2 - 1]$；b_1 是数组 A 第一维的长度，b_2 是数组 A 第二维的长度；$LOC(a_{ij})$是a_{ij}的存储地址；$LOC(a_{00})$是a_{00}的存储地址，即二维数组 A 的基地址。

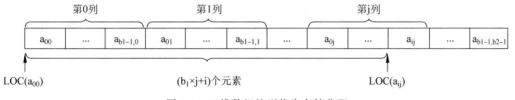

图 5-4 二维数组按列优先存储分配

3）多维数组的顺序存储

对于 $n(n > 2)$ 维数组，一般也采用按行优先和按列优先两种存储方法。按行优先存储的基本思想是：最右边的下标先变化，即最右下标从小到大，循环一遍后，右边第二个下标再变，……，最后是最左下标。按列优先存储的基本思想恰好相反：最左边的下标先变化，即最左下标从小到大，循环一遍后，左边第二个下标再变，……，最后是最右下标。

设 n 维数组 A 第 k 维 $(1 \leqslant k \leqslant n)$ 的下标范围是 $[0, b_k - 1]$，如果每个元素占 L 个存储单元且从地址 A 开始依次分配数组各元素，则数组 A 中下标为 j_1、j_2、…、j_n 的元素的按行优先存储地址可以由式（5-4）确定。

$$LOC(a_{j_1 j_2 \cdots j_n}) = LOC(a_{00 \cdots 0}) + (j_1 \times b_2 \times \cdots \times b_n + j_2 \times b_3 \times \cdots \times b_n + \cdots + j_{n-1} \times b_n + j_n) \times L$$

$$= LOC(a_{00 \cdots 0}) + \left(\sum_{i=1}^{n-1} j_i \prod_{k=i+1}^{n} b_k + j_n \right) L \tag{5-4}$$

可以将式（5-4）缩写成式（5-5）的形式：

$$LOC(a_{j_1 j_2 \cdots j_n}) = LOC(a_{00 \cdots 0}) + \sum_{i=1}^{n} c_i j_i \tag{5-5}$$

其中：$c_n = L$，$c_{i-1} = b_i \times c_i$，$1 < i \leqslant n$。

式（5-5）称为 n 维数组的映像函数。容易看出，一旦确定了数组各维的长度，c_i 就是常数，因此，数组元素的存储地址是其下标的线性函数。数组中的任一元素可以在相同的时间内存取，即数组顺序表是一个随机存取结构。

2. 数组顺序表的类型定义

```
// 数组顺序表的存储表示
# include < stdarg. h >                          // 标准头文件
                                                 // 提供宏 va_start、va_arg 和 va_end
                                                 // 用于存取变长参数表

# define MAX_ARRAY_DIM  8                         // 假设数组维数的最大值为 8
typedef struct  {
    ElemType    * base;                          // 数组元素基址
    int         dim;                             // 数组维数
    int         * bounds;                        // 数组维界基址
    int         * constants;                     // 数组映像函数常量基址
} Array;


// 二维数组顺序表的存储表示
typedef struct  {
    ElemType    * base;                          // 存储数组元素的基地址
    int         b1, b2;                          // 二维数组第一维和第二维的维界
} Array;
```

为了方便,下面的操作实现将基于二维数组顺序表的类型来讨论。

3. 数组顺序表的操作实现

1) 初始化操作

算法 5-1

```
void InitArray( Array &A, int m, int n) {
// 构造一个维界分别是 m 和 n 的空二维数组 A
    A. base = new ElemType[n * m];
    if(!A. base)   Error(" Overflow!");
    A. b1 = m;
    A. b2 = n;
} // InitArray
```

2) 销毁操作

算法 5-2

```
void DestroyArray( Array &A)   {
// 释放数组顺序表 A 所占用的存储空间
    delete []A. base;
    A. b1 = 0;
    A. b2 = 0;
} // DestroyArray
```

3) 取值操作

算法 5-3

```
void ValueArray( Array A, ElemType &e, int i, int j) {
// 若下标 i 和 j 合理,则用 e 返回其按行优先存储数组 A 的元素值; 否则给出相应信息并退出运行
// 下标 i 和 j 的合理值为 i∈ [0,b1 - 1]和 j∈ [0,b2 - 1]
    if((0 < = i)&&( i < A. b1)&&(0 < = j)&&( j < A. b2)) {
        off = A. b2 * i + j;
```

```
        e = A.base[off];
    }
    else  Error("Suffix Error!");
} // ValueArray
```

4）赋值操作

算法 5-4

```
void AssignArray(Array &A,ElemType e,int i,int j) {
// 若下标 i 和 j 合理,则将 e 赋给其按行优先存储的数组 A; 否则给出相应信息并退出运行
// 下标 i 和 j 的合理值为 i∈[0,b1-1]和 j∈[0,b2-1]
    if((0<=i)&&(i<A.b1)&&(0<=j)&&(j<A.b2)) {
        off = A.b2 * i + j;
        A.base[off] = e;
    }
    else  Error("Suffix Error!");
} // AssignArray
```

例 5-1 二维数组 A 的每个元素是由 6 个字符组成的串,行下标的范围是[0,8],列下标的范围是[0,9],试问:

（1）存放二维数组 A 至少需要多少个字节?

（2）如果 A 按行优先方式存储,则元素 a_{85} 的起始地址与当 A 按列优先方式存储时的哪一个元素的起始地址一致。

答：

（1）因为二维数组 A 为 9 行 10 列,共有 90 个元素,所以存放 A 至少需要 $90×6=540$ 个存储单元。

（2）因为二维数组 A 的元素 a_{85} 按行优先存储的起始地址为 $LOC(a_{85})=LOC(a_{00})+(8×10+5)×c=LOC(a_{00})+85×c$,二维数组 A 的元素 a_{ij} 按列优先存储的起始地址为 $LOC(a_{ij})=LOC(a_{00})+(9×j+i)×c$;解此方程,得到 $i=4,j=9$;所以当 A 按行优先方式存储时元素 a_{85} 的起始地址与当 A 按列优先方式存储时元素 a_{49} 的起始地址一致。

5.2 矩阵的压缩存储

矩阵即二维数组,是很多科学与工程计算问题中研究的数学对象。在数据结构中,研究者感兴趣的不是矩阵本身,而是如何存储矩阵中的元素,使矩阵的各种运算能够有效地进行。通常,在使用高级语言编制程序时都是用二维数组来存储矩阵元素。然而,在数值分析中经常会出现有些阶数很高的矩阵,且矩阵中非零元素呈现某种规律分布,或矩阵中有许多值相同的元素或零元素。为了节省存储空间,可以对这类矩阵进行压缩存储,即为多个值相同的非零元素只分配一个存储空间,且对零元素不分配存储空间。

5.2.1 特殊矩阵的压缩存储

非零元素或零元素分布具有一定规律的矩阵称为特殊矩阵（Especial Matrix）。常见特殊矩阵有三种：对称矩阵、三角矩阵和对角矩阵。

1．对称矩阵

在一个 n 阶矩阵 A 中,如果元素满足 $a_{ij} = a_{ji}(0 \leqslant i, j \leqslant n-1)$,则称 A 为 n 阶对称矩阵。图 5-5 给出了一个 5 阶对称矩阵。

因为对称矩阵中的元素关于主对角线是对称的,所以只要存储矩阵中上三角和下三角中每两个对称的元素共享一个存储空间,这样就能节约近一半的存储空间。

$$A = \begin{pmatrix} 3 & 6 & 4 & 7 & 8 \\ 6 & 2 & 8 & 4 & 2 \\ 4 & 8 & 1 & 6 & 9 \\ 7 & 4 & 6 & 0 & 5 \\ 8 & 2 & 9 & 5 & 7 \end{pmatrix}$$

图 5-5 5 阶对称矩阵

1) 存储方式

采用按行优先方式存储主对角线(包括对角线)以下的元素,即按照 $a_{00}, a_{10}, a_{11}, \cdots, a_{n-1,0}, a_{n-1,1}, \cdots, a_{n-1,n-1}$ 的次序依次存放在一维数组 $SA[0..n(n+1)/2-1]$ 中。其中:$SA[0]=a_{00}, SA[1]=a_{10}, \cdots, SA[n(n+1)/2-1]=a_{n-1,n-1}$。图 5-6 给出了对称矩阵压缩存储的示意图。

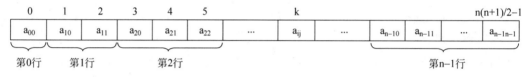

图 5-6 对称矩阵按行优先压缩存储

2) a_{ij} 和 $SA[k]$ 之间的对应关系

非零元素 a_{ij} 的前面有 i 行(从第 0 行到第 i-1 行),一共有 $1+2+\cdots+i = i \times (i+1)/2$ 个元素;在第 i 行上,a_{ij} 之前恰有 j 个元素(即 $a_{i0}, a_{i1}, \cdots, a_{i,j-1}$),因此有式(5-6):

$$SA[i \times (i+1)/2 + j] = a_{ij} \tag{5-6}$$

如果 $i \geqslant j$,则 $k = i \times (i+1)/2 + j$,且 $0 \leqslant k < n(n+1)/2$;如果 $i < j$,则 $k = j \times (j+1)/2 + i$,且 $0 \leqslant k < n(n+1)/2$。令 $I = \max(i, j)$,$J = \min(i, j)$,k 和 i,j 的对应关系可以统一为式(5-7):

$$k = I \times (I+1)/2 + J, \quad 0 \leqslant k < n(n+1)/2 \tag{5-7}$$

3) 对称矩阵的地址计算

如果矩阵中的每个元素占 L 个存储单元,那么根据式(5-7),对称矩阵的下标变换公式由式(5-8)表示:

$$\begin{aligned} LOC(a_{ij}) = LOC(SA[k]) &= LOC(SA[0]) + k \times L \\ &= LOC(SA[0]) + [I \times (I+1)/2 + J] \times L \end{aligned} \tag{5-8}$$

例如,在图 5-5 所示的 5 阶对称矩阵中,a_{21} 和 a_{12} 均存储在数组 $SA[4]$ 中,这是因为 $k = I \times (I+1)/2 + J = 2 \times (2+1)/2 + 1 = 4$。

2．三角矩阵

按主对角线划分,三角矩阵分为上三角矩阵和下三角矩阵两种。下三角(不包括对角线)中的元素均为常数 c 或零的 n 阶矩阵称为上三角矩阵。上三角(不包括对角线)中的元素均为常数 c 或零的 n 阶矩阵称为下三角矩阵。图 5-7(a)给出了一个 5 阶上三角矩阵,图 5-7(b)给出了一个 5 阶下三角矩阵。

三角矩阵按主对角线进行划分,其压缩存储与对称矩阵类似,不同之处仅在于除了存储主对角线一边三角中的元素以外,还要存储对角线另一边三角的常数 c。这样原来需要 $n \times n$ 个存储单元,现在只需要 $n \times (n+1)/2 + 1$ 个存储单元,节约了近一半的存储单元。

$$
\begin{pmatrix}
3 & 4 & 8 & 1 & 0 \\
c & 2 & 9 & 4 & 6 \\
c & c & 1 & 5 & 7 \\
c & c & c & 0 & 8 \\
c & c & c & c & 7
\end{pmatrix}
\qquad
\begin{pmatrix}
3 & c & c & c & c \\
6 & 2 & c & c & c \\
1 & 8 & 1 & c & c \\
7 & 4 & 6 & 0 & c \\
8 & 2 & 9 & 5 & 7
\end{pmatrix}
$$

(a) 上三角矩阵　　　　　　　　(b) 下三角矩阵

图 5-7　5 阶三角矩阵

1) 存储方式

采用按行优先方式存储上三角矩阵中的元素,即按照 $a_{00},a_{01},\cdots,a_{0,n-1},a_{11},\cdots,a_{1,n-1},\cdots,$ $a_{n-2,n-2},a_{n-2,n-1},a_{n-1,n-1},c$ 的次序依次存放在一维数组 $SA[0..n(n+1)/2]$ 中。其中:$SA[0]=a_{00}$,$SA[1]=a_{01}$,$\cdots$,$SA[n(n+1)/2-1]=a_{n-1,n-1}$,$SA[n(n+1)/2]=c$。图 5-8(a)给出了上三角矩阵压缩存储的示意图。

采用按行优先方式存储下三角矩阵中的元素,即按照 $a_{00},a_{10},a_{11},\cdots,a_{n-1,0},a_{n-1,1},\cdots,$ $a_{n-1,n-1},c$ 的次序依次存放在一维数组 $SA[0..n(n+1)/2]$ 中。其中:$SA[0]=a_{00}$,$SA[1]=a_{10}$,$\cdots$,$SA[n(n+1)/2-1]=a_{n-1,n-1}$,$SA[n(n+1)/2]=c$。图 5-8(b)给出了下三角矩阵压缩存储的示意图。

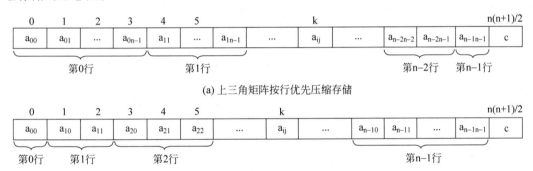

(a) 上三角矩阵按行优先压缩存储

(b) 下三角矩阵按行优先压缩存储

图 5-8　三角矩阵按行优先压缩存储

2) a_{ij} 和 $SA[k]$ 之间的对应关系

在上三角矩阵中,非零元素 a_{ij} 的前面有 i 行(从第 0 行到第 $i-1$ 行),一共有 $(n-0)+(n-1)+(n-2)+\cdots+(n-i+1)=i\times(2n-i+1)/2$ 个元素;在第 i 行上,a_{ij} 之前恰有 $j-i$ 个元素(即 $a_{ii},a_{i,i+1},\cdots,a_{i,j-1}$),因此有式(5-9):

$$SA[i\times(2n-i+1)/2+j-i]=a_{ij} \tag{5-9}$$

得到的上三角矩阵中 k 和 i、j 的对应关系由式(5-10)表示:

$$k=\begin{cases} i\times(2n-i+1)/2+j-i & (i\leqslant j) \\ n(n+1)/2 & (i>j) \end{cases} \tag{5-10}$$

在下三角矩阵中,非零元素 a_{ij} 前面有 i 行(从第 0 行到第 $i-1$ 行),一共有 $1+2+\cdots+i=i\times(i+1)/2$ 个元素;在第 i 行上,a_{ij} 之前恰有 j 个元素(即 $a_{i0},a_{i1},\cdots,a_{i,j-1}$),因此有式(5-11):

$$SA[i\times(i+1)/2+j]=a_{ij} \tag{5-11}$$

得到的下三角矩阵中 k 和 i、j 的对应关系由式(5-12)表示:

$$k=\begin{cases} i\times(i+1)/2+j & (当 i\geqslant j 时) \\ n(n+1)/2 & (当 i<j 时) \end{cases} \qquad (5\text{-}12)$$

3) 三角矩阵的地址计算

如果矩阵中的每个元素占 L 个存储单元,那么根据式(5-10),上三角矩阵的下标变换公式由式(5-13)表示:

$$LOC(a_{ij})=LOC(SA[k])=LOC(SA[0])+k\times L$$
$$=LOC(SA[0])+[i\times(2n-i+1)/2+j-i]\times L \qquad (5\text{-}13)$$

如果矩阵中的每个元素占 L 个存储单元,那么根据式(5-11),下三角矩阵的下标变换公式由式(5-14)表示:

$$LOC(a_{ij})=LOC(SA[k])=LOC(SA[0])+k\times L$$
$$=LOC(SA[0])+[i\times(i+1)/2+j]\times L \qquad (5\text{-}14)$$

上(下)三角矩阵重复元素的下标变换公式由式(5-15)表示:

$$LOC(a_{ij})=LOC(SA[k])=LOC(SA[0])+k\times c$$
$$=LOC(SA[0])+[n\times(n+1)/2]\times L \qquad (5\text{-}15)$$

例如,在图 5-7(a)所示的上三角矩阵中,a_{12} 存储在数组 SA[6]中,这是因为 $k=i\times(2n-i+1)/2+j-i=1\times(2\times5-1+1)/2+1=6$。在图 5-7(b)所示的下三角矩阵中,$a_{21}$ 存储在数组 SA[4]中,这是因为 $k=i\times(i+1)/2+j=2\times(2+1)/2+1=4$。

3. 对角矩阵

在一个 n 阶矩阵中,所有的非零元素集中在以主对角线为中心的带状区域中,除了主对角线(a_{ii},$0\leqslant i\leqslant n-1$)和主对角线相邻两侧的若干条对角线($a_{i,i+1}$,$0\leqslant i\leqslant n-2$;$a_{i+1,i}$,$0\leqslant i\leqslant n-2$)上的元素之外,其余元素皆为零的矩阵称为 n 阶对角矩阵。由此可知,一个 w 对角线矩阵(w 为奇数)A 满足:如果 $|i-j|>(w-1)/2$,则元素 $a_{ij}=0$。图 5-9 给出了一个 3 对角 5 阶矩阵。

图 5-9 一个 3 对角 5 阶矩阵

1) 存储方式

首先将一个 n 阶的 w 对角矩阵转换为一个 n 行 w 列的 $n\times w$ 矩阵(如图 5-10(a)),在该矩阵中共有($w\times n-(w^2-1)/4$)个非零元素及(w^2-1)/4 个零元素;然后将这些元素按行优先依次存储到一维数组 $SA[n\times w]$中(如图 5-10(b))。图 5-10 给出了一个 5 阶 3 对角矩阵压缩存储的示意图。

$$\begin{pmatrix} 0 & a_{00} & a_{01} \\ a_{10} & a_{11} & a_{12} \\ a_{21} & a_{22} & a_{23} \\ a_{32} & a_{33} & a_{34} \\ a_{43} & a_{44} & 0 \end{pmatrix}$$

(a) 5 阶 3 对角矩阵转换为一个 5×3 矩阵

0	1	2	3	4	5	6	7	8	9	10	11	12	13	14
0	a_{00}	a_{01}	a_{10}	a_{11}	a_{12}	a_{21}	a_{22}	a_{23}	a_{32}	a_{33}	a_{34}	a_{43}	a_{44}	0

(b) 5×3 矩阵按行优先压缩存储

图 5-10 对角矩阵按行优先压缩存储

2）a_{ij}和SA[k]之间的对应关系

非零元素a_{ij}（$|i-j|\leqslant(w-1)/2$）转换为一个 n 行 w 列 n×w 矩阵中的元素a_{ts}（$t\in$[0，n-1]，$s\in$[0，w-1]）的映射关系如式（5-16）所示：

$$\begin{cases} t=i \\ s=j-i+(w-1)/2 \end{cases} \qquad (5\text{-}16)$$

该 n×w 矩阵中的元素a_{ts}在一维数组 SA 中的下标 k 与 t、s 的关系如式（5-17）所示：

$$k=w\times t+s \qquad (5\text{-}17)$$

3）对角矩阵的地址计算

如果矩阵中的每个元素占 L 个存储单元，那么根据式（5-16）式（5-17），w 对角矩阵的下标变换公式由式（5-18）表示：

$$\begin{aligned} LOC(a_{ij})&=LOC(SA[k])=LOC(SA[0])+k\times L \\ &=LOC(SA[0])+[w\times t+s]\times L \\ &=LOC(SA[0])+[w\times i+(j-i+(w-1)/2)]\times L \qquad (5\text{-}18) \end{aligned}$$

例如，在图 5-9 所示的 5 阶 3 对角矩阵中，a_{12}存储在数组 SA[5]中，这是因为 $k=w\times i+(j-i+(w-1)/2)=3\times 1+(2-1+1)=5$；$a_{43}$存储在数组 SA[12]中，这是因为 $k=w\times i+(j-i+(w-1)/2)=3\times 4+(3-4+1)=12$。

此外，n 阶 w 对角矩阵也可以采用按行优先方式将非零元素直接存储到一个一维数组 $SA[w\times n-(w^2-1)/4]$中。

例如，对于 5 阶 3 对角矩阵中的非零元素a_{ij}（$|i-j|>(w-1)/2$），前面所有行的非零元素个数为（$3\times i-1$），第 i 行所在列前面的非零元素个数为（$j-i+1$），二者相加得到总的非零元素个数为（$2\times i+j$）；存储到$SA[k]$中如图 5-11 所示。

0	1	2	3	4	5	6	7	8	9	10	11	12
a_{00}	a_{01}	a_{10}	a_{11}	a_{12}	a_{21}	a_{22}	a_{23}	a_{32}	a_{33}	a_{34}	a_{43}	a_{44}

图 5-11　5 阶 3 对角矩阵按行优先压缩存储

在所有这些统称为特殊矩阵的矩阵中，非零元的分布都有一个明显的规律，从而都可以将其压缩存储到一维数组中，并找到每个非零元素在一维数组中的对应关系。

5.2.2　稀疏矩阵的压缩存储

在实际应用中，经常会遇到另一类型的矩阵，其阶数高、非零元素较零元素少，且分布没有一定规律。假设在 m×n 矩阵中，如果有 t 个非零元素，令$\delta=t/(m\times n)$，则称δ为矩阵的稀疏因子。通常认为$\delta\leqslant 0.05$的矩阵为稀疏矩阵（Sparse Matrix）。这类矩阵的压缩存储要比特殊矩阵复杂。

1. 稀疏矩阵的抽象数据类型

```
ADT SparseMatrix {
    Data:
        D = {a_ij | a_ij ∈ ElemSet, i = 0,1,…,m-1, m≥0; j = 0,1,…,n-1, n≥0
                                    m 和 n 分别称为矩阵的行数和列数 }
    Relation:
        R = {Row,Col}
```

$$Row = \{< a_{ij}, a_{i,j+1} > | 0 \leqslant i \leqslant m-1, 0 \leqslant j \leqslant n-2\}$$
$$Col = \{< a_{ij}, a_{i+1,j} > | 0 \leqslant i \leqslant m-2, 0 \leqslant j \leqslant n-1\}$$

Operation:

InitSMatrix(&M);

　　初始条件：无。

　　操作结果：构造一个空稀疏矩阵 M。

DestroySMatrix(&M);

　　初始条件：稀疏矩阵 M 已经存在。

　　操作结果：销毁 M。

CopySMatrix(M,&T);

　　初始条件：稀疏矩阵 M 已经存在。

　　操作结果：将 M 复制给 T。

AddSMatrix(M,N,&Q);

　　初始条件：稀疏矩阵 M 与 N 已经存在,且行数与列数对应相等。

　　操作结果：用 Q 返回 M 和 N 的和。

MulSMatrix(M,N,&Q);

　　初始条件：稀疏矩阵 M 与 N 已经存在,且 M 的列数等于 N 的行数。

　　操作结果：用 Q 返回 M 和 N 的积。

TransposeSMatrix(M,&T);

　　初始条件：稀疏矩阵 M 已经存在。

　　操作结果：用 T 返回 M 的转置矩阵。

} ADT SparseMatrix

按照压缩存储的概念,只存储稀疏矩阵的非零元素。因此,除了存储非零元素值 a_{ij} 之外还必须同时记下其所在行和列的位置(i, j),这样组成了一个三元组(i, j, a_{ij})。反之,一个三元组(i, j, a_{ij})唯一确定了矩阵的一个非零元素。将稀疏矩阵非零元素对应的三元组所构成的集合,按行优先顺序排列成一个线性表,称为三元组表(List of 3-Tuples)。由此,稀疏矩阵可以由表示非零元素的三元组及其行列数唯一确定。

例如,图 5-12 给出了一个稀疏矩阵。其三元组表为((0, 0, 15), (0, 3, 22), (0, 5, −15), (1, 1, 11), (1, 2, 3), (2, 3, 6), (4, 0, 91)),加上(5, 6)这一对行、列值便可以作为该稀疏矩阵的另一种描述。而由上述三元组表的不同表示方法可以引出稀疏矩阵不同的压缩存储方法。

$$M = \begin{pmatrix} 15 & 0 & 0 & 22 & 0 & -15 \\ 0 & 11 & 3 & 0 & 0 & 0 \\ 0 & 0 & 0 & 6 & 0 & 0 \\ 0 & 0 & 0 & 0 & 0 & 0 \\ 91 & 0 & 0 & 0 & 0 & 0 \end{pmatrix}$$

图 5-12　稀疏矩阵 M

2. 三元组顺序表及操作实现

1) 三元组顺序表的定义

将表示稀疏矩阵非零元素的三元组按行优先顺序排列,并依次存放在一组地址连续的存储单元里的方式称为稀疏矩阵的顺序存储结构,采用这种存储结构的稀疏矩阵称为三元组顺序表(Triple Sequential List)。

2) 三元组顺序表的类型定义

为了运算方便,将稀疏矩阵行列数及非零元素总数均作为三元组顺序表的属性进行描述。其类型描述为：

```
#define TriList_Size 1000              // 三元组表大小,可根据实际需要而定
typedef struct {
    int        row,col;                // 非零元的行下标和列下标
    ElemType   e;                      // 非零元的元素值
```

```
} Triple;
typedef struct  {
    Triple     data[TriList_Size + 1];          // 非零元三元组表,data[0]未用
    int        mu, nu, tu;                      // 矩阵的总行数、总列数和总非零个数
} TSMatrix;
```

图 5-13 给出了图 5-12 表示的稀疏矩阵 M 对应的三元组顺序表。

3）转置操作

转置运算是一种最简单的矩阵运算，对于一个 m×n 的矩阵 M，其转置矩阵 T 是一个 n×m 的矩阵，且 T(j,i)=M(i,j)，(i=0,2,…,n−1,j=0,2,…,m−1)。如图 5-14 所示的矩阵 T 即为图 5-12 给出的稀疏矩阵 M 的转置矩阵。显然，一个稀疏矩阵的转置矩阵仍然是稀疏矩阵。

	row	col	e	
1	0	0	15	
2	0	3	22	
3	0	5	−15	
4	1	1	11	
5	1	2	3	
6	2	3	6	
7	4	0	91	
TriList_Size	空闲	空闲	空闲	
	5			矩阵的行数
	6			矩阵的列数
	7			非零元个数

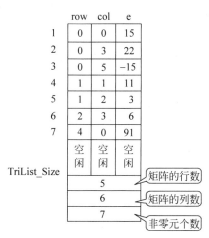

图 5-13　图 5-12 表示的稀疏矩阵 M 对应的三元组顺序表

$$T=\begin{pmatrix} 15 & 0 & 0 & 0 & 91 \\ 0 & 11 & 0 & 0 & 0 \\ 0 & 3 & 0 & 0 & 0 \\ 22 & 0 & 6 & 0 & 0 \\ 0 & 0 & 0 & 0 & 0 \\ -15 & 0 & 0 & 0 & 0 \end{pmatrix}$$

图 5-14　稀疏矩阵 M 的转置矩阵 T

当用三元组顺序表表示稀疏矩阵时，转置运算就演变为“由 M 的三元组表求得 T 的三元组表”的操作。图 5-15(a)和(b)分别列出了 M 和 T 的三元组顺序表。

	row	col	e
1	0	0	15
2	0	3	22
3	0	5	−15
4	1	1	11
5	1	2	3
6	2	3	6
7	4	0	91

M. data

(a) 矩阵 M 的三元组顺序表

	row	col	e
1	0	0	15
2	0	4	91
3	1	1	11
4	2	1	3
5	3	0	22
6	3	2	6
7	5	0	−15

T. data

(b) 矩阵 T 的三元组顺序表

图 5-15　稀疏矩阵 M 和 T 的三元组顺序表

分析图 5-15(a)和(b)的差异发现只要做到下面两点，就可以由 M. data[]得到 T. data[]，实现矩阵转置：

(1) 将稀疏矩阵 M 中非零元素的行、列值相互调换，即将 M. data[]中每个元素的 row 和 col 相互调换；

（2）因为三元组顺序表中元素是以按行优先顺序排列的，T. data[]中元素的顺序和M. data[]中元素的顺序不同，所以需要重排三元组顺序表中元素的次序。

在这两点中，最关键的是第二点，即如何实现 T. data[]中所要求的按行优先顺序。常用的处理方法有两种：一种是直接取—顺序存；另一种是顺序取—直接存。

方法一：直接取-顺序存。

（1）算法设计

基于 T. data[]按行优先的顺序，在 M 中依次扫描第 0 列、第 1 列、…、第 M. nm－1 列的三元组，从中"找出"元素进行"行列互换"后顺序插入到 T. data[]中。通常，也称该方法为"按需点菜"法。

（2）算法描述

算法 5-5

```
void TransSMatrix_TSM(TSMatrix M,TSMatrix &T) {
// 用 T 返回三元组顺序表 M 的转置矩阵
    InitSMatrix_TSM(T);                      // 初始化三元组顺序表 T
    T.mu = M.nu;   T.nu = M.mu;   T.tu = M.tu;   // 设置 T 的行数、列数和非零元素个数
    if(T.tu) {
        pt = 1;                              // pt 为 T.data 的下标,初始为 1
        for(i = 0;i < M.nu;++i)
            for(pm = 1;pm < = M.tu;++pm)      // pm 为 M.data 的下标,初始为 1
                if(M.data[pm].col == i) {    // 进行转置
                    T.data[pt].row = M.data[pm].col;
                    T.data[pt].col = M.data[pm].row;
                    T.data[pt].e = M.data[pm].e;
                    ++pt;
                }
    }
}                                            // TransSMatrix_TSM
```

（3）算法分析

① 问题规模：矩阵 M 的列数 M. nu（简称 nu）和非零元素个数 M. tu（简称 tu）；

② 基本操作：行列互换；

③ 时间分析：算法中基本操作的执行次数主要依赖于嵌套的两个 for 循环，因此算法 5-5 的时间复杂度为 $O(nu \times tu)$。

一般矩阵的转置算法为：

```
void Transpose(ElemType M[][],ElemType T[][],int mu,int nu) {
    for(i = 0;i < nu;++i)
        for(j = 0;j < mu;++j)   T[i][j] = M[j][i];
} // Transpose
```

其时间复杂度为 $O(nu \times mu)$。当 M 中的非零元素个数 tu 和其元素总数 $mu \times nu$ 同数量级时，算法 5-5 的时间复杂度为 $O(mu \times nu^2)$，其时间性能劣于一般矩阵转置算法，因此算法 5-5 仅适于 $tu \ll mu \times nu$ 的情况。

方法二：顺序取-直接存。

（1）算法设计

如果能预先确定矩阵 M 中每一列（即转置矩阵 T 中每一行）的第一个非零元素在

T. data[]中的位置,则在对 M. data[]中的三元组依次作转置时,就能直接将其放到 T. data[]中恰当的位置。这样,对 M. data[]进行一次扫描就可以使所有非零元素的三元组在 T. data[]中"一次到位"。通常,也称该方法为"按位就座"法。

提出问题:如何确定当前从 M. data 中取出的三元组在 T. data 中应有的位置?

注意到 M. data 中第 0 列的第一个非零元素一定存储在 T. data 中下标为 1 的位置上,该列中其他非零元素则应该存放在 T. data 中后面连续的位置上;M. data 中第 1 列的第一个非零元素在 T. data 中的位置等于其第 0 列的第一个非零元素在 T. data 中的位置加上其第 0 列的非零元素个数;……;以此类推。

解决方法:引入两个数组作为辅助数据结构解决上述问题。

数组 num[col]:存储 M 中第 col 列的非零元素个数。数组 cpot[col]:指示 M 中第 col 列第一个非零元素在 T. data 中的恰当位置。由此可以得到如式(5-19)所示的递推关系:

$$
\begin{cases}
\text{cpot}[0] = 1; \\
\text{cpot}[\text{col}] = \text{cpot}[\text{col}-1] + \text{num}[\text{col}-1]; \quad 1 \leqslant \text{col} \leqslant \text{M. nu} - 1
\end{cases}
\tag{5-19}
$$

图 5-12 所示的稀疏矩阵 M 的 num 和 cpot 的数组值如图 5-16(a)所示,num 和 cpot 之间的关系如图 5-16(b)所示。

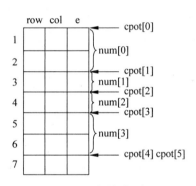

col	0	1	2	3	4	5
num[col]	2	1	1	2	0	1
cpot[col]	1	3	4	5	7	7

(a) 稀疏矩阵M的num与cpot值　　　　　　(b) num与cpot之间关系示意图

图 5-16 辅助数组 num 和 cpol

在求出 cpot[col]后只需要扫描一遍 M. data,当扫描到一个 col 列的元素时,直接将其存放在 T. data 中下标为 cpot[col]的位置上,然后将 cpot[col]加 1,即 cpot[col]中存放的始终是下一个 col 列元素(如果有的话)在 T. data 中的位置。

(2)算法描述

算法 5-6

```
void FastTransSMatrix_TSM(TSMatrix M,TSMatrix &T) {
// 用 T 返回三元组顺序表 M 的转置矩阵
    InitSMatrix_TSM(T);                    // 初始化三元组顺序表 T
    T.mu = M.nu;  T.nu = M.mu;  T.tu = M.tu;  // 设置 T 的行数、列数和非零元素个数
    if(T.tu) {
        for(i = 0;i < M.nu;++i)             // num 数组初始化为 0
            num[i] = 0;
        for(i = 1;i < = M.tu;++i)           // 计算 M 中每一列非零元素的个数
            ++num[M.data[i].col];
```

```
        cpot[0] = 1;                              // 置 M 第 0 列第一个非零元素下标为 1
        for(i = 1;i < M.nu;++i)                   // 计算 M 每一列第一个非零元素的下标
            cpot[i] = cpot[i - 1] + num[i - 1];
        for(i = 1;i < = M.tu;++i)  {              // 扫描 M.data,依次进行转置
            j = M.data[i].col;                    // 当前三元组列号
            k = cpot[j];                          // 当前三元组在 T.data 中的下标
            T.data[k].row = M.data[i].col;
            T.data[k].col = M.data[i].row;
            T.data[k].e = M.data[i].e;
            ++cpot[j];                            // 预置同一列下一个三元组的下标
        }
    }
}                                                 // FastTransSMatrix_TSM
```

（3）算法分析

① 问题规模：矩阵 M 的列数 M.nu（简称 nu）和非零元素个数 M.tu（简称 tu）；

② 基本操作：行列互换；

③ 时间分析：算法中的执行次数依赖于四个并列的 for 循环，因此算法 5-6 的时间复杂度为 $O(nu+tu)$；

④ 空间分析：算法 5-6 中所需要的存储空间比算法 5-5 多了两个辅助数组。

当 M 中的非零元素个数 tu 和其元素总数 $mu×nu$ 同数量级时，算法 5-6 的时间复杂度为 $O(mu×nu)$，与一般矩阵转置算法一致。由此可见，算法 5-6 的平均时间性能优于算法 5-5，又称为快速转置法。

当矩阵的非零元素个数和位置在操作过程中变化较大时，就不宜采用顺序存储结构来表示三元组的线性表。例如，在进行“将矩阵 B 加到矩阵 A 上”的操作时，由于非零元素的插入和删除将会引起 A.data 中元素的大量移动，为此，对于这种类型的矩阵，采用链式存储结构表示三元组的线性表更为合适。

3. 十字链表及操作实现

1）十字链表的定义

将稀疏矩阵的非零元素用一个包含五个域的结点表示：行号域 row、列号域 col、值域 e、列链接指针域 down 和行链接指针域 right，如图 5-17 所示。

稀疏矩阵中同一行的非零元素通过 right 连接成一个行链表，同一列的非零元素通过 down 连接成一个列链表；每个非零元素既是某个行链表中的一个结点，又是某个列链表中的一个结点，整个

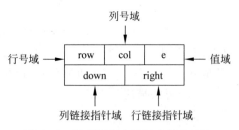

图 5-17　稀疏矩阵十字链表结点结构

矩阵构成了一个十字交叉的链表；依靠行列指针连接建立相邻的逻辑关系的方式称为稀疏矩阵的链式存储结构，采用这种存储结构的稀疏矩阵称为十字链表（Cross Linked List）。

2）十字链表的类型定义

通常，可以使用两个一维数组分别存储行链表头指针和列链表头指针。其类型描述为：

```
typedef struct OLNode  {
```

```
    int          row,col;                     // 非零元的行下标和列下标
    ElemType      e;                          // 非零元的值
    struct  OLNode * right, * down;           // 非零元所在行表和列表的后继链域
} OLNode, * Olink;
typedef struct  {
    Olink         * rhead, * chead;           // 行和列链表头指针向量
    int           mu,  nu,  tu;               // 稀疏矩阵行列数和总非零元个数
} CrossList;
```

图 5-18(b)给出了图 5-18(a)表示的稀疏矩阵 M 对应的十字链表。

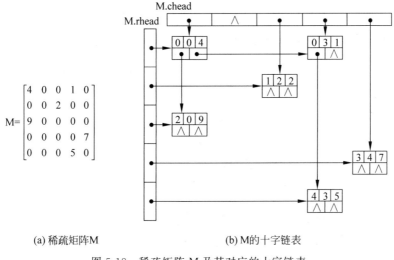

(a) 稀疏矩阵M   (b) M的十字链表

图 5-18   稀疏矩阵 M 及其对应的十字链表

3）相加操作

（1）算法设计

对十字链表 A 和十字链表 B 求和，并将其结果存放在 A 中，可以从矩阵第一行开始逐行进行。相加之后的和矩阵中非零元素可能有三种情况。其一，结果为 $a_{ij}+b_{ij}$；其二，结果为 $a_{ij}(b_{ij}=0)$；其三，结果为 $b_{ij}(a_{ij}=0)$。每一行都从行链表头指针出发分别找到 A 和 B 在该行中的第一个非零元素结点后开始比较，按照不同的情况分别处理。

设非空指针 pa 和 pb 分别指向十字链表 A 和 B 中行值相同的两个结点，pa 为空时表明 A 在该行中没有非零元素。为了便于操作，设置一些辅助指针：在 A 的行链表上设 pre 指针，指示 pa 所指结点的前驱；在 A 的列链表上设一个指针 cp[j]，其初值和列链表头指针相同。

初始时，令 pa 和 pb 分别指向 A 和 B 第 0 行的第一个非零元素的结点。重复下面操作，依次处理本行结点，直到 B 的本行中没有非零元素结点为止。

• pa==NULL 或(pa−>col)>(pb−>col)

在 A 中插入一个值为 b_{ij} 的结点；此时需要改变同一行中前一结点 right 域的指针及同一列中前一结点 down 域的指针。

• pa!=NULL 且(pa−>col)<(pb−>col)

将 pa 指向本行的下一个非零元素结点。

- (pa->col)==(pb->col)且((pa->e)+(pb->e))!=0

将 $a_{ij}+b_{ij}$ 的值赋给 pa 所指结点的 e 域即可,其他所有域的值均不变。

- (pa->col)==(pb->col)且((pa->e)+(pb->e))==0

删除 A 中 pa 所指结点;此时需要改变同一行中前一结点 right 域的指针及同一列中前一结点 down 域的指针。

（2）算法描述

算法 5-7

```
void AddSMatrix_OL(CrossList &A,CrossList B) {
// 用 A 返回十字链表 A 与 B 之和
    for(j=0;j<M.nu;j++)  cp[j]=A.chead[j];
    for(i=0;i<A.mu;i++)  {
        pa=A.rhead[i];
        pb=B.rhead[i];
        pre=NULL;
        while(pb) {
            if((pa==NULL)||(pa->col>pb->col))  {
                p=New(OLNode);
                p->row=pb->row;
                p->col=pb->col;
                p->e=pb->e;
                if(!pre)  A.rhead[i]=p;              // 插入到 A 的行链表中
                else  pre->right=p;
                p->right=pa;
                pre=p;
                if(!A.chead[p->col])  {              // 插入到 A 的列链表中
                    A.chead[p->col]=p;
                    p->down=NULL;
                }
                else  {
                    while((cp[p->col]->down!=NULL)
                            &&(cp[p->col]->down->row<p->row))
                        cp[p->col]=cp[p->col]->down;   // 寻找同一列中的前驱
                    p->down=cp[p->col]->down;
                    cp[p->col]->down=p;
                }
                cp[p->col]=p;
            }
            else if(pa->col<pb->col)  {              // pa 右移一步
                pre=pa;
                pa=pa->right;
            }
            else if(pa->e+pb->e)  {                  // 直接相加
                pa->e+=pb->e;
                pre=pa;
                pa=pa->right;
                pb=pb->right;
            }
            else  {                                  // 从行、列链表中删除
```

```
            if(!pre)   A. rhead[i] = pa -> right;
            else    pre -> right = pa -> right;
            p = pa;
            pa = pa -> right;
            if(A.chead[p -> col] == p) A.chead[p -> col] = cp[p -> col] = p -> down;
            else   cp[p -> col] -> down = p -> down;
            delete p;
        }
      }
   }
} // AddSMatrix_OL
```

（3）算法分析

① 问题规模：稀疏矩阵 A 和 B 的非零元素的个数 A. tu 和 B. tu；

② 基本操作：逐行扫描，元素相加；

③ 时间分析：从一个结点来看，进行比较、修改指针所需要的时间是一个常数；整个运算过程在于对 A 和 B 的十字链表逐行扫描，其循环次数取决于 A. tu 和 B. tu。因此算法 5-7 的时间复杂度为 O(A. tu＋B. tu)。

例 5-2　创建十字链表。

（1）算法设计

① 初始化行链表的头指针数组和列链表的头指针数组；

② 将非零元素结点插入行链表：如果行链表为空，则直接插入；如果行链表非空，则先寻找插入位置，然后插入；

③ 将非零元素结点插入列链表：如果列链表为空，则直接插入；如果列链表非空，则先寻找插入位置，然后插入。

（2）算法描述

算法 5-8

```
void CreateSMatrix_OL(CrossList &M)  {
// 按任意次序输入非零元,创建稀疏矩阵的十字链表 M
    cin >> m >> n >> t;                          // 输入稀疏矩阵总行数、列数和非零元个数
    M.mu = m;   M.nu = n;   M.tu = t;
    M.rhead = new OLNode[m + 1];
    M.rhead[ ] = NULL;                           // 初始化行头指针向量; 各行链表为空链表
    M.chead = new OLNode[n + 1];
    M.chead[ ] = NULL;                           // 初始化列头指针向量; 各列链表为空链表
    for(cin >> i >> j >> e; e!= 0; cin >> i >> j >> e)  {
        p = new OLNode;                          // 生成新结点
        p -> row = i;
        p -> col = j;
        p -> e = e;
        if(M.rhead[i] == NULL)  {                // 完成行插入
            M.rhead[i] = p;
            p -> right = NULL;
        }
        else if(M.rhead[i] -> col > j)  {        // 寻找在行链表中的插入位置
            p -> right = M.rhead[i];
```

```
            M.rhead[i] = p
        }
        else {
            for(q = M.rhead[i];(q -> right)&&(q -> right -> col < j);q = q -> right);
            p -> right = q -> right;
            q -> right = p;
        }
        if(M.chead[j] == NULL) {                    // 完成列插入
            M.chead[j] = p;
            p -> down = NULL;
        }
        else if(M.chead[j] -> row > i) {            // 寻找在列链表中的插入位置
            p -> down = M.chead[j];
            M.chead[j] = p
        }
        else {
            for(q = M.chead[j];(q -> down)&&(q -> down -> row < i);q = q -> down);
            p -> down = q -> down;
            q -> down = p;
        }
    }
}                                                   // CreateSMatrix_OL
```

（3）算法分析

① 问题规模：待创建稀疏矩阵的总行数、总列数及非零元个数（分别设置为 m、n 和 t）；

② 基本操作：在十字链表中建立非零元素结点；

③ 时间分析：算法的时间主要花费在建立非零元素结点上。因为每建立一个非零元素结点都需要先寻找它在行列链表中的插入位置，再完成插入；所以对于 m 行 n 列，且有 t 个非零元素的稀疏矩阵来说，算法 5-8 的执行复杂度为 $O(t \times s)$，$s = Max\{m, n\}$。

算法 5-8 对非零元素输入的先后次序没有要求。反之，如果按照行优先的顺序依次输入三元组，则可以修改算法 5-8，使得其时间复杂度为 $O(t)$。

5.3 广义表

广义表，又称为列表（Lists，采用复数形式是为了与统称的表 List 的区别），是线性表的一种推广和扩充，即在广义表中取消了对线性表元素的原子限制，允许它们具有其自身的结构；广义表又区别于数组，即不要求每个元素具有相同类型。

5.3.1 广义表的类型定义

1. 广义表的定义

广义表（Generalized List）是 n(n≥0) 个元素的有限序列，一般记作：

$$LS = (a_1, a_2, \cdots, a_n)$$

其中：LS 是广义表的名称；$a_i(1 \leqslant i \leqslant n)$ 是 LS 的成员（也称为直接元素），它可以是单个元素，也可以是一个广义表，分别称为 LS 的原子和子表。一般用大写字母表示广义表，用小写字母表示原子。

当广义表 LS 非空时,第一个直接元素称为 LS 的表头(Head);广义表 LS 中除去表头后其余的直接元素组成的广义表称为 LS 的表尾(Tail)。广义表 LS 中的直接元素个数称为 LS 的长度;广义表 LS 中括号的最大嵌套层数称为 LS 的深度。

下面是一些广义表的例子:

(1) A＝( ):长度为 0,深度为 1,没有元素,是一个空表;

(2) B＝(e):长度为 1,深度为 1,只有一个原子;

(3) C＝(a,(b,c,d)):长度为 2,深度为 2,有一个原子和一个子表;

(4) D＝(A,B,C):长度为 3,深度为 3,有三个子表;

(5) E＝(a,E):长度为 2,深度为无穷大,是一个递归表;

(6) F＝(( )):长度为 1,深度为 2,只有一个空表。

2. 广义表的图形表示

可以采用图形方法表示广义表的逻辑结构:对每个广义表元素 a_i 用一个结点来表示,如果 a_i 为原子,则用矩形结点表示;如果 a_i 为广义表,则用圆形结点表示;结点之间的边表示元素之间的"包含/属于"关系。对于上面列举的 6 个广义表,其图形表示如图 5-19 所示。

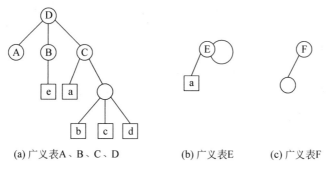

(a) 广义表A、B、C、D　　　　　　(b) 广义表E　　　(c) 广义表F

图 5-19　广义表图形表示的示意图

3. 广义表的主要特性

从上述广义表的定义和例子可以看出,广义表具有以下四个特性:

(1) 广义线性性:对任意广义表来说,如果不考虑其元素的内部结构,则它是一个线性表,它的直接元素之间是线性关系。

(2) 元素复合性:广义表中的元素有原子和子表两种,因此,广义表中元素的类型不统一。一个子表,在某一层上被当作元素,但就它本身的结构而言,也是广义表。在其他数据结构中,并不把子表这样的复合元素看作元素。

(3) 元素递归性:广义表可以是递归的。广义表的定义并没有限制元素的递归,即广义表也可以是其自身的子表,这种递归性使得广义表具有较强的表达能力。

(4) 元素共享性:广义表以及广义表的元素可以为其他广义表所共享。例如,对于上面列举的 6 个广义表,广义表 A、广义表 B、广义表 C 是广义表 D 的共享子表。

广义表的上述四个特性对于它的使用价值和应用效果起到了很大的作用。广义表的结构相当灵活,它可以兼容线性表、数组、树和有向图等各种常用的数据结构。例如,当二维数组的每行(或每列)作为子表处理时,二维数组即为一个广义表;如果限制广义表中元素的共享和递归,广义表和树对应;如果限制广义表的递归并允许元素共享,则广义表和图对应。

4. 广义表的基本运算

由于广义表是线性表的一种推广和扩充,因此和线性表类似,也可以对广义表进行查找、插入、删除和取表元素值等操作。但广义表在结构上较线性表复杂得多,操作的实现不如线性表简单。在这些操作中,最重要的两个基本运算是取广义表表头 GetHead 和取广义表表尾 GetTail。

任何一个非空广义表表头是表中第一个元素,它可以是原子,也可以是广义表;而其表尾必定是广义表。下面是对给出的广义表取表头和取表尾的例子:

(1) A=():因为是空表,所以不能进行取表头和取表尾的操作;

(2) B=(e):GetHead(B)=e,GetTail(B)=();

(3) C=(a, (b, c, d)):GetHead(C)=a,GetTail(C)=((b, c, d));

(4) D=(A, B, C):GetHead(D)=A,GetTail(D)=(B, C);

(5) E=(a, E):GetHead(E)=a,GetTail(E)=(E);

(6) F=(()):GetHead(F)=(),GetTail(F)=()。

值得注意的是:广义表()和广义表(())是不同的。()为空表,其长度 n=0,不能分解成表头和表尾;(())不是空表,其长度 n=1,可以分解得到其表头是空表()、表尾是空表()。

5. 广义表的抽象数据类型

```
ADT GList {
    Data:
        D = {e_i | e_i ∈ AtomSet 或 e_i ∈ GList, i = 1,2, …,n, n≥0, AtomSet 为某个数据对象}
    Relation:
        R = {< e_{i-1}, e_i > | e_{i-1}, e_i ∈ D, i = 2, …,n}
    Operation:
        InitGList(&GL);
            初始条件:无。
            操作结果:构造一个空广义表 GL。
        CreateGList(&GL,S);
            初始条件:已知广义表书写形式串 S。
            操作结果:用 GL 返回一个由 S 创建的广义表。
        DestroyGList(&GL);
            初始条件:广义表 GL 已经存在。
            操作结果:销毁 L。
        CopyGList(&T,GL);
            初始条件:广义表 GL 已经存在。
            操作结果:用 T 返回由 GL 复制得到的广义表。
        GListLength(GL);
            初始条件:广义表 GL 已经存在。
            操作结果:求 L 的长度。
        GListDepth(GL);
            初始条件:广义表 GL 已经存在。
            操作结果:求 GL 的深度。
        GetHead(GL);
            初始条件:广义表 GL 已经存在。
            操作结果:取 GL 的表头。
        GetTail(GL);
```

初始条件：广义表 GL 已经存在。

操作结果：取 GL 的表尾。

TraverseGList(GL);

初始条件：广义表 GL 已经存在。

操作结果：依次访问 GL 中的每个元素。

} ADT GList

5.3.2　广义表的链式表示及操作实现

由于广义表中元素可以具有不同结构（原子或子表），很难采用顺序存储结构表示，通常采用链式存储结构，每个数据元素可以使用一个结点表示。广义表的链式表示有两种形式：头尾链表和扩展线性链表。

1. 头尾链表

如果广义表非空，则可以分解为表头和表尾；反之，一对确定的表头和表尾可以确定唯一一个广义表。根据这一性质，广义表可以采用头尾链表（Head-Tail Linked）存储结构。由于广义表中的数据元素既可以是广义表也可以是原子，因此在头尾链表中的结点结构也有两种：一种是表结点，用以存储广义表；另一种是原子结点，用于存储原子。为了区分这两类结点，在结点中还要设置一个标志域。

（1）表结点：由三个域组成，分别为标志域（tag=1）、指示表头结点的指针域 hp 和指示表尾结点的指针域 tp，如图 5-20(a)所示。

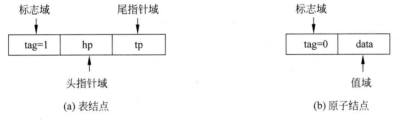

图 5-20　头尾链表中的结点结构

（2）原子结点：由两个域组成，分别为标志域（tag=0）和存储原子数据的值域 data，如图 5-20(b)所示。

```
// 广义表的头尾链表存储表示
typedef enum{ATOM, LIST} ElemTag;          // ATOM == 0: 原子, LIST == 1: 子表
typedef struct GLNode {
    ElemTag       tag;                     // 标志域,用于区分原子结点和表结点
    union {                                // 原子结点和表结点的共用体
        ElemType   data;                   // 原子结点的数据域
        struct {
            struct GLNode * hp, * tp;      // hp 指向表头,tp 指向表尾
        } ptr;
    };
} GLNode;
typedef GLNode * GList;
```

对于前面列举的 6 个广义表，采用头尾链表存储结构的示意图如图 5-21 所示。可以看出头尾链表具有三个特点，在某种程度上给广义表的操作带来了方便。

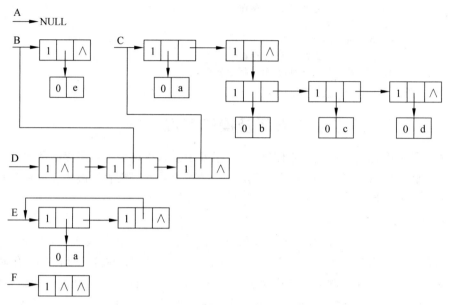

图 5-21　广义表头尾链表存储表示示例

（1）除空表的表头指针为空外，对任何非空广义表，其表头指针均指向一个表结点，且该结点中的 hp 域指示广义表表头（原子结点或表结点），tp 域指示广义表表尾（除非表尾为空，则指针为空，否则必为表结点）。

（2）容易分清广义表中原子或子表所在的层次。例如，在广义表 D 中，原子 a 和 e 在同一层上，而原子 b、c、d 在同一层且比 a 和 e 低一层，子表 B 和 C 在同一层。

（3）容易求得广义表的长度，即最上层的结点个数为广义表的长度。例如，在广义表 D 的最高层有三个表结点，其广义表的长度为 3。

2. 扩展线性链表

广义表是线性表的一种推广和扩充，因此也可以采用另一种结点结构的链表表示广义表，称为扩展线性链表（Extended Linklist）。在扩展线性尾链表中的结点结构也有两种：一种是表结点，用于存储广义表；另一种是原子结点，用于存储原子。为了区分这两类结点，在结点中也要设置一个标志域。

（1）表结点：由三个域组成，分别为标志域（tag＝1）、指示表头的指针域 hp 和指示下一个结点的指针域 tp，如图 5-22（a）所示。

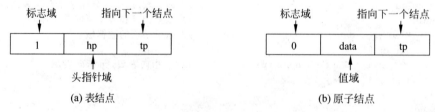

图 5-22　扩展线性链表中的表结点和原子结点结构

（2）原子结点：由三个域组成，分别为标志域（tag＝0）、存储原子数据的值域 data 和指示下一个结点的指针域 tp，如图 5-22（b）所示。

```
// 广义表的扩展线性链表存储表示
typedef enum{ATOM, LIST}  ElemTag;          // ATOM == 0：原子，LIST == 1：子表
typedef struct GLNode  {
    ElemTag          tag;                   // 公共部分，用于区分原子结点和表结点
    union  {                                // 原子结点和表结点的联合部分
        AtomType      data;                 // 原子结点的值域
        struct GLNode  * hp;                // 表结点的表头指针
    };
    struct GLNode      * tp;                // 指向下一个元素结点，相当于链表的 next
} GLNode;
typedef GLNode * GList;
```

对于前面列举的 6 个广义表，采用扩展线性链表存储结构的示意图如图 5-23 所示。

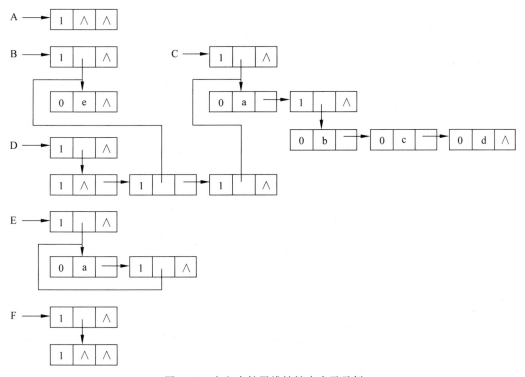

图 5-23　广义表扩展线性链表表示示例

对于广义表的这两种存储结构，读者只需要根据自己的习惯掌握其中一种结构即可。

3. 头尾链表的操作实现

1）初始化操作

（1）算法设计

因为空广义表头尾链表的指针为空，所以直接返回空指针即可。

（2）算法描述

算法 5-9

```
void InitGList(GList &GL)  {
// 构造一个空的广义表头尾链表 GL
    GL = NULL;
```

```
} // InitGList
```

2）复制操作

（1）算法设计

任何一个非空广义表均可以分解成表头和表尾；反之，一对确定的表头和表尾也可唯一地确定一个广义表。采用递归方式先分别复制非空广义表的表头和表尾，再合成即可完成广义表的复制。

假设 GL 是原始的广义表头尾链表，GT 是复制的广义表头尾链表，递归模型如下：

基本项：当 GL 为空表时，置空表 GT；

归纳项：当 GL 为非空表时，分别复制其表头和表尾。

（2）算法描述

算法 5-10

```
void CopyGList(GList &GT,GList GL)  {
// 采用递归方法,实现复制广义表头尾链表 GL 到 GT 的操作
    if(!GL)  GT = NULL;                      // 复制空表
    else  {
        GT = new GLNode;                     // 创建一个表结点
        if(!GT)  Error(" Overflow!");
        GT - > tag = GL - > tag;
        if(GL - > tag == ATOM)                // 复制原子
            GT - > data = GL - > data;
        else  {                               // 复制表头和表尾
            CopyGList(GT - > ptr.hp,GL - > ptr.hp);
            CopyGList(GT - > ptr.tp,GL - > ptr.tp);
        }
    }
}                                             // CopyGList
```

3）求广义表长度操作

（1）算法设计

采用递归方式先求解广义表头尾链表 GL 表尾的长度，然后再令其加 1 即为广义表的长度。递归模型如下：

基本项：当 GL 为空表时，表长为 0；

归纳项：当 GL 为非空表时，表长为表尾长度加 1。

（2）算法描述

算法 5-11

```
int GListLength(GList GL) {
// 采用递归方式求解并返回头尾链表 GL 的长度
    if(GL == NULL)  return 0;
    else  {
        taillen = GListsLength(GL - > ptr.tp);   // 递归求解 GL 表尾的长度
        return (taillen + 1);
    }
}                                                 // GListLength
```

4）求广义表深度操作

（1）算法设计

采用递归方式从表头开始依次求解广义表 GL 中所有直接元素的深度,然后令其中的最大深度加 1 即为广义表的深度。递归模型如下:

基本项:当 GL 是空表时,深度为 1;

　　　　当 GL 是原子时,深度为 0;

归纳项:当 GL 是非空表时,深度为其直接元素的最大深度加 1。

（2）算法描述

算法 5-12

```
int GListDepth(LinkLists GL) {
// 采用递归方法求解并返回头尾链表 GL 的深度
    if(!GL)   return 1;
    if(GL -> tag == ATOM)   return 0;
    for(max = 0, p = GL;p;p -> ptr.tp) {
        depth = GListsDepth(p -> ptr.hp);      // 递归求解 GL 表头的深度
        if(depth > max)   max = depth;
    }
    return(max + 1);
}                                              // GlistDepth
```

5）输出广义表中元素操作

（1）算法设计

采用递归方式求解。递归模型如下:

基本项:当 GL 为空表时,输出"()";

　　　　当 GL 是原子时,输出原子值;

归纳项:当 GL 为非空表时,依次输出该子表中的元素。

（2）算法描述

算法 5-13

```
void TraverseGList(GList GL) {
// 采用递归方法依次输出头尾链表 GL 中的元素值
    if(!GL)   cout <<"()";
    else  {
        if(GL -> tag == ATOM)   cout << GL -> data;
        else  {
            cout <<"(";
            p = GL;
            while(p) {
                TraverseGList(p -> ptr.hp);    // 递归调用,输出第 i 项元素
                p = p -> ptr.tp;
                if(p)   cout <<',';            // 若表尾非空,则输出逗号
            }
            cout <<')';                        // 输出 GL 的右括号
        }
    }
}                                              // TraverseGList
```

6）求广义表的表头操作

（1）算法设计

① 如果广义表 GT 是空表，则不能进行求表头操作，给出相应信息；

② 如果广义表 GT 中第一个直接元素是原子，则直接输出其原子值；

③ 如果广义表 GT 中第一个直接元素是子表，则调用算法 5-13（TraverseGList）依次输出子表中的元素。

（2）算法描述

算法 5-14

```
void GetHead(GList GL)  {
// 求头尾链表 GL 的表头,并输出
    if(GL == NULL)  Error("空表不能取表头!");
    head = GT -> ptr.hp;
    if(head -> tag == ATOM)  cout <<"表头: "<< head -> data << endl;
    else  {
        cout <<"表头: ";
        TraverseGList(head);                    // 参见算法 5-13,输出表头
        cout << endl;
    }
}                                               // GetHead
```

7）求广义表的表尾操作

（1）算法设计

① 如果广义表 GT 是空表，则不能进行求表尾操作，给出相应信息；

② 如果广义表 GT 是非空表，则调用算法 5-13（TraverseGList）依次输出表尾中的元素。

（2）算法描述

算法 5-15

```
void GetTail(GList GL) {
// 求广义表头尾链表 GL 的表尾,并输出
    if(GL == NULL)  Error("空表不能取表尾!");
    tail = p -> ptr.tp;
    cout <<"表尾: ";
    TraverseGList(tail);                    // 参见算法 5-13,输出表尾
    cout << endl;
}                                           // GetTail
```

例 5-3 创建广义表的头尾链表。

（1）算法设计

① 假设把广义表的书写形式看成是一个字符序列 S，那么 S 可能有下面两种情况：

• S＝()（带括号的空串）；

• S＝$(a_1, a_2, \cdots, a_n)$，其中 $a_i(i=1, 2, \cdots, n)$ 是 S 的子串。

对应于第一种情况，S 的广义表为空表；对应于第二种情况，S 的广义表中含有 n 个子表，每个子表的书写形式即为子串 $a_i(i=1, 2, \cdots, n)$，此时可以类似于求广义表深度的操作，分析由 S 建立的广义表和由 $a_i(i=1, 2, \cdots, n)$ 建立的子表之间的关系。

如果创建广义表的头尾链表,则含有 n 个子表的广义表中有 n 个表结点序列。第 i(i＝1,2,…,n−1)个表结点中的表尾指针 tp 指向第 i＋1 个表结点;第 n 个表结点的表尾指针 tp 为 NULL。并且,如果把原了也看成是子表的话,则第 i 个表结点的表头指针 hp 指向由 a_i(i＝1,2,…,n)建立的子表。因此,由 S 建立广义表头尾链表的问题就可以转化为由 a_i(i＝1,2,…,n)建立子表的问题。

② a_i 可能有三种情况:

• 带括号的空串;

• 长度＝1 的单字符;

• 长度＞1 的字符串。

显然,前两种情况为递归的终结状态,子表为空表或只含一个原子结点;后一种情况为递归调用。

③ 在不考虑输入字符串可能出错的前提下,可以得到下面创建广义表头尾链表的递归模型:

基本项:当 S 为空串时,置空广义表;当 S 为单字符时,建立原子结点广义表。

归纳项:假设串 sub 为脱去 S 中最外层括号的子串,记为"s_1,s_2,…,s_n",其中 s_i(i＝1,2,…,n)为非空字符串。对每一个 s_i 建立一个表结点,并令其 hp 域的指针为由 s_i 建立的子表的头指针,除了最后建立的表结点的尾指针为 NULL 外,其余表结点的尾指针均指向在它之后建立的表结点。

④ 设计一个函数 Decompose(Str,Hstr),其功能是从串 Str 中取出第一个","之前的子串赋给 HStr,并使 Str 成为删除子串 HStr 和','之后的剩余串。如果串 Str 中没有字符',',则操作后的 HStr 即为操作前的 Str,而操作后的 Str 为空串 NULL。

(2) 算法描述

算法 5-16

```
void CreateGList(GList &GL,SString S) {
// 从广义表书写形式串 S 创建广义表头尾链表 GL
    es = "()";
    if(StrCompare_SS(S,es))  GL = NULL;            // 创建空广义表
    else  {
        GL = new GLNode;                           // 建立结点空间
        if(!GT)  Error(" Overflow!");
        if(StrLength_SS(S) == 1)  {                // 创建单原子广义表
            GL -> tag = ATOM;
            GL -> data = S[1];
        }
        else  {                                    // 创建非空且非单原子广义表
            GL -> tag = LIST;
            p = GL;
            SubString_SS(Sub,S,2,StrLength_SS(S) - 2);
                                                   // 脱外层括号
            do  {                                  // 重复建立 n 个子表
                Deocompose(Sub,HSub);              // 从 Sub 中分离表头串 HSub
                CreateGList(p -> ptr.hp,HSub);
                q = p;
                if(StrLength_SS(Sub)> 0)  {        // 表尾非空
```

```
                            if(!(p = new GLNode))  Error(" Overflow!");
                            p -> tag = LIST;
                            q -> ptr.tp = p;
                        }
                    } while(StrLength_SS(Sub)> 0);
                    q -> ptr.tp = NULL;
                }
            }
        }                                          // CreateGList

    void Decompose(SString &Str,SString &HStr)  {
    // 将非空串 str 分割成两部分: HStr 为第一个字符 ','之前的子串,Str 为之后的子串
        n = StrLength_SS(Str);
        i = 1;
        k = 0;                                     // 设 k 为尚未配对的左括号个数
        ch = "";
        for(i = 1,k = 0;(i < = n)&&(ch!= ",")||(k!= 0);++i)  {
                                                   // 搜索最外层的第一个逗号
            SubString_SS(ch,Str,i,1);
            if(ch == "(")  ++k;
            if(ch == ")")  -- k;
        }
        if(i < = n) {
            HStr = SubString_SS(Str,1,i - 2);
            Str = SubString_SS(Str,i,n - i + 1);
        }
        else  {
            StrCopy_SS(HStr,Str);
            ClearString_SS(Str);
        }
    }                                              // Decompose
```

在一般情况下使用的广义表大多数既不是递归表,也不为其他表所共享。对广义表可以这样来理解,广义表中的一个数据元素可以是另一个广义表,一个 m 元多项式的表示就是广义表的这种应用的典型实例。在第 2 章中讨论了一元多项式,一个一元多项式可以用一个长度为 m 且数据元素有两个数据项(系数项和指数项)的线性表来表示。下面例 5-4 将讨论如何表示 m 元多项式。

例 5-4 根据式 5-20 给出的三元多项式,设计其广义表的链式存储结构。

$$P(x, y, z) = 2x^7 y^3 z^2 + x^5 y^4 z^2 + 6x^3 y^5 z + 3xyz + 10 \tag{5-20}$$

解答:

(1) 链式存储结构分析

① 可以将 $P(x, y, z)$ 以 z 为主变量,合成为式(5-21):

$$P(x, y, z) = A(x, y)z^2 + B(x, y)z + 10 \tag{5-21}$$

其中: $A(x, y) = 2x^7 y^3 + x^5 y^4$,$B(x, y) = 6x^3 y^5 + 3xy$。

② 对 A 和 B 分别以 y 为主变量,继续合成为式(5-22):

$$A(x, y) = C(x)y^4 + D(x)y^3, \quad B(x, y) = E(x)y^5 + F(x)y \tag{5-22}$$

其中: $C(x) = x^5$,$D(x) = 2x$,$E(x) = 6x^3$,$F(x) = 3x$。

③ 将 P、A、B、C、D、E、F 以广义表的形式表示。表示形式为式(5-23)：

$$主变量(主变量的系数，主变量的幂数) \tag{5-23}$$

则 P、A、B、C、D、E、F 分别表示为：P＝z((A,2),(B,1),(10,0)),A＝y((C,4),(D,3)),B＝y((E,5),(F,1)),C＝x((1,5)),D＝x((2,7)),E＝x((6,3)),F＝x((3,1))。

（2）链式存储结构设计

① 结点结构设计如图 5-24 所示。

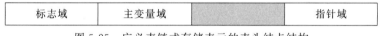

| 标志域 | 指数域 | 指针域1/系数域 | 指针域2 |

图 5-24 广义表链式存储表示的结点结构

其中：指数域指示该元素结点所表示的项的指数；标志域为 0 时，"指针域 1/系数域"指示该项的系数，为 1 时，"指针域 1/系数域"指向系数子表；指针域 2 指示广义表中该元素结点的下一个元素结点。

② 每一个子表都有一个表头结点。表头结点结构设计如图 5-25 所示。

| 标志域 | 主变量域 | | 指针域 |

图 5-25 广义表链式存储表示的表头结点结构

其中：标志域为 1 时，主变量域指示该层的主变量；指针域指示该子表的第一个结点。

③ 广义表链式存储结构有一个头结点。头结点结构设计如图 5-26 所示。

| 标志域 | 变量数域 | 指针域 | ∧ |

图 5-26 广义表链式存储表示的头结点结构

其中：标志域为 1 时，"变量数域"指示该多项式中的变量个数；指针域指示第一个表头结点。

（3）链式存储结构实现

广义表链式存储结构实现如图 5-27 所示。

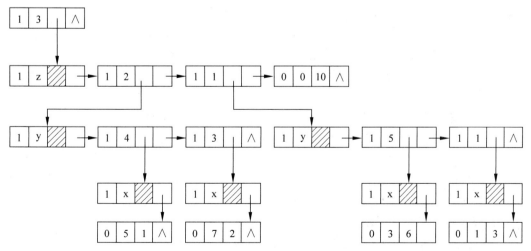

图 5-27 广义表链式存储结构实现

习题

一、填空题

1. 数组通常只有两种基本运算：（　　）和（　　），这决定了数组通常采用（　　）结构来实现存储。

2. 二维数组 A 中行下标从 10 到 20，列下标从 5 到 10，如果按行优先存储，每个元素占 4 个存储单元，A[10][5] 的存储地址是 1000，则元素 A[15][10] 的存储地址是（　　）。

3. 设有一个 10 阶的对称矩阵 A，如果采用压缩存储，A[0][0] 为第一个元素，其存储地址为 $LOC(a_{00})$，每个元素的长度是 1 个字节，则元素 A[8][5] 的存储地址为（　　）。

4. 广义表 LS=((a),(((b),c)),(d))，其长度是（　　），深度是（　　），表头是（　　），表尾是（　　）。

5. 广义表 LS=(a, (b, c, d), e)，如果采用函数 GetHead 和 GetTail 取出 LS 中的原子 b，则运算是（　　）。

二、选择题

1. 将数组称为随机存取结构是因为（　　）。

    （A）数组元素是随机的　　　　　　　　（B）对数组任一元素存取时间相等

    （C）随时可以对数组进行访问　　　　　（D）数组的存储结构是不定的

2. 二维数组 A 的每个元素是 8 个字节组成的双精度实数，行下标的范围是 [0,7]，列下标的范围是 [0,9]，则存放 A 至少需要（　　）个字节。

    （A）80　　　　　　（B）144　　　　　　（C）504　　　　　　（D）640

3. 对特殊矩阵采用压缩存储的目的主要是为了（　　）。

    （A）表达变得简单　　　　　　　　　　（B）对矩阵元素的存取变得简单

    （C）去掉矩阵中的多余元素　　　　　　（D）减少不必要的存储空间

4. 如果广义表 LS 满足 GetHead(LS)=GetTail(LS)，则 LS 为（　　）。

    （A）()　　　　　　（B）(())　　　　　　（C）((), ())　　　　　　（D）((), (), ())

5. 下面的说法中，不正确的是（　　）。

    （A）广义表是一种多层次的结构　　　　（B）广义表是一种非线性结构

    （C）广义表是一种共享结构　　　　　　（D）广义表是一种递归

三、问答题

1. 特殊矩阵和稀疏矩阵哪一种压缩存储后会失去随机存取的功能？为什么？

2. 数组、广义表与线性表之间有什么样的关系？

3. 设一个二维数组 A[5][6] 的每个元素占 4 个字节，已知 $LOC(a_{00})$=1000，那么 A 共占多少个字节？A 的终端结点 a_{45} 的起始地址是多少？当按行优先存储时，a_{25} 的起始地址是多少？当按列优先存储时，a_{25} 的起始地址是多少？

4. 分别画出下列广义表的图形表示：

(1) A(a, B(b, d), C(e, B(b, d), L(f, g)))　　　　(2) A(a, B(b, A))

5. 下列广义表运算的结果是什么？

(1) GetHead(GetTail(((a, b), (c, d), (e, f))))

（2）GetTail(GetHead(((a，b)，(c，d)，(e，f))))

（3）GetHead(GetTail(GetHead(((a，b)，(e，f)))))

（4）GetTail(GetHead(GetTail(((a，b)，(e，f)))))

（5）GetTail(GetTail(GetHead(((a，b)，(e，f)))))

四、算法设计题

1. 如果在矩阵 A 中存在一个元素 a_{ij}（$0 \leqslant i \leqslant m-1, 0 \leqslant j \leqslant n-1$），该元素是第 i 行元素中最小值且又是第 j 列元素中最大值，则称此元素为该矩阵的一个马鞍点。假设以二维数组常规存储矩阵 A，试设计一个算法：求解该矩阵的所有马鞍点。

2. 已知两个 n×n 的对称矩阵按压缩存储方法存储在一维数组 A 和 B 中，试设计一个算法：求解对称矩阵的乘积。

3. 试设计一个算法：创建稀疏矩阵的十字链表。

4. 试设计一个算法：创建广义表的头尾链表。

5. 试设计一个算法：求解一个广义表所拥有的原子个数。

## 第 6 章

树和二叉树

主要知识点

- 树和二叉树的类型定义。
- 树的存储表示及基于存储结构的基本操作实现。
- 二叉树的存储表示及基于存储结构的基本操作实现。
- 树、森林与二叉树的转换。
- 哈夫曼树和哈夫曼编码的定义及实现。

树是一类非常重要的非线性结构,它可以很好地反映客观世界中广泛存在的具有分支关系或层次特性的对象,因此在计算机领域里有着广泛应用,例如操作系统中的文件管理、编译程序中的语法结构和数据库系统信息组织形式等。本章将详细讨论这种数据结构,特别是二叉树结构。

6.1　树

前面几章讨论的数据结构都属于线性结构,主要描述具有单一的前驱和后继关系的数据。树是一种比线性结构更复杂的数据结构,比较适合描述具有分支关系或层次特性的数据,例如祖先—后代、上级—下属、整体—部分及其他类似的关系。

例如,在现实生活中有如下血缘关系的家族可以用如图 6-1 所示的树形结构表示。

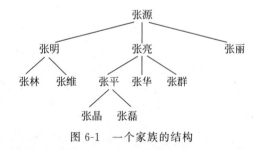

图 6-1　一个家族的结构

- 张源有三个孩子,分别为张明、张亮和张丽;
- 张明有两个孩子,分别为张林和张维;
- 张亮有三个孩子,分别为张平、张华和张群;
- 张平有两个孩子,分别为张晶和张磊。

图 6-1 的表示很像一棵倒置的树。其中,树的"根"是张源,树的"分支点"是张明、张亮和张平;张林、张维、张晶、张磊、张华、张群、张丽均是树的"叶子",而树枝(图中线段)则描述了家族成员之间的关系。显然,以张源为根的树是一个大家庭。它可以分成张明、张亮和张丽为根的三个小家庭;每个小家庭又都是一个树形结构。

6.1.1 树的类型定义

1. 树的定义

树(Tree)是 n(n≥0)个结点的有限集合。当 n=0 时,称为空树;任意一棵非空树满足以下两个条件:

(1) 有且仅有一个特定的称为根(Root)的结点;

(2) 当 n>1 时,除根结点之外的其余结点被分成 m(m>0)个互不相交的有限集合 T_1,T_2,…,T_m,其中每个集合又是一棵树,并称为这个根结点的子树(Subtree)。

显然,树的定义是递归的,即在树的定义中又用到了树的概念。树的递归定义刻画了树的固有特性:一棵非空树是由根结点及若干棵子树构成的,而子树又可以由其根结点和若干棵更小的子树构成。

例如,图 6-2(a)是一棵具有 9 个结点的树,T={A, B, C, …, H, I},结点 A 为树 T 的根,其余结点分为两个互不相交的集合:T_1={B, D, E, F, I}和 T_2={C, G, H},T_1 和 T_2 构成了根结点 A 的两棵子树。子树 T_1 的根为 B,其余结点分为三个互不相交的集合:T_{11}={D},T_{12}={E, I}和 T_{13}={F},T_{11}、T_{12} 和 T_{13} 构成了子树 T_1 根结点 B 的三棵子树。子树 T_2 的根为 C,其余结点分为两个互不相交的集合:T_{21}={G}和 T_{22}={H},T_{21} 和 T_{22} 构成了子树 T_2 根结点 C 的两棵子树。以此类推,直到每棵子树只有一个根结点为止。

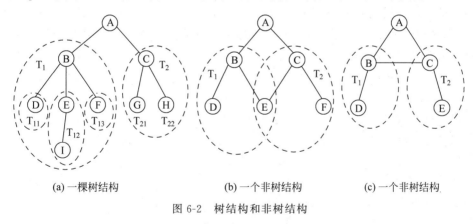

(a) 一棵树结构　　　　(b) 一个非树结构　　　　(c) 一个非树结构

图 6-2　树结构和非树结构

又如,在图 6-2(b)中,由于根结点 A 的两个子树集合之间存在交集,即结点 E 既属于集合 T_1 又属于集合 T_2,所以不是树。

再如,在图 6-2(c)中,由于根结点 A 的两个集合之间也存在交集,即边(B, C)的两个结点分别属于 A 的两个子树集合 T_1 和 T_2,所以也不是树。

2. 树的相关概念

1) 结点、结点的度和树的度

包含一个元素及若干个指向子树的分支称为结点(Node)。一个结点所拥有子树的个数称为该结点的度(Node Degree)。树中各结点度的最大值称为该树的度(Tree Degree)。

如图 6-2(a)所示的树中,结点 A 的度为 2,该树的度为 3。

2) 叶子和分支结点

度为零的结点称为终端结点或叶子(Leaf)。度不为零的结点称为非终端结点或分支结点(Branch)。

如图 6-2(a)所示的树中,结点 D、I、F、G、H 都是叶子,其余的结点都是分支结点。

3) 孩子、双亲和兄弟

一个结点子树的根结点称为该结点的孩子(Children)。反之,该结点称为其孩子的双亲(Parent)。具有同一个双亲的孩子互称为兄弟(Brother)。

如图 6-2(a)所示的树中,结点 B 是结点 A 的孩子,结点 A 是结点 B 的双亲,结点 B 和 C 互为兄弟,结点 I 没有兄弟。

4) 路径和路径长度

如果树的结点序列 $\{n_1, n_2, \cdots, n_k\}$ 满足如下关系:结点 n_i 是结点 n_{i+1} 的双亲(其中,$1 \leqslant i < k$),则把 $n_1, n_2, \cdots, n_k$ 称为一条由 n_1 至 n_k 的路径(Path);路径上经过边的个数称为路径长度(Path Length)。显然,在树中路径是唯一的。

如图 6-2(a)所示的树中,从结点 A 到结点 I 的路径是 A、B、E、I,路径长度为 3。

5) 祖先和子孙

如果从结点 x 到结点 y 有一条路径,那么结点 x 称为结点 y 的祖先(Ancestor),而结点 y 称为结点 x 的子孙(Descendant)。显然,以某结点为根的子树中任一结点都是该结点子孙。

如图 6-2(a)所示的树中,结点 A、B、E 均为结点 I 的祖先,结点 B 的子孙有结点 D、E、F 和 I。

6) 结点的层次和树的深度(高度)

规定根结点的层次为 1,那么对其余任何结点:如果某结点在第 k 层,则其孩子在第 k+1 层(Level)。树中所有结点的最大层次称为树的高度或深度(Depth)。双亲在同一层的结点互为堂兄弟(Sibling-in-Low)。

如图 6-2(a)所示的树中,结点 D 的层数为 3,树的深度为 4。

7) 层序编号

将树中结点按照从上到下、同层从左到右的次序依次以从 1 开始的连续自然数编号,称为层序编号(Level Code)。显然,通过层序编号可以将一棵树变成线性序列。

如图 6-2(a)所示的树中,结点 A 的编号为 1,结点 F 的编号为 6。

8) 有序树和无序树

如果一棵树中结点的各个子树从左到右是有次序的,即不能互换,则称这棵树为有序树(Ordered Tree)。反之,称为无序树(Unordered Tree)。

如图 6-3 所示的树中,如果为有序树,则 T_1 和 T_2 为两棵不同的树;如果为无序树,则 T_1 和 T_2 为同一棵树。除特殊说明外,在数据结构中讨论的树一般都是有序树。

9) 森林

m(m≥0)棵互不相交的树的集合构成森林(Forest)。对树中每个结点而言,其子树的集合即为森林。

如图 6-2(a)所示的树中,删去根结点 A 就变成了由 T_1 和 T_2 两棵树组成的森林。同理,给森林中的两棵树 T_1 和 T_2 加上根结点 A 就形成了一棵树。

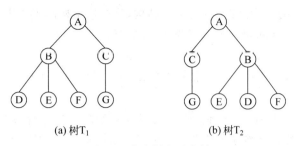

(a) 树T₁   (b) 树T₂

图 6-3 有序树和无序树

10）同构

对于两棵树,如果通过对结点进行适当的重命名,就可以使这两棵树完全相等(结点的位置完全相同),则称这两棵树同构(Isomorphic)。形象地说,两棵树同构就是这两棵树的形状完全相同。

如图 6-4 所示的树中,T_1 和 T_2 是两棵同构的树。

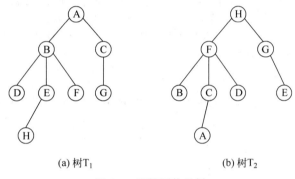

(a) 树T₁   (b) 树T₂

图 6-4 两棵同构的树

3. 树的表示形式

树有四种表示形式,如图 6-5 所示。

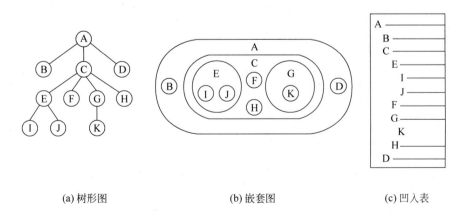

(a) 树形图   (b) 嵌套图   (c) 凹入表

(A(B,C(E(I,J),F,G(K),H),D))

(d) 广义表

图 6-5 树表示形式的示意图

（1）树形图：用结点和分支来描述树的结构，是树形结构的主要表示方法。

（2）嵌套图：用集合的包含关系来描述树的结构。

（3）凹入表：类似于书目录的形式来描述树的结构。

（4）广义表：用广义表的形式来描述树的结构。根作为由子树森林组成的表的名字写在表的左边。

树的表示形式的多样化正说明了树结构在日常生活中以及计算机程序设计中的重要性。一般来说，分等级的分类方案都可以使用层次结构来表示，即都可以形成一个树结构。

4. 树的抽象数据类型

```
ADT Tree {
    Data:
            具有相同类型的数据元素的集合，称为结点集。
    Relation:
            如果 Data 为空集，则称为空树；
            如果 Data 仅含一个数据元素，则 R 为空集，否则 R = {H}，H 是如下二元关系：
            (1) 在 D 中存在唯一的称为根的数据元素 root，它在关系 H 下无前驱；
            (2) 如果 D - {root}≠Φ，则存在 D - {root} 的一个划分 D₁，D₂，…，Dₘ(m > 0)，对任意的 j≠
                k(1≤j,k≤m) 有 Dⱼ∩Dₖ = Φ，且对任意的 i(1≤i≤m)，唯一存在数据元素 xᵢ∈Dᵢ，有
                < root,xi >∈H；
            (3) 对应于 D - {root} 的划分，H - {< root,x₁ >，…，< root,xₘ >} 有唯一的一个划分 H₁，
                H₂，…，Hₘ(m > 0)，对任意的 j≠k (1≤j,k≤m) 有 Hⱼ∩Hₖ = Φ，且对任意 i(1≤i≤m)，Hⱼ
                是 Dᵢ 上的二元关系，(Dᵢ,{Hᵢ}) 是一棵符合本定义的树，称为根 root 的子树。
    Operation:
            InitTree(&T)
                初始条件：无。
                操作结果：构造一棵空树 T。
            DestroyTree(&T)
                初始条件：树 T 已经存在。
                操作结果：销毁 T。
            CreateTree(&T)
                初始条件：给出创建树 T 的定义。
                操作结果：按照定义创建 T。
            ClearTree(&T)
                初始条件：树 T 已经存在。
                操作结果：重置 T 为空树。
            TreeDepth(T)
                初始条件：树 T 已经存在。
                操作结果：返回 T 的深度。
            Root(T)
                初始条件：树 T 已经存在。
                操作结果：返回 T 的根。
            Value(T,p)
                初始条件：树 T 已经存在，p 指向 T 中的某个结点。
                操作结果：返回 p 所指结点的数据信息。
            Parent(T,p)
                初始条件：树 T 已经存在，p 指向 T 中的某个结点。
                操作结果：如果 p 指向 T 的非根结点，则返回它的双亲；否则返回"空"。
            Child(T,p,i)
                初始条件：树 T 已经存在，p 指向 T 中的某个结点，1≤i≤p 所指结点的度。
                操作结果：如果 p 指向 T 的非叶子结点，则返回它的第 i 个孩子；否则返回"空"。
```

```
InsertChild(&T,p,i,c)
```
　　　　初始条件：树 T 已经存在，p 指向 T 中某个结点，1≤i≤p 所指结点的度＋1。非空树
　　　　　　　　　c 与 T 不相交。
　　　　操作结果：插入 c 为 T 中 p 所指结点的第 i 棵子树。
```
DeleteChild(&T,p,i)
```
　　　　初始条件：树 T 已经存在，p 指向 T 中某个结点，1≤i≤p 所指结点的度。
　　　　操作结果：删除 T 中 p 所指结点的第 i 棵子树。
```
TraverseTree(T)
```
　　　　初始条件：树 T 已经存在。
　　　　操作结果：按某种次序依次访问 T 中的每个结点元素值。
```
} ADT Tree
```

树的应用非常广泛，在不同的软件系统中树的基本操作也不尽相同。针对具体的应用，需要重新定义其基本操作。

5．树的遍历

在 ADT Tree 定义的基本操作中，最基本的操作就是 TraverseTree，即树的遍历。树的遍历是指从根结点出发，按某种次序依次访问树中的所有结点，使得每个结点均被访问且仅访问一次。"访问"是一种抽象操作，其含义很广：在实际应用中，访问可以是对结点进行的各种处理，例如输出结点的信息、修改结点的某些数据等；对应到算法上，访问可以是一条简单语句，可以是一个复合语句，也可以是一个模块。

假设一棵树中存储着有关学生情况的信息，每个结点含有学号、姓名、性别、年龄等信息，管理和使用这些信息时可能需要做这样一些工作：

① 将每个人的六位学号"15＊＊＊＊"改为八位"2015＊＊＊＊"；

② 打印每位学生的姓名和性别；

③ 求男学生的总人数和女学生的总人数。

对于①，"访问"的含义是对学号进行修改操作；对于②，"访问"的含义是打印每一个结点的部分信息；对于③，"访问"的含义只是统计。但不管访问的具体操作是什么，都必须做到既无重复，又无遗漏。

对于线性结构来说，遍历是一个容易解决的问题，只要按照结构原有的线性顺序，从第一个元素起依次访问各元素即可。然而在树中却不存在这样一种自然顺序，因为树是非线性结构，每个结点都可能有多棵子树，因而需要寻找一种规律，以便使二叉树中的结点能够排列在一个线性队列上，从而便于遍历。

不失一般性，在此将"访问"定义为输出结点的信息，因此通过遍历，可以使树中结点变成某种意义上的线性序列。

由树的定义可知，一棵树由根结点和 m 棵子树构成，因此，只要依次遍历根结点和 m 棵子树，就可以遍历整棵树。通常有下面三种"搜索路径"。

1）先序遍历

先序遍历的定义：如果树为空，则空操作返回；否则，访问根结点，然后按照从左到右的顺序先序遍历根结点的每一棵子树。

例如，对图 6-2(a)所示的树进行先序遍历，其结果为：A B D E I F C G H。

2）后序遍历

后序遍历的定义：如果树为空，则空操作返回；否则，按照从左到右的顺序后序遍历根

结点的每一棵子树,然后访问根结点。

例如,对图 6-2(a) 所示的树进行后序遍历,结果为:D I E F B G H C A。

3) 层序遍历

层序遍历的定义:从树的第一层(即根结点)开始,自上而下逐层遍历;在同一层中,按从左到右的顺序对结点逐个访问。树的层序遍历也称为树的广度遍历。

例如,对图 6-2(a) 所示的树进行层序遍历,结果为:A B C D E F G H I。

6.1.2 树的存储表示及操作实现

树的存储结构除了要求能存储各结点的数据信息,还要求能唯一地反映树中各结点之间的逻辑关系。但由于树中各结点的度变化范围较大,因此树的存储结构比较复杂。下面将介绍树的几种表示方法,在应用问题中应该根据问题的特点和所需要进行的操作适当选择。

1. 双亲表示法

1) 双亲顺序表的定义

由于树中每个结点都有且仅有一个双亲,因此可以采用一维数组按层序存储树的各个结点。假设以一组连续空间存储树的结点,同时在每个结点中附设一个指示器指示其双亲在数组中的位置。采用这种存储结构的树称为双亲顺序表(Parent Sequential List),其实质是一个静态链表。

数组元素结构如图 6-6 所示。其中:data 存储树中结点的数据信息;parent 存储该结点双亲在数组中的下标,当为 -1 时表示该结点无双亲,即该结点是根结点。对于图 6-2(a) 所示的树,其双亲表示法存储结构如图 6-7 所示。

下标	data	parent
0	A	-1
1	B	0
2	C	0
3	D	1
4	E	1
5	F	1
6	G	2
7	H	2
8	I	4

data	parent

图 6-6 双亲顺序表数组元素结构

图 6-7 树的双亲顺序表存储结构

2) 双亲顺序表的类型定义

```
# define Tree_Size 100            // 树中结点的最大个数
typedef struct PTNode {
    ElemType   data;              // 树中结点的数据信息
    int        parent;            // 该结点双亲在数组中的下标
} PTNode;
typedef struct {
    PTNode     tnode[Tree_Size];  // 存放树结点的数组
    int        num;               // 树中的结点个数
```

} PTree;

3）双亲顺序表的特点

这种存储结构利用了每个结点（根结点除外）只有唯一双亲的性质。由于 parent 向上连接，因此适合求指定结点的双亲或祖先（包括根）的操作。但在这种表示法中，如果求指定结点的孩子或其他后代时，则需要遍历整个结构。

2．孩子表示法

1）孩子链表的定义

（1）多重链表

由于树中每个结点都可能有多个孩子，因此可以采用多重链表，即每个结点有多个指针域，其中每个指针指向一个孩子。因为树中各结点的度不同，所以结点指针域的设置有两种方法。

方法一是指针域的个数等于该结点的度，如图 6-8（a）所示。其中：data 存储该结点的数据信息；degree 存储该结点的度；$\overline{d}$ 等于 degree 域的值；$child_1 \sim child_{\overline{d}}$ 存储指向该结点孩子的指针。

该方法在一定程度上节约了存储空间，但由于链表中各结点不同构，树的各种操作不容易实现，因此很少采用。

方法二是指针域的个数等于整个树的度，如图 6-8（b）所示。其中：data 存储该结点的数据信息；d 为树的度；$child_1 \sim child_d$ 存储指向该结点孩子的指针。

（a）多重链表结点结构 1　　　　　　（b）多重链表结点结构 2

图 6-8　多重链表结点结构

该方法链表中各结点同构，树的各种操作相对容易实现，但为此付出的代价是存储空间的浪费。不难计算，在一棵有 n 个结点且度为 d 的树中必有 $n \times (d-1) + 1$ 个空链域；显然该方法适用于各结点的度相差不大的情况。

（2）孩子链表

把每个结点的孩子结点排列起来，看成是一个线性表，且以单链表作为存储结构，则 n 个结点有 n 个孩子链表，叶子的孩子链表为空表；而 n 个头指针又组成一个表头线性表，为了便于查找，采用顺序存储结构按层序存储。采用这种存储结构的树称为孩子链表（Child Linked List）。

孩子结点结构如图 6-9（a）所示，其中：child 存储树中结点孩子在表头数组中的下标；next 存储指向该结点下一个孩子的指针。表头结点如图 6-9（b）所示，其中：data 存储树中结点的数据信息；firstchild 存储该结点孩子单链表的头指针。对于图 6-2（a）所示的树，其孩子链表存储结构如图 6-10 所示。

（a）孩子链表孩子结点结构　　（b）孩子链表表头结点结构

图 6-9　孩子链表结点结构

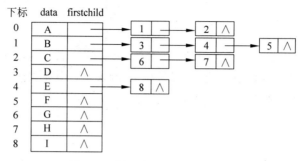

图 6-10　树的孩子链表存储结构

2）孩子链表的类型定义

```
# define Tree_Size   100                // 树中结点的最大个数
typedef struct CTNode {
    int            child;               // 孩子结点在表头数组中的下标
    struct CTNode  * next;              // 指向下一个孩子结点
} CTNode, * ChildPtr;
typedef struct  {
    ElemType       data;                // 树中结点的数据信息
    ChildPtr       firstchild;          // 该结点孩子链表的头指针
} PTNode;
typedef struct  {
    PTNode         tnode[Tree_Size];    // 表头数组
    int            num;                 // 树中的结点个数
} CTree;
```

3）孩子链表的特点

与双亲顺序表相反,孩子链表便于实现涉及孩子的操作,但不便于实现与双亲有关的运算。由表中某结点指针域 next 即可得到该结点的孩子结点,而查找某结点双亲则需要按照该结点在表头数组中的下标依次扫描每个孩子链表,即需要遍历整个结构。

3. 双亲孩子表示法

1）双亲孩子链表的定义

在树的孩子链表的表头结点结构中增加一个双亲域,即将树的双亲顺序表与树的孩子链表结合起来。采用这种存储结构的树称为双亲孩子链表(Parent Child Linked List)。

双亲孩子链表的孩子结点结构与树的孩子链表中的孩子结点结构相同,如图 6-9(a)所示。表头结点结构修改如图 6-11 所示,其中:data 存储树中结点的数据信息;parent 存储该结点双亲在表头数组中的下标,当为

data	parent	firstchild

图 6-11　双亲孩子链表表头结点结构

−1 时表示该结点无双亲,即该结点是根结点;firstchild 存储该结点孩子单链表的头指针。对于图 6-2(a)所示的树,其双亲孩子链表存储结构如图 6-12 所示。

2）双亲孩子链表的类型定义

```
# define Tree_Size   100                // 树中结点的最大个数
typedef struct CTNode {
    int            child;               // 孩子结点在表头数组中的下标
    struct CTNode  * next;              // 指向下一个孩子结点
```

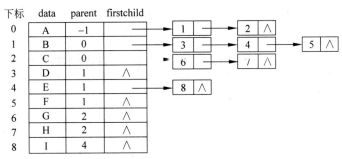

图 6-12 树的双亲孩子链表存储结构

```
} CTNode, * ChildPtr;
typedef struct PCTNode  {
    ElemType        data;           // 树中结点的数据信息
    int             parent;         // 该结点双亲在表头数组中的下标
    childPtr        firstchild;     // 该结点孩子链表的头指针
} PCTNode;
typedef struct  {
    PCTNode         tnode[Tree_Size];   // 表头数组
    int             num;            // 树中的结点个数
} PCTree;
```

3）双亲孩子链表的特点

双亲孩子链表存储结构既方便于查找树中结点的双亲，又方便于查找树中结点的孩子，综合了双亲顺序表和孩子链表的优点。

4. 孩子兄弟表示法

1）二叉链表的定义

链表中的结点是同构的，每个结点除了数据域外，还设置了两个指针域，分别指向该结点的第一个孩子和下一个兄弟。采用这种存储结构的树称为孩子兄弟链表（Child Sibling Linked List），又称为二叉链表（Binary Linked List）。

二叉链表结点结构如图 6-13 所示，其中：data 存储树中结点的数据信息；firstchild 指向该结点的第一个孩子；rightsib 指向该结点的下一个兄弟。对于图 6-2（a）所示的树，其二叉链表存储结构如图 6-14 所示。

图 6-13 二叉链表结点结构

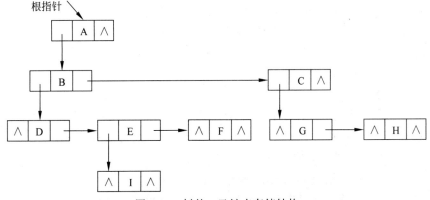

图 6-14 树的二叉链表存储结构

2）二叉链表的类型定义

```
typedef struct CSNode  {
    ElemType        data;              // 存储树中结点的数据信息
    struct CSNode  * firstchild;        // 指向该结点的第一个孩子结点
    struct CSNode  * rightsib;          // 指向该结点的下一个兄弟结点
} CSNode;
typedef CSNode  * CSTree;
```

3）二叉链表的特点

树的二叉链表最大优点就是结点结构统一。利用这种存储结构易于实现查找结点的孩子等操作；但如果要查找某结点的双亲，则需遍历整个结构。如果为每个结点再增设一个双亲 parent 域，则查找某结点的双亲的操作也很方便。

5．树的操作实现

1）在双亲顺序表中求结点双亲

（1）算法设计

结点 e 有三种可能：其一，e 不存在；其二，e 是根结点；其三，e 是树 T 中除根之外的其他结点。假设 T 中值为 e 的结点不多于 1 个，则有下列三种情况。

① 如果 e 不存在，则给出相应信息；

② 如果 e 是根结点，表示没有双亲，则给出相应信息；

③ 如果 e 是 T 中除根之外的其他结点，则返回其双亲的数据信息。

（2）算法描述

算法 6-1

```
ElemType Parent_PT(PTree T,ElemType e) {
// 返回双亲顺序表 T 中结点 e 的双亲的数据信息
    for(i = 0;((i < T.num)&&T.tnode[i].data!= e);i++);
    if(i > = T.num)  Error("Node - e is not exist!");
    k = T.tnode[i].parent;              // e 双亲在 T.tnode[i]中下标
    if(k == - 1)  Error("Node - e has not parent!");
    else   return T.tnode[k].data;
}                                       // Parent_PT
```

（3）算法分析

① 问题规模：树 T 的结点个数（设值为 n）；

② 基本操作：确定结点 e 在双亲顺序表中的位置；

③ 时间分析：算法 6-1 的时间复杂度为 O(n)。

2）在孩子链表中求结点孩子

（1）算法设计

结点 e 有三种可能：其一，e 不存在；其二，e 是树 T 中某结点但无孩子；其三，e 是树 T 中某结点且有孩子。假设 T 中值为 e 的结点不多于 1 个，则有下面三种情况。

① 如果 e 不存在，则给出相应信息；

② 如果 e 是 T 中某结点但无孩子，则给出相应信息；

③ 如果 e 是 T 中某结点且有孩子，则返回其第 i 个孩子的数据信息。

（2）算法描述

算法 6-2

```
Elemtype Children_CT(CTree T,ElemType e,int i) {
// 返回孩子链表 T 中结点 e 的第 i 个孩子的数据信息
    for(j = 0;((j < T.num)&&T.tnode[j].data!= e);j++);
    if(j >= T.num)  Error("Node - e is not exist!");
    else  {
        p = T.tnode[j].firstchild;
        if(!p)  Error("Node - e has not children!");
        j = 1;
        while(p&&(j < i))  {
            p = p - > next;
            ++j;
        }
        if(!p||(j > i))  Error(" Parameter Error!");
        else  {
            k = p - > child;                // e 第 i 个孩子在 T.tnode[i]中下标
            return T.tnode[k].data;
        }
    }
}                                      // Children_CT
```

（3）算法分析

① 问题规模：树 T 的结点个数（设值为 tn）及给定结点 e 的孩子个数（设值为 cn）；

② 基本操作：确定结点 e 在表头数组中的位置及寻找其第 i 个孩子；

③ 时间分析：算法 6-2 的时间复杂度为 $O(tn+cn)$。

3）创建二叉链表

（1）算法设计

假设按从上到下、自左至右次序输入树中各 parent-child 的有序对。例如对图 6-2(a) 所示的树，其输入信息为：（♯，A),(A，B),(A，C),(B，D),(B，E),(B，F),(C，G),(C, H),(E，I),(♯，♯)。其中，第一个有序对中的符号"♯"表示"A"的 parent 为空，即 A 是根结点信息，最后一个有序对中的符号"♯"表示输入结束。显然，应该按层序遍历的顺序建立树的二叉链表，即先建立树的根结点，再建立树的第二层结点，并建立根和其他孩子结点间链接关系，……，依次类推。

提出问题：对于每一层建立的新结点，需要查找已经建好的双亲，以便建立适当的链接关系。

解决方法：根据结点输入顺序"先到先建"的特点，选择队列作为辅助存储空间，即按照结点生成的先后顺序，将已经建好的结点"指针"入队。

① 当 child 不等于"♯"时，生成一个新结点 p(即 p—>data＝child)，并将指针 p 入队；

② 当 parent 等于"♯"时，所建立的结点为树根，令指针 T＝p；

③ 当 parent 不等于"♯"时，取出队头指针 q，并做如下判断：

若 q—>data 不等于 parent,说明 q 不再有孩子输入，则将 q 从队列中删除，并取出新的队头指针 q；循环判断直到 q—>data＝parent 为止。

若 q—>firstchild 为空,说明当前输入的 child 是 q 的"最左"孩子,则有 q—>firstchild=p,并用 r 记录当前建立的孩子结点指针,即 r=p。

若 q—>firstchild 非空,说明当前输入的 child 不是 q 的"最左"孩子,则有 r—>rightsib= p,并用 r 记录当前建立的孩子结点指针,即 r=p。

(2)算法描述

算法 6-3

```
void CreateTree_CST(CSTree &T) {
// 按从上到下、自左至右次序输入"parent - child"有序对,创建并返回树的二叉链表 T
    T = NULL;
    InitQueue_Sq(Q);
    for(cin >> parent >> child;child!= '♯';cin >> parent >> child) {
        p = new CSNode;
        p -> data = child;
        p -> firstchild = p -> rightsib = NULL;
        EnQueue_Sq(Q,p);
        if(parent == '♯')   T = p;          // p 为根结点
        else  {
            GetHead_Sq(Q,q);
            while(q -> data!= parent)  {    // 查询双亲结点
                DeQueue_Sq(Q,q);
                GetHead_Sq(Q,q);
            }
            if(!(q -> firstchild))  {       // 链接第一个孩子结点
                q -> firstchild = p;
                r = p;
            }
            else  {                         // 链接其他的孩子结点
                r -> rightsib = p;
                r = p;
            }
        }
    }
}                                           // CreateTree_CST
```

(3)算法分析

① 问题规模:树 T 的结点个数(设值为 n);

② 基本操作:生成结点并查找其双亲;

③ 时间分析:算法 6-3 的时间复杂度为 O(n)。

6.2 二叉树

二叉树是一种重要的树形结构,许多实际问题抽象出来的数据结构往往是二叉树的形式。二叉树也是一种最简单的树结构,其存储结构更具有规范性和确定性,算法也较为简单,特别适合计算机处理,而且任何树都可以简单地转换为二叉树。

6.2.1　二叉树的类型定义

1. 二叉树的定义

二叉树(Binary Tree)是 $n(n \geqslant 0)$ 个结点的有限集合。当 $n=0$ 时,称为空二叉树;任意一棵非空树满足以下两个条件:

(1) 有且仅有一个特定的称为根(Root)的结点;

(2) 当 $n > 1$ 时,除根结点之外的其余结点最多分成两个互不相交的有限集合,其中每个集合又是一棵树,并称为这个根结点的左子树和右子树。

显然,二叉树的定义是递归的。图 6-15 所示的是一个二叉树。

由二叉树的定义,可以得到二叉树的两个特点:其一,每个结点最多有两棵子树,因此二叉树中不存在度大于 2 的结点。其二,二叉树是有序的,其次序不能任意颠倒,即使树中的某个结点只有一棵子树,也要区分它是左子树还是右子树,因此二叉树和树是两种不同的树结构,如图 6-16 所示。

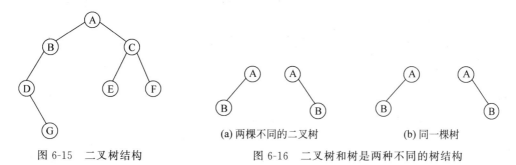

图 6-15　二叉树结构

(a) 两棵不同的二叉树　　　　(b) 同一棵树

图 6-16　二叉树和树是两种不同的树结构

6.1.1 节中介绍的有关树的相关概念也都适用于二叉树。

2. 二叉树的基本形态

二叉树的递归定义表明:二叉树或是为空,或是只有一个根结点,或是一个根结点加上左子树,或是一个根结点加上右子树,或是一个根结点加上左子树和右子树。由此,二叉树可以有五种基本形态,如图 6-17 所示。

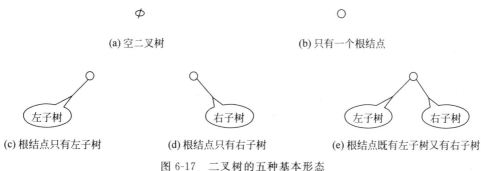

(a) 空二叉树　　　　　　　　　(b) 只有一个根结点

(c) 根结点只有左子树　　(d) 根结点只有右子树　　(e) 根结点既有左子树又有右子树

图 6-17　二叉树的五种基本形态

3. 二叉树的特殊形态

在实际应用中,经常用到一些特殊的二叉树,例如斜树、满二叉树、完全二叉树等。

1）斜树

定义：所有结点都只有左子树或者所有结点都只有右子树的二叉树称为斜树（Oblique Tree），如图 6-18 所示。

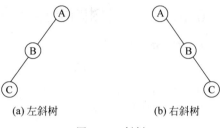

（a）左斜树   （b）右斜树

图 6-18 斜树

特点：在斜树中，每一层只有一个结点，所以斜树的结点个数与其深度相同。

2）满二叉树

定义：一棵深度为 k 且有 $2^k - 1$ 个结点的二叉树称为满二叉树（Full Binary Tree），如图 6-19 所示。

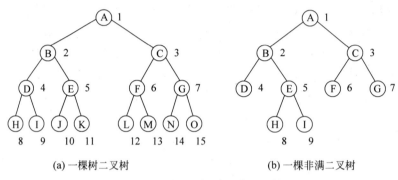

（a）一棵树二叉树   （b）一棵非满二叉树

图 6-19 满二叉树和非满二叉树

特点：在满二叉树中，每一层上的结点数都达到最大值，即对给定的深度，它是具有最多结点数的二叉树。不存在度为 1 的结点，每个分支结点均有两棵深度相同的子树，且叶结点都在最下面的一层上。

3）完全二叉树

定义：对一棵具有 n 个结点的二叉树按层序编号，如果编号为 i（$1 \leqslant i \leqslant n$）的结点与同样深度的满二叉树中编号为 i 的结点在二叉树中位置完全相同，则这棵二叉树称为完全二叉树（Complete Binary Tree）。显然，一棵满二叉树必定是一棵完全二叉树，如图 6-20 所示。

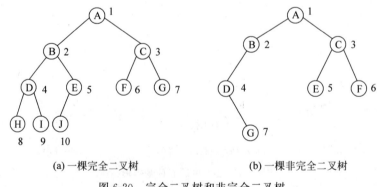

（a）一棵完全二叉树   （b）一棵非完全二叉树

图 6-20 完全二叉树和非完全二叉树

特点：满二叉树一定是完全二叉树，而完全二叉树却不一定是满二叉树。在满二叉树的最下面一层上，从最右边开始连续删除若干个结点后得到的二叉树是一棵完全二叉树。在完全二叉树中，如果某个结点没有左孩子，则它一定没有右孩子，即该结点必是叶结点；

叶结点只可能出现在层次最大的两层上。

4. 二叉树的抽象数据类型

```
ADT BinaryTree {
    Data:
        具有相同类型的数据元素的集合。
    Relation:
        如果 D 为空集,则称为空二叉树;
        如果 D 非空集,则 R = {H},H 是如下二元关系:
        (1) 在 D 中存在唯一的称为根的数据元素 root,它在关系 H 下无前驱;
        (2) 若 D - {root} ≠ Φ,则存在 D - {root} = {D_l, D_r},且 D_l ∩ D_r = Φ;
        (3) 若 D_l ≠ Φ,则 D_l 中存在唯一的数据元素 x_l,< root, x_l >∈ H,且存在 D_l 上的关系 H_l ⊃ H;
            若 D_r ≠ Φ,则 D_r 中存在唯一的数据元素 x_r,< root, x_r >∈ H,且存在 D_r 上的关系 H_r ⊃ H;
            H = |< root, x_l >,< root, x_r >,H_l,H_r|;
        (4) {D_l,{H_l}}是一棵符合本定义的二叉树,称为根的左子树;
            {D_r,{H_r}}是一棵符合本定义的二叉树,称为根的右子树。
    Operation:
        InitBiTree(&T)
            初始条件:无。
            操作结果:构造一棵二叉树 T。
        DestroyBiTree(&T)
            初始条件:二叉树 T 已经存在。
            操作结果:销毁 T。
        CreateBiTree(&T)
            初始条件:给出创建二叉树 T 的定义。
            操作结果:按照定义创建 T。
        ClearBiTree(&T)
            初始条件:二叉树 T 已经存在。
            操作结果:重置 T 为空二叉树。
        BiTreeDepth(T)
            初始条件:二叉树 T 已经存在。
            操作结果:返回 T 的深度。
        Root(T)
            初始条件:二叉树 T 已经存在。
            操作结果:返回 T 的根。
        Value(T,p)
            初始条件:二叉树 T 已经存在,p 指向 T 中的某个结点。
            操作结果:返回 p 所指结点的数据信息。
        Parent(T,p)
            初始条件:二叉树 T 已经存在,p 指向 T 中的某个结点。
            操作结果:如果 p 指向 T 的非根结点,则返回它的双亲;否则返回"空"。
        LeftChild(T,p)
            初始条件:二叉树 T 已经存在,p 指向 T 中的某个结点。
            操作结果:若 p 所指结点有左孩子,则返回其左孩子;否则返回"空"。
        RightChild(T,p)
            初始条件:二叉树 T 已经存在,p 指向 T 中的某个结点。
            操作结果:若 p 所指结点有右孩子,则返回其右孩子;否则返回"空"。
        InsertChild(&T,p,LR,c)
            初始条件:二叉树 T 已经存在,p 指向 T 中某个结点,LR 为 0 或 1。非空二叉树 c 与 T 不
                相交且右子树为空。
```

操作结果：根据 LR 为 0 或 1,插入 c 为 T 中 p 所指结点的左或右子树。P 所指结点的原有左或右子树则成为 c 的右子树。

DeleteChild(&T,p,LR)

初始条件：二叉树 T 已经存在,p 指向 T 中某个结点,LR 为 0 或 1。

操作结果：根据 LR 为 0 或 1,删除 T 中 p 所指结点的左或右子树。

PreOrderTraverse(T)

初始条件：二叉树 T 已经存在。

操作结果：先序访问 T 中的每个结点的元素值。

InOrderTraverse(T)

初始条件：二叉树 T 已经存在。

操作结果：中序访问 T 中的每个结点的元素值。

PostOrderTraverse(T)

初始条件：二叉树 T 已经存在。

操作结果：后序访问 T 中的每个结点的元素值。

} ADT BinaryTree

5. 二叉树的遍历

在 ADT BinaryTree 定义的基本操作中,最基本的操作就是 TraverseBiTree,即二叉树的遍历。由二叉树的定义可知,一棵二叉树由根结点、根结点的左子树和根结点的右子树三部分组成。因此,只要依次遍历这三个部分,就可以遍历整个二叉树。假如以 L、D、R 分别表示遍历左子树、访问根结点和遍历右子树,则通常有 DLR、LDR、LRD 这三种遍历方式,分别称为先序遍历、中序遍历和后序遍历。基于二叉树的递归定义,可以得到下述遍历二叉树的递归算法定义。

1) 先序遍历

先序遍历的定义是如果二叉树为空,则空操作返回；否则：

① 访问根结点；

② 先序遍历根结点的左子树；

③ 先序遍历根结点的右子树。

例如,对于图 6-15 所示的二叉树,按先序遍历得到的结点序列为：A B D G C E F。

2) 中序遍历

中序遍历的定义是如果二叉树为空,则空操作返回；否则：

① 中序遍历根结点的左子树；

② 访问根结点；

③ 中序遍历根结点的右子树。

例如,对于图 6-15 所示的二叉树,按中序遍历得到的结点序列为：D G B A E C F。

3) 后序遍历

后序遍历的定义是如果二叉树为空,则空操作返回；否则：

① 后序遍历根结点的左子树；

② 后序遍历根结点的右子树；

③ 访问根结点。

例如,对于图 6-15 所示的二叉树,按后序遍历得到的结点序列为：G D B E F C A。

6.2.2 二叉树的重要性质

性质 1 在二叉树的第 i 层上至多有 2^{i-1} 个结点(i≥1)。

证明：利用数学归纳法证明。

归纳基础：$i=1$ 时，只有一个根结点，显然 $2^{i-1}=2^{1-1}=2^0=1$，所以命题成立。

归纳假设：假设对所有的 $j(1 \leqslant j < i)$ 命题成立，即第 j 层上至多有 2^{j-1} 个结点，证明 $j=i$ 时，命题也成立。

归纳步骤：根据归纳假设，第 $i-1$ 层上至多有 2^{i-2} 个结点，由于二叉树的每个结点至多有两个孩子，因此第 i 层上的结点数至多是第 $i-1$ 层上最大结点数的 2 倍。即 $j=i$ 时，该层上至多有 $2 \times 2^{i-2}=2^{i-1}$ 个结点，故命题成立。

性质 2　深度为 k 的二叉树至多有 2^k-1 个结点 $(k \geqslant 1)$。

证明：在具有相同深度的二叉树中，仅当每一层上都含有最大结点数时，其树中的结点数最多。因此利用性质 1 可得，深度为 k 的二叉树的结点数至多为：

$$\sum_{i=1}^{k}(\text{第 } i \text{ 层上的最大结点数}) = \sum_{i=1}^{k} 2^{i-1} = 2^k - 1$$

故命题成立。

性质 3　对任何一棵二叉树 T，如果其叶结点数为 n_0，度为 2 的结点数为 n_2，则：$n_0 = n_2 + 1$。

证明：因为二叉树中所有结点的度均小于或等于 2，所以结点总数（记为 n）应该等于度为 0 的结点数、度为 1 的结点数（记为 n_1）和度为 2 的结点数之和，由式(6-1)表示：

$$n = n_0 + n_1 + n_2 \tag{6-1}$$

因为度为 1 的结点有一个孩子，度为 2 的结点有两个孩子，所以二叉树中的孩子结点总数为 $n_1 + 2n_2$。由于树中只有根结点不是任何结点的孩子，因此二叉树中的结点总数又可以表示为式(6-2)：

$$n = n_1 + 2n_2 + 1 \tag{6-2}$$

由式(6-1)和式(6-2)得到式(6-3)：

$$n_0 = n_2 + 1 \tag{6-3}$$

故命题成立。

性质 4　具有 n 个结点的完全二叉树的深度为 $\lfloor \log_2 n \rfloor + 1$。

证明：假设具有 n 个结点的完全二叉树的深度为 k，根据完全二叉树的定义和性质 2，有式(6-4)成立，如图 6-21 所示。

$$2^{k-1} - 1 < n \leqslant 2^k - 1 \tag{6-4}$$

对式(6-4)取对数，得到式(6-5)：

$$k - 1 \leqslant \log_2 n < k \tag{6-5}$$

即式(6-6)：

$$\log_2 n < k \leqslant \log_2 n + 1 \tag{6-6}$$

由于 k 是整数，故必有 $k = \lfloor \log_2 n \rfloor + 1$，如图 6-22 所示。

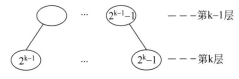

图 6-21　深度为 k 的完全二叉树中结点个数范围

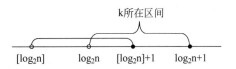

图 6-22　$\log_2 n < k \leqslant \log_2 n + 1$

故命题成立。

性质 5　对一棵具有 n 个结点的完全二叉树中的结点从 1 开始按层序编号,则对于任意的编号为 i(1≤i≤n)的结点(简称为结点 i),有:

(1) 如果 i>1,则结点 i 的双亲编号为 $\lfloor i/2 \rfloor$;否则结点 i 是根结点,无双亲;

(2) 如果 2i≤n,则结点 i 的左孩子编号为 2i;否则结点 i 无左孩子,且该结点为叶结点;

(3) 如果 2i+1≤n,则结点 i 的右孩子编号为 2i+1;否则结点 i 无右孩子。

证明:因为可以从(2)和(3)推出(1),所以先证明(2)和(3)。

对于 i=1,结点 i 就是根结点,因此无双亲。由完全二叉树的定义,其左孩子应该是结点 2,右孩子应该是结点 3。如果 2>n,即不存在结点 2,则此结点 i 无左孩子,且为叶结点;如果 3>n,即不存在结点 3,则结点 i 无右孩子。

对于 i>1,可以分为下面两种情况讨论:

• 情况 1

设第 j(1≤j≤$\lfloor \log_2 n \rfloor$)层第一个结点编号为 i,由二叉树性质 2 可知,i=2^{j-1},那么结点 i 的左孩子必定为第 j+1 层的第一个结点,其编号为 $2^j = 2 \times (2^j-1) = 2i$;右孩子必定为第 j+1 层的第二个结点,编号为 2i+1。如果 2i>n,则结点 i 无左孩子且为叶结点;如果 2i+1>n,则结点 i 无右孩子,如图 6-23 所示。

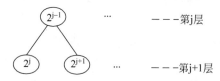

图 6-23　结点 i 是第 j 层第一个结点的情况

• 情况 2

设第 j(1≤j≤$\lfloor \log_2 n \rfloor$)层上某个结点编号为 i(2^{j-1}≤i<2^j-1),其左孩子编号为 2i,右孩子编号为 2i+1,那么结点 i+1 是结点 i 的右兄弟或堂兄弟(结点 i 不是第 j 层最后一个结点),或结点 i+1 是第 j+1 层的第一个结点(结点 i 是第 j 层最后一个结点)。如果结点 i+1 有左孩子,则左孩子编号必定为 2i+2=2×(i+1);如果有右孩子,则右孩子编号必定为 2i+3=2×(i+1)+1。如果 2(i+1)>n,则结点 i+1 无左孩子,且为叶结点;如果 2(i+1)+1>n,则结点 i+1 无右孩子,如图 6-24 所示。

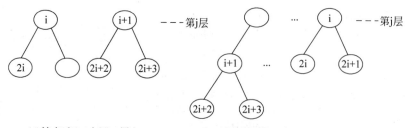

(a) 结点i和i+1在同一层上　　　　(b) 结点i和i+1不在同一层上

图 6-24　结点 i 是第 j 层某个结点的情况

由(2)和(3)推出(1):当 i>1 时,如果结点 i 为左孩子,即 2×(i/2)=i,则 i/2 是结点 i 的双亲;如果结点 i 为右孩子,则 i=2p+1,即结点 i 的双亲应该为 p,而 p=(i−1)/2=$\lfloor i/2 \rfloor$。

故命题成立。

6.2.3　二叉树的存储表示及操作实现

二叉树的存储结构除了要求能存储各结点的数据信息,还要求能唯一地反映二叉树中各结点之间的逻辑关系,即双亲与孩子之间的关系。和其他数据结构一样,二叉树也分为顺序存储结构和链式存储结构。

1. 二叉树顺序表

1）二叉树顺序表的定义

对于一般二叉树,增添"虚结点",使之"转化"为一棵完全二叉树;以一组连续空间按层序存储二叉树中所有的"实结点"和"虚结点"。采用这种存储结构的二叉树称为二叉树顺序表(BiTree Sequential List)。

图 6-25(a)给出了一棵二叉树,图 6-25(b)给出了增设"虚结点"之后"转化"的完全二叉树,图 6-25(c)给出了二叉树顺序表结构。用"Φ"表示"虚结点",即不存在此结点。

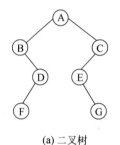

(a) 二叉树　　　　　　(b) 增设"虚结点"后"转化"为安全二叉树

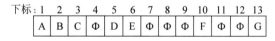

下标: 1 2 3 4 5 6 7 8 9 10 11 12 13

A	B	C	Φ	D	E	Φ	Φ	Φ	F	Φ	Φ	G

(c) 二叉树顺序表结构

图 6-25　二叉树及其顺序存储结构

2）二叉树顺序表的类型定义

```
#define BiTree_Size  100              //二叉树中结点的最大个数
tyepdef ElemType SqBiTree[BiTree_Size+1]; //存储树中结点,0号单元未用
```

3）二叉树顺序表的特点

二叉树顺序表会造成存储空间的浪费,最坏的情况是如图 6-26 所示的右斜树。一棵深度为 k 的右斜树,只有 k 个结点,却需要分配 2^k-1 个存储单元。事实上,二叉树顺序表仅适合存储完全二叉树。

在二叉树顺序表中进行插入和删除操作时,需要移动结点;当元素个数较多、元素信息量较大时,移动元素所花费的时间相当多。事实上,二叉树顺序表一般仅适合存储完全二叉树;对于一般二叉树来说,可以选择下面介绍的二叉链表。

2. 二叉链表

1）二叉链表的定义

链表中的结点是同构的,每个结点除了数据域外,还设置了两个指针域,分别指向该结

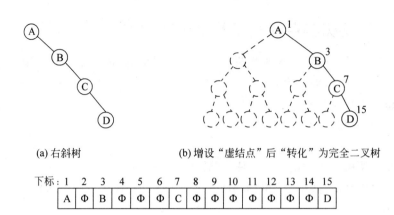

(a) 右斜树   (b) 增设"虚结点"后"转化"为完全二叉树

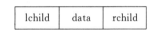

(c) 二叉树顺序表结构

图 6-26　右斜树及其顺序存储结构

点的左孩子和右孩子。采用这种存储结构的二叉树称为二叉链表（Binary Linked List）。

二叉链表的结点结构如图 6-27 所示，其中：data 存储二叉树中结点的数据信息；lchild 指向该结点的左孩子；rchild 指向该结点的右孩子。对于图 6-15 所示的树，其二叉链表存储结构如图 6-28 所示。

| lchild | data | rchild |

图 6-27　二叉树二叉链表的结点结构

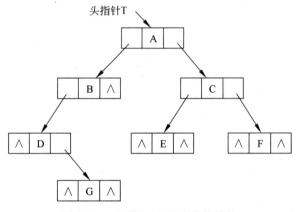

图 6-28　二叉树二叉链表存储结构

2）二叉链表的类型定义

```
typedef struct BiTNode  {
    ElemType data;                      // 二叉树中结点的数据信息
    struct BiTNode  * lchild, * rchild; // 结点左右孩子指针
} BiTNode;
typedef BiTNode * BiTree;
```

3）二叉链表的特点

一个二叉链表由根指针 T 唯一确定。如果二叉树为空，则 T＝NULL；如果结点的某个孩子不存在，则相应的指针为空。具有 n 个结点的二叉链表中，共有 2n 个指针域。其中只有 n−1 个用来指示结点的左孩子和右孩子，其余的 n+1 个指针域为空。

在二叉链表中,从某结点出发可以直接访问到它的孩子,但要找到其双亲则需要从根结点开始搜索,最坏情况下需要遍历整个二叉链表。为了便于找到结点的双

图 6-29 二叉树三叉链表的结点结构

亲,可以在二叉链表的结点结构中再增加一个指向其双亲的指针域 parent,其结点结构如图 6-29 所示。采用这种存储结构的二叉树称为二叉树的三叉链表(TriTree Linked List)。

3. 二叉树的操作实现

1) 先序遍历二叉树顺序表

(1) 算法设计

一棵 n 个结点的完全二叉树以顺序表作为存储结构,采用非递归方法按先序遍历并输出所有结点的数据信息,有下面四种情况:

① 如果当前结点是根结点,则令其编号 j=1;

② 如果当前结点的左孩子存在,则修改当前结点编号 j=2×j;

③ 如果当前结点的左孩子不存在,但右兄弟存在,则修改当前结点编号 j=j+1;

④ 如果当前结点的左孩子及右兄弟均不存在,但其双亲之右兄弟存在,则修改当前结点编号 j=j/2+1。

(2) 算法描述

算法 6-4

```
void PreOrderBiTree(SqBiTree BT) {
// 先序遍历以二叉树顺序表存储的完全二叉树 BT,并输出每个结点的数据信息
    n = BT[0];                              // 完全二叉树结点个数
    for(i = 1;i < = n;i++)  {
        if(i == 1)   j = 1;                 // 根结点
        else if(2 * j <= n)   j = 2 * j;    // 左孩子
        else if((j % 2 == 0)&&(j < n))   j = j + 1;   // 右兄弟
        else if(j > 1)  {                   // 双亲之右兄弟
            while((j/2) % 2!= 0)   j = j/2;
            j = j/2 + 1;
        }
        cout << BT[j]);                     // 输出结点的数据信息
    }
}                                           // PreOrderBiTree
```

2) 中序遍历二叉链表

递归方法

(1) 算法分析

基于二叉树定义的递归性,递归模型如下:

基本项:当二叉树为空时,空操作;

归纳项:当二叉树非空时,先中序遍历根的左子树,再访问根结点,最后中序遍历根的右子树。

(2) 算法描述

算法 6-5

```
void InOrderBiTree_1(BiTree BT) {
```

```
// 中序递归遍历二叉链表 BT,并输出每个结点的数据信息
    if(BT) {
        InOrderBiTree1_1(BT->lchild);
        cout << BT->data;
        InOrderBiTree1_1(BT->rchild);
    }
} // InOrderBiTree_1
```

非递归方法

（1）算法设计

仿照递归算法执行过程中递归工作栈状态变化的状况,可以直接写出相应的非递归算法。设置一个工作栈,用于存放待访问的根结点指针,以备在访问该结点的左子树之后再访问该结点及其右子树。当根结点存在且工作栈非空时,重复下面操作:

① 如果指向根结点的指针非空,则将根结点指针进栈,然后再将指针指向该结点的左子树根结点,继续遍历。

② 如果指向根结点的指针为空,则将栈顶存放的结点指针出栈;有如下两种情况。

情况一:若从左子树返回,则应该访问当前层(即栈顶指针所指的)根结点,然后将指针指向该结点的右子树根结点,继续遍历。

情况二:若从右子树返回,则表明当前层遍历结束,应该继续退栈。从另一个角度看,这意味着遍历右子树时不再需要保存当前层的根指针,可以直接修改栈顶记录中的指针。

中序遍历二叉链表非递归算法的执行情况如图 6-30 所示。

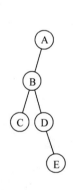

步骤	访问数据	栈的内容	指针的指向
初态		空	A
1		&A	B
2		&A&B	C
3		&A&B&C	∧(C的左孩子)
4	C	&A&B	∧(C的右孩子)
5	B	&A	D
6		&A&D	∧(D的左孩子)
7	D	&A	E
8		&A&E	∧(E的左孩子)
9	E	&A	∧(E的右孩子)
10	A	空	∧(A的右孩子)

图 6-30　中序遍历二叉链表非递归算法的执行情况

（2）算法描述

算法 6-6

```
void InOrderBiTree_2(BiTree BT) {
// 中序非递归遍历二叉链表 BT,并输出每个结点的数据信息
    InitStack_Sq(S);
    p = BT;                           // 令 p 指向二叉树根结点
    while(p||!(S.top==-1))  {         // 当 p 非空或栈 S 非空时
        if(p)  {
            Push_Sq(S,p);
```

```
                p = p - > lchild;
            }
            else  {
                Pop_Sq(S,p);
                cout << p - > data;
                p = p - > rchild;
            }
        }
    }                                        // InOrderBiTree_2
```

3）创建二叉链表

（1）算法设计

按先序序列创建二叉树的二叉链表。为简化问题，设二叉树中结点的数据信息均为单字符，用空格字符表示空树。由二叉树定义的递归性，递归模型如下：

基本项：当输入字符为空格字符时，表明二叉树为空树；

归纳项：当输入字符为非空格字符时，生成一个结点，并依次递归创建其左子树和右子树。

例如，对图 6-31(a)所示二叉树，输入字符顺序为：A B C ΦΦD E ΦG ΦΦF ΦΦΦ（Φ表示空格字符），创建的二叉链表如图 6-31(b)所示。

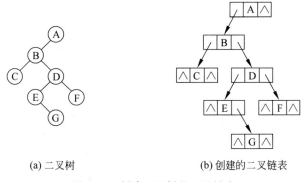

(a) 二叉树　　　　　　　　　(b) 创建的二叉链表

图 6-31　创建二叉树的二叉链表

（2）算法描述

算法 6-7

```
void CreateBiTree(BiTree &BT) {
// 按先序次序输入字符,递归创建二叉链表; 用空格字符表示空树
    cin >> ch;
    if(ch == '')   BT = NULL;                // 创建空树
    else  {
        BT = new BiTNode;   BT - > data = ch;    // 生成根结点
        CreateBiTree(BT - > lchild);         // 递归创建左子树
        CreateBiTree(BT - > rchild);         // 递归创建右子树
    }
}                                            // CreateBiTree
```

6.2.4 线索二叉树

遍历二叉树就是按照一定的规律将二叉树中的结点排列成一个线性序列,得到其先序序列,或中序序列,或后序序列。这实质上是对一个非线性结构进行线性化操作,使每个结点(除了开始结点和终端结点)有且仅有一个前驱和后继。

但是,当采用二叉链表存储二叉树时,只能找到结点的左孩子和右孩子信息,而不能直接得到结点在某一序列中的前驱和后继信息,这种信息只有在遍历二叉树的动态过程才能得到,其时间复杂度为 O(n)(设二叉树结点个数为 n)。如果将这些信息在首次遍历时获得后就保存起来,则可以在"需要"时直接获得结点的前驱和后继信息。

那么,应该如何保存遍历二叉树动态过程中所获得的某一结点前驱和后继信息呢?方案有两个。

(1) 为了方便求某一结点的前驱和后继,可以在原有二叉链表的结点结构中增加两个链域:plink 和 nlink ,分别指向结点在任意次序遍历时获得的前驱和后继。对图 6-32(a)给出的二叉树,按照中序遍历,每个结点链域值如图 6-32(b)所示。

data	lchild	rchild	plink	nlink
C	∧	∧	∧	&B
B	&C	&D	&C	&D
D	∧	&E	&B	&E
E	∧	∧	&D	&A
A	&B	∧	&E	∧

(a) 二叉树　　　　　　(b) 增加plink和nlink域的存储结构

图 6-32　二叉树及增加 plink 和 nlink 域的存储结构

(2) 因为在有 n 个结点的二叉树中,有 n+1 个空链域,所以可以利用这些空链域来存放结点的前驱和后继信息。

显然,第一种方案非常浪费空间,不但没有利用二叉链表中原有的空链域,还要多增加两个链域。而第二种方案利用了二叉链表中原有空链域,提高了结构存储密度,是一种较实用的做法,本书采用这个方案。

1. 线索链表的定义

如果结点有左孩子,则可令其左指针域 lchild 指示其左孩子,否则指示其前驱;如果结点有右孩子,则令其右指针域 rchild 指示其右孩子,否则指示其后继。为了避免混淆,需要改变二叉链表的结点结构,即每个结点增设两个标志位 ltag 和 rtag。采用这种存储结构的二叉树称为线索链表(Threaded Linked List)。

线索链表的结点结构如图 6-33 所示。在线索链表中,指向结点前驱和后继的指针称为线索(Thread);加上线索的二叉树称为线索二叉树(Threaded Binary Tree);对二叉树以某种次序遍历使其变为线索二叉树的过程称为线索化(Threading)。

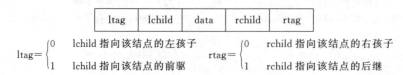

图 6-33　线索链表结点结构

2. 线索链表的类型定义

```
typedef enum{Link,Thread} PointerTag;              // Link == 0:指针, Thread == 1:线索
typedef struct BiThrNode   {
    ElemType         data;
    struct BiThrNode * lchild, * rchild;
    PointerTag         ltag, rtag;                 // 左右标志
} BiThrNode;
typedef BiThrNode * BiThrTree;
```

为方便起见,仿照单链表结构,在二叉树线索链表上也添加一个头结点,并规定:其 ftag 值为 Link,lchild 域指针指向二叉树根结点;其 rtag 值为 Thread,rchild 域指针指向某 一序列的终端结点。反之规定:二叉树某一序列开始结点的 ltag 值为 Thread,lchild 域指 针指向头结点;某一序列终端结点的 rtag 值为 Thread,rchild 域指针指向头结点。图 6-34(a) 和(b)给出了一个中序线索二叉树及中序线索链表的存储结构。

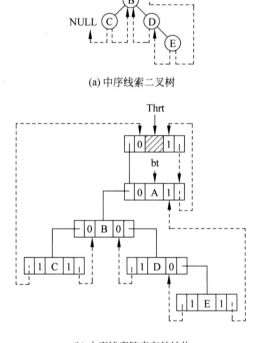

(a) 中序线索二叉树

(b) 中序线索链表存储结构

图 6-34　中序线索二叉树及中序线索链表存储结构

图中的实线表示指针,虚线表示线索。结点 C 的左线索指向头结点,表示 C 是中序序 列的开始结点,无前驱。结点 E 的右线索指向头结点,表示 E 是中序序列的终端结点,无后 继。头结点中的左标志为 Link,左指针指向二叉树根结点;右标志为 Thread,右指针指向 中序序列的终端结点。

添加一个头结点,类似于为二叉树建立了一个双向循环链表,既可以从开始结点起顺后 继进行遍历,也可以从终端结点起顺前驱进行遍历。

3. 线索链表的操作实现

1) 在中序线索链表上求结点前驱

(1) 算法设计

对于在中序线索链表上的任一结点 p，其前驱有以下三种情况：

① 如果 p—＞lchild＝Thrt(头结点)，则无前驱，给出相应错误信息；

② 如果 p—＞ltag＝Thread，则其左指针所指向的结点便是其前驱；

③ 如果 p—＞ltag＝Link，则根据中序遍历操作定义，其前驱应是遍历其左子树时最后一个访问的结点，即左子树中的最右下结点。因此只需要沿着其左孩子的右指针向下查找，当某结点的右标志为 Thread 时，即为所要寻找的前驱。

(2) 算法描述

算法 6-8

```
BiThrNode * InThrBiTreePrior(BiThrTree BT, BiThrNode * p) {
// 返回中序线索链表 BT 中 p 所指向结点的前驱
    if(p-> lchild == Thrt)  Error("P-Node Have Not Prior-Node!");
    if(p-> ltag == Thread)  rerurn  p-> lchild;
    else  {
        prior = p-> lchild;
        while(prior-> rtag == Link)  prior = prior-> rchild;
        return prior;
    }
} // InThrBiTreePrior
```

(3) 算法分析

该算法的执行时间依赖于 p 所指向结点左子树右链上的层数(设值为 k)，因此算法 6-8 的时间复杂度为 O(k)。

2) 在中序线索链表上求结点后继

(1) 算法设计

对于在中序线索链表上的任一结点 p，其后继有以下三种情况：

① 如果 p—＞rchild＝Thrt(头结点)，则无后继，给出相应错误信息；

② 如果 p—＞rtag＝Thread，则其左指针所指向的结点便是其后继；

③ 如果 p—＞rtag＝Link，则根据中序遍历操作定义，其后继应是遍历其右子树时第一个访问的结点，即右子树中的最左下结点。因此只需要沿着其右孩子的左指针向下查找，当某结点的左标志为 Thread 时，即为所要寻找的后继。

(2) 算法描述

算法 6-9

```
BiThrNode * InThrBiTreeNext(BiThrTree BT, BiThrNode * p) {
// 返回中序线索链表 BT 中 p 所指向结点的后继
    if(p-> rchild == Thrt)  Error("P-Node Have Not Next-Node!");
    if(p-> rtag == Thread)  return  p-> rchild;
    else  {
        next = p-> rchild;
        while(next-> ltag == Link)  next = next-> lchild;  return next;
    }
} // InThrBiTreeNext
```

（3）算法分析

该算法的执行时间依赖于 p 所指向结点右子树左链上的层数（设值为 k），因此算法 6-9 的时间复杂度为 O(k)。

3）遍历中序线索链表

（1）算法设计

设置指针 p，初始时指向根结点，且当二叉树非空或者遍历未结束时，重复做如下操作：

① 顺着 p 的左链域寻找，直到 p—＞flag＝Thread，访问 p 结点；

② 当 p—＞rtag＝Thread，且 p—＞rchild≠Thrt（即 p 的 rchild 指向后继）时，访问其后继；

③ 当 p—＞rtag＝Link（即 p 的 rchild 指向右孩子）时，或右指针 rchild 指向头结点时，令 p＝p—＞rchild。

（2）算法描述

算法 6-10

```
void TraverseInorder(BiThrTree Thrt)  {
// 遍历中序线索链表 Thrt
    p = Thrt -> lchild;                      // 令 p 指向根结点
    while(p!= Thrt)  {                       // 二叉树非空或遍历未结束
        while(p-> ltag == Link)  p = p-> lchild;
        cout << p-> data;                    // 访问左子树为空的结点
        while((p-> rtag == Thread)&&(p-> rchild!= Thrt))  {
            p = p-> rchild;
            cout << p-> data;                // 访问后继结点
        }
        p = p-> rchild;
    }
}                                            // TraverseInorder_Thr
```

（3）算法分析

算法 6-10 的时间复杂度为 O(n)。线索链表上的遍历操作和二叉链表上的遍历操作的时间复杂度都为 O(n)，但前者的常数因子要比后者小，且不需要设置辅助栈。

4）中序线索化二叉树

（1）算法设计

由于线索化的实质就是将二叉链表中的空指针改为指向前驱或后继结点，而前驱或后继信息只有通过遍历才能得到，因此线索化过程即为在遍历过程中修改空指针的过程。

算法设计思想与中序遍历类似。只需要将遍历算法中访问结点的操作具体改为建立正在访问的结点与其非空中序前驱结点之间的线索即可。

为了记下遍历过程中访问结点的先后关系，算法应该附设一个指针 pre 始终指向刚刚访问过的结点，而指针 p 指示当前正在访问的结点。因此，pre 结点是 p 结点的前驱，而 p 结点是 pre 结点的后继。

（2）算法描述

算法 6-11

```
void InOrderThreading(BiThrTree &Thrt, BiThrTree T)  {
```

```
// 建立根指针 T 所指二叉树的中序线索链表 Thrt
    Thrt = new BiThrNode;                      // 创建头结点
    Thrt -> ltag = Link;
    Thrt -> rtag = Thread;
    Thrt -> rchild = Thrt;                     // 右指针回指
    if(!T)   Thrt -> lchild = Thrt;            // 若二叉树空,则左指针回指
    else  {
        Thrt -> lchild = T;
        pre = Thrt;
        InThreading(T,pre);                    // 中序遍历进行中序线索化
        pre -> rchild = Thrt;                  // 最后一个结点线索化
        pre -> rtag = Thread;
        Thrt -> rchild = pre;
    }
}                                              // InOrderThreading

void InThreading(BiThrTree p, BiThrTree &pre)  {
// 对以根指针 p 所指二叉树进行递归中序线索; 其中 p 为当前指针,pre 是 p 的前驱指针
    if(p)  {
        InThreading(p -> lchild,pre);          // p 的左子树线索化
        if(!p -> lchild)  {                    // 给 p 结点加前驱线索
            p -> ltag = Thread;
            p -> lchild = pre;
        }
        if(!pre -> rchild)  {                  // 给 pre 结点加后继线索
            pre -> rtag = Thread;
            pre -> rchild = p;
        }
        pre = p;                               // 保持 pre 指向 p 结点前驱
        InThreading(p -> rchild);              // p 的右子树线索化
    }
}                                              // InThreading
```

（3）算法分析

算法 6-11 和中序遍历算法一样,在递归的过程中对每个结点仅做一次访问。因此对于 n 个结点的二叉树来说,算法 6-11 的时间复杂度也为 O(n)。

在线索链表上进行遍历,虽然时间复杂度也为 O(n),但其常数因子要比在二叉链表上进行遍历小,且不需要设置辅助栈。因此,如果对一棵二叉树要经常遍历,或查找结点在指定次序下的前驱和后继,则应该采用线索链表作为存储结构为宜。

线索化是提高重复性访问非线性结构效率的重要手段之一。算法 6-11 给出的是二叉树中序线索化算法,对于先序和后序线索化算法,与其思路大致相同,留给读者作为练习。

以上介绍的线索二叉树是一种全线索树(即左右线索均要建立),在许多应用中有时只需要建立左右线索中的一种。

6.3 树和森林与二叉树的转换

由于树和二叉树都可以采用二叉链表作为存储结构,那么以二叉链表作为媒介就可以导出树与二叉树之间的对应关系。也就是说,给定一棵树,可以找到唯一的一棵二叉树与之

对应,从存储结构上看,它们的二叉链表是相同的,只是逻辑解释不同而已。图 6-35 直观地展示了树与二叉树之间的这种对应关系。

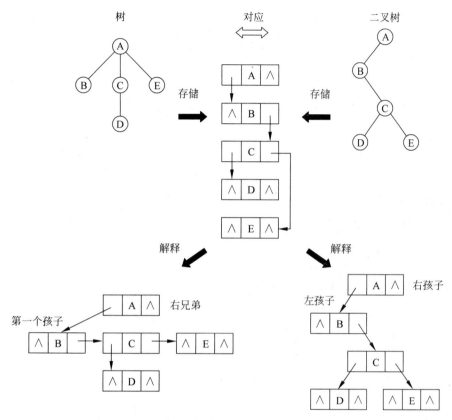

图 6-35 树与二叉树的对应关系

6.3.1 树与二叉树的转换

树中每个结点最多只有一个最左边的孩子(第一个孩子)和一个右邻的兄弟。按照这种关系很自然地就能将树转换成二叉树,且转换是唯一的;或者将一棵缺少右子树的二叉树还原为树,且还原是唯一的。

1. 树转换为二叉树

将一棵树转换为二叉树的方法是:

(1) 加线:在树中所有相邻兄弟结点之间加一条连线,将其隐含的"兄-弟"关系以及"父-右子"关系显著表示出来,如图 6-36(b)所示。

(2) 抹线:对树中的每个结点,只保留它与其最左边的孩子,即第一个孩子结点之间的连线,抹掉与其他孩子结点之间的连线,即抹去其"父-右子"关系,如图 6-36(c)所示。

(3) 调整:以树根结点作为二叉树根结点,将树根与其最左边的孩子,即第一个孩子之间的"父-子"关系改为"父-左子"关系,且将各结点按照二叉树的层次排列,形成二叉树的结构,如图 6-36(d)所示。

可以看出,二叉树中左分支上的各结点在原来的树中是"父-第一个孩子"关系,而右分支上的各结点在原来的树中是兄弟关系。由于树的根结点没有兄弟,所以转换之后,二叉树

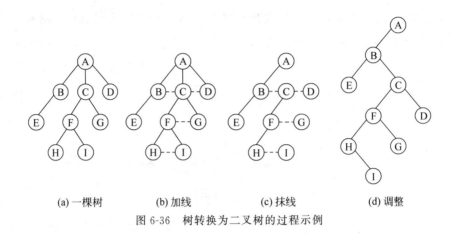

(a)一棵树   (b)加线   (c)抹线   (d)调整

图 6-36 树转换为二叉树的过程示例

的根结点的右子树必为空。

2. 二叉树还原为树

将一棵缺少右子树的二叉树还原为树的方法是：

(1) 加线：在二叉树中所有结点双亲与该结点右链上的每个结点之间加一连线，以"父-子"关系显著表示出来，如图 6-37(b)所示。

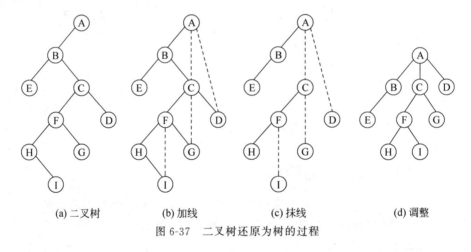

(a)二叉树   (b)加线   (c)抹线   (d)调整

图 6-37 二叉树还原为树的过程

(2) 抹线：对二叉树中的每个结点，抹掉其双亲与其右链上所有结点之间的连线，即抹去"父-右子"关系，如图 6-37(c)所示。

(3) 调整：以二叉树的根结点为轴心，将各结点按照树的层次排列，形成树的结构，如图 6-37(d)所示。

可以看出，在树中"父-第一个孩子"关系是原来的二叉树中左分支上的各结点，而兄弟关系在原来二叉树中是右分支上的各结点。

3. 树遍历与二叉树遍历的对应关系

根据树与二叉树的转换关系以及树和二叉树遍历的操作定义可知，树的遍历序列与由树转化成的二叉树的遍历序列之间具有以下对应关系。

(1) 树的先序遍历对应二叉树的先序遍历。

例如，对图 6-36(a)所示的树进行先序遍历，其结果为：A B E C F H I G D；对图 6-36(d)

所示的转换之后的二叉树进行先序遍历,其结果为:A B E C F H I G D。

(2) 树的后序遍历对应二叉树的中序遍历。

例如,对图 6-36(a)所示的树进行后序遍历,其结果为:E B H I F G C D A;对图 6-36(d)所示的转换之后的二叉树进行中序遍历,其结果为:E B H I F G C D A。

(3) 树的层序遍历不对应二叉树任何遍历。

由此,当以二叉链表作为树的存储结构时,树的先序遍历和后序遍历可以借用二叉树的先序遍历和中序遍历算法来实现。

6.3.2　森林与二叉树的转换

森林是若干棵树的集合,将森林中的每棵树转换为二叉树,再将每棵树的根结点视为兄弟,那么森林也可以转换为二叉树,且转换是唯一的;或者将一棵拥有左右子树的二叉树还原为包含若干棵树的森林,且还原是唯一的。

1. 森林转换为二叉树

将森林转换为二叉树的方法是:

(1) 转换:将森林中的每棵树按照上述规则转换成二叉树,如图 6-38(b)所示。

(2) 连线:从第二棵二叉树开始,依次把后一棵二叉树的根结点作为前一棵二叉树根结点的右孩子,如图 6-38(c)所示。

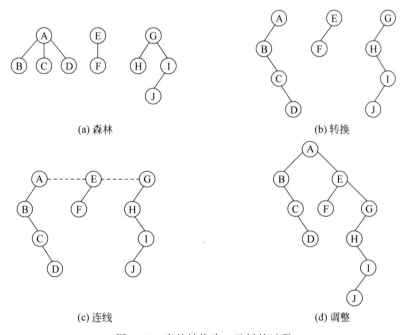

(a) 森林　　　　　　　　　　　　　　　　　(b) 转换

(c) 连线　　　　　　　　　　　　　　　　　(d) 调整

图 6-38　森林转换为二叉树的过程

(3) 调整:以森林中第一棵树根结点作为二叉树根结点,第一棵树的子树森林转换后作为二叉树左子树;将森林中删除第一棵树之后的其余树构成的森林转换后作为二叉树的右子树,且将各结点按照二叉树的层次排列,形成二叉树的结构,如图 6-37(d)所示。

可以看出,二叉树中根结点的左子树是原来森林中第一棵树的子树森林转换结果,而右子树是删除第一棵树之后其余树构成的森林转换结果。由于森林中包含若干棵树,所以转换之后二叉树根结点的左右子树均存在。

2. 二叉树还原为森林

将一棵二叉树还原为森林的方法是:

(1)抹线:对二叉树中的每个结点,抹掉根结点右链上每个结点之间的连线,即抹去其"父-右子"关系,分成若干个以右链上的结点为根结点的子二叉树,如图 6-39(b)所示。

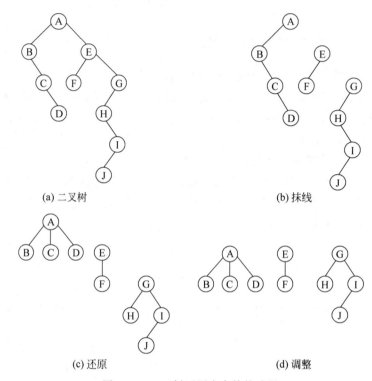

(a) 二叉树   (b) 抹线

(c) 还原   (d) 调整

图 6-39　二叉树还原为森林的过程

(2)还原:将分好的子二叉树按照上述规则还原为树,如图 6-39(c)所示。

(3)调整:将还原之后的树的根结点排列成一排,形成森林的结构,如图 6-39(d)所示。

可以看出,森林中每一个树的根结点是原来二叉树中根结点右分支上的各结点,而第一棵树是原来二叉树中左子树还原的结果。

3. 森林遍历与二叉树遍历的对应关系

由森林和树相互递归的定义可以推出森林的两种遍历方法:先序遍历和中序遍历。

1)先序遍历

定义:如果森林为空,则空操作返回;否则:

① 访问森林中第一棵树的根结点;

② 先序遍历第一棵树中根结点的子树森林;

③ 先序遍历除去第一棵树之后剩余的树构成的森林。

2)中序遍历

定义:如果森林为空,则空操作返回;否则:

① 中序遍历第一棵树中根结点的子树森林;

② 访问森林中第一棵树的根结点;

③ 中序遍历除去第一棵树之后剩余的树构成的森林。

根据森林与二叉树的转换关系以及森林和二叉树遍历的操作定义可知,森林的遍历序列与由森林转化成的二叉树的遍历序列之间具有以下对应关系。

(1) 森林的先序遍历对应二叉树的先序遍历。

例如,对图 6-38(a)所示的森林进行先序遍历,其结果为:A B C D E F G H I J;对图 6-38(d)所示的转换之后的二叉树进行先序遍历,其结果为:A B C D E F G H I J。

(2) 森林的中序遍历对应二叉树的中序遍历。

例如,对图 6-38(a)所示的树进行后序遍历,其结果为:B C D A F E H J I G;对图 6-38(d)所示的转换之后的二叉树进行中序遍历,其结果为:B C D A F E H J I G。

由此,当以二叉链表作为森林的存储结构时,森林的先序遍历和中序遍历可以借用二叉树的先序遍历和中序遍历算法来实现。

6.4 哈夫曼树及其应用

哈夫曼(Huffman)树又称最优二叉树,是 n 个带权叶子结点构成的所有二叉树中带权路径长度最短的二叉树,有着非常广泛的应用。

6.4.1 哈夫曼树

1. 相关概念

(1) 路径(Path):从树中一个结点到另一个结点之间的分支。

(2) 路径长度(Path Length):路径上的分支数目。

(3) 树的路径长度(Path Length of Tree):从树的根结点到每一个结点的路径长度之和。在结点数目相同的二叉树中,完全二叉树的路径长度最短。

(4) 结点的权(Node Weight):在一些应用中,赋予树中结点一个有某种意义的实数。

(5) 结点的带权路径长度(Weighted Path Length of Node):从结点到树的根结点之间路径长度与结点上权的乘积。

(6) 树的带权路径长度(Weighted Path Length of Tree):树中所有叶子的带权路径长度之和,也称为树的代价,通常用式(6-7)表示:

$$\text{WPL} = \sum_{i=1}^{n} w_i l_i \tag{6-7}$$

其中:n 表示叶子的数目,w_i 表示叶子 i 的权值,l_i 表示根到结点 i 之间的路径长度。

2. 哈夫曼树的定义

在权为 $w_1, w_2, \cdots, w_n$ 的 n 个叶子构成的所有二叉树中,带权路径长度 WPL 最小(即代价最小)的二叉树称为哈夫曼树,或称为最优二叉树。

图 6-40 给出了由四个权值分别为 7、5、2、4 的叶子 A、B、C、D 构造的三棵不同的二叉树(还有许多棵)。图 6-40(a)的带权路径长度 WPL=$7\times2+5\times2+2\times2+4\times2=36$,图 6-40(b)的带权路径长度 WPL=$7\times3+5\times3+2\times1+4\times2=46$,图 6-40(c)的带权路径长度 WPL=$7\times1+5\times2+2\times3+4\times3=35$。其中,图 6-40(c)的 WPL 最小,可以验证,它就是一棵哈夫曼树。

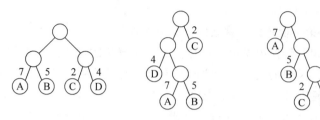

(a) WPL=36的二叉树　　　(b) WPL=46的二叉树　　　(c) WPL=35的二叉树

图 6-40　具有不同 WPL 的二叉树

3. 哈夫曼树的特点

（1）由 n 个带权叶子结点所构成的二叉树中,满二叉树或完全二叉树不一定是哈夫曼树;只有当叶子上的权值均相同时,满二叉树或完全二叉树才是哈夫曼树。

（2）在哈夫曼树中,权越大的叶子离根越近。

（3）哈夫曼树的形态不唯一,其 WPL 最小。

4. 哈夫曼树的应用

在求解某些判定问题时,利用哈夫曼树可以得到最佳判定算法。

例 6-1　编制一个将百分制转换成五分制的程序。

显然,此程序只要利用条件语句便可以完成。例如:

```
if(score<60)  grade = "bad";
else if(score<70)  grade = "pass";
else if(score<80)  grade = "general";
else if(score<90)  grade = "good";
else  grade = "excellent";
```

这个判定过程可以用图 6-41 所示的判定树来表示。如果上述程序需要反复使用,且每次的输入量很大,那么就应该考虑上述程序的质量问题,即操作所需要的时间。通常,学生成绩在 5 个等级上的分布是不均匀的。例如,表 6-1 给出了学生成绩在 5 个等级上的一种分布规律。可以看出,有 80% 的数据需要进行三次或三次以上的比较才能得出结果。

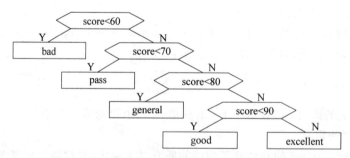

图 6-41　利用条件语句转换 5 级分制的判定过程

表 6-1　学生成绩分配规律

分　数	0～59	60～69	70～79	80～89	90～100
比例数	0.05	0.15	0.40	0.30	0.10

假定以权 5、15、40、30 和 10 构造一棵 5 个叶子的哈夫曼树,则可以得到图 6-42(a)所示的判定过程,它可以使大部分数据经过较少次的比较得出结果。由于每个判定框都有两次比较,编写程序还需要做些变换,即将这两次比较分开,因此得到 6-42(b)所示的判定树,按此判定树可以写出相应的程序。

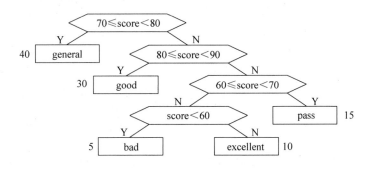

(a) 利用哈夫曼树的判定过程

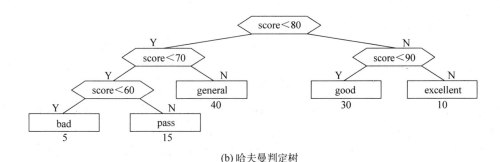

(b) 哈夫曼判定树

图 6-42 利用哈夫曼树转换 5 级分制的判定过程

设现在输入 10000 个数据,如果按照图 6-40 的判定过程,则总共需要进行比较的次数为 $(0.05\times1+0.15\times2+0.40\times3+0.30\times4+0.10\times4)\times10000=31500$;如果按照图 6-41(b)的判定过程,则总共需要进行比较的次数为 $(0.05\times3+0.15\times3+0.40\times2+0.30\times2+0.10\times2)\times10000=22000$。由此看出,利用哈夫曼树可以得到最佳判定算法。

5. 哈夫曼算法

哈夫曼于 1952 年给出了对于给定的叶子数目及其权值构造哈夫曼树的方法,称其为哈夫曼算法。其基本思想是:

(1) 根据给定的 n 个权值 $w_1,w_2,\cdots,w_n$,构造包含 n 棵二叉树的森林 $F=\{T_1,T_2,\cdots,T_n\}$,其中每棵二叉树 T_i 中都只有一个带权 w_i 的根结点,其左子树和右子树均为空。

(2) 在森林 F 中选出两棵根结点权值最小的树(当这样的树不止两棵树时,可以从中任选两棵),将这两棵树合并成一棵新树,为了保证新树仍是一棵二叉树,需要增加一个新结点作为新树的根,并将所选的两棵树的根分别作为新树根的左右孩子(谁左谁右可以任意),将这两个孩子的权值之和作为新树根的权值。

(3) 在森林 F 中删除(2)选中的那两棵根结点权值最小的二叉树,同时将新得到的二叉树加入森林 F 中。

(4) 重复(2)和(3),直到森林 F 中只剩下一棵树为止。这棵树便是哈夫曼树。

图 6-43 给出了按照权值 8、6、2、4 构造一棵哈夫曼树的过程。

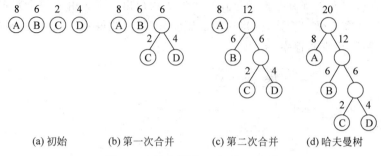

(a) 初始   (b) 第一次合并   (c) 第二次合并   (d) 哈夫曼树

图 6-43 具有不同 WPL 的二叉树

可以看出：

（1）在初始森林中的 n 棵二叉树，每棵树有一个孤立的结点，它们既是根，又是叶子。

（2）n 个叶子的哈夫曼树要经过 n−1 次合并，产生 n−1 个新结点，共包含 2n−1 个结点。

（3）在哈夫曼树中没有度数为 1 的分支结点。

6. 哈夫曼树的存储表示

由于一棵含有 n 个叶子的哈夫曼树共有 2n−1 个结点，因此可以用一个大小为 2n−1 的一维数组存储哈夫曼树中的所有结点。在构成哈夫曼树之后，为了编码需要从叶子出发走一条从叶子到根的路径，而为了解码则需要从根出发走一条从根到叶子的路径，对每个结点而言，既需要知道其双亲的信息，又需要知道其孩子的信息。假设以一组连续空间存储哈夫曼树的结点，同时在每个结点中附设三个指示器分别指示其双亲和左右孩子在数组中的位置。采用这种存储结构的哈夫曼树称为哈夫曼树顺序表（Huffman Tree Sequential List）。

哈夫曼树顺序表的数组元素结构如图 6-44 所示，其中：weight 存储结点的权值；parent 存储该结点的双亲在数组中的下标；lchild 存储该结点的左孩子在数组中的下标；rchild 存储该结点的右孩子在数组中的下标。对于图 6-43(d) 所示的树，其哈夫曼树顺序表存储结构如图 6-45 所示。

数组下标	weight	parent	lchild	rchild
0	8	6	−1	−1
1	6	5	−1	−1
2	2	4	−1	−1
3	4	4	−1	−1
4	6	5	2	3
5	12	6	1	4
6	20	−1	0	5

图 6-45 哈夫曼树顺序表存储结构

weight	parent	lchild	rchild

图 6-44 哈夫曼树顺序表数组元素结构

```
//哈夫曼顺序表的类型定义
typedef struct {
    int  weight;                    //结点权值；若为实数，则转换为整数
    int  parent, lchild, rchild;    //双亲及左右孩子在数组中的下标
}HTNode;
typedef HTNode * HuffmanTree;
```

7. 构造哈夫曼树

(1) 算法设计

设哈夫曼树有 n 个叶子结点,哈夫曼树顺序表为 HT。

① 初始化:将 HT[0..m−1]中 2n−1 个分量里的双亲及左右孩子域均设置为−1,权值设置为 0。

② 输入权:读入 n 个叶子的权值,并存于 HT 的前 n 个分量(即 HT[0..n−1])中。它们是初始森林 F 中 n 个孤立根结点上的权值。

③ 合并树:对森林 F 中的二叉树共进行 n−1 次合并,所产生的新结点依次放入 HT 的第 i 个分量中(n≤i≤m−1)。每次合并分两步:

第一步,在当前 HT[0..i−1]的所有分量中,选取权值最小和次小的两个分量 HT[s1] 和 HT[s2]作为合并对象(0≤s1,s2≤i−1)。

第二步,将 HT[s1]和 HT[s2]分别作为左子树和右子树的根合并为一棵新二叉树,新二叉树的根为 HT[i]。

HT 的前 n 个分量表示叶子,最后一个分量表示根结点。

(2) 算法描述

算法 6-12

```
void CreateHuffmanTree(HuffmanTree &HT, int n) {
// 构造并返回 n 个叶子的哈夫曼树 HT
    if(n < 1) Error("Parameter Error!");
    m = 2 * n - 1;
    InitHuffmanTree(HT, m);                      // 初始化:创建大小为 m 的 HT
    for(i = 0; i < n; i++) {                      // 输入权:输入叶子权值
        cin >> w;
        HT[i].weight = w;
    }
    for(i = n; i < m; ++i) {                      // 合并树:构造 HT
        SelectMin(HT, i - 1, s1, s2);            // 在 HT[0..i-1]中选择两个最小权值
        HT[s1].parent = i;
        HT[s2].parent = i;
        HT[i].lchild = s1;                        // 最小权的根是新结点左孩子
        HT[i].rchild = s2;                        // 次小权的根是新结点右孩子
        HT[i].weight = HT[s1].weight + HT[s2].weight;
    }
}                                                // CreateHuffmanTree

void InitHuffmanTree(HuffmanTree &HT, int m) {
// 初始化并返回大小为 m 的哈夫曼树顺序表
    HT = new HTNode[m];
    for(i = 0; i < m; i++) {
        HT[i].weight = 0;
        HT[i].lchild = -1;
        HT[i].rchild = -1;
```

```
        HT[i].parent = - 1;
    }
}                                                        // InitHuffmanTree

void SelectMin(HuffmanTree HT, int i, int &s1, int &s2) {
// 在 HT[0..i]中选择权值最小两个结点, s1 是最小权值结点序号,s2 是次小权值结点序号
    k = 0;
    while(HT[k].parent!=- 1) k++;
    s1 = k;
    for(j = 0;j <= i;++j)                        // 寻找最小权值的结点序号 s1
        if((HT[j].parent ==- 1)&&(HT[j].weight < HT[s1].weight))
            s1 = j;
    k = 0;
    while((HT[k].parent!=- 1)||(k == s1)) k++;
    s2 = k;
    for(j = 0; j <= i; ++j)                      // 寻找次小权值的结点序号 s2
        if((HT[j].parent ==- 1)&&(HT[j].weight < HT[s2].weight)&&(j!= s1))
            s2 = j;
}                                                        // SelectMin
```

（3）算法分析

该算法的执行时间依赖于初始化、输入权、合并树三个操作,其中:初始化操作的时间依赖于哈夫曼树的结点个数 $2n-1$,其时间复杂度为 $O(n)$;输入权操作的时间依赖于哈夫曼树叶子个数 n,其时间复杂度为 $O(n)$;合并树操作的时间依赖于构造哈夫曼树非叶子的个数 $n-1$,由于构造一个非叶子的时间复杂度为 $O(i)(n \leqslant i \leqslant 2n-1)$,因此其时间复杂度为 $O(n^2)$,算法 6-12 的时间复杂度为 $O(n^2)$。

6.4.2 哈夫曼编码

1. 相关概念

（1）编码与解码:数据压缩过程称为编码(Code),即将文件中的每个字符均转换为一个唯一的二进制位串;数据还原过程称为解码(Decode),即将二进制位串转换为对应的字符。哈夫曼树在数据压缩技术的编码和解码中有着非常广泛的应用。

（2）等长编码与变长编码:将给定大小为 n 的字符集 C 中的每个字符设置同样码长,即 $\lceil \log_2 n \rceil$,称为等长编码(Equal Length Code);将频度高的字符编码设置较短,频度低的字符编码设置较长,称为变长编码(Variational Length Code)。

例如,设一个待压缩数据文件共有 100000 个字符,均取自字符集 C={a,b,c,d,e,f},其中每个字符在文件中出现的次数(简称频度)分别为 45、13、12、16、9、5(千次)。

如果采用等长编码,则需要 $\lceil \log_2 6 \rceil = 3$ 位二进制数字来表示字符集 C 中的 6 个字符,因此整个文件的编码长度为 300000 位。如果采用变长编码,则分别需要 1、3、3、3、4、4 位二进制数字来表示字符集 C 中的 6 个字符,因此整个文件的编码长度为 $(45 \times 1 + 13 \times 3 + 12 \times 3 + 16 \times 3 + 9 \times 4 + 5 \times 4) \times 1000 = 224000$ 位,比等长编码方式节约了约 25% 的存储空间。

如果字符 a、b、c、d、e、f 的变长编码分别为 1、100、110、111、0110、1101，则解码时无法确定信息串 110110 是 aad 还是 cc 等。此时解码产生二义性。

由此可知，等长编码由于每个字符码长一样，因此无法缩短整个文件的编码长度，但编码是唯一的，解码不会产生二义性。变长编码是按照字符频度不同进行编码，因此可以减少整个文件的编码长度，但编码不是唯一的，解码会产生二义性；产生该问题的原因是某些字符的编码可能与其他字符的编码开始部分（称为前缀）相同。

（3）前缀编码与最优前缀编码：对字符集进行编码时，要求字符集中任一字符的编码都不是其他字符编码的前缀，称为前缀编码（Prefix Code），等长编码是一个前缀编码；平均码长或文件总长最小的前缀编码，称为最优前缀编码（Optimization Prefix Code），最优前缀编码对文件的压缩效果也最佳。

假设每种字符在整个文件中出现的频度为 w_i，其编码长度为（二进制码位数）l_i，文件中可能出现的字符有 n 种字符，则整个文件的编码长度由式（6-8）表示：

$$\sum_{i=1}^{n} w_i l_i \tag{6-8}$$

对应到二叉树上，如果设 w_i 为叶子结点的权，l_i 为从根到叶子的路径长度，则式（6-8）恰为式（6-7）给出的二叉树带权路径长度。

例如，如果对字符集 C＝{a, b, c, d, e, f} 中的字符分别进行等长编码和变长编码，如表 6-2 所示，则等长编码和变长编码都是前缀编码。对变长编码求得的平均码长为 2.24，等长编码的平均码长为 3。可以验证，此变长编码是一个最优前缀编码。

表 6-2　对字符集 C 中字符分别进行等长与变长编码

字　　符	a	b	c	d	e	f
频度（单位：千次）	45	13	12	16	9	5
等长编码（单位：位）	000	001	010	011	100	101
变长编码（单位：位）	0	101	100	111	1101	1100

2. 哈夫曼编码的定义

如何得到二进制的前缀编码及最优前缀编码呢？可以利用二叉树来设计二进制的前缀编码，利用哈夫曼树来设计最优前缀编码。

用字符 c_i 作为叶子，w_i 作为叶子 c_i 的权，构造一棵哈夫曼树，并将树中左分支和右分支分别标记为 0 和 1；将从根到叶子路径分支上的二进制组成字符串，作为该叶子所表示字符的编码，那么该编码即为哈夫曼编码（Huffman Code）。

例如，对图 6-43（d）所示哈夫曼树的叶子所表示的字符进行编码，得到哈夫曼编码：A 为 0，B 为 10，C 为 110，D 为 111。

哈夫曼编码是最优前缀编码的原因如下：

（1）每个叶子字符 c_i 的码长恰为从根到该叶子路径长度 l_i，平均码长（或文件总长）又是二叉树的带权路径长度 WPL，而哈夫曼树是 WPL 最小的二叉树，因此编码的平均码长（或文件总长）也最小。

（2）因为树中没有一片叶子是另一叶子的祖先，所以每片叶子对应的编码就不可能是其他叶子编码的前缀,即上述编码是二进制的前缀编码。

3. 哈夫曼编码的存储表示

因为各字符的编码长度不等,所以应该按照编码的实际长度动态分配空间。由此给出哈夫曼编码表的类型定义。

```
typedef char ** HuffmanCode;                    //动态分配数组存储哈夫曼编码表
```

4. 构造哈夫曼编码

(1) 算法设计

在给定字符集的哈夫曼树 HT 生成之后,依次以叶子 HT[i]($0 \leqslant i \leqslant n-1$)为出发点,向上回溯至根为止。上溯时走左分支则生成代码 0,走右分支则生成代码 1。

① 由于生成的编码与要求的编码反序,因此将生成的代码先从后往前依次存放在一个临时数组 cd 中,并附设一个指针 start 指示编码在 cd 中的起始位置(start 初始时指示 cd 的结束位置);

② 当某个字符编码完成时,再从 cd 的 start 处将编码复制到存储空间。

(2) 算法描述

算法 6-13

```
void HuffmanCoding(HuffmanTree HT, HuffmanCode &HC, int n) {
// 构造并返回哈夫曼树 HT 中的 n 个叶子所表示字符的哈夫曼编码 HC
    HC = new (char * )[n];                    // 分配 n 个字符编码的头指针数组
    cd = new char[n];                         // 分配求解编码时需要的辅助工作空间
    cd[n-1] = '\0';                           // 置编码结束符
    for(i = 0; i < n; ++i) {                  // 逐个字符求哈夫曼编码
        start = n-1;                          // 设置编码结束符位置初值
        c = i;                                // 从叶子 HT[i]开始上溯
        while((f = HT[c].parent)>=-1) {       // 直至上溯到 HT[c]是树根为止
            cd[--start] = (HT[f].1child == c)?'0': '1';
            c = f;
        }
        HC[i] = new (char * )[n-start];       // 为第 i 个字符编码分配空间
        StrCopy(HC[i], cd, start);            // 从 cd 第 start 个起开始复制编码到 HC
    }
    delete cd[];                              // 释放工作空间
}                                             // HuffmanCoding
```

(3) 算法分析

该算法的执行时间依赖于对 n 个字符构造其哈夫曼编码。求解一个字符哈夫曼编码的时间是由叶子为出发点,向上回溯到根为止,最长路径长度为 n-1,其时间复杂度为 O(n),因此算法 6-13 的时间复杂度为 $O(n^2)$。

例 6-2 假设待压缩文件的字符仅由 8 个字母组成,其中每个字母出现的频率分别为 7、19、2、6、32、3、21、10,试为这 8 个字母设计哈夫曼编码。

(1) 设字母在文件中出现的频率为权 w=(7, 19, 2, 6, 32, 3, 21, 10);n=8,故 m= 2n−1=15;

(2) 根据创建哈夫曼树的算法 6-12,可以构造一棵哈夫曼树 HT 如图 6-46 所示;

HT	weight	parent	lchild	rchild
0	0	−1	−1	−1
1	0	−1	−1	−1
2	0	−1	−1	−1
3	0	−1	−1	−1
4	0	−1	−1	−1
5	0	−1	−1	−1
6	0	−1	−1	−1
7	0	−1	−1	−1
8	0	−1	−1	−1
9	0	−1	−1	−1
10	0	−1	−1	−1
11	0	−1	−1	−1
12	0	−1	−1	−1
13	0	−1	−1	−1
14	0	−1	−1	−1

（a）初始状态的 HT

HT	weight	parent	lchild	rchild
0	7	−1	−1	−1
1	19	−1	−1	−1
2	2	−1	−1	−1
3	6	−1	−1	−1
4	32	−1	−1	−1
5	3	−1	−1	−1
6	21	−1	−1	−1
7	10	−1	−1	−1
8	0	−1	−1	−1
9	0	−1	−1	−1
10	0	−1	−1	−1
11	0	−1	−1	−1
12	0	−1	−1	−1
13	0	−1	−1	−1
14	0	−1	−1	−1

（b）输入 8 个权值后的 HT

HT	weight	parent	lchild	rchild
0	7	10	−1	−1
1	19	12	−1	−1
2	2	8	−1	−1
3	6	9	−1	−1
4	32	13	−1	−1
5	3	8	−1	−1
6	21	12	−1	−1
7	10	10	−1	−1
8	5	9	2	5
9	11	11	8	3
10	17	11	0	7
11	28	13	9	10
12	40	14	1	6
13	60	14	11	4
14	100	0	12	13

（c）构造后的哈夫曼树 HT

图 6-46 哈夫曼树 HT 的初态和终态

（3）根据求解哈夫曼编码的算法 6-13，可以从叶子到根逆向求出每个字母哈夫曼编码 HC，如图 6-47 所示。

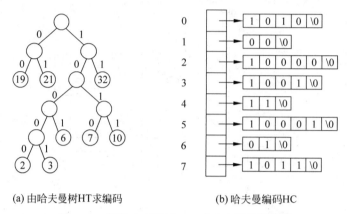

(a) 由哈夫曼树HT求编码   (b) 哈夫曼编码HC

图 6-47   根据哈夫曼树 HT 求哈夫曼编码 HC

习题

一、填空题

1. 有一棵二叉树如图 6-48 所示：这棵树的根结点是（   ），这棵树的叶子结点是（   ），结点 k3 的度是（   ），这棵树的度是（   ），这棵树的树高是（   ），结点 k3 的孩子是（   ），结点 k3 的父亲是（   ）。

2. 深度为 k 的完全二叉树，至少包括（   ）个结点，至多包括（   ）个结点；如果具有 n 个结点的完全二叉树按照层序从 1 开始编号，则编号最小的叶子结点序号是（   ）。

3. 一棵二叉树的第 i(i≥1) 层最多有（   ）个结点；一棵有 n(n>0) 个结点的满二叉树共有（   ）个叶子结点和（   ）个非终端结点。

图 6-48   二叉树

4. 某二叉树的先序遍历序列是 ABCDEFG，中序遍历序列是 CBDAFGE，则其后序遍历序列是（   ）。

5. 在具有 n 个结点的二叉链表中，共有（   ）个指针域，其中（   ）个指针域用于指向其左右孩子，剩下的（   ）个指针域则是空的。

二、选择题

1. 用顺序存储的方法将完全二叉树中的所有结点逐层存放在数组 A[1]～A[n] 中，如果结点 A[i] 有左子树，则左子树的根结点是（   ）。

（A）A[2i−1]   （B）A[2i+1]   （C）A[i/2]   （D）A[2i]

2. 设 n、m 为一棵二叉树上的两个结点，在中序遍历时，n 在 m 之前的条件是（   ）。

（A）n 在 m 上方   （B）n 是 m 祖先   （C）n 在 m 左方   （D）n 是 m 子孙

3. 任何一棵二叉树的叶子结点在先序、中序、后序遍历序列中的相对次序（   ）。

（A）肯定不发生改变   （B）肯定发生改变
（C）有时发生变化   （D）不能确定

4. 如果 T' 是由一棵有序树 T 转换而来的一棵二叉树,那么 T 中结点的先序序列就是 T' 中结点的(　　)序列,T 中结点的后序序列就是 T' 中结点的(　　)序列。

　　(A) 先序　　　　　(B) 中序　　　　　(C) 后序　　　　　(D) 层序

5. 如果森林中有 4 棵树,树中结点的个数依次为 n_1、n_2、n_3、n_4,则把森林转换成二叉树后,其根结点的右子树上有(　　)个结点,根结点的左子树上有(　　)个结点。

　　(A) n_1-1　　　　(B) n_1　　　　(C) $n_1+n_2+n_3$　　　　(D) $n_2+n_3+n_4$

三、问答题

1. 已知一棵度为 m 的树中有：n_1 个度为 1 的结点,n_2 个度为 2 的结点,……,n_m 个度为 m 的结点,那么该树中共有多少个叶子结点？

2. 一个深度为 h 的满 k 叉树有如下性质：第 h 层上的结点都是叶子结点,其余各层上每个结点都有 k 棵非空子树。按层次顺序(同层自左至右)从 1 开始对全部结点编号。

(1) 各层的结点数目是多少？

(2) 编号为 i 的结点的双亲结点(若存在)的编号是多少？

(3) 编号为 i 的结点的第 j 个孩子结点(若存在)的编号是多少？

(4) 编号为 i 的结点的有右兄弟的条件是什么？ 其右兄弟的编号是多少？

3. 试找出分别满足下面条件的所有二叉树：

(1) 先序序列和中序序列相同。

(2) 中序序列和后序序列相同。

(3) 先序序列和后序序列相同。

(4) 先序、中序、后序序列均相同。

4. 如果二叉树中各结点的值均不相同,则由二叉树的先序序列和中序序列,或由其中序序列和后序序列均能唯一确定一棵二叉树,但由先序序列和后序序列却不一定能唯一确定一棵二叉树。

(1) 已知一棵二叉树的先序序列和中序序列分别为 ABDGHCEFI 和 GDHBAECIF,试画出此二叉树。

(2) 已知一棵二叉树的中序序列和后序序列分别为 BDCEAFHG 和 DECBHGFA,试画出此二叉树。

(3) 已知一棵二叉树的先序序列和后序序列分别为 AB 和 BA,请画出这两棵不同的二叉树。

5. 一个二叉树顺序表如图 6-49 所示,试画出该二叉树的二叉链表。

1	2	3	4	5	6	7	8	9	10	11	12	13	14	15	16	17	18	19	20	21
e	a	f		d		g			c	j			h	i						b

图 6-49　一棵二叉树的顺序表

四、应用题

1. 对图 6-50 所示的树：

(1) 分别求出其先序序列、后序序列及层序序列；

(2) 将其转换为对应的二叉树。

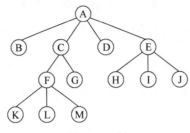

图 6-50   树

2. 对图 6-51 所示的森林：

（1）求出森林的先序序列和中序序列；

（2）将其转换为对应的二叉树。

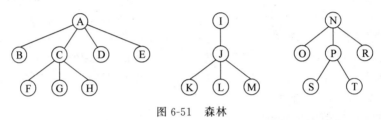

图 6-51   森林

3. 对给定的一组权值 W＝(5，2，9，11，8，3，7)，试构造相应的哈夫曼树，并计算其带权路径长度。

4. 证明：已知一棵二叉树的先序序列和中序序列，则可唯一确定该二叉树。

5. 假设用于通信的电文由字符集{a，b，c，d，e，f，g，h}中的字母构成，这8个字母在电文中出现的概率分别为{0.07，0.19，0.02，0.06，0.32，0.03，0.21，0.10}。

（1）试为这8个字母设计哈夫曼编码。

（2）如果用3位二进制数对这8个字母进行等长编码，则哈夫曼编码的平均码长是等长编码的百分之几？它使电文总长平均压缩多少？

五、算法设计题

1. 试设计一个算法：分别采用递归和非递归方法后序遍历二叉树。

2. 试设计一个算法：交换一棵二叉树中每个结点的左孩子和右孩子。

3. 试设计一个算法：计算二叉树的叶子结点数。

4. 试设计一个算法：判断一棵二叉树是否为完全二叉树。

5. 试设计一个算法：在二叉树中查找值为 e 的结点，并输出 e 的所有祖先。假设二叉树中值为 e 的结点不多于 1 个。

## 第 7 章

图

主要知识点

- 图的类型定义。
- 图的存储表示及基于存储结构的操作实现。
- 最小生成树。
- 拓扑排序和关键路径。
- 最短路径。

图是一类非常重要的非线性结构,可以描述各种复杂的数据对象,广泛应用在工程、数学、物理、化学、生物、语言学、逻辑学及计算机科学等领域。例如电路网络分析、交通运输、管道与线路的敷设、印制电路板与集成电路的布线等众多直接与图有关的问题,必须用图的有关方法进行处理;另外,像工作的分配、工程进度的安排、课程表的制订、关系数据库的设计等许多实际问题,如果间接地用图来表示,处理起来比较方便。这些技术领域都是把图作为解决问题的主要手段来使用。因此,如何在计算机中表示和处理图结构是计算机科学需研究的一项重要课题。

图是计算机应用过程中对实际问题进行数学抽象和描述的强有力工具。图论是专门研究图性质的一个数学分支,在离散数学中占有极为重要的地位。图论注重研究图的纯数学性质,而数据结构中对图的讨论则侧重于在计算机中如何表示图,以及如何实现图的操作和应用等。

7.1 图的类型定义

图是一种较线性结构和树结构更为复杂的数据结构。在线性结构中,数据元素之间仅有线性关系;在树结构中,数据元素之间有着明显的层次关系,虽然每一层上的数据元素可能和下一层中的多个元素(孩子)相关,但只能和上一层中的一个元素(双亲)相关;而在图结构中,结点之间的关系可以是任意的,任意两个数据元素之间都可能相关。

7.1.1 图的定义

图(Graph)由两个集合 V 和 VR 组成,记为 G=(V, VR),其中:V 是顶点(Vertex)的有穷非空集合,VR 是 V 中顶点偶对的有穷集,顶点偶对称为边或弧。通常,也将图 G 的顶点集和边集分别记为 V(G)和 VR(G)。如果 VR(G)为空,则图 G 只有顶点而没有边。

在图中,如果不存在顶点到其自身的边,且同一条边不重复出现,则称这样的图为简单图(Simple Graph)。在数据结构中讨论的图均为简单图。图 7-1 给出了非简单图的示例。

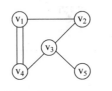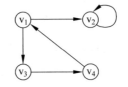

(a)同一条边重复出现　　　(b)存在顶点到其自身的边

图 7-1　非简单图

1. 图的相关概念

1) 无向图和有向图

如果顶点 v_i 和 v_j 之间的边没有方向,则称该边为无向边,用无序偶对(v_i,v_j)表示,该图称为无向图(Undirected Graph),如图 7-2(a)所示。

如果从顶点 v_i 到 v_j 的边有方向,则称该边为弧,用有序偶对< v_i,v_j >表示,v_i 称为弧尾,v_j 称为弧头,该图称为有向图(Directed Graph),如图 7-2(b)所示。

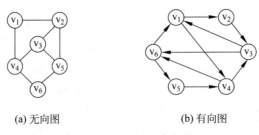

(a) 无向图　　　　　　　　　(b) 有向图

图 7-2　无向图和有向图

2) 无向完全图和有向完全图

在无向图中,如果任意两个顶点之间都存在边,则称为无向完全图(Undirected Complete Graph)。含有 n 个顶点的无向完全图有 n(n−1)/2 条边,如图 7-3(a)所示。

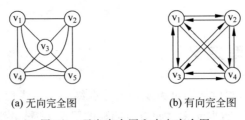

(a) 无向完全图　　　　　　　(b) 有向完全图

图 7-3　无向完全图和有向完全图

在有向图中,如果任意两顶点之间都存在方向互为相反的两条弧,则称为有向完全图(Directed Complete Graph)。含有 n 个顶点的有向完全图有 n×(n−1)条边,如图 7-3(b)所示。

显然,在完全图中,边(或弧)的数目达到最多。

3) 邻接点和依附

在无向图中,对于任意两个顶点 v_i 和 v_j,如果存在边(v_i,v_j)∈VR,则称 v_i 和 v_j 互为邻接点(Adjacent),即 v_i 和 v_j 相邻接。同时称 (v_i,v_j) 依附(Incident)于 v_i 和 v_j。例如,在图 7-2(a)给出的无向图中,顶点 v_1 和 v_2 互为邻接;边 $<v_1,v_2>$ 依附于顶点 v_1 和 v_2。

在有向图中,对于任意两个顶点 v_i 和 v_j,如果存在弧 $<v_i,v_j>\in VR$,则称 v_i 邻接到 v_j,v_j 邻接于 v_i,同时称 $<v_i,v_j>$ 依附于 v_i 和 v_j。通常称 v_j 是 v_i 的邻接点。例如,在图 7-2(b)给出的有向图中,顶点 v_1 邻接到 v_2,v_2 邻接于 v_1;边 $<v_1,v_2>$ 依附于顶点 v_1 和 v_2。

4) 稠密图和稀疏图

如果用 e 表示图中的边数,则 $e<n\log n$ 的图称为稀疏图(Sparse Graph)。

如果用 e 表示图中的边数,则 $e\geq n\log n$ 的图称为稠密图(Dense Graph)。

5) 顶点的度、入度和出度

在无向图中,顶点 v 的度(Degree)指依附于该顶点的边的个数,记为 $D(v)$。例如,在图 7-2(a)给出的无向图中,顶点 v_1 的度 $D(v_1)=2$。

在有向图中,顶点 v 的入度(In-Degree)指以该顶点为弧头的弧的个数,记为 $ID(v)$;顶点 v 的出度(Out-Degree)指以该顶点为弧尾的弧的个数,记为 $OD(v)$;顶点 v 的度为该顶点的入度和出度之和,即 $D(v)=ID(v)+OD(v)$。例如,在图 7-2(b)给出的无向图中,顶点 v_1 的入度 $ID(v_1)=2$,出度 $OD(v_1)=2$,度 $D(v)=4$。

无论有向图还是无向图,顶点数 n、边(或弧)数 e 和度数之间有式(7-1)成立:

$$e=\frac{1}{2}\sum_{i=1}^{n}D(v_i) \tag{7-1}$$

6) 权和网

在图中,权(Weight)通常是指对边赋予的有意义的数值量。在实际应用中,权可以有具体的含义。例如,对于城市交通线路图,边上的权表示该条线路的长度或者等级;对于电子线路图,边上的权表示两个端点之间的电阻、电流或电压值;对于工程进度图,边上的权表示从前一个工程到后一个工程所需要的时间,等等。边上带权的图称为网(Network)或有权图。图 7-4(a)所示的是一个无向网,图 7-4(b)所示的是一个有向网。

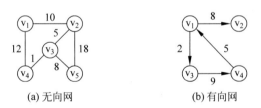

(a) 无向网　　　　　　　　　(b) 有向网

图 7-4　网

7) 路径、路径长度和回路

在图 $G=(V,VR)$ 中,顶点 v_i 到 v_j 的顶点序列称为路径(Path)。路径上边(或弧)的数目称为路径长度(Path Length)。第一个顶点和最后一个顶点相同的路径称为环(Ring)或回路(Circuit)。显然,在图中路径可能不唯一,回路也可能不唯一。

例如,在图 7-2(a)给出的无向图中,(v_1,v_2,v_3,v_5,v_2) 是一条路径,路径长度为 4;$(v_1,v_2,v_3,v_5,v_2,v_1)$ 是一条回路。在图 7-2(b)给出的有向图中,(v_1,v_2,v_3,v_1,v_4) 是一条路径,路径长度为 4;$(v_1,v_2,v_3,v_1,v_4,v_3,v_1)$ 是一条回路。

8）简单路径和简单回路

在路径序列中，顶点不重复出现的路径称为简单路径（Simple Path）。除了第一个顶点和最后一个顶点之外，其余顶点不重复出现的回路称为简单回路（Simple Circuit）。

例如，在图 7-2(a)给出的无向图中，$(v_1，v_2，v_3，v_4)$是一条简单路径，$(v_1，v_2，v_3，v_4，v_1)$是一条简单回路。在图 7-2(b)给出的有向图中，$(v_1，v_2，v_3，v_6)$是一条简单路径，$(v_1，v_2，v_3，v_1)$是一条简单回路。

9）子图

对于图 $G=(V，VR)，G'=(V'，VR')$，如果 $V'\subseteq V$ 且 $VR'\subseteq VR$，则称 G' 是 G 的子图（Subgraph）。图 7-5 给出了无向图 G_1 及 G_1 的一个子图和有向图 G_2 及 G_2 的一个子图。

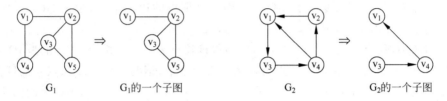

| G_1 | G_1的一个子图 | G_2 | G_2的一个子图 |

(a) 无向图G_1及G_1的一个子图　　　　　　(b) 有向图G_2及G_2的一个子图

图 7-5　图及子图

10）连通图和连通分量

在无向图中，如果任意两个顶点 v_i 和 $v_j(i\neq j)$之间有路径，则称该图是连通图（Connected Graph）。图 7-5(a)给出的 G_1 是一个连通图，而图 7-6(a)给出的 G_3 是一个非连通图。

非连通图的极大连通子图称为连通分量（Connected Component），极大的含义是指包括所有连通的顶点以及和这些顶点相关联的所有边。图 7-6(a)所示的非连通图 G_3 有两个连通分量，如图 7-6(b)所示；而图 7-6(c)所示的是两个非连通分量。

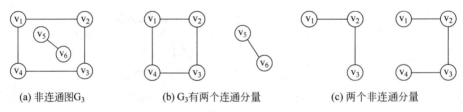

(a) 非连通图G_3　　　　　(b)G_3有两个连通分量　　　　(c) 两个非连通分量

图 7-6　非连通图及其连通分量、非连通分量

11）强连通图和强连通分量

在有向图中，对任意顶点 v_i 和 $v_j(i\neq j)$，如果从顶点 v_i 到 v_j 和从顶点 v_j 到 v_i 均有路径，则称该有向图是强连通图（Strongly Connected Graph）。图 7-5(b)给出的 G_2 是一个强连通图，而图 7-7(a)给出的 G_4 是一个非强连通图。

非强连通图的极大强连通子图称为强连通分量（Strongly Connected Component）。图 7-7(a)所示的非强连通图 G_4 有两个强连通分量，如图 7-7(b)所示；而图 7-7(c)所示的是两个非强连通分量。

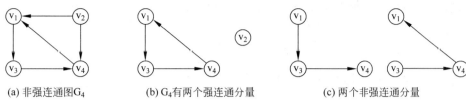

(a) 非强连通图G₄　　　　(b) G₄有两个强连通分量　　　　(c) 两个非强连通分量

图 7-7　非强连通图及其强连通分量、非强连通分量

12) 生成树和生成森林

具有 n 个顶点的连通图 G 的生成树(Spanning Tree)是包含 G 中全部顶点的一个极小连通子图。它含有图中全部顶点,但只有足以构成一棵树的 n−1 条边。如果在生成树中添加任意一条属于原图中的边,则必定会产生回路,其原因是新添加的边使其所依附的两个顶点之间有了第二条路径;如果在生成树中减少任意一条边,则必然成为非连通图。图 7-8(a)所示连通图 G₅ 的一棵生成树如图 7-8(b)所示,而图 7-8(c)给出了两棵非生成树。

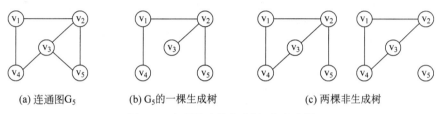

(a) 连通图G₅　　　　(b) G₅的一棵生成树　　　　(c) 两棵非生成树

图 7-8　连通图及其生成树、非生成树

在非连通图中,由每个连通分量都可以得到一棵生成树,这些连通分量的生成树构成了该非连通图的生成森林(Spanning Forest)。图 7-9(b)所示的是图 7-9(a)给出的非连通图 G₆ 的生成森林。

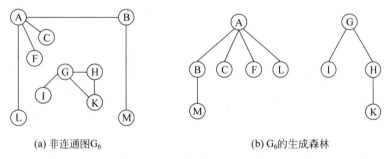

(a) 非连通图G₆　　　　　　　　(b) G₆的生成森林

图 7-9　非连通图及其生成森林

2. 图中顶点位置

在线性表中,元素在表中的编号就是其在序列中的位置,因而其编号是唯一的;在树中,将结点按层序编号,由于树具有层次性,因而其层序编号也是唯一的;在图中,任何两个顶点之间都可能存在关系,顶点没有确定的先后次序,所以顶点编号是不唯一的。为了定义操作的方便,将图中顶点按任意顺序排列起来(这个排列和关系无关),例如存储结构中顶点的存储顺序构成了顶点之间的相对次序,也就是用顶点的存储顺序表示该顶点在图中的位置。

同理,对一个顶点的所有邻接点按任意顺序排列,在这个排队中自然形成了第一个或第 k 个邻接点。如果某个顶点的邻接点个数大于 k,则称第 k+1 个邻接点为第 k 个邻接点的下一个邻接点,而最后一个邻接点的下一个邻接点为"空"。

7.1.2 图的抽象数据类型

```
ADT Graph {
    Data:
        具有相同类型的数据元素的集合,称为顶点集。
    Relation:
        R = {E}
        E = {<v,w>|v,w∈V 且 P(v,w),<v,w> 表示从 v 到 w 的弧,
                            谓词 P(v,w)定义了弧<v,w>的意义或信息}
    Operation:
        CreateGraph(&G,V,VR)
            初始条件:V 是图中顶点集合,VR 是图中顶点偶对集合。
            操作结果:按照 V 和 VR 的定义构造图 G。
        DestroryGraph(&G)
            初始条件:图 G 已经存在。
            操作结果:销毁 G。
        LocateVex(G,u)
            初始条件:图 G 已经存在,u 和 G 中顶点有相同类型。
            操作结果:如果 G 中存在 u,则返回 u 在图中的位置; 否则返回相应信息。
        GetVex(G,v)
            初始条件:图 G 已经存在,v 是 G 中某个顶点。
            操作结果:返回 v 的值。
        PutVex(&G,v,value)
            初始条件:图 G 已经存在,v 是 G 中某个顶点。
            操作结果:对 v 赋值 value。
        FirstAdjVex(G,v)
            初始条件:图 G 存在,v 是 G 中某个顶点。
            操作结果:返回 v 的第一个邻接顶点。如果 v 在 G 中没有邻接顶点,则返回相应信息。
        NextAdjVex(G,v,w)
            初始条件:图 G 已经存在,v 是 G 中某个顶点,w 是 v 的邻接顶点。
            操作结果:返回 v 的下一个邻接顶点。如果 w 是 v 最后一个邻接点,则返回相应信息。
        InsertVex(&G,v)
            初始条件:图 G 已经存在,v 和图中顶点有相同类型。
            操作结果:在 G 中增添 v。
        DeleteVex(&G,v)
            初始条件:图 G 已经存在,v 是 G 中某个顶点。
            操作结果:删除 G 中的 v 及其相关的边(或弧)。
        InsertEdge(&G,v,w)
            初始条件:图 G 已经存在,v 和 w 是图 G 中的两个顶点。
            操作结果:在 G 中增添<v,w>;如果 G 是无向的,则还增添<w,v>。
        DeleteEdge(&G,v,w)
            初始条件:图 G 已经存在,v 和 w 是图 G 中的两个顶点。
            操作结果:在 G 中删除<v,w>;如果 G 是无向的,则还删除<w,v>。
        DFSTraverse(G,v)
            初始条件:图 G 已经存在,v 是 G 中某个顶点。
```

操作结果：从 v 起深度优先访问 G。
　　BFSTraverse(G,v)
　　　　初始条件：图 G 已经存在，v 是 G 中某个顶点。
　　　　操作结果：从 v 起广度优先访问 G。
} ADT Graph

图是一种与具体应用密切相关的数据结构，其基本操作往往随着应用不同而有很大差别。并非任何时候都需要以上所有操作，有些问题只需要一部分操作。对于实际问题中涉及的关于图的更复杂操作，可以用这些基本操作的组合来实现。

7.1.3　图的遍历

在 ADT Graph 定义的基本操作中，最基本的操作就是图的遍历。它是指从图中某一顶点出发，对图中所有顶点访问一次且仅访问一次。由于图结构本身的复杂性，所以图的遍历操作也比较复杂。首先解决以下四个问题：

（1）图中没有一个确定的开始顶点，任意一个顶点都可以作为遍历的起始顶点，那么应该如何选取遍历的起始顶点？

解决：可以从图中任一顶点出发，不妨按照编号的顺序，先从编号小的顶点开始。

（2）图中从某个顶点出发可能到达不了所有其他顶点，例如非连通图，从一个顶点出发，只能访问它所在的连通分量上的所有顶点，那么应该如何才能遍历图的所有顶点？

解决：多次调用从某一顶点出发遍历图的操作即可。

（3）图中由于存在回路，某些顶点可能会被重复访问，那么应该如何避免遍历不会因回路而陷入死循环？

解决：可以设置一个访问标志数组 visited[n]，n 为图中顶点个数，其初值为未被访问标志“0”，如果某顶点已被访问，则将该顶点的访问标志设为“1”。

（4）图中一个顶点可以和其他多个顶点相邻接，当这样的顶点访问过后，应该如何选取下一个要访问的顶点？

解决：这属于遍历次序的问题。图的遍历通常有深度优先遍历（Depth-First Search，DFS）和广度优先遍历（Breadth-First Search，BFS）两种方式，这两种遍历次序对无向图和有向图都适用。

1. 深度优先遍历

定义：① 从图中某顶点 v 出发，访问顶点 v；

② 从 v 的未被访问的邻接点中选取一个顶点 w，从 w 出发进行深度优先遍历；

③ 重复上述两步，直至图中所有和 v 有路径相通的顶点都被访问到。

方法：深度优先遍历是一个递归过程，因此采用递归方法完成操作。图的深度优先遍历类似于树的先序遍历。

图 7-10(b)给出了对于图 7-10(a)所示的无向图，从顶点 v_1 出发进行深度优先遍历的一种路线，图 7-10(c)给出了在递归执行过程中栈的变化情况。得到深度优先遍历序列为 v_1 v_2 v_5 v_3 v_4 v_6，在遍历过程中的出栈序列为 v_5 v_4 v_3 v_2 v_6 v_1。

2. 广度优先遍历

定义：① 从图中某顶点 v 出发，访问顶点 v；

② 依次访问 v 的各个未被访问的邻接点 v_1，v_2，…，v_k；

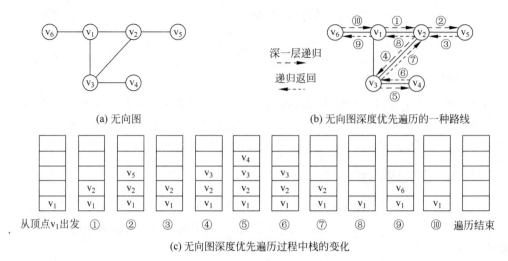

(a) 无向图　　　　　　　　　(b) 无向图深度优先遍历的一种路线

(c) 无向图深度优先遍历过程中栈的变化

图 7-10　无向图深度优先遍历路线及栈的变化

③ 分别从 $v_1, v_2, \cdots, v_k$ 出发,依次访问它们未被访问的邻接点,并使"先被访问顶点的邻接点"先于"后被访问顶点的邻接点"被访问,直至图中所有与 v 有路径相通的顶点都被访问到。

方法:广度优先遍历图以顶点 v 为起始点,由近至远,依次访问和 v 有路径相通且路径长度分别为 $1, 2, \cdots, n$ 的顶点。为了使"先被访问顶点的邻接点"先于"后被访问顶点的邻接点"被访问,需要附设一个队列,用来存储已被访问的路径长度为 $1, 2, \cdots, n$ 的顶点。图的广度优先遍历类似于树的层序遍历。

图 7-11 给出了对于图 7-10(a)所示的无向图,从顶点 v_1 出发进行广度优先遍历过程中队列的变化情况,得到广度优先遍历序列为 v_1 v_2 v_3 v_6 v_5 v_4。

出队 ━━━ 入队 _____
◄━━ v_1 ◄━━ _____ $v_2 v_3 v_6$ _____ $v_3 v_6 v_5$ _____ $v_6 v_5 v_4$ _____ $v_5 v_4$ _____ v_4 _____ _____

(1) v_1入队 (2) v_1出队,$v_2 v_3 v_6$入队 (3) v_2出队v_5入队 (4) v_3出队v_4入队 (5) v_6出队 (6) v_5出队 (7) v_4出队,队空结束

图 7-11　无向图广度优先遍历中队列的变化

深度优先遍历和广度优先遍历的不同之处仅仅在于对顶点访问的顺序不同。

7.2　图的存储表示与操作实现

图的复杂性表现在不仅各个顶点的度可以相差很多,而且顶点之间的逻辑关系也错综复杂。图的存储表示除了要求能存储各顶点的数据信息,还要求能唯一反映图中各顶点之间的逻辑关系。

由于图中任意两个顶点之间都可能存在关系,无法以顶点在存储区中的物理位置来表示元素之间的逻辑关系,因此很难使用顺序存储结构,但是可以借助二维数组的数据类型表示元素之间的关系。另外,如果用多重链表表示图,即由一个数据域和多个指针域组成的结点表示图中的一个顶点,其中数据域存储该顶点的信息,指针域存储指向其邻接点的指针,则是一种最简便的链式存储结构。但由于图中各顶点的度各不相同,最大度数和最小度数

可能相差很多,因此若按最大度数设计结点结构则造成存储空间的浪费,若按顶点度数设计结点结构则造成算法设计的困难。因此,和树类似,在实际应用中不适宜采用这种结构,而应该根据具体的图和需要进行的操作,设计适当的结点结构和表结构。图常用的存储结构有邻接矩阵、邻接表、十字链表和邻接多重表。为了适合用 C 语言描述,以下假定顶点序号(位置)从 0 开始,即图 G 顶点集的一般形式是 $V(G) = \{v_0, v_1, \cdots, v_{n-1}\}$。

7.2.1 邻接矩阵

1. 邻接矩阵的定义

图的邻接矩阵存储也称数组表示法。用一个一维数组存储图中顶点的信息,一个二维数组存储图中边(或弧)的信息(即各顶点之间的邻接关系),该二维数组称为图的邻接矩阵(Adjacency Matrix)。

如果 $G = (V, VR)$ 是一个图,且含有 n 个顶点,则 G 的邻接矩阵是具有如式(7-2)性质的 n 阶方阵:

$$A[i,j] = \begin{cases} 1 & (v_i, v_j) \in VR \ 或 <v_i, v_j> \in VR \\ 0 & 其他情况 \end{cases} \tag{7-2}$$

图 7-12(a)所示的是无向图 G_1 及其邻接矩阵 $G_1.edges$,图 7-12(b)所示的是有向图 G_2 及其邻接矩阵 $G_2.edges$。显然,无向图(网)的邻接矩阵一定是对称矩阵。

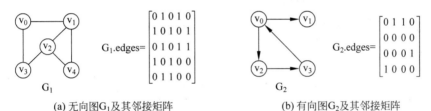

(a) 无向图G_1及其邻接矩阵　　　　　　　(b) 有向图G_2及其邻接矩阵

图 7-12　图及其邻接矩阵

如果 $G = (V, VR)$ 是一个网,且含有 n 个顶点,则 G 的邻接矩阵是具有如式(7-3)性质的 n 阶方阵:

$$A[i,j] = \begin{cases} w_{i,j} & (v_i, v_j) \in VR \ 或 <v_i, v_j> \in VR \\ \infty & 其他 \end{cases} \tag{7-3}$$

其中:w_{ij} 表示边(v_i, v_j)或弧$<v_i, v_j>$上的权值;∞表示一个计算机允许的、大于所有边上权值的数。图 7-13 所示的是有向网及其邻接矩阵。显然,有向图(网)的邻接矩阵不一定对称。

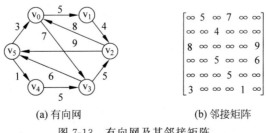

(a) 有向网　　　　　　　　　(b) 邻接矩阵

图 7-13　有向网及其邻接矩阵

2. 邻接矩阵的类型定义

```
#define Infinity MAX                        // 最大值∞
#define Vertex_Max 20                       // 最大顶点个数
typedef enum{DG,DN,UDG,UDN}GraphKind        // 有向图,有向网,无向图,无向网
typedef struct {
    ElemType vexs[Vertex_Max];              // 顶点数组
    VRType   edges[Vertex_Max][Vertex_Max]; // 邻接矩阵,即边(或弧)数组
    int      vexnum;edgenum;                // 当前顶点数和边(或弧)数
    GraphKind kind;                         // 图的种类标志
} MGraph;
```

说明：VRType 是顶点关系类型。对无权图,用 1 或 0 表示相邻或不相邻,VRType 可以定义为值是 0 和 1 的枚举类型;对有权图,VRType 可以定义为权值类型。

3. 邻接矩阵的特点

（1）求顶点的度

对于 n 个顶点的无向图,顶点 v_i 的度是邻接矩阵 A 中第 i 行(或第 i 列)的元素之和,用式(7-4)表示：

$$D(v_i) = \sum_{j=0}^{n-1} A[i][j] \qquad (7\text{-}4)$$

对于 n 个顶点的有向图,顶点 v_i 的出度是邻接矩阵 A 中第 i 行的元素之和,顶点 v_i 的入度是邻接矩阵 A 中第 i 列的元素之和,顶点 v_i 的度是出度和入度之和,用式(7-5)表示：

$$D(v_i) = \sum_{j=0}^{n-1} A[i][j] + \sum_{i=0}^{n-1} A[i][j] \qquad (7\text{-}5)$$

（2）求顶点的邻接点

对于 n 个顶点的图,先通过 LocateVex(G, v)找到顶点 v 在 G 中的位置,即 v 在顶点数组 vexs 中的序号 i;再在邻接矩阵 edges 中寻找第 i 行上第一个值为"1"的分量,其对应的列号 j 即为 v 的第一个邻接点在图中的位置。同理,下一个邻接点在图中的位置便为 j 列之后第一个值为"1"的分量所在列号。

（3）存储空间

如果图中有 n 个顶点,则邻接矩阵表示法需要存放 n 个顶点和 n^2 个边(或弧)信息的存储量,其空间复杂度 $S(n) = O(n^2)$。如果考虑无向图的邻接矩阵是对称的,则可以采用压缩存储的方式,即只需要存入邻接矩阵的下三角(或上三角)元素。

7.2.2 邻接表

1. 邻接表的定义

图的邻接表存储类似于树的孩子链表表示法。对于图中每个顶点 v_i 建立一个链表,第 i 个链表中的结点表示依附于 v_i 的边(对有向图是以 v_i 为尾的弧)。每个链表上附设一个表头结点,为了随机访问任一顶点的链表,这些表头结点通常以顺序结构方式存储。采用这种存储结构的图称为邻接表(Adjacency List)。

在邻接表存储结构中存在两种结点：头结点和表结点,如图 7-14 所示。其中,头结点由两个域组成,顶点域(vex)存放顶点信息,指针域(firstedge)指向第一条依附于该顶点的

边(或弧);表结点由三个域组成,邻接点域(adivex)指示与头结点相邻接的顶点在图中的位置,链域(nextedge)指向与头结点相邻接的下一条边(或弧);权域(weight)存放网中边(或弧)的权值(图无此域)。

（a）头结点　　　　　　　（b）表结点

图 7-14　邻接表的结点结构

图 7-15 给出了无向图及其邻接表存储结构,图 7-16 给出了有向网及其邻接表存储结构。

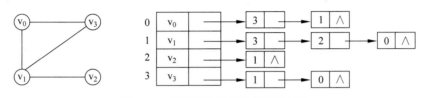

图 7-15　无向图及其邻接表存储结构

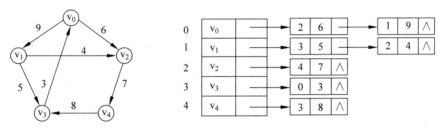

图 7-16　有向网及其邻接表存储结构

2. 邻接表的类型定义

```
#define Vertex_Max 20                              // 最大顶点个数
typedef enum{DG,DN,UDG,UDN}GraphKind               // 有向图,有向网,无向图,无向网
typedef struct EdgeNode {
        int              adjvex;                    // 该边(或弧)所指向的顶点的位置
        struct EdgeNode  * nextedge;                // 指向下一条边(或弧)
        int              weight;                    // 若是网则存放权值,若是图则无此域
} EdgeNode;
typedef struct VexNode {
        ElemType         vex;                       // 顶点信息
        EdgeNode         * firstedge;               // 指向第一条依附于该顶点的边(或弧)
} VexNode;
typedef struct {
        VexNode          vexs[Vertex_Max];          // 顶点数组
        int              vexnum,edgenum;            // 当前顶点数和边(或弧)数
        int              kind;                      // 图的种类标志
} ALGraph;
```

3. 邻接表的特点

（1）求顶点的度

对于 n 个顶点无向图的邻接表,顶点 v_i 的度恰为第 i 个链表中的结点个数。对于 n 个

顶点有向图的邻接表,第 i 个链表中的结点个数只是顶点 v_i 的出度,为求入度,必须遍历整个邻接表;在所有链表中其邻接点域的值为 i 的结点个数是顶点 v_i 的入度。

有时,为了便于确定顶点的入度或以 v_i 为头的弧,可以建立一个有向图的逆邻接表,即对每个顶点 v_i 将所有以 v_i 为弧头的弧链接起来。图 7-17 给出了一个有向图的邻接表和逆邻接表存储结构。

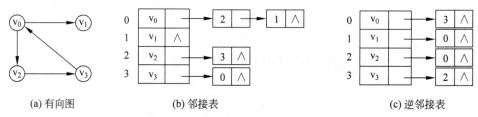

(a) 有向图　　　　　(b) 邻接表　　　　　(c) 逆邻接表

图 7-17　有向图及其邻接表和逆邻接表的示意图

（2）求顶点的邻接点

在邻接表上容易找到任一顶点的第一个邻接点和下一个邻接点,但要判定任意两个顶点（v_i 和 v_j）之间是否有边（或弧）相连,就需要搜索第 i 个或第 j 个链表,因此在这一点上不及邻接矩阵方便。

（3）存储空间

如果图中有 n 个顶点、e 条边,则有向图的邻接表表示法需要存放 n 个头结点和 e 个表结点信息的存储量,无向图的邻接表表示法需要存放 n 个头结点和 2e 个表结点信息的存储量,其空间复杂度 $S(n)=O(n+e)$。显然,在边稀疏（$e \ll n(n-1)/2$）的情况下,用邻接表表示图比邻接矩阵节省存储空间。

7.2.3　十字链表

1. 十字链表的定义

十字链表（Orthogonal List）是有向图的另一种存储表示,可以看成是将有向图的邻接表与逆邻接表结合起来得到的一种存储结构。在十字链表表示法中,对应于有向图中的每一条弧有一个结点,对应于每个顶点也有一个结点,如图 7-18 所示。其中,头结点由三个域组成,顶点域（vex）存放顶点信息,两个指针域（firstin 和 firstout）分别指向以该顶点为弧头和弧尾的第一条弧;表结点由五个域组成,尾域（tailvex）和头域（headvex）分别指示弧尾和弧头这两个顶点在图中的位置,两个链域（hlink 和 tlink）分别指向弧头和弧尾相同的下一条弧,权域（weight）存放网中弧的权值（图无此域）。

（a）头结点　　　　　　　　（b）表结点

图 7-18　十字链表的结点结构

图 7-19 给出了有向图及其十字链表存储结构。

2. 十字链表的类型定义

```
#define Vertex_Max 20
typedef struct ArcBox {
```

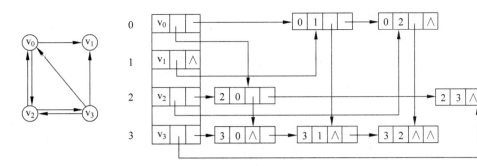

图 7-19 有向图及其十字链表存储结构

```
    int           tailvex,headvex;        // 该弧的弧尾和弧头顶点的位置
    struct ArcBox  * hlink, * tlink;      // 分别指向弧头和弧尾相同的下一条弧
    int           weight;                  // 若是网则存放权值,若是图则无此域
} ArcBox;
typedef struct VexNode {
    ElemType      vex;                      // 顶点信息
    ArcBox        * firstin, * firstout;   // 分别指向该顶点第一条入弧和出弧
} VexNode;
typedef struct {
    VexNode       vexs[Vertex_Max];        // 顶点数组
    int           vexnum,Arcnum;           // 当前顶点数和弧数
} OLGraph;
```

3. 十字链表的特点

在十字链表中,既容易找到以顶点 v_i 为尾的弧,也容易找到以顶点 v_i 为头的弧,因而容易求得顶点的出度和入度(如果需要,可以在建立十字链表的同时求出)。

7.2.4 邻接多重表

1. 邻接多重表的定义

当用邻接表存储无向图时,每条边(v_i, v_j)有两个结点,分别在以 v_i 和 v_j 为头结点的单链表中,这种重复存储给图的某些操作带来不便。例如,对已访问过的边做标记,或者要删除图中某一条边,等等,都需要找到表示同一条边的两个表结点。因此,在进行这类操作的无向图中采用邻接多重表作为存储结构更为适宜。

邻接多重表(Adjacency Multilist)是无向图的另一种存储表示,其结构和有向图十字链表类似。在邻接多重表中,对应于无向图中每一条边有一个结点,对应于每个顶点也有一个结点,如图 7-20 所示。其中,头结点由两个域组成,顶点域(vex)存放顶点信息,指针域(firstedge)指向第一条依附于该顶点的边;表结点由六个域组成,标志域(mark)标记该边是否被搜索过,两个位置域(ivex 和 jvex)分别指示该边所依附的两个顶点在图中的位置,两个链域(ilink 和 jlink)分别指向下一条依附于 ivex 和 jvex 的边,权域(weight)存放网中边的权值(图无此域)。

(a) 头结点 　　　　　　　　　　　　 (b) 表结点

图 7-20 邻接多重表的结点结构

图 7-21 给出了无向图及其邻接多重表存储结构。

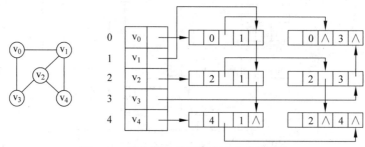

图 7-21　无向图及其邻接多重表存储结构

2. 邻接多重表的类型定义

```
＃define Vertex_Max 20
typedef struct EdgeBox {
    VisitIF        mark;            // 访问标记
    int            ivex,jvex;       // 该边依附的两个顶点的位置
    struct EdgeBox * ilink, * jlink; // 分别指向依附这两个顶点的下一条边
    int            weight;          // 若是网则存放权值,若是图则无此域
} EdgeBox;
typedef struct VexNode {
    ElemType       vex;             // 顶点信息
    EdgeBox        * firstedge;     // 指向第一条依附该顶点的边
} VexBox;
typedef struct {
    VexBox         vexlist[Vertex_Max]; // 顶点数组
    int            vexnum,edgenum;  // 当前顶点数和边数
} AMLGraph;
```

3. 邻接多重表的特点

在邻接多重表中,所有依附于同一个顶点的边串联在同一个链表中,由于每条边依附于两个顶点,则每个表示边的表结点同时连接在两个链表中。对无向图而言,其邻接多重表和邻接表的差别仅仅在于:同一条边在邻接表中用两个结点表示,而在邻接多重表中只用一个结点。因此,除了在表结点中增加一个标志域以外,邻接多重表所需要的存储量和邻接表相同。在邻接多重表上,各种基本操作的实现也和邻接表相似。

7.2.5　图的操作实现

1. 构造无向图的邻接矩阵

图的构造是根据图的种类调用具体的构造算法实现的。

```
void CreateGraph(Graph &G) {
// 根据图的种类,调用具体的构造算法
    cin >> G.kind;                              // 输入图的种类
    switch(G.kind) {
        case DG  : CreateDG(G); break;          // 构造有向图
        case DN  : CreateDN(G); break;          // 构造有向网
        case UDG : CreateUDG_MG(G); break;      // 构造无向图
        case UDN : CreateUDN_MG(G); break;      // 构造无向网
```

```
        default  : ErrorMessage("输入的图种类参数不合法!");
    }
}                                                        // CreateGraph
```

1) 算法设计

构造无向图的邻接矩阵需要完成三项工作:

① 输入顶点信息存储在顶点数组中;

② 初始化邻接矩阵;

③ 依次输入边(v_i,v_j),确定该边所依附的两个顶点在图中的位置,并判断该边是否存在,若不存在则重新输入新边,否则构造邻接矩阵。

2) 算法描述

算法 7-1

```
void CreateUDG_MG(MGraph &G, int n, int e) {
// 构造 n 个顶点 e 条边的无向图 G 的邻接矩阵; G.kind = UDG
    G.vexnum = n; G.edgenum = e;
    for(i = 0; i < G.vexnum; ++i) cin >> G.vexs[i];        // 构造顶点数组
    for(i = 0; i < G.vexnum; ++i)                          // 初始化 G 的邻接矩阵
        for(j = 0; j < G.vexnum; ++j) G.edges[i][j] = 0;
    for(k = 0; k < G.edgenum; ++k) {                       // 构造邻接矩阵
        cin >> v1 >> v2;
        i = LocateVex_MG(G, v1);
        j = LocateVex_MG(G, v2);
        while((i < 0) || (i > (G.vexnum - 1)) || (j < 0) || (j > (G.vexnum - 1))) {
            cout <<" The edge doesn't exist, please input again!"<< endl;
            cin >> v1 >> v2;
            i = LocateVex_MG(G, v1);
            j = LocateVex_MG(G, v2);
        }
        G.edges[i][j] = G.edges[j][i] = 1;                 // 置邻接矩阵对称元素为 1
    }
}                                                         // CreateUDG_MG

int LocateVex_MG(MGraph G, ElemType x) {
// 确定 x 在 G 中位置
    for(k = 0; (k < G.vexnum)&&(G.vexs[k] != x); ++k);
    if(k < G.vexnum) return k;
    else return - 1;
}                                                         // LocateVex_MG
```

3) 算法分析

假设图的顶点个数为 n,算法执行时间主要耗费在三个 for 循环上:第一个 for 循环(顶点数组初始化)执行次数为 n,第二个 for 循环(邻接矩阵初始化)执行次数为 n^2,第三个 for 循环执行次数为 e×n。因此算法 7-1 的时间复杂度为 $O(n^2)$。

2. 构造有向图的邻接表

1) 算法设计

构造有向图的邻接表需要完成三项工作:

① 输入顶点信息存储在顶点数组中；

② 依次输入弧 $< v_i, v_j >$，确定该弧所依附的两个顶点在图中的位置，并判断该弧是否存在，若不存在则重新输入新弧，否则生成表示该弧的表结点；

③ 将该表结点插入到第 i 个链表头部。

2）算法描述

算法 7-2

```
void CreateDG_ALG(ALGraph &G, int n, int e) {
// 构造 n 个顶点 e 条边的有向图 G 的邻接表, 即 G.kind = DG
    G.vexnum = n; G.edgenum = e;
    for(i = 0; i < G.vexnum; ++i) {                      // 构造顶点数组
        cin >> G.vexs[i].vex;
        G.vexs[i].firstedge = NULL;
    }
    for(k = 0; k < G.edgenum; ++k) {                     // 构造邻接表
        cin >> v1 >> v2;
        i = LocateVex_ALG(G, v1);
        j = LocateVex_ALG(G, v2);
        while((i < 0) || (i > (G.vexnum - 1)) || (j < 0) || (j > (G.vexnum - 1))) {
            cout <<" The edge doesn't exist, please input again!"<< endl;
            cin >> v1 >> v2;
            i = LocateVex_ALG(G, v1);
            j = LocateVex_ALG(G, v2);
        }
        p = new EdgeNode;                                // 假定有足够的空间
        p -> adjvex = j;                                 // 插入 p 结点到第 i 个链表
        p -> nextedge = G.vexs[i].firstedge;
        G.vexs[i].firstedge = p;
    }
}                                                        // CreateDG_ALG
```

3）算法分析

假设图的顶点个数为 n，算法执行时间主要耗费在两个 for 循环上：第一个 for 循环（顶点数组初始化）执行次数为 n；第二个 for 循环（构造邻接表），如果输入的顶点信息即为顶点的编号，则执行次数为 e，否则需要通过查找才能得到顶点在图中的位置，则执行次数为 e×n。因此算法 7-2 的时间复杂度为 O(e×n)。

3. 深度优先遍历邻接表

1）算法设计

参照 7.1.3 节中深度优先遍历图的定义和方法。

2）算法描述

算法 7-3

```
int visited[Vertex_Max];                                // 访问标志数组是全局变量
void DFSTraverse_ALG(ALGraph G) {
// 深度优先遍历以邻接表存储的图 G
    for(v = 0; v < G.vexnum; ++v) visited[v] = 0;       // 访问标志数组初始化
    for(v = 0; v < G.vexnum; ++v)
```

```
        if(!visited[v]) DFS_ALG(G,v);              // 对尚未访问顶点进行搜索
    }                                              // DFSTraverse_ALG

void DFS_ALG(ALGraph G,VexType v) {
// 从顶点 v 出发深度优先遍历以邻接表存储的图 G
    cout << G.vexs[v].vex;
    visited[v] = 1;
    for(p = G.vexs[v].firstedge;p;p = p - > nextedge) {
        j = p - > adjvex;
        if(!visited[j]) DFS_ALG(G,j);
    }
}                                                  // DFS_ALG
```

3）算法分析

假设图的顶点个数为 n，图中边（或弧）的数为 e，该算法的执行时间主要耗费在调用 DFS_ALG 上。当访问某顶点时，DFS_ALG 的执行时间主要耗费在从该顶点出发搜索其所有邻接点上，采用邻接表作为图的存储结构时，对 n 个顶点访问就需要对所有链表中的 e 个表结点检查一遍，因此算法 7-3 的时间复杂度为 O(n+e)。

4. 广度优先遍历邻接矩阵

1）算法设计

参照 7.1.3 节中广度优先遍历图的定义和方法。

2）算法描述

算法 7-4

```
void BFSTraverse_MG(MGraph G) {
// 广度优先遍历以邻接矩阵存储的图 G
    for(v = 0;v < G.vexnum;++v) visited[v] = 0;      // 访问标志数组初始化
    InitQueue_Sq(Q);                                 // 初始化队列 Q
    for(v = 0;v < G.vexnum;++v)
        if(!visited[v]) {                            // 对尚未访问顶点进行搜索
            cout << G.vexs[v]);
            visited[v] = 1;
            EnQueue_Sq(Q,v);
            while(Q.front!= Q.rear) {
                DeQueue_Sq(Q,u);
                for(w = 0;w < G.vexnum;j++)
                    if(G.edges[u][w]&&(!visited[w])) {
                        visited[w] = 1;
                        cout << G.vexs[w]);
                        EnQueue_Sq(Q,w);
                    }
            }
        }
}                                                    // BFSTraverse_MG
```

3）算法分析

假设图的顶点个数为 n，该算法对图中的每个顶点均入队一次。当访问某个顶点时，执行时间主要耗费在从该顶点出发搜索其所有邻接点上；采用邻接矩阵作为图的存储结构

时,查找每个顶点的邻接点所需要的时间为 $O(n^2)$。因此算法 7-4 的时间复杂度为 $O(n^2)$。

7.3　图的连通性及其应用

在图的应用中,常常需要判定给定的无向图是否是一个连通图;对一个非连通图求其连通分量;对一个连通图求其生成树;对一个连通网求其最小生成树;对一个非连通图求其生成森林,等等。利用图的遍历算法可以求解这些应用问题。

7.3.1　无向图的连通分量

在对无向图进行遍历时,对于连通图,仅需要从图中任一顶点出发,进行深度优先搜索或广度优先搜索,便可以访问到图中所有的顶点。对于非连通图,则需要从多个顶点出发进行搜索,而每一次从一个新的起点出发进行搜索过程中得到的顶点访问序列恰好是一个连通分量中的顶点集。

（1）算法设计

要想判定一个无向图是否为连通图,或有几个连通分量,可以设置一个计数器 count,初始时取值为 0,每调用一次遍历算法,就使 count 增加 1。这样,当对整个图的搜索结束时,依据 count 的值,就可以确定图的连通性,或者有几个连通分量。

（2）算法描述

算法 7-5

```
int visited[Vertex_Max];                        // 访问标志数组是全局变量
void ConnectedUDG_ALG(ALGraph G) {
// 判断无向图 G 是否是连通图:若是,则给出相应信息;若否,则给出连通分量的个数
    for(v = 0;v < G.vexnum;++v) visited[v] = 0;
    count = 0;                                  // 设置计数器初值 0
    for(v = 0;v < G.vexnum;++v)
        if(!visited[v]) {
            count++;
            DFS_ALG(G,v);
        }
    if(count == 1) cout <<"G is a connected graph!"
    else cout <<"G has"<< count <<"connected components!"
}                                               // ConnectedUDG_ALG
```

（3）算法分析

对于有 n 个顶点和 e 条边的图 G,算法 7-5 的时间复杂度为 $O(n+e)$。

7.3.2　生成树和生成森林

从连通图 G=(V, VR)中的任一顶点出发进行遍历,必定将边集 VR(G)分成两个集合TE(G)和 BE(G),其中 TE(G)是遍历过程中经历的边的集合,BE(G)是剩余的边的集合。显然,TE(G)和 G 中所有顶点一起构成了 G 的极小连通子图,它是 G 的一棵生成树。由深度优先搜索得到的为深度优先生成树,由广度优先搜索得到的为广度优先生成树。

对于非连通图,每个连通分量中的顶点集和搜索时走过的边一起构成了若干棵生成树,这些连通分量的生成树组成了非连通图的生成森林。由深度优先搜索得到的为深度优先生

成森林,由广度优先搜索得到的为广度优先生成森林。

图 7-22(b)和图 7-22(c)给出的是图 7-22(a)所示连通图的深度优先生成树和广度优先生成树,图中实线为集合 TE(G)中的边,虚线为集合 BE(G)中的边。

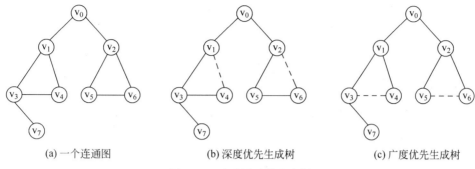

(a) 一个连通图　　　　　　　(b) 深度优先生成树　　　　　　(c) 广度优先生成树

图 7-22　连通图及其生成树

显然,一个连通图的生成树不是唯一的,只要能够连通到所有顶点而又不产生回路的子图都是它的生成树。由遍历得到的生成树取决于从图中哪个顶点出发、搜索次序及所采用的存储结构。

(1) 算法设计

以邻接表作为图 G 的存储结构,以二叉链表作为生成森林 T 的存储结构,采用图的深度优先遍历方法构造深度优先生成森林。

(2) 算法描述

算法 7-6

```
int visited[Vertex_Max];                          // 访问标志数组是全局变量
void DFSForest_ALG(ALGraph G,CSTree &T) {
// 对邻接表表示的图 G,构造以 T 为根的深度优先生成森林的二叉链表
    T = NULL;
    for(v = 0;v < G.vexnum;++v) visited[v] = 0;
    for(v = 0;v < G.vexnum;++v)
        if(!visited[v]) {                          // 第 v 个顶点作为新的生成树的根结点
            p = new CSNode;                         // 分配根结点
            p -> data = G.vexs[v].vex;
            p -> firstchild = NULL;
            p -> rightsib = NULL;
            if(!T) T = p;                           // 第一棵生成树的根,即 T 的根
            else q -> rightsib = p;                 // 其他生成树的根,即前一棵根的兄弟
            q = p;                                  // 当前生成树的根
            DFSTree_ALG(G,v,p);                     // 构造以 p 为根的生成树
        }
}                                                   // DFSForest_ALG

void DFSTree_ALG(ALGraph G,int v,CSTree &T) {
// 从第 v 个顶点出发深度优先搜索邻接表表示的图 G,构造以 T 为根的深度优先生成树的二叉链表
    visited[v] = 1;
    first = 1;                                      // 设 first 为遍历第一个孩子标志
    for(p = G.vexs[v].firstedge;p;p = p -> nextedge) {
```

```
        w = p -> adjvex;
        if(!visited[w]) {                    // 将第 w 个顶点作为新的生成树根结点
            q = new CSNode;                  // 分配孩子结点
            q -> data = G.vexs[w].vex;
            q -> firstchild = NULL;
            q -> rightsib = NULL;
            if(first) {                      // w 是 v 的第一个未被访问的邻接顶点
                T -> firstchild = q;         // q 是根的第一个孩子结点
                first = 0;
            }
            else t -> rightsib = q;          // q 是上一个邻接顶点的右兄弟结点
            t = q;
            DFSTree_ALG(G,w,t);              // 从 w 出发建立深度优先子生成树 t
        }
    }
}                                            // DFSTree_ALG
```

（3）算法分析

DFSForest_ALG 的时间代价分析与 DFSTraverse_ALG 一样，因此对于有 n 个顶点和 e 条边的图 G，算法 7-6 的时间复杂度为 O(n+e)。

7.3.3　最小生成树

假设要在 n 个城市之间建立通信联络网，那么连通 n 个城市只需要 n−1 条线路。现在面临的问题是：如何在最节省经费的前提下建立这个通信网？如果用连通网表示 n 个城市之间的通信线路，其中，顶点表示城市，边表示两个城市之间的通信线路，边上的权值表示相应的代价，则该连通网可以建立许多不同的生成树。要选择一棵生成树，使其总的耗费最小，这就是构造连通网的最小代价生成树问题。

1. 最小生成树的定义

设 G=(V，VR)是一个连通网，生成树上各边权值之和称为该生成树代价，用式（7-6）表示：

$$W(T) = \sum_{(u,v) \in TE} w(u,v) \tag{7-6}$$

其中：TE 表示生成树的边集，w(u，v)表示边(u，v)的权。在 G 的所有生成树中，代价最小的生成树称为最小代价生成树（Minimal Cost Spanning Tree），简称最小生成树。

2. 最小生成树的性质

构造最小生成树的方法有很多，其中大多数算法都利用了最小生成树性质，简称 MST 性质。

MST 性质

设 G=(V，VR)是一个连通网，U 是顶点集 V 的一个非空子集。如果(u，v)是 G 中所有的一个顶点在 U(u∈U)里、另一个顶点在 V(v∈V−U)里的边中具有最小权值的一条边，则必定存在一棵包含边(u，v)的最小生成树。

证明：采用反证法证明。

假设 G 中任何一棵最小生成树都不含边(u，v)，那么如果 T 是 G 的一棵最小生成树，则它不含此边。

当把边(u,v)加入到 T 中时,由生成树的定义可知,T 中必存在一条包含(u,v)的回路。由于 T 是包含了 G 中所有顶点的连通图,因此 T 中必存在另外一条边(u′,v′),其中 u′∈U,v′∈V−U,且 u 和 u′之间、v 和 v′之间均有路径相通,删除边(u′,v′)后上述回路即可消除,由此可以得到另外一棵生成树 T′。

T′和 T 的差别仅在于 T′用边(u,v)取代了 T 中权重可能更大的边(u′,v′)。因为 w(u,v)≤w(u′,v′),所以 w(T′)=w(T)+w(u,v)−w(u′,v′)≤w(T),T′是 G 的一棵最小生成树,它包含边(u,v),这与假设矛盾。

故命题成立。

根据 MST 性质,可以给出求最小生成树的一般算法描述:针对无向连通网 G,从空树 T 开始,逐条选择并加入 n−1 条边(u,v),最终生成一棵含 n−1 条边的最小生成树。当边(u,v)加入 T 时,必须保证 T∪{(u,v)}仍是最小生成树的子集。

最小生成树的一般算法描述如下:

```
GenerieMST(G) {
// 求连通网 G 的某棵最小生成树
    T <- ¢ ;                           // T 初始为空,即顶点集和边集均为空
    while(T 未形成 G 的生成树) {
        找出并输出 T 的一条边(u,v);        // 即 T∪{(u,v)}仍为 MST 的子集
        T = T∪{(u,v)};                   // 加入边,扩充 T
    }
}
```

普里姆(Prim)算法和克鲁斯卡尔(Kruskal)算法是两个利用 MST 性质构造最小生成树的经典算法。这两个算法都是对上述一般算法的求精,其区别仅在于求边的方法不同。

3. 普里姆算法

(1) 算法设计

假设 G=(V,VR)是一个连通网,令 T=(U,TE)是 G 的最小生成树,TE 是 V 上最小生成树边的集合。T 的初始状态为 U={u_0}(u_0∈V),TE={},重复执行操作:在所有 u∈U,v∈V−U 的边(u,v)∈VR 中寻找一条最小权值的边(u_0,v_0),并并入集合 TE,同时将 v_0 并入 U,直至 U=V 为止。此时 TE 中必有 n−1 条边,则 T=(U,TE)为 G 的最小生成树。

显然,普里姆算法的关键是如何找到连接 U 和 V−U 的最小权值边来扩充生成树 T。如果当前 T 中有 k 个顶点,则所有满足 u∈U 及 v∈V−U 的边最多有 k×(n−k)条。利用 MST 性质构造候选最小权值边集:对应 V−U 中的每个顶点,保留从该顶点到 U 中各顶点的最小权值边,取候选最小权值边集为 V−U 中 n−k 个顶点所关联的 n−k 条最小权值边的集合。

为了表示候选最小权值边集,需要附设一个辅助数组 closedge。对每个顶点 v_i∈V−U,在辅助数组中都存在一个相应的分量 closedge[i],它包括两个域:邻接点域(adjvex)存储依附于该边在集合 U 中的顶点;权值域(lowcost)存储该边上的权。closedge 数组分量结构如图 7-23 所示。

图 7-23 closedge 数组分量结构

```
// 辅助数组 closedge 的类型定义
struct {
    ElemType    adjvex;                              // 该边依附的在 U 中的顶点
    int         lowcost;                             // 该边上的权值
} closedge[Vertex_Max];
```

式(7-7)表明顶点 v_i 和顶点 v_k 之间的权值为 w。

$$\begin{cases} closedge[i].lowcost = w \\ closedge[i].adjvex = k \end{cases} \tag{7-7}$$

初始状态时,$U = \{v_0\}$,这时有 closedge[0].lowcost = 0,表示顶点 v_0 已加入集合 U 中,数组 closedge 其他各分量的 lowcost 域值是顶点 v_0 到其余各顶点边的权值。然后不断选取权值最小的边(v_i,v_k),每选取一条边,就将 closedge[k].lowcost 设为 0,表示顶点 v_k 已加入集合 U 中。由于顶点 v_k 从集合 V−U 进入集合 U 后,这两个集合的内容发生了变化,需要依据式(7-8)更新 lowcost 域和 adjvex 域的内容:

$$\begin{cases} closedge[j].lowcost = min(cost(v_k, v_j) \mid v_k \in U) \\ closedge[j].adjvex = k \end{cases} \tag{7-8}$$

其中:$cost(v_k, v_j)$ 表示赋予边(v_k,v_j)的权值。

(2)算法描述

算法 7-7

```
void MiniSpanTree_Prim(MGraph G,ElemType u) {
// 用普里姆算法从第 u 个顶点出发构造以邻接矩阵表示的连通网 G 的最小生成树 T,并输出各边
    k = LocateVex(G,u);                             // 确定顶点 u 在图 G 中的位置
    for(j = 0;j < G.vexnum;++j)
        if(j!= k)                                   // 数组初始化,{adjvex,lowcost}
            closedge[j] = {u,G.edges[k][j]};
    closedge[k].lowcost = 0;                        // 初始,U = {u};
    for(i = 1;i < G.vexnum;++i) {                   // 选择其余 G.vexnum − 1 个顶点
        k = Minedge(closedge);                      // 选最小权值边,得到对应顶点序号 k
        cout << closedge[k].adjvex << G.vexs[k];    // 输出最小生成树的边
        closedge[k].lowcost = 0;                    // 将第 k 个顶点并入 U 集
        for(j = 0;j < G.vexnum;++j)                 // 新顶点并入 U 后重新选择最小权值边
            if(G.edges[k][j]< closedge[j].lowcost)
                closedge[j] = {G.vexs[k],G.edges[k][j]};
    }
}                                                   // MiniSpanTree_Prim
```

(3)算法分析

假设连通网 G 中有 n 个顶点,算法 7-7 中有两个 for 循环:第一个 for 循环"进行辅助数组初始化",其频度为 n;第二个 for 循环"选择其余 G.vexnum−1 个顶点",其频度为 n−1。在第二个 for 循环中又内嵌了两个内循环:其一是选择最小权值边,得到对应顶点序号,执行次数为 n−1;其二是调整辅助数组,执行次数为 n。因此算法 7-7 的时间复杂度为 $O(n^2)$,与连通网中的边数无关,普里姆算法适用于求稠密网的最小生成树。

例 7-1 对于图 7-24(a)所示的连通网,图 7-24(b)~(f)给出了从顶点 v_0 出发,用普里姆算法构造最小生成树的过程。其中,虚线内的顶点属于顶点集 U,粗边属于边集 TE,cost 表示候选最小权值边集,cost 中的黑体表示将要加入 TE 的最短边。

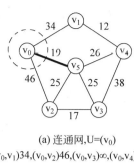
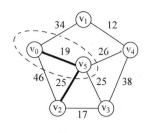

(a) 连通网,U=(v₀)

cost={(v₀,v₁)34,(v₀,v₂)46,(v₀,v₃)∞,(v₀,v₄)∞,(v₀,v₅)19}

(b) U=(v₀,v₅)

cost={(v₀,v₁)34,(v₅,v₂)25,(v₅,v₃)25,(v₅,v₄)26}

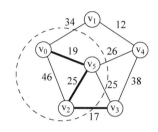
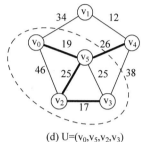

(c) U=(v₀,v₅,v₂)

cost={(v₀,v₁)34,(v₂,v₃)17,(v₅,v₄)26}

(d) U=(v₀,v₅,v₂,v₃)

cost={(v₀,v₁)34,(v₅,v₄)26}

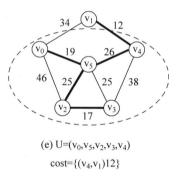
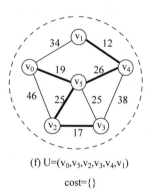

(e) U=(v₀,v₅,v₂,v₃,v₄)

cost={(v₄,v₁)12}

(f) U=(v₀,v₅,v₂,v₃,v₄,v₁)

cost={}

图 7-24 普里姆算法构造最小生成树的过程

4. 克鲁斯卡尔算法

（1）算法设计

假设 G＝(V，VR)是一个连通网,令 T＝(U，TE)是 G 的最小生成树,TE 是 V 上最小生成树边的集合。T 的初始状态为 U＝V,TE＝{},这样 T 中的所有顶点各自构成一个连通分量。执行操作：按照边权值由小到大的顺序,依次考察边集 VR 中的各条边。如果被考察边的两个顶点属于 T 的两个不同连通分量,则将此边加入到 TE 中,同时把两个连通分量连接为一个连通分量；如果被考察边的两个顶点属于同一个连通分量,则舍去此边,以免造成回路。以此类推,直至 T 中连通分量的个数为 1 时,此连通分量便为 G 的一棵最小生成树。

为了表示图中边集,需要附设一个辅助数组 edges,每个数组分量表示一条边,组成每条边（起点,终点,权）的三元组序列。edges 数组分量结构如图 7-25 所示。

begin	end	cost

图 7-25 edges 数组分量结构

```
// 辅助数组 edges 的类型定义
struct {
    int      begin, end;                          // 边的起点和终点
    int      cost;                                // 该边上的权值
} edge;
typedef struct edge EDGE;
EDGE edges[Edge_Max];
```

如果要提高查找最小权值边的速度,则可以先对边集数组按边上权值大小排序。

显然,克鲁斯卡尔算法的关键是如何判别被考察边所依附的两个顶点是否位于两个连通分量(即是否与生成树中的边形成回路)。可以用集合来保存每个无回路连通分量的所有顶点。设值辅助用数组 parents 表示这些顶点,parents 的初值为 $parents[i]=0(i=0,1,2,\cdots,n-1)$,表示各顶点自成一个分量。当从数组 edges 中按照次序选取一条边时,查找它的两个顶点所属的分量 bnf 和 edf,出现以下两种情况:

① 如果 bnf≠edf,则表明所选择的这条边的两个顶点分属不同的集合,该边加入到生成树中不会形成回路,应该作为生成树的一条边,同时合并分量 bnf 和 edf,即成为一个连通分量。

② 如果 bnf=edf,则表明所选择的这条边的两个顶点同属于一个集合,将此边加入到生成树中必产生回路,应该放弃。

(2) 算法描述

算法 7-8

```
void MiniSpanTree_Kruskal(ALGraph G) {
// 用克鲁斯卡尔算法构造以邻接表表示的连通网 G 的最小生成树 T,并输出各边
    for(k = 0;k < G.edgenum;++k) {                // 输入边的信息,建立 edges 数组
        cin >> i >> j >> value;                   // 输入一条边依附的顶点编号和权值
        edges[k].begin = i;
        edges[k].end = j;
        edges[k].cost = value;
    }
    Sort(edges,G.edgenum);                        // 按权值的大小对边进行排序
    for(i = 0;i < G.edgenum;++i) parents[i] = 0;  // 初始化 parents 数组
    for(i = 0;i < G.edgenum;++i) {
        bnf = Find(parents,edges[i].begin);       // 查找边头分量
        edf = Find(parents,edges[i].end);         // 查找边尾分量
        if(bnf!= edf) {
            parents[bnf] = edf;
            cout << edges[i].begin << edges[i].end << edges[i].cost;
        }
    }
}                                                 // MiniSpanTree_Kruskal

int Find(int parents[],int f) {
// 在数组 parents 中查找 f
    while(parents[f]> 0) f = parents[f];
    return f;
}                                                 // Find
```

（3）算法分析

假设连通网 G 有 e 条边，算法 7-8 至多对 e 条边各扫描一次，假如以第 9 章介绍的"堆"来存放 G 中的边，则每次选择最小代价的边仅需要 $O(\log_2 e)$ 的时间（第一次需要 $O(e)$），因此算法 7-8 的时间复杂度为 $O(e\log_2 e)$，与连通网中的边数有关。相对于普里姆算法而言，克鲁斯卡尔算法适合求边稀疏网的最小生成树。

例 7-2 对于图 7-26(a)所示的连通网，图 7-26(b)～(f)给出了用克鲁斯卡尔算法构造最小生成树的过程。其中，粗边表示已加入边集 TE 中。

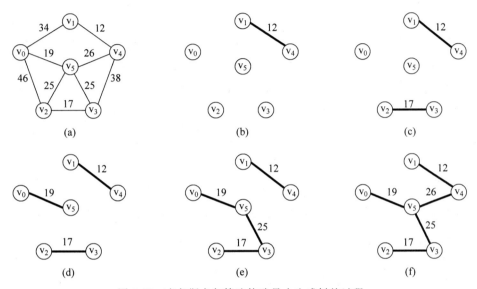

图 7-26 克鲁斯卡尔算法构造最小生成树的过程

7.4 有向无环图及其应用

一个无环的有向图称为有向无环图（Directed Acyclic Graph），简称 DAG 图。DAG 图是一类比有向树更一般的特殊有向图，图 7-27 给出了有向树、DAG 图和有向图的示例。

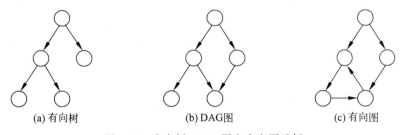

(a) 有向树   (b) DAG图   (c) 有向图

图 7-27 有向树、DAG 图和有向图示例

DAG 图是描述公共关系表达式的有效工具。例如有表达式 $(a*(b+c))-((b+c)/d)$，可以用二叉树表示，如图 7-28(a)所示；也可以用 DAG 图表示，如图 7-28(b)所示。不难发现，表达式中相同的子式在二叉树中会重复出现，而在 DAG 图中则可以实现共享，从而节省了空间。

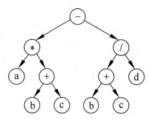
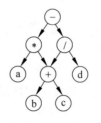

(a) 用二叉树描述表达式   (b) 用DAG图描述表达式

图 7-28   用二叉树和 DAG 图描述表达式

DAG 图也是描述一项工程或系统进程过程的有效工具。通常,把计划安排、施工过程、生产流程、软件工程等都当成一个工程,除了最简单的情况之外,几乎所有的工程都可以分为若干个称作活动(Activity)的子工程,而这些活动之间,通常受着一定条件的约束,例如其中某些活动必须在另一些活动完成之后才能开始。对整个工程和系统,人们常常会关心以下的两个问题:

(1) 工程能否顺利进行?

(2) 整个工程完成必需的最短时间是多少?

这就是求拓扑排序(Topological Sort)和关键路径(Critical Path)的问题。求解有向图的拓扑排序和关键路径是很有实际应用价值的问题。

7.4.1 拓扑排序

在一个表示工程的有向图中,用顶点表示活动,用弧表示活动之间的优先关系,该有向图称为顶点表示活动的网,简称 AOV 网(Activity On Vertex Network)。

AOV 网中的弧表示活动之间存在的某种制约关系。例如,计算机软件专业的学生必须学习一系列规定课程,那么学生应该按照怎样的顺序来学习这些课程呢?可以把这个问题看成是一个工程,其活动就是学习每一门课程。图 7-29(a)列出了若干门必修的课程,其中有些课程不要求先修课程,例如高等数学是独立于其他课程的基础课;而有些课程却需要有先修课程,例如学完程序设计语言和离散数学后才能学习数据结构。先修课程规定了课程之间的优先关系,这种优先关系可以用图 7-29(b)所示的 AOV 网表示,其中顶点表示课程,弧表示课程之间的优先关系。

在 AOV 网中,不应该出现有向环,因为存在环就意味着某项活动应该以自己为先决条件,显然,这是不可能的。如果设计出这样的流程图,工程便无法进行;而对程序的数据流图来说,则表明存在一个死循环。因此,对给定的 AOV 网应该首先判定网中是否存在环。测试的方法就是对 AOV 网进行拓扑排序。

1. 拓扑排序的定义

设 G=(V, VR)是一个具有 n 个顶点的有向图,V 中的顶点序列{v_1, v_2, …, v_n}称为一个拓扑序列(Topological Order),当且仅当满足下列条件:如果从顶点 v_i 到顶点 v_j 有一条路径,则在顶点序列中 v_i 必在 v_j 之前。对一个有向图构造拓扑序列的过程称为拓扑排序(Topological Sort)。

如果某个 AOV 网中所有顶点都在拓扑序列中,则说明该 AOV 网不存在环。例如,对

课程编号	课程名称	先修课程
C_1	高等数学	无
C_2	人学计算机基础	无
C_3	离散数学	C_1
C_4	高级程序设计语言	C_1,C_2
C_5	数据结构	C_3,C_4
C_6	计算机原理	C_2,C_4
C_7	数据库原理	C_4,C_5,C_6

(a) 计算机软件专业学生必修的若干门课程

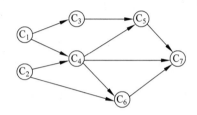

(b) 表示课程之间优先关系的AOV网

图 7-29 若干门课程及其表示课程之间优先关系的 AOV 网

图 7-29(b)所示的 AOV 网,可以得到两个拓扑序列:$\{C_1,C_2,C_3,C_4,C_5,C_6,C_7\}$ 和 $\{C_2,C_1,C_4,C_3,C_6,C_5,C_7\}$(当然,对此图还可以构造得到其他的拓扑序列,一个 AOV 网的拓扑序列可能是不唯一的)。显然,如果某个学生每学期只学习一门课程的话,则他必须按照其拓扑有序的顺序来安排学习才行。

对一个 AOV 网进行拓扑排序的基本思想是:

(1) 从 AOV 网中选择一个没有前驱的顶点,并且输出它;

(2) 从 AOV 网中删除该顶点,并且删除所有以该顶点为尾的弧;

(3) 重复(1)和(2),直到全部顶点都被输出,或 AOV 网中不存在没有前驱的顶点。

显然,拓扑排序的结果有两种:AOV 网中全部顶点都被输出,这说明 AOV 网中不存在环;AOV 网中顶点未被全部输出,剩余的顶点均不存在没有前驱的顶点,这说明 AOV 网中存在环。

2. 拓扑排序的操作实现

(1) 算法设计

针对上述拓扑排序的基本思想,可以采用邻接表作为 AOV 网的存储结构。因为,在拓扑排序过程中需要对某个顶点的入度进行操作,例如,查找入度等于 0 的顶点,将某顶点的入度减 1,等等,所以需要修改邻接表的头结点结构,增加一个入度域 indegree,记录顶点的入度,以方便对入度的操作。头结点的结构修改如图 7-30 所示。图 7-31 给出了一个 AOV 网及其改进的邻接表存储结构。

图 7-30 拓扑排序算法中邻接表的头结点

```
// 修改的头结点类型定义
typedef struct VexNode {
    int          indegree;
```

```
    ElemType    vex;
    EdgeNode    * firstedge;
} VexNode;
```

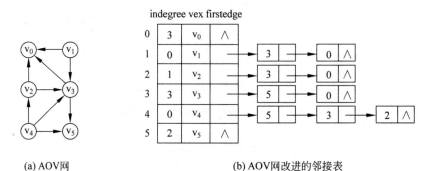

(a) AOV网　　　　　　　　　　　　(b) AOV网改进的邻接表

图 7-31　AOV 网及其改进的邻接表存储结构

如何在计算机中实现上述拓扑排序的基本思想呢？基于上述拓扑排序的基本思想,进行如下操作：

① 入度为 0 的顶点即为无前驱的顶点,输出该顶点；

② 删除顶点及以它为尾的弧的操作,可以通过弧头顶点的入度域的值减 1 来实现。

为了避免重复检测入度为 0 的顶点,另外设置一个栈暂存所有入度为 0 的顶点。

(2) 算法描述

算法 7-9

```
void TopologicalSort(ALGraph G) {
// 若以邻接表表示的有向图 G 无回路,则输出其顶点的一个拓扑序列;否则给出相应信息
    InitStack_Sq(S); count = 0;                    // 初始化顺序栈和计数器
    for(i = 0; i < vexnum; i++)                    // 初始化顶点数组入度域
        G.vexs[i].indegree = 0;
    for(i = 0; i < vexnum; i++) {                  // 求各顶点入度
        p = G.vexs[i].firstedge;
        while(p) {
            G.vexs[p -> adjvex].indegree++;
            p = p -> nextedge; }
    }
    for(i = 0; i < G.vexnum; ++i)                  // 入度为 0 的顶点入栈
        if(!G.vexs[i].indegree) Push_Sq(S, i);
    while(S.top != - 1) {                          // 求解并输出顶点的拓扑序列
        Pop_Sq(S, i);
        cout << G.vexs[i].vex;
        ++count;
        for(p = G.vexs[i].firstedge; p; p = p -> nextedge) {
            k = p -> adjvex;
            if((-- G.vexs[k].indegree) == 0) Push_Sq(S, k);
        }
    }
    if(count < G.vexnum) cout << "Network G has circuit!";
}                                                  // TopologicalSort
```

（3）算法分析

假设有向图中的顶点数和弧数分别为 n 和 e，算法 7-9 中有四个 for 循环：第一个 for 循环是初始化顶点数组入度域，其时间复杂度为 O(n)；第二个 for 循环是建立各顶点的入度，其时间复杂度为 O(e)；第三个 for 循环是将入度为 0 的顶点入栈保存，其时间复杂度为 O(n)；在拓扑排序的过程中，如果有向图无环，则每个顶点进一次栈、出一次栈以及入度减 1 的操作在 while 循环中总共执行了 e 次。因此算法 7-9 的时间复杂度为 O(n+e)。

例 7-3　对图 7-31(a)所示的有向网进行拓扑排序，其过程如图 7-32(a)～(f)所示。得到的拓扑序列为 $\{v_4，v_2，v_1，v_3，v_0，v_5\}$。

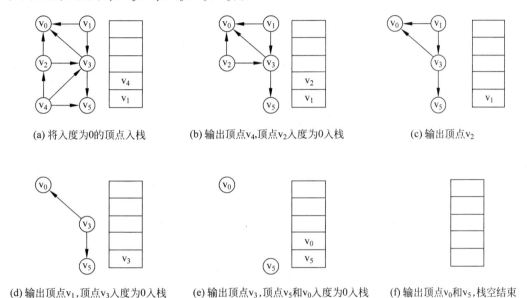

(a) 将入度为0的顶点入栈　　　(b) 输出顶点v_4,顶点v_2入度为0入栈　　　(c) 输出顶点v_2

(d) 输出顶点v_1,顶点v_3入度为0入栈　　(e) 输出顶点v_3,顶点v_5和v_0入度为0入栈　　(f) 输出顶点v_0和v_5,栈空结束

图 7-32　拓扑排序过程

7.4.2　关键路径

与 AOV 网相对应的是 AOE 网(Activity On Edge Network)，即边表示活动的网。AOE 网是一个带权的有向无环图，其中，顶点表示事件(Event)，弧表示活动，弧上的权值表示活动持续时间。

通常，AOV 网可以用来判断工程能否顺利进行，而 AOE 网可以用来估算整个工程的完成时间。由于整个工程只有一个开始点和一个完成点，因此在正常情况(无环下)，网中只有一个入度为 0 的顶点(称为源点)，一个出度为 0 的顶点(称为汇点)。

AOE 网具有两个性质：其一，只有在某顶点所代表的事件发生后，从该顶点出发的各活动才能开始；其二，只有在进入某顶点的各活动都已经结束，该顶点所代表的事件才能发生。图 7-33 给出了一个具有 11 个活动、9 个事件的 AOE 网，其中：顶点 v_0(源点)，v_1,…,v_8(汇点)分别表示一个事件；弧$<v_0,v_1>$,$<v_0,v_2>$,…,$<v_7,v_8>$分别表示一个活动，用 $a_1,a_2,…,a_{11}$ 代表这些活动。

1. 关键路径的定义

在 AOE 网中，路径长度是指路径上各活动持续时间之和(不是路径上弧的数目)。具

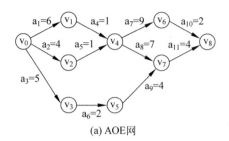

(a) AOE网

事件v_i	已经完成的活动	可以开始的活动
v_0	工程开始	a_1, a_2, a_3
v_1	a_1	a_4
v_2	a_2	a_5
v_3	a_3	a_6
v_4	a_4, a_5	a_7, a_8
v_5	a_6	a_9
v_6	a_7	a_{10}
v_7	a_8, a_9	a_{11}
v_8	a_{10}, a_{11}	工程结束

(b) AOE网的事件和活动

图 7-33   AOE 网及其事件和活动

有最大路径长度的路径称为关键路径（Critical Path），关键路径上的活动称为关键活动（Critical Activity）。关键路径的长度就是完成整个工程所需要的最短时间。

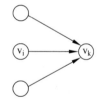

图 7-34   计算 ve[k]

1）事件的最早发生时间 ve[k]

ve[k]是指从源点到顶点 v_k 的最大路径长度，这个长度决定了所有从 v_k 发出的活动能够开工的最早时间。根据 AOE 网的性质，只有进入 v_k 的所有活动$< v_i, v_k >$都结束时，v_k 代表的事件才能发生；而活动$< v_i, v_k >$的最早结束时间为 ve[i]加上其持续时间 dut $< v_i, v_k >$，如图 7-34 所示。

计算事件 v_k 的最早发生时间的方法如式（7-9）：

$$\begin{cases} ve[0] = 0 \\ ve[k] = \max_i(ve[i] + dut < v_i, v_k >)(< v_i, v_k > \in p[k], k = 1, 2, \cdots, n-1) \end{cases} \quad (7\text{-}9)$$

其中：p[k]表示所有到达 v_k 的有向弧的集合；dut $< v_i, v_k >$为有向弧$< v_i, v_k >$上的权值；n 为 AOE 网的顶点数。

2）事件的最迟发生时间 vl[k]

vl[k]是指在不推迟整个工期的前提下，顶点 v_k 代表的事件允许的最迟发生时间。有向弧$< v_k, v_j >$代表从 v_k 出发的活动，为了不拖延整个工期，v_k 发生的最迟时间必须保证不推迟从 v_k 出发的所有活动$< v_k, v_j >$的终点 v_j 的最迟时间 vl[j]，如图 7-35 所示。

计算事件 v_k 的最迟发生时间的方法如式（7-10）：

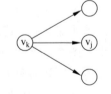

图 7-35   计算 vl[k]

$$\begin{cases} vl[n-1]=ve[n-1] \\ vl[k]=\min_{j}(vl[j]-dut<v_k,v_j>)(<v_k,v_j>\in s[k],k=n-2,n-1,\cdots,0) \end{cases} \quad (7\text{-}10)$$

其中：s[k]为所有从 v_k 发出的有向弧的集合；dut$<v_k,v_j>$为有向弧$<v_k,v_j>$上的权值；n为 AOE 网的顶点数。

3）活动 a_i 的最早开始时间 ee[i]

如果活动 a_i 用有向弧$<v_k,v_j>$表示，则根据 AOE 网的性质，只有事件 v_k 发生了，a_i 才能开始。也就是说，a_i 的最早开始时间 ee[i]应该等于 v_k 的最早发生时间。因此有式(7-11)：

$$ee[i]=ve[k] \quad (7\text{-}11)$$

4）活动 a_i 的最迟开始时间 el[i]

活动 a_i 的最迟开始时间是指在不推迟整个工期的前提下，a_i 必须开始的最晚时间。如果活动 a_i 用有向弧$<v_k,v_j>$表示，则 a_i 的最迟开始时间要保证事件 v_j 的最迟发生时间不拖后。因此有式(7-12)：

$$el[i]=vl[j]-dut<v_k,v_j> \quad (7\text{-}12)$$

根据每个活动的最早开始时间 ee[i]和最迟开始时间 el[i]，可以判定该活动是否为关键活动，即那些 el[i]=ee[i]的活动是关键活动，而那些 el[i]>ee[i]的活动则不是关键活动，称 el[i]-ee[i]的值为活动的时间余量。关键活动确定之后，关键活动所在的路径就是关键路径。

利用 AOE 网进行工程管理时，需要解决的两个主要问题是：其一，计算完成整个工程的最短工期；其二，确定关键路径，以找出哪些活动是影响工程进度的关键活动，以便争取提高关键活动的工效，缩短整个工期。

2．关键路径的操作实现

（1）算法设计

式(7-9)和式(7-10)的计算必须分别在拓扑有序和逆拓扑有序的前提下进行。也就是说，ve[j]必须在事件 v_j 所有前驱的最早发生时间求得之后才能确定；vl[j]必须在事件 v_j 所有后继的最迟发生时间求得之后才能确定。因此，可以在拓扑排序的基础上计算 ve[j]和 vl[j]。由此得到求解关键路径方法：

① 输入 e 条有向弧，建立 AOE 网的邻接表存储结构；

② 从源点 v_0 出发，令 ve[0]=0，按拓扑有序求解其余各顶点的最早发生时间 ve[i]($1\leqslant i\leqslant n-1$)；

③ 从汇点 v_{n-1} 出发，令 vl[n-1]=ve[n-1]，按逆拓扑有序求解其余各顶点的最迟发生时间 vl[i]($n-2\geqslant i\geqslant 0$)；

④ 根据各顶点事件的 ve 和 vl 值，求解所有活动的最早开始时间 ee(s)和最迟开始时间 el(s)；如果某项活动满足条件 ee(s)=el(s)，则为关键活动。

因为计算各顶点事件的 ve 值是在拓扑排序的过程中进行的，所以需要对前述拓扑排序算法 7-9 作部分修改：

（a）在拓扑排序之前设初值，令 ve[i]=0(0$\leqslant i\leqslant n-1$)；

（b）在算法 7-9 中增加一个计算顶点 v_j 的后继 v_k 最早发生时间的操作，如果 ve[j]+dut(<j,k>)>ve[k]，则 ve[k]=ve[j]+dut(<j,k>)；

（c）为了能够按照逆拓扑序列的顺序计算各顶点的 vl 的值，需要记下在拓扑排序的过程中求出的拓扑序列，因此在算法 7-9 中增设一个栈以记录拓扑序列，在计算求得各顶点的 ve 值之后，从栈顶至栈底便为逆拓扑序列。

（2）算法描述

算法 7-10

```
void TopologicalOrder(ALGraph G,SqStack &T) {
// 求以邻接表表示的有向网 G 中各顶点事件的最早发生时间 ve(全局变量)
// 栈 T 存放拓扑序列顶点。若 G 无回路,则栈 T 返回 G 的一个拓扑序列,否则给出相应信息
    InitStack_Sq(S);
    count = 0;
    for(i = 0;i < vexnum;i++) G. vexs[i]. indegree = 0;
    for(i = 0;i < vexnum;i++) {
        p = G. vexs[i]. firstedge;
        while(p) {
            G. vexs[p -> adjvex]. indegree++;
            p = p -> nextedge;
        }
    }
    for(i = 0;i < G. vexnum;++i)
        if(!G. vexs[i]. indegree) Push_Sq(S,i);
    for(i = 0;i < G. vexnum;++i) ve[i] = 0;              // 初始化顶点事件最早发生时间
    while(S. top!= - 1) {
        Pop_Sq(S,i);
        Push_Sq(T,i);
        ++count;
        for(p = G. vexs[i]. firstedge;p;p = p -> nextedge) {
            k = p -> adjvex;
            if((-- G. vexs[k]. indegree) == 0) Push_Sq(S,k);
            if(ve[i] + (p -> weight) > ve[k])               // 计算 v_i 的后继 v_k 最早发生时间
                ve[k] = ve[i] + (p -> weight);
        }
    }
    if(count < G. vexnum) Error("Network G has circuit!");
}                                                           // TopologicalOrder

void CriticalPath(ALGraph G) {
// 求以邻接表表示的有向网 G 的关键活动
    InitStack_Sq(T);                                        // 初始化拓扑序列顶点栈 T
    TopologicalOrder(G,T);                                  // 按拓扑序求顶点最早发生时间
    for(i = 0;i < G. vexnum;i++)                            // 初始化顶点事件最迟发生时间
        vl[i] = ve[G. vexnum - 1];
    while(T. top!= - 1)                                     // 按拓扑逆序求顶点最迟发生时间
        for(Pop_Sq(T,k),p = G. vexs[k]. firstedge;p;p = p -> nextedge) {
            j = p -> adjvex;
            dut = p -> weight;
            if((vl[j] - dut) < vl[k]) vl[k] = vl[j] - dut;
        }
    for(i = 0;i < G. vexnum;++i)                            // 求 AOE 网 G 的关键活动
        for(p = G. vexs[i]. firstedge;p;p = p -> nextedge) {
            k = p -> adjvex;
            dut = p -> weight;
            ee = ve[i];                                     // 计算活动的最早开始时间
```

```
        el = vl[k] - dut;                              // 计算活动的最迟开始时间
        if(ee == el) {
            cout <<"("<< i <<","<< k <<")"<< dut <<",";
            cout <<"ee = "<< ee <<","<<"el = "<< el;
        }
    }
}                                                      // CriticalPath
```

（3）算法分析

假设有向网中的顶点数和弧数分别为 n 和 e,算法 7-10 的执行时间主要花费在三个操作上：其一,按拓扑序列求所有顶点事件最早发生时间 ve,其时间复杂度为 O(n+e)；其二,按逆拓扑序列求所有顶点事件的最迟发生时间 vl,其时间复杂度为 O(n+e)；其三,求所有活动的最早和最迟开始时间 ee 和 el,其时间复杂度为 O(e)。因此算法 7-10 的时间复杂度为 O(n+e)。

例 7-4　对图 7-33(a)所示的 AOE 网求解关键活动和关键路径的过程如图 7-36(a)和(b)所示,求出的关键路径如图 7-36(c)所示。通过比较 ee[i] 和 el[i] 可以判断出：a_1、a_4、a_7、a_8、a_{10}、a_{11} 是关键活动,$(v_0，v_1，v_4，v_6，v_8)$ 和 $(v_0，v_1，v_4，v_7，v_8)$ 构成两条关键路径。

按照式(7-9)求事件的最早发生时间ve[k]	按照式(7-10)求事件的最迟发生时间vl[k]	
ve[0]=0	vl[0]=min{v1[1]−6,v1[2]−4,v1[3]−5}=0	
ve[1]=6	vl[1]=v1[4]−1=6	
ve[2]=4	vl[2]=v1[4]−1=6	
ve[3]=5	vl[3]=v1[5]−2=8	
ve[4]=max{ve[1]+1,ve[2]+1}=7	vl[4]=min{v1[6]−9,v1[7]−7}=7	计算次序
ve[5]=ve[3]+2=7	vl[5]=v1[7]−4=10	
ve[6]=ve[4]+9=16	vl[6]=v1[8]−2=16	
ve[7]=max{ve[4]+7,ve[5]+4}=14	vl[7]=v1[8]−4=14	
ve[8]=max{ve[6]+2,ve[7]+4}=18	vl[8]=ve[8]=18	

(a) 求所有事件的最早发生时间和最迟发生时间

按照式(7-11)求活动的最早开始时间ee[k]	按照式(7-12)求活动的最迟开始时间el[k]	el[i]−ee[i]
ee[1]=ve[0]=0	el[1]=vl[1]−6=0	**0**
ee[2]=ve[0]=0	el[2]=vl[2]−4=2	2
ee[3]=ve[0]=0	el[3]=vl[3]−5=3	3
ee[4]=ve[1]=6	el[4]=vl[4]−1=6	**0**
ee[5]=ve[2]=4	el[5]=vl[4]−1=6	2
ee[6]=ve[3]=5	el[6]=vl[5]−2=8	3
ee[7]=ve[4]=7	el[7]=vl[6]−9=7	**0**
ee[8]=ve[4]=7	el[8]=vl[7]−7=7	**0**
ee[9]=ve[5]=7	el[9]=vl[7]−4=10	3
ee[10]=ve[6]=16	el[10]=vl[8]−2=16	**0**
ee[11]=ve[7]=14	el[11]=vl[8]−4=14	**0**

(b) 求所有活动的最早发生时间和最迟发生时间

图 7-36　求解图 7-33(a)所示的 AOE 网的关键路径

实践证明：用 AOE 网估算某些工程完成时间是非常有用的。在实际中,求解关键路径时,由于网中各项活动都是互相牵扯的,因此影响关键活动的因素也是多方面的,任何一项

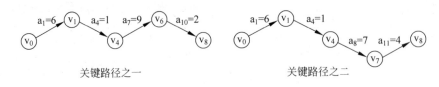

关键路径之一　　　　　　　　　　关键路径之二

(c) 关键路径

图 7-36　（续）

活动持续时间的改变都会影响到关键路径的改变。例如，如果将活动 a_1 的工期缩短到 2 天，则关键路径就改变了，需要重新计算。此外，当存在多条关键路径时，单纯缩短一条关键路径上的关键活动，还不能导致整个过程缩短工期，而必须提高同时在几条关键路径上的活动的速度。例如，如果将图 8-33(a) 中活动 a_8 的工期缩短到 3 天，则整个工期不变，仍然为 18 天；如果将活动 a_1 的工期缩短 5 天，则能使整个工期也缩短 1 天，为 17 天。

7.5　最短路径

在交通网中，如果用顶点表示城市，边表示城市之间的交通路线，边上的权表示交通路线长度，或所需时间，或交通费用，等等，那么人们常常会关心以下的两个问题：

（1）A 城市到 B 城市是否有公路可通？

（2）在 A 城市到 B 城市有多条通路的情况下，哪条公路路程最短，或时间最省，或费用最低？

这就是求最短路径（Shortest Path）的问题，此时路径的长度不是路径上边的数目，而是路径上的边所带权值的总和。求解图的最短路径是一个很有实际应用价值的问题。

如果 A 城市到 B 城市有一条公路，且 A 城市的海拔高于 B 城市；考虑到上坡和下坡的车速不同，则边 <A，B> 和边 <B，A> 上表示代价的权值也不同，即 <A，B> 和 <B，A> 应该是两条不同的边。因此，交通网存在有向性，一般以有向网表示交通网，路径上的第一个顶点为源点（Sourse），最后一个顶点为终点（Destination），并假定所有的权都是正数。

7.5.1　单源最短路径

给定有向网 G＝(V，VR)，VR 中每一条边 $<v_i，v_j>(v_i \in V, v_j \in V)$ 都有非负的权。指定 V 中的一个顶点 v_i 作为源点，寻找从源点 v_i 出发到网中所有其他各顶点的最短路径，这就是单源最短路径问题（Single-Source Shortest-Paths Problem）。

在图 7-37(a) 所示的有向网 G 中，从顶点 v_0 到其余各顶点间的最短路径如图 7-37(b) 所示。

从图中可见，从顶点 v_0 到 v_3 有两条不同的路径：$(v_0，v_2，v_3)$ 和 $(v_0，v_4，v_3)$，前者的长度为 60，后者的长度为 50，因此后者是从顶点 v_0 到 v_3 的最短路径；而从顶点 v_0 到 v_1 没有路径。

1. 迪杰斯特拉思想

为了求得最短路径，迪杰斯特拉（Dijkstra）提出了一个按路径长度递增的次序产生最短路径的思想。

（1）求第一条长度最短路径。

引进一个辅助数组 dist，它的每个分量 dist[i] 表示当前所找到的从源点 v 到每个终点

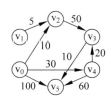

始点	终点	最短路径	路径长度
v_0	v_1	无	
v_0	v_2	(v_0,v_2)	10
v_0	v_3	(v_0,v_4,v_3)	50
v_0	v_4	(v_0,v_4)	30
v_0	v_5	(v_0,v_4,v_3,v_5)	60

(a) 有向网G　　　　　　　　(b) v_0到其余各顶点的最短路径

图 7-37　有向网 G 及其从顶点 v_0 到其余各顶点的最短路径

的最短路径长度。其初态为：如果从 v 到 v_i 有弧，则 dist[i]为弧上的权值；否则设 dist[i]为∞。显然，长度为式(7-13)的路径就是从始点 v 出发的一条最短路径，此路径为(v, v_j)。

$$\text{dist}[j]=\underset{i}{\text{Min}}\{\text{dist}[i] \mid v_i \in V\} \tag{7-13}$$

（2）求下一条长度次最短路径。

假设该次最短路径的终点是 v_k，则可想而知，这条路径或是(v, v_k)，或是(v, v_j, v_k)；它的长度或是从 v 到 v_k 的弧上的权值，或是 dist[j]和从 v_j 到 v_k 的弧上的权值之和。

一般情况下，假设 S 为已求得的最短路径终点的集合，则下一条次最短路径（设其终点为 x）或是弧<v, x>，或是中间只经过 S 中的顶点而最后到达 x 的路径。

证明：利用反证法证明。

假设此路径上有一个顶点不在 S 中，则说明存在一条终点不在 S 而长度比此路径短的路径，但这是不可能的。因为是按照路径长度递增的次序来产生各个最短路径，所以长度比此路径短的所有路径均已经产生，它们的终点必定在其中，故假设不成立。

因此，下一条长度次最短路径长度必是式(7-14)：

$$\text{dist}[j]=\underset{i}{\text{Min}}\{\text{dist}[i] \mid v_i \in V-S\} \tag{7-14}$$

其中：dist[i]或是弧<v, v_i>上的权值，或是 dist[k]($v_k\in$S)和弧<v_k, v_i>上的权值之和。

2. 单源最短路径的操作实现

（1）算法设计

因为在操作过程中，需要快速求得任意两个顶点之间边上的权值，所以在实现单源最短路径算法时，有向网采用邻接矩阵存储。

① 设置辅助数组。

- dist[n]：数组分量 dist[i]表示当前所找到的从源点 v 到终点 v_i 的最短路径的长度。初态：如果从 v 到 v_i 有弧，则 dist[i]为弧上的权值；否则设 dist[i]为∞。

- path[n]：数组分量 path[i]是一个串，表示当前所找到的从源点 v 到终点 v_i 的最短路径。初态：如果从 v 到 v_i 有弧，则 path[i]为"vv$_i$"，否则置 path[i]为空串。

- final[n]：数组分量 final[i]为 1 且仅当 $v_i\in$S 时，表示已求得从源点 v 到终点 v_i 的最短路径。初态：所有数组分量为 0。

- s[n]：存放源点和已经生成的终点，表示求得的最短路径终点集合 S。初态：只有一个源点 v。

② 求第一条最短路径。

从有向网 G 中的源点 v 出发得到的第一条最短路径如式(7-15)所示：

$$dist[j]=\underset{i}{Min}\{edges[LocateVex(G,v)][i]\}, \quad v_i \in V \qquad (7-15)$$

v_j 就是当前求得的一条从 v 出发的最短路径终点,令 s=s∪{j}。

③ 修改 dist 数组中的元素值。

修改从源点 v 出发到集合 V-S 上任一顶点 v_k 可达的最短路径长度,如式(7-16)所示:

$$dist[k]=Min\{dist[k],dist[j]+G.edges[j][k]\} \qquad (7-16)$$

④ 求下一条次最短路径。

选择 v_j,使它满足式(7-17):

$$dist[j]=\underset{i}{Min}\{dist[i]\}, \quad v_i \in V-S \qquad (7-17)$$

重复③和④,共进行 n-1 次。由此求得从源点 v 到有向网 G 上其余各顶点的最短路径是依路径长度递增的序列。

(2) 算法描述

算法 7-11

```
void ShortestPath_DIJ(MGraph G,int v,int &dist[],SString &path[]) {
// 用迪杰斯特拉思想求有向网 G 中顶点 v 到其余顶点的最短路径
    for(i = 0;i < G.vexnum;++i) {                        // 初始化数组 dist、path 和 final
        dist[i] = G.edges[v][i];
        if(dist[i]< Infinity) path[i] = G.vexs[v] + G.vexs[i];
        else path[i] = "";
        final[i] = 0;
    }
    dist[v] = 0; final[v] = 1;                           // 标记顶点 v 为源点
    s[0] = G.vexs[v];
    num = 1;
    while(num < G.vexnum) {                              // 当集合 S 中顶点数小于网中顶点数时
        min = Infinity;
        for(i = 0;i < G.vexnum;++i)                      // 在 dist 中查找最小值元素
            if((dist[i]< min)&&(final[i] = 0)) {
                min = dist[i];
                k = i
            }
        cout << dist[k]<< path[k];
        s[num++] = G.vexs[k];                            // 将新生成的终点 vk 加入集合 S
        final[k] = 1;                                    // 置顶点 vk 为已生成终点标记
        for(i = 0;i < G.vexnum;++i)                      // 修改数组 dist 和 path
            if((dist[i]>(dist[k] + G.edges[k][i]))&&(final[i] == 0)) {
                dist[i] = dist[k] + G.edges[k][i];
                parh[i] = path[k] + G.vexs[i];
            }
    }
}                                                       // ShortestPath_DIJ
```

(3) 算法分析

假设有向网中顶点个数为 n,算法 7-11 中有两个循环:第一个 for 循环"进行 final 数组、path 数组及 dist 数组初始化",其频度为 n^2;第二个 while 循环"求源点 v 到其余 G.vexnum-1 个顶点的最短路径及长度"。while 循环中内嵌两个循环:第一个 for 循环是在数组 dist 中求最小值,第二个 for 循环是修改数组 dist 和 path,执行次数均为 n。因此算法 7-11 的时间复杂度为 $O(n^2)$。

例 7-5 对图 7-38(a)所示有向网 G，按照迪杰斯特拉思想求解从顶点 v_0 到其余各顶点的最短路径。图 7-38(b)给出了其求解过程。

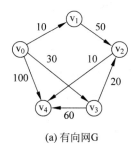

(a) 有向网G

循环	S	从v_0到各终点的最短路径的求解过程			
		v_1(dist[1]、path[1])	v_2(dist[2]、path[2])	v_3(dist[3]、path[3])	v_4(dist[4]、path[4])
初始	$\{v_0\}$	(<u>10</u>、"v_0v_1")	(∞、" ")	(30、"v_0v_3")	(100、"v_0v_4")
num=1	$\{v_0v_1\}$	输出10 输出"v_0v_1"	(60、"$v_0v_1v_2$")	(<u>30</u>、"v_0v_3")	(100、"v_0v_4")
num=2	$\{v_0v_1v_3\}$		(<u>50</u>、"$v_0v_3v_2$")	输出30 输出"v_0v_3"	(90、"$v_0v_3v_4$")
num=3	$\{v_0v_1v_3v_2\}$		输出50 输出"$v_0v_3v_2$"		(<u>60</u>、"$v_0v_3v_2v_4$")
num=4	$\{v_0v_1v_3v_2v_4\}$				输出60 输出"$v_0v_3v_2v_4$"

(b) 按照迪杰斯特拉思想，求解从顶点v_0到其余各顶点最短路径的过程

图 7-38 有向网及求解最短路径过程

7.5.2 其他最短路径

对给定有向网 G=(V，VR)求解最短路径的方法很多，其他最短路径问题均可以采用单源最短路径算法予以解决。

1. 单目标最短路径问题

给定有向网 N=(V，VR)，VR 中每条弧<v_i，v_j>($v_i \in V$,$v_j \in V$)都有非负的权。寻找网中每一个顶点 v_j 到某个指定顶点 v_i 的最短路径，这就是单目标最短路径问题(Single-Destination Shortest-Paths Problem)。

解决方法：只需将图中每条边反向，就可以将这一问题转化为单源最短路径问题，单目标 v_i 变为单源点 v_i，其算法的时间复杂度也为 $O(n^2)$。

2. 单顶点对间最短路径问题

给定有向网 N=(V，VR)，VR 中每条弧<v_i，v_j>($v_i \in V$,$v_j \in V$)都有非负的权。对于网中某对顶点 v_i 和 v_j，找出从 v_i 到 v_j 的一条最短路径，这就是单顶点对间最短路径问题(Single-Pair Shortest-Path Problem)。

解决方法：显然，如果解决了以 v_i 为源点的单源最短路径问题，则上述问题也就迎刃而

解了。从数量级来说,两个问题的时间复杂度相同,均为 $O(n^2)$。

3. 所有顶点对间最短路径问题

给定有向网 $G=(V,VR)$,VR 中每条弧$<v_i,v_j>(v_i \in V,v_j \in V)$都有非负的权。对网中每对顶点 v_i 和 v_j,找出从 v_i 到 v_j 的最短路径,这就是所有顶点对间最短路径问题(All-Pairs Shortest-Paths Problem)。

解决方法:可以采用把每个顶点作为源点调用一次单源最短路径算法予以解决。重复执行 ShortestPath_DIJ 算法 n 次,其时间复杂度为 $O(n^3)$。

习题

一、填空题

1. 已知一个无向图用邻接矩阵表示,第 i 个顶点的度是(　　　);已知一个有向图用邻接矩阵表示,第 i 个顶点的度是(　　　)。

2. 设无向图 G1 中顶点数为 n,那么 G1 至少有(　　　)条边,至多有(　　　)条边;设有向图 G2 中顶点数为 n,那么图 G2 至少有(　　　)条弧,至多有(　　　)条弧。

3. 图的深度优先遍历类似于树的(　　　)遍历,它所用到的数据结构是(　　　);图的广度优先遍历类似于树的(　　　)遍历,它所用到的数据结构是(　　　)。

4. 对于含有 n 个顶点和 e 条边的连通图,如果利用普里姆算法求最小生成树,则时间复杂度为(　　　);如果利用克鲁斯卡尔算法求最小生成树,则时间复杂度为(　　　)。

5. 如果一个有向图不存在(　　　),则该图的全部顶点可以排列成一个拓扑序列。

二、选择题

1. n 个顶点的无向完全图有(　　　)条边;n 个顶点的有向完全图有(　　　)条弧。

　　(A) n(n−1)/2　　　(B) n(n−1)　　　(C) n(n+1)/2　　　(D) n^2

2. G 是一个非连通无向图,共有 28 条边,则该图至少有(　　　)个顶点。

　　(A) 6　　　　　　(B) 7　　　　　　(C) 8　　　　　　(D) 9

3. 判定一个有向图是否存在回路除了可以利用拓扑排序方法外,还可以用(　　　)。

　　(A) 广度优先遍历法　　　　　　　　(B) 深度优先遍历法

　　(C) 求关键路径法　　　　　　　　　(D) 求最短路径法

4. 最小生成树指的是(　　　)。

　　(A) 由连通网所得到的边数最少的生成树

　　(B) 由连通网所得到的顶点数相对较少的生成树

　　(C) 连通网中所有生成树中权值之和为最小的生成树

　　(D) 连通网的极小连通子图

5. 下列命题正确的是(　　　)。

　　(A) 一个图的邻接矩阵表示是唯一的,邻接表表示也是唯一的

　　(B) 一个图的邻接矩阵表示是唯一的,邻接表表示是不唯一的

　　(C) 一个图的邻接矩阵表示是不唯一的,邻接表表示是唯一的

　　(D) 一个图的邻接矩阵表示是不唯一的,邻接表表示也不唯一

三、问答题

1. n 个顶点的无向图,如果采用邻接矩阵存储,则:

(1) 如何计算图中有多少条边?

(2) 如何判断任意两个顶点 i 和 j 是否有边相连?

(3) 如何求解任意一个顶点的度是多少?

2. n 个顶点的无向图,如果采用邻接表存储,则:

(1) 如何计算图中有多少条边?

(2) 如何判断任意两个顶点 i 和 j 是否有边相连?

(3) 如何求解任意一个顶点的度是多少?

3. 在图 7-39 所示的 4 个无向图中:

(1) 找出所有的简单环;

(2) 判断哪些图是连通图? 对非连通图给出其连通分量;

(3) 判断哪些图是无环连通图(又称自由树),或无环非连通图(又称自由森林)?

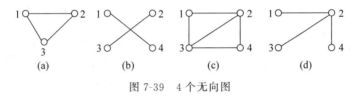

图 7-39　4 个无向图

4. 在图 7-40 所示的有向图中:

(1) 判断该图是强连通图吗? 如果不是,则给出其强连通分量;

(2) 找出所有的简单路径及简单回路;

(3) 计算每个顶点的度、入度和出度。

5. 在图 7-41 所示的连通图中:

(1) 画出其邻接矩阵和邻接表;

(2) 如果从顶点 v_0 出发对该图进行遍历,分别给出一个按深度优先遍历和广度优先遍历的顶点序列。

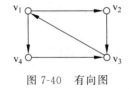

图 7-40　有向图

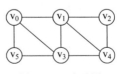

图 7-41　连通图

四、应用题

1. 图 7-42 所示是一个无向网,请分别按普里姆算法和克鲁斯卡尔算法求其最小生成树。

2. 图 7-43 所示是一个有向网,利用迪杰斯特拉算法求其从 v_0 到其他各顶点的最短路径。

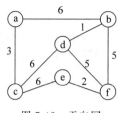

图 7-42 无向网

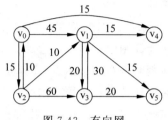

图 7-43 有向网

3. 图 7-44 所示是一个 AOV 网,求出其所有拓扑序列。

4. 图 7-45 所示是一个 AOE 网,代表的一项工程:

(1) 求出所有事件的最早开始时间和最迟开始时间;

(2) 求出所有活动的最早发生时间和最迟发生时间;

(3) 求出工程完成的最短时间;

(4) 求出关键活动。

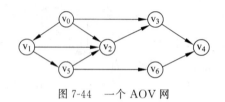

图 7-44 一个 AOV 网

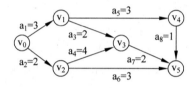

图 7-45 代表一项工程的 AOE 网

5. 有 n 个选手参加的单循环比赛,要进行多少场比赛? 试用图结构描述。 如果是主客场制的联赛,又要进行多少场比赛?

五、算法设计题

1. 试设计一个算法:对一个以邻接表表示的含有 n 个顶点和 e 条弧的有向图 G,求解其每个顶点的度。

2. 试设计一个算法:输出无向图 G 中从顶点 v_i 到 v_j 的长度为 length 的所有简单路径。

3. 试设计一个算法:将一个无向图的邻接矩阵转换为邻接表。

4. 试设计一个算法:基于深度优先遍历算法,判断以邻接表存储的有向图中是否存在由顶点 v_i 到 v_j 的路径($i \neq j$)。

5. 试设计一个算法:判断无向图 G 是否连通;如果连通,则返回 1;否则返回 0。

## 第 8 章

查　找

主要知识点

- 基于静态查找表的查找方法及性能分析。
- 基于动态查找表的查找方法及性能分析。
- 哈希表的构造及基于哈希表的查找方法和性能分析。

在日常生活中,人们几乎每天都要进行查找工作。例如,在字典中查找某个字的读音和含义,在电话号码簿中查找某人的电话号码等。查找也是数据处理领域中使用最频繁的一种基本操作。例如,编译器对源程序中变量名的管理、数据库系统的信息维护等。当问题所涉及的数据量相当大时,查找方法的效率就显得格外重要,在一些实时查询系统中尤其如此。

8.1　查找的基本概念

在查找和排序问题中,通常将数据元素称为记录(Record)。涉及的记录类型定义如下:

```
typedef struct {
    ElemType key;                    // 关键字项
    InfoType otherinfo;              // 其他数据项,InfoType 依赖于具体应用
} RedType;
```

1. 查找表

查找表(Search Table)是由同一类型的记录构成的集合。由于"集合"中树记录之间的关系进行限定,因此在实现时可以根据实际应用对查找操作的要求及记录附加各种约束关系。对查找表经常进行的操作有:

- 查询某个"特定的"记录是否在表中;
- 检索某个"特定的"记录的各种属性;
- 在查找表中插入一个记录;
- 在查找表中删除某个记录。

2. 查找分类

1)静态查找

不涉及插入和删除操作的查找称为静态查找(Static Search),静态查找在查找失败时只返回一个不成功标志,查找的结果不改变查找表。

静态查找适用场合：查找表一经生成只对其进行查找，而不进行插入和删除操作；或经过一段时间的查找之后，集中进行插入和删除等修改操作。

2）动态查找

涉及插入和删除操作的查找称为动态查找（Dynamic Search），动态查找在查找失败时需要将被查找的记录插入到查找表中，查找的结果可能会改变查找表。

动态查找适用场合：查找与插入和删除在同一个阶段进行，例如在某些问题中，当查找成功时，要删除查找到的记录；当查找不成功时，要插入被查找的记录。

3. 关键字

关键字（Key）又称关键码，是记录中某个数据项的值，用它可以标识一个记录。如果关键字可以唯一标识一个记录，则称此关键字为主关键字（Primary Key）；反之，用于识别若干记录的关键字称为次关键字（Secondary Key）。

4. 查找

查找（Searching）是根据给定的某个值，在查找表中确定一个其关键字等于给定值的记录。如果表中存在这个记录，则称查找成功，此时查找结果会给出整个记录的信息，或指示其在查找表中的位置；如果表中不存在这个记录，则称查找失败，此时查找结果可以给出一个"空"记录或"空"指针。

5. 查找结构

一般而言，各种数据结构都会涉及查找操作，如前面介绍的线性表、树与图等。在这些数据结构中，查找操作并没有作为主要操作考虑，其实现服从于数据结构。但在某些应用中，查找操作是最主要的操作，为了提高查找效率，需要专门为查找操作设置数据结构，这种面向查找操作的数据结构称为查找结构（Search Structure）。

本章讨论的查找结构有静态查找表、动态查找表和哈希表。

6. 平均查找长度

查找运算的主要操作是将记录的关键字与给定值进行比较，其执行时间通常取决于关键字的比较次数。因此，常以关键字与给定值进行比较的平均次数作为衡量查找算法效率优劣的标准。为了确定要查找的记录位置，与给定值进行比较的关键字个数的期望值称为查找算法在查找成功时的平均查找长度（Average Search Length，ASL）。

对于含有 n 个记录的查找表，查找成功的平均查找长度由式（8-1）表示：

$$ASL = \sum_{i=1}^{n} p_i c_i \tag{8-1}$$

其中：p_i 是查找第 i 个记录的概率；如果不特别声明，则认为每个记录的查找概率相等，即 $p_1 = p_2 \cdots = p_n = 1/n$。$c_i$ 是查找第 i 个记录所需要的关键字比较次数。

显然，c_i 与算法密切相关，决定于算法；p_i 与算法无关，决定于具体应用。如果 p_i 是已知的，则平均查找长度 ASL 只是问题规模 n 的函数。

对于查找不成功的情况，平均查找长度即为查找失败对应的关键字比较次数。查找算法总的平均查找长度应该为查找成功与查找不成功两种情况下查找长度的平均。但在实际应用中，查找成功的可能性比查找不成功的可能性大得多，特别是查找表中的记录个数很多时，查找不成功的概率可以忽略不计。在本章的各节中，仅讨论查找成功时的平均查找长度和查找不成功的比较次数，但哈希表除外。

8.2 静态查找表

静态查找表的特点是：表结构在查找之前已生成。如果表中存在关键字等于给定值的记录,则查找成功并返回其在表中位置；否则给出相应信息。静态查找可以采用顺序查找技术、折半查找技术和分块查找技术。在表的组织方式中,静态查找表是最简单的一种。

8.2.1 静态查找表的类型定义

静态查找表的抽象数据类型定义如下：

```
ADT StaticSearchTable {
    Data:
        具有相同特性的数据元素集合.各个元素均含有类型相同、可唯一标识元素的关键字。
    Relation:
        数据元素同属于一个集合。
    Operation:
        Create(&ST,n)
            操作结果：构造一个含 n 个元素的静态查找表 ST。
        Destroy(ST)
            初始条件：静态查找表 ST 已存在。
            操作结果：销毁静态查找表 ST。
        Search(ST,k)
            初始条件：静态查找表 ST 已存在,k 为和关键字类型相同的给定值。
            操作结果：如果 ST 中存在其关键字等于 k 的元素,则函数值为该元素的值或在表中
                     的位置,否则为"空"或"0"。
        Traverse(ST)
            初始条件：静态查找表 ST 已存在。
            操作结果：按某种次序输出静态查找表 ST 的每个元素。
} ADT StaticSearchTable
```

静态查找表可以用顺序表或线性链表表示,本节中只讨论它在顺序存储结构模块中的实现,读者可以自己完成在线性链表模块中实现的情况。设静态查找表采用顺序存储结构,其类型定义如下：

```
typedef struct {
    RedType * r;                              // 基址,建表时按实际值分配,r[0]空
    int      length;                          // 表长
} SSTable;
```

8.2.2 顺序表的查找

以顺序表表示的静态查找表可以采用顺序查找(Sequential Search)技术,这是一种最基本、最简单的查找方法。

（1）算法设计

从顺序表的一端向另一端逐个将关键字与给定值进行比较：如果相等,则查找成功,返回该记录在表中位置；如果未找到与给定值相等的关键字,则查找失败,返回 0。

为了提高查找速度,算法中设置"哨兵"。哨兵就是待查值,将它放在查找方向的"尽头"处,免去了在查找过程中每一次比较之后都要判断查找位置是否越界,从而节省时间。实践证明,这个改进在表长大于 1000 时,进行一次顺序查找的时间几乎减少一半。

例 8-1 已知一个顺序表中记录的关键字如图 8-1 所示。采用顺序查找技术:当给定值 k 是 24 时,查找成功,返回 3;当给定值 k 是 64 时,查找失败,返回 0。

图 8-1 顺序表及其顺序查找

(2) 算法描述

算法 8-1

```
int Search_Seq(SSTable ST,ElemType k) {
// 在顺序表 ST 中顺序查找关键字等于 k 的记录;若找到则返回其在表中位置,否则返回 0
    ST.r[0].key = k;                        // ST.r[0]为"哨兵"
    i = ST.length;
    while(ST.r[i].key!= k) -- i;
    return i;
}                                           // Search_Seq
```

(3) 算法分析

对于具有 n 个记录的顺序表,查找第 i 个记录时,需要进行 $n-i+1$ 次关键字的比较。如果设每个记录的查找概率相等,即 $p_i = 1/n(1 \leqslant i \leqslant n)$,则在查找成功时,顺序查找的平均查找长度为:

$$\text{ASL} = \sum_{i=1}^{n} p_i c_i = \sum_{i=1}^{n} p_i(n-i+1) = \frac{1}{n}\sum_{i=1}^{n}(n-i+1) = \frac{n+1}{2}$$

在查找不成功时,关键字的比较次数是 $n+1$ 次。

在许多情况下,查找表中每个记录的查找概率是不相等的。为了提高查找效率,可以在每个记录中附设一个访问频度域,并使表中的记录始终保持按照访问频度非递减的次序排列,使得查找概率大的记录在查找过程中不断向后移,以便在以后的查找中减少比较次数,从而提高查找效率。

顺序查找技术的优点是算法简单且适用面广,且对表的结构没有任何要求,无论是顺序表还是线性链表,无论记录是否按关键字有序,均可以应用;缺点是平均查找长度较大,当查找规模很大时,查找效率较低。

8.2.3 有序表的查找

以有序表表示的静态查找表可以采用折半查找(Binary Search)技术,这是一种对静态有序表效率较高的查找方法,也称二分查找技术。

(1) 算法设计

设有序表为递增有序。取表的中间记录作为比较对象,如果给定值与中间记录的关键字相等,则查找成功,返回该记录在表中位置;如果给定值小于中间记录的关键字,则在中间记录的左半区继续查找;如果给定值大于中间记录的关键字,则在中间记录的右半区继续查找。不断重复上述过程,直到查找成功;或未找到与给定值相等的关键字,则查找失败,返回 0。图 8-2 给出了其查找思想。

$$\underbrace{[\,r_1 \cdots r_{mid-1}\,]}_{} \quad \overset{k}{\underset{\vdots}{r_{mid}}} \quad \underbrace{[\,r_{mid+1} \cdots r_n\,]}_{} \qquad (mid = (1+n)/2)$$

如果 $k < r_{mid}$ 查找左半区   如果 $k > r_{mid}$ 查找右半区

图 8-2 折半查找

例 8-2 已知一个有序表中记录的关键字如图 8-3(a)所示。采用折半查找技术:当给定值 k 是 18 时,查找成功,返回 3,如图 8-3(b)所示;当给定值 k 是 39 时,查找失败,返回 0,如图 8-3(c)所示。

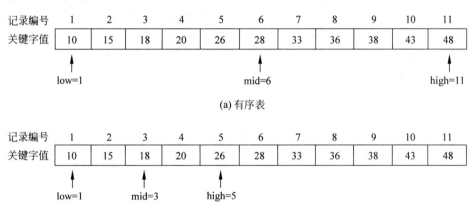

(a) 有序表

(b) k=18时查找成功

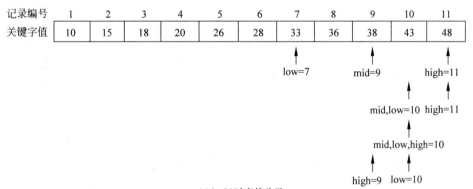

(c) k=39时查找失败

图 8-3 有序表及其折半查找

（2）算法描述

算法 8-2

```
int Search_Bin(SSTable ST,ElemType k) {
// 在有序表 ST 中折半查找关键字等于 k 的记录;若找到则返回其在表中位置,否则返回 0
```

```
        low = 1; high = ST.length;                    // 设置查找区间初值
        while(low <= high) {
            mid = (low + high)/2;
            if(k == ST.r[mid].key) return mid;        // 查找成功,返回记录在表中的位置
            else if(k < ST.r[mid].key) high = mid - 1;
            else low = mid + 1;
        }
        return 0;                                     // 查找失败,返回 0
    }                                                 // Search_Bin
```

（3）算法分析

从折半查找的过程看,以有序表的中间记录作为比较对象,并以中间记录将表分割为两个子表,对子表继续这种操作。所以,对表中每个记录的查找过程可以使用二叉树来描述,树中的每个结点对应有序表中的一个记录,结点中的值为该记录在表中的位置。通常称这个描述折半查找过程的二叉树为折半查找判定树（BiSearch Decision Tree）。

长度为 n 的折半查找判定树的构造为：当 n＝0 时,折半查找判定树为空;当 n＞0 时,折半查找判定树的根结点是有序表中序号为 mid＝(n+1)/2 的记录,根结点的左子树是与有序表 r[1]～r[mid-1]相对应的折半查找判定树,根结点的右子树是与有序表 r[mid+1]～r[n]相对应的折半查找判定树。图 8-4 给出了例 8-2 中的有序表 11 个元素的折半查找判定树及查找关键字 18 的过程。

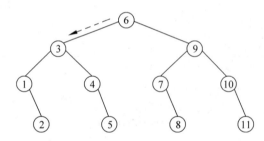

图 8-4　描述折半查找过程的判定树及查找 18 的过程

折半查找判定树具有如下性质：

- 任意两棵折半查找判定树,如果它们的结点个数相同,则它们的结构完全相同;
- 具有 n 个结点的折半查找判定数的深度为$\lfloor \log_2 n \rfloor+1$;
- 任一结点的左右子树中的结点个数最多相差 1;
- 任一结点的左右子树的深度最多相差 1;
- 任意两个叶子所处的层次最多相差 1。

可以看到：当查找成功时,恰是折半查找判定树中从根到该结点的路径,和给定值进行比较的关键字个数为该路径上的结点数或该结点在判定树上的层次数。类似地,找到有序表中任一记录的过程就是走了一条从根结点到与该记录相应的结点的路径,和给定值进行比较的关键字个数恰为该结点在判定树上的层次数。因此,折半查找方法在查找成功时进行比较的关键字个数最多不超过树的深度,而具有 n 个结点的判定树的深度为$\lfloor \log_2 n+1 \rfloor$（判定树不是完全二叉树,但它的叶子结点所在层次之差最多为 1,则 n 个结点的判定树的深度和 n 个结点的完全二叉树的深度相同）。所以,折半查找在查找成功时和给定值进行比较的关键字个数至多为$\lfloor \log_2 n+1 \rfloor$。

如果在图 8-4 所示的判定树中所有结点的空指针域上加上一个指向方形结点的指针，如图 8-5 所示(其中，圆形结点称为内部结点，方形结点称为外部结点)，那么折半查找时查找不成功的过程就是走了一条从根结点到外部结点的路径，和给定值进行比较的关键字个数等于路径上内部结点个数。例如，查找 39 的过程即为走了一条从根到外部结点 9-10 的路径。因此，折半查找在查找不成功时和给定值进行比较的关键字个数最多也不超过 $\lfloor \log_2 n+1 \rfloor$。

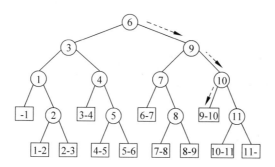

图 8-5　加上外部结点的折半查找判定树及查找 39 的过程

现在来看看折半查找的平均查找长度是多少。

为便于讨论，以深度为 k 的满二叉树($n=2^k-1$)为例。设表中每个记录的查找概率相等，即 $p_i=1/n(1 \leqslant i \leqslant n)$，而树的第 i 层上有 2^{i-1} 个结点，折半查找的平均查找长度为：

$$ASL = \sum_{i=1}^{n} p_i c_i = \frac{1}{n} \sum_{j=1}^{k} j \times 2^{j-1} = \frac{1}{n}(1 \times 2^0 + 2 \times 2^1 + \cdots + k \times 2^{k-1})$$

$$= \frac{n+1}{n} \log_2(n+1) - 1$$

对任意 n，当 n 较大($n>50$)时，平均查找长度有近似结果：

$$ASL \approx \log_2(n+1) - 1$$

折半查找技术的优点是比顺序查找的平均查找长度小且查找速度快；缺点是只限于顺序有序表，不适于线性链表。

为了保持表的有序性，在顺序表中插入和删除都必须移动大量的结点。因此，折半查找特别适用于一经建立就很少改动而又经常需要查找的线性表。对那些查找少而又经常需要改动的线性表，可以采用线性链表进行顺序查找。

8.2.4　索引顺序表的查找

以索引顺序表表示的静态查找表，可以采用分块查找(Blocking Search)技术，这是一种对顺序查找改进的方法，也称索引顺序查找技术。

(1) 算法设计

按照表内记录的某种属性把表分成 n($n>1$)个块(子表)，并建立一个相应的"索引表"，索引表中的每个元素对应一个块，其中包括该块内最大的关键字值和块中第一个记录的位置；且后一个块中所有记录的关键字值都应该比前一个块中所有记录的关键字值大，而在一个块内关键字值的大小可以无序。由于查找表分块有序，则索引表为有序表。索引表的类型定义如下：

```
typedef struct {
    ElemType    key;                          // 块内最大关键字值
    int         stadr;                        // 块中第一个记录的位置
} IndexItem;
typedef struct {
    IndexItem   * elem;                       // 索引数组,0 号单元不用
    int          length;
} IndexTable;
```

首先在索引表中进行折半查找或顺序查找,以确定待查记录"所在块";然后在已限定的那一块中进行顺序查找。因为由索引项组成的索引表按关键字有序,所以确定块的查找可以采用顺序查找,也可以采用折半查找;又因为块中的记录可以是任意排列的,所以在块内的查找只能采用顺序查找。故分块查找的算法即为顺序查找和折半查找的简单合成。

例 8-3　已知一个索引顺序表中记录的关键字如图 8-6 所示,该表分成 3 块,每个块中有 5 个记录。在索引表中有序存放着每块的最大关键字值 33、66、99。采用分块查找技术,当给定值 k 是 50 时:

① 将 k 与索引表中各块最大关键字值进行比较,由于 33<k<66,因此可以确定 k 在第 2 个块中;

② 由于 k 所在块的"地址指针"指向块内第一个记录,即 ST.r[6],因此查找记录应该在表中 ST.r[6] 和 ST.r[10] 之间;

③ 给定值 k=ST.r[7].key,查找成功,返回 7。

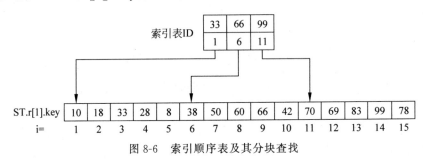

图 8-6　索引顺序表及其分块查找

(2) 算法描述

算法 8-3

```
int Search_Idx(SStable ST, IndexTable ID, ElemType k) {
// 在索引顺序表 ST 中分块查找关键字等于 k 的记录;若找到则返回其在表中位置,否则返回 0
    low = 1; high = ID.length;                // 设置查找块区间初值
    found = 0;                                // 查找块标志:为 1 找到,为 0 未找到
    while((low <= high)&&(!found)) {          // 折半查找索引表 ID,确定查找块区间
        mid = (low + high)/2;
        if(k < ID.elem[mid].key) high = mid - 1;
        else if(k > ID.elem[mid].key) low = mid + 1;
        else {                                // 找到查找块
            found = 1;
            low = mid;
        }
    }
```

```
    s = ID. elem[low]. stadr;                      // 下一步的查找范围定位在第 low 块
    if(high < ID. length) t = ID. elem[low + 1]. stadr - 1;
    else t = ST. length
    if(ST. r[t]. key == k) return t;               // 找到待查记录,返回其在表中位置
    else {                                         // 在 ST. r[s.. t]中进行顺序查找
        ST. r[0] = ST. r[t + 1];
        ST. r[t + 1]. key = k;
        for(p = s; ST. r[p]. key!= k; p++);
        ST. r[t + 1] = ST. r[0];
        if(p!= (t + 1)) return k;
        else return 0;
    }
}                                                  // Search_Idx
```

（3）算法分析

分块查找是两次查找过程,整个查找过程的平均查找长度是两次查找平均查找长度之和。将具有 n 个记录的索引顺序表分成 b 块,第 1 块至第 b−1 块的记录个数均为 s＝⌈n/b⌉,第 b 块的记录个数等于或小于 s；如果表中每个记录的查找概率相等,则每个块的查找概率为 1/b,块中每个记录的查找概率为 1/s。

① 如果以顺序查找来确定块,则分块查找成功时的平均查找长度为

$$\text{ASL} = \sum_{j=1}^{b} p_j c_j + \sum_{i=1}^{s} p_i c_i = \frac{1}{b} \sum_{j=1}^{b} j + \frac{1}{s} \sum_{i=1}^{s} i = \frac{b+1}{2} + \frac{s+1}{2} = \frac{1}{2} \left(\frac{n}{s} + s \right) + 1$$

因此,此时的平均查找长度不仅与表长 n 有关,而且和每一块中的记录个数 s 有关。在给定 n 的前提下,s 是可以选择的。容易证明,当 s＝$n^{1/2}$ 时,平均查找长度得到最小值 $n^{1/2} + 1$。此值比顺序查找有了很大改进,但远不及折半查找。

② 如果以折半查找来确定块,则分块查找成功时的平均查找长度为

$$\text{ASL} \approx \log_2 \left(\frac{n}{s} + 1 \right) + \frac{s}{2}$$

在实际应用中,分块查找不一定要将线性表分成大小相等的若干块,可以根据表的特征进行分块；例如,一个学校的学生登记表就可以按照系号或班号分块。另外,每一块既可以放在不同的顺序表中,也可以存放在一个链表中。

分块查找技术的优点是在表中插入或删除一个记录时,只要找到该记录所属的块,就可以只在该块内进行插入和删除运算。因为块内记录的存放是任意的,所以插入或删除比较容易,不需要移动大量记录。缺点是增加了一个存放索引表的辅助数组存储空间以及将初始表分块排序的运算。

8.3　动态查找表

动态查找表的特点是：表结构是在查找过程中动态生成的,即如果表中存在其关键字等于给定值的记录,则查找成功返回；否则插入给定值对应的记录。在静态查找表中,折半查找效率最高,其时间复杂度为 $O(\log_2 n)$；但维护表有序性的时间复杂度为 $O(n)$,这对于一个大型查找表来说,效率就太低了。

8.3.1　动态查找表的类型定义

动态查找表的抽象数据类型定义如下：

```
ADT DynamicSearchTable {
    Data:
        具有相同特性的数据元素的集合,各个元素均含有类型相同,可唯一标识元素关键字。
    Relation:
        数据元素同属于一个集合。
    Operation:
        InitDSTable(&DT)
            操作结果:构造一个空动态查找表 DT。
        DestroyDSTable(DT)
            初始条件:动态查找表 DT 已存在。
            操作结果:销毁动态查找表 DT。
        SearchDSTable(DT,k)
            初始条件:动态查找表 DT 已存在,k 为和关键字类型相同的给定值。
            操作结果:如果 DT 中存在其关键字等于 k 的元素,则函数值为该元素的值或在表中
                    的位置,否则为"空"。
        InsertDSTable(&DT,e)
            初始条件:动态查找表 DT 已存在,e 为待插入的元素。
            操作结果:如果 DT 中不存在其关键字等于 e.key 的元素,则插入 e 到 DT。
        DeleteDSTable(&DT,k)
            初始条件:动态查找表 DT 已存在,k 为和关键字类型相同的给定值。
            操作结果:如果 DT 中存在其关键字等于 k 的元素,则删除。
        TraverseDSTable(DT)
            初始条件:动态查找表 DT 已存在。
            操作结果:按某种次序输出动态查找表 DT 的每个元素。
} ADT DynamicSearchTable
```

动态查找表可以有不同的表示方法,如果要对动态查找表进行高效率查找,在本节中将讨论以几种特殊的二叉树结构表示时的实现方法。

8.3.2　二叉排序树和平衡二叉树

1. 二叉排序树

二叉排序树(Binary Sort Tree)又称二叉查找树,它或者是一棵空的二叉树,或者是具有下列性质的二叉树：

（1）如果其左子树不空,则左子树上所有结点的值均小于根结点的值;

（2）如果其右子树不空,则右子树上所有结点的值均大于根结点的值;

（3）其左右子树也都是二叉排序树。

从上述定义可以看出,二叉排序树是记录之间满足一定次序关系的二叉树,中序遍历二叉排序树可以得到一个按关键字有序的序列。例如前面讨论的折半查找判定树就是一棵二叉排序树。图 8-7 给出了两棵二叉排序树。

设动态查找表采用二叉链表存储结构,其类型定义如下：

```
tyepdef struct BSTNode {
    RedType         data;                    // 数据域
```

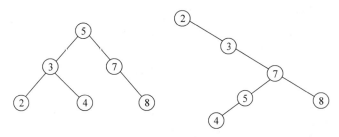

图 8-7 两棵二叉排序树

```
    struct BSTNode    * lchild, * rchild;              // 左、右孩子指针域
} BSTNode;
typedef BSTNode * BSTree;
```

1）二叉排序树的查找

（1）算法设计

设在二叉排序树中查找关键字等于 k 的记录结点。由于二叉排序树定义的递归性，因此可以采用递归方式完成查找。递归模型如下：

基本项：当二叉排序树是空树时，查找失败，返回空指针；当 k 等于根记录结点的关键字时，查找成功，返回该结点指针。

归纳项：当 k 小于根记录结点的关键字时，在左子树中继续查找；否则在右子树中继续查找。

在二叉排序树上进行查找，和折半查找类似，也是一个逐步缩小查找范围的过程。

（2）算法描述

算法 8-4

```
BSTNode SearchBST(BiTree T,ElemType k) {
// 在二叉排序树 T 上查找关键字为 k 的结点：若成功,则返回该结点指针；若失败,则返回空指针
    if(T == NULL) return NULL;
    else if(k == T -> data.key) return T;
    else if(k < T -> data.key) return SearchBST(T -> lchild,k);
    else return SearchBST(T -> rchild,k);
}                                          // SearchBST
```

2）二叉排序树的插入

（1）算法设计

二叉排序树的结构通常不是一次生成的，而是在查找过程中，当树中不存在关键字等于给定值的记录结点时再进行插入。新插入的结点一定是一个新添加的叶子结点，且是在查找不成功时查找路径上访问的最后一个结点的左孩子或右孩子。

设在二叉排序树中插入关键字等于 k 的记录结点指针为 p。由于二叉排序树定义的递归性，可以采用递归方式完成插入。递归模型如下：

基本项：当二叉树为空时，将 p 所指向结点作为根结点插入；当 p 所指向结点关键字等于根结点关键字时，给出相应信息。

归纳项：当 p 所指向结点关键字小于根结点关键字时，将其插入到根结点的左子树中；当 p 所指向结点关键字大于根结点关键字时，将其插入到根结点的右子树中。

当找到插入位置后,在二叉排序树中插入结点的操作只是修改相应指针,而不需要移动其他记录。这表明,二叉排序树既拥有类似于折半查找的特性,又采用了链式存储结构,具有较高的插入效率,因此是动态查找表的一种适宜表示。

（2）算法描述

算法 8-5

```
void InsertBST(BSTree &T, RedType r) {
// 若二叉排序树 T 中不存在关键字 r.key 的记录,则插入 r; 否则给出相应信息
    if(!(SearchBST(T, r.key))) {
        s = new BSTNode;
        s -> data = r;
        s -> lchild = NULL;
        s -> rchild = NULL;
        Insert(T, s);
    }
} // InsertBST

void Insert(BSTree &T, BSTNode * p) {
// 在二叉排序树 T 上插入 p 结点,
    if(T == NULL) p = T;
    else if(p -> data.key == T -> data.key) Error("已有关键字相同结点,不再插入!")
    else if(p -> data.key < T -> data.key) Insert(T -> lchild, p);
    else Insert(T -> rchild, p);
} // Insert
```

3）二叉排序树的构造

（1）算法设计

从空树出发,经过一系列查找插入后,可以生成一棵二叉排序树。设 n 个待插记录存放在记录数组 r[n] 中,依次取出每一个记录 r[i],重复执行：创建一个数据域为 r[i] 的结点,并令该结点的左右指针域均为空；调用算法 8-5,将该结点插入到二叉排序树中。

按照二叉排序树定义可知,中序遍历二叉排序树可以得到一个关键字的有序序列。这也就是说,一个无序序列可以通过构造一棵二叉排序树而变成一个有序序列,其构造过程即为对无序序列进行排序的过程。

例 8-4 设待插记录的关键字序列为 {63, 90, 70, 55, 67, 42, 98},从空树开始建立二叉排序树的过程如图 8-8 所示。

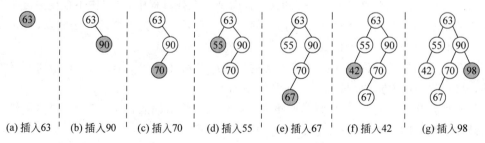

(a) 插入63　(b) 插入90　(c) 插入70　(d) 插入55　(e) 插入67　(f) 插入42　(g) 插入98

图 8-8　二叉排序树的构造示例

（2）算法描述

算法 8-6

```
void CreateBST(BSTree &T, RedType r[], int n) {
// 由 n 个待插记录组成的数组 r[]构造二叉排序树 T
    for(i = 0; i < n; ++i) {
        s = new BSTNode;
        s->data = r[i];
        s->lchild = NULL;
        s->rchild = NULL;
        InsertBST(T, s);
    }
} // CreateBST
```

4）二叉排序树的删除

（1）算法设计

对于一般二叉树,删除树中一个结点是没有意义的,因为它将使以被删结点为根的子树成为森林,破坏了整棵树的结构。但对于二叉排序树,删除树中一个结点相当于删除有序序列中的一个记录,只要在删除某个结点后依旧保持二叉排序树特性即可。

不失一般性,设待删除结点为 p,其双亲结点为 f,按 p 的孩子数目可以分三种情况进行删除处理。令 P_L 和 P_R 分别表示 p 结点的左子树和右子树:

① p 结点为叶子,p 既没有左子树也没有右子树。

如果 p 是 f 的左孩子,则只需要将 p 的双亲 f 的左指针域设为空,如图 8-9(a)所示;如果 p 是 f 的右孩子,则只需要将 p 的双亲 f 的右指针域设为空,如图 8-9(b)所示。

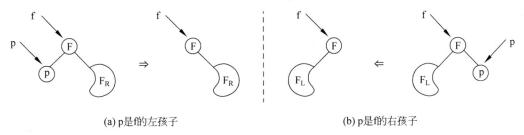

(a) p是f的左孩子   (b) p是f的右孩子

图 8-9　情况①——被删除结点是叶子结点

② p 结点只有左子树 P_L 或右子树 P_R。

如果 p 是 f 的左孩子,则只需要将 P_L 或 P_R 直接置为其双亲 f 的左子树,如图 8-10(a)所示;如果 p 是 f 的右孩子,则只需要将 P_L 或 P_R 直接置为其双亲 f 的右子树,如图 8-10(b)所示。

③ p 结点的左子树 P_L 和右子树 P_R 均非空。

一个比较好的方法是从某个子树中找出一个结点,其值能代替 p 的值,这样就可以用该结点的值去替换 p 结点的值,然后再删除该结点。那么引出的问题是:什么结点的值能代替 p 结点的值呢? 由于必须在使二叉排序树的结构不发生巨大变化的同时保持二叉排序树的性质,因而不是任意一个值都可以替换 p 结点的值,该值应该是大于 p 结点值的最小者,或者小于 p 结点值的最大者。

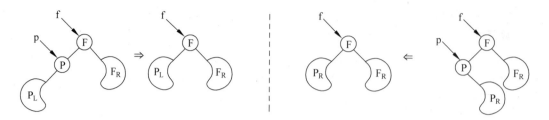

(a) p是f的左孩子

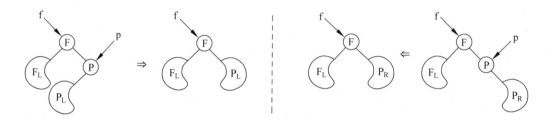

(b) p是f的右孩子

图 8-10　情况②——被删除结点只有左子树或右子树

　　首先,寻找 p 结点的中序后继 q(大于 p 结点值的最小者),并在查找过程中用 fq 作为 q 结点的双亲进行跟踪;p 结点的中序后继 q 一定是其右子树中最左下面的结点,即它无左子树。然后,将删除 p 结点的操作转换为删除 q 结点的操作,即在释放 q 结点之前将其数据复制到 p 结点中,就相当于删除了 p 结点。删除过程如图 8-11(a)和(b)所示。

　　当找到删除位置后,在二叉排序树中删除结点的操作的时间依赖于寻找被删除结点的中序后继的操作。

　　例 8-5　已知一个关键字序列为{19,14,22,01,66,21,83,27,56,13,10,50}。按照给定关键字输入次序建立的二叉排序树如图 8-12(a)所示,插入关键字为 24 的记录结点之后对应的二叉排序树如图 8-12(b)所示,删除关键字为 22 的记录结点之后对应的二叉排序树如图 8-12(c)所示。

　　(2) 算法描述

　　算法 8-7

```
void DeleteBST(&T, ElemType, k) {
// 若二叉排序树 T 中存在关键字等于 k 的记录,则删除该记录结点; 否则给出相应信息
    parent = NULL; p = T;                    // parent 指向 p 的双亲,初始值为空
    while(p) {                               // 从根开始查找关键字为 k 的待删结点
        if(k == p -> data.key) break;        // 已找到,跳出查找循环
        parent = p;
        if(k < p -> data.key) p = p -> lchild;
        else p = p -> rchild;
    }
    if(!p) Error("关键字等于 k 的记录不存在!")
    else Delete(T, p, parent);
}                                            // DeleteBST
```

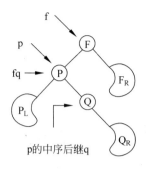
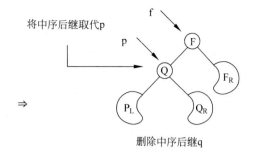

将中序后继取代p

p的中序后继q

删除中序后继q

(a) p的右孩子是p的中序后继

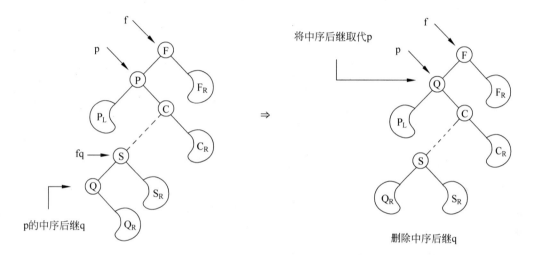

将中序后继取代p

p的中序后继q

删除中序后继q

(b) p的右子树中最左下面的结点是p的中序后继

图 8-11　情况③——被删除结点既有左子树又有右子树

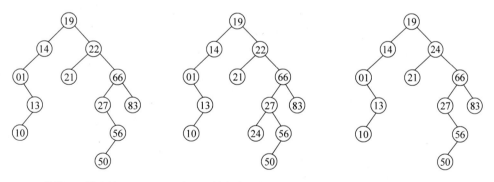

(a) 构造二叉排序树　　(b) 插入关键字为24的记录结点　　(c) 删除关键字为22的记录结点

图 8-12　二叉排序树的构造及结点插入和删除示例

```
void Delete(BSTree &T, BSTNode * p, BSTNode * f) {
// 在二叉排序树 T 上删除 p 结点, f 是 p 的双亲
    if(!(p - > lchild)&&!(p - > rchild)) {              // 情况(1): 叶子结点
        if(f - > lchild == p) f - > lchild = NULL;
```

```
            else   f -> rchild = NULL;
            delete p;
        }
        else if(!(p -> rchild)) {                    // 情况(2) - (a)：只有左子树
            if(f -> lchild == p) f -> lchild = p -> lchild;
            else   f -> rchild = p -> lchild;
            delete p;
        }
        else if(!(p -> lchild)) {                    // 情况(2) - (b)：只有右子树
            if(f -> lchild == p) f -> lchild = p -> rchild;
            else   f -> rchild = p -> rchild;
            delete p;
        }
        else {                                       // 情况(3)：左右子树均不空
            fq = p;
            q = p -> rchild;
            while(q -> lchild!= NULL) {               // 寻找 p 结点的中序后继结点
                fq = q;
                q = q -> lchild;
            }
            p -> data = q -> data;
            if(fq == p) fq -> rchild = q -> rchild;    // 处理情况(3)中的(a)
            else fq -> lchild = q -> rchild;           // 处理情况(3)中的(b)
            delete q;
        }
    }                                                // Delete
```

5）二叉排序树的查找性能分析

在二叉排序树上查找关键字等于给定值结点的过程，恰好走了一条从根到该结点的路径，和给定值的比较次数等于给定值结点在二叉排序树中的层数，比较次数最少为 1 次（即整个二叉排序树的根结点就是待查结点），最多不超过树的深度，和折半查找类似。

但是，长度为 n 的判定树是唯一的，而含有 n 个结点的二叉排序树却不唯一，且其形状取决于各个记录插入到二叉排序树的先后顺序。例如，图 8-13(a)和(b)所示的两棵二叉排序树中的结点值均相同。

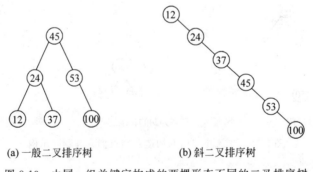

(a) 一般二叉排序树   (b) 斜二叉排序树

图 8-13　由同一组关键字构成的两棵形态不同的二叉排序树

图 8-13(a)所示树插入的关键字序列为(45，24，53，12，37，100)，树的深度为 3。在等概率假设下，平均查找长度为

$$\text{ASL}_{(a)} = \sum_{i=1}^{n} p_i c_i = \frac{1+2+2+3+3+3}{6} = \frac{14}{6}$$

图 8-13(b)所示树插入的关键字序列为(12，24，37，45，53，100)，树的深度为 6。在等概率假设下，平均查找长度为

$$\text{ASL}_{(b)} = \sum_{i=1}^{n} p_i c_i = \frac{1+2+3+4+5+6}{6} = \frac{21}{6}$$

（1）平均时间性能

如果二叉排序树形态是均匀的(称为平衡)，则有 n 个结点的二叉排序树的深度为 $\lfloor \log_2 n \rfloor + 1$，其平均查找长度和 $\log_2 n$ 成正比，近似于折半查找。如果二叉排序树是完全不均匀的(最坏情况下为一棵斜树)，则其深度可以达到 n，其平均查找长度和 $(n+1)/2$ 成正比，和顺序查找相同。一般地，二叉排序树的查找性能在 $O(\log_2 n)$ 和 $O(n)$ 之间。因此，为了获得较好的查找性能，就需要构造一棵平衡的二叉排序树。

（2）表的维护性能

就维护表的有序性而言，二叉排序树无须移动结点，只需要修改指针即可完成插入和删除操作，且其平均执行时间均为 $O(\log_2 n)$，因此更有效。折半查找所涉及的有序表是一个顺序表，如果有插入和删除结点的操作，则维护表的有序性所花费的时间代价是 $O(n)$。

2. 平衡二叉树

平衡二叉树(Balanced Binary Tree)又称 AVL 树，它或者是一棵空的二叉排序树，或者是具有下列性质的二叉排序树：

（1）根结点的左子树和右子树的深度最多相差 1；

（2）根结点的左子树和右子树也都是平衡二叉树。

如果二叉树上任一结点的左右子树深度均相同，例如满二叉树，则二叉树是完全平衡的。通常，只要二叉树深度为 $O(\log_2 n)$，就可以看作是平衡的。如果将二叉树上结点的平衡因子 BF(Balance Factor)定义为该结点左子树深度减去其右子树深度，则平衡二叉树上所有结点的平衡因子只可能是 -1、0 和 1。因此只要二叉树上有一个结点的平衡因子的绝对值大于 1，该二叉树就是不平衡的。最小不平衡子树(Minimal Unbalance Subtree)是指在平衡二叉树的构造过程中，以距离插入结点最近的，且平衡因子的绝对值大于 1 的结点为根的子树。

图 8-14(a)给出的是一棵 AVL 树，而图 8-14(b)给出的是一棵非 AVL 树，图中数字为该结点的平衡因子。

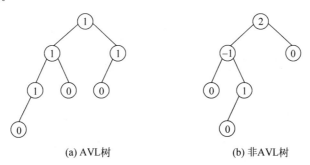

(a) AVL树   (b) 非AVL树

图 8-14 AVL 树与非 AVL 树

将平衡因子考虑到 AVL 树结点结构中,其类型定义如下:

```
typepdef struct BSTNode {
    RedType          data;
    int              bf;                        // 结点的平衡因子
    struct BSTNode   * lchild, * rchild;
} BSTNode;
typedef BSTNode * BSTree;
```

1) 平衡二叉树的调整规律

在构造二叉排序树的过程中,每当插入一个结点时,首先检查是否因插入而破坏了树的平衡性。如果是,则找出最小不平衡子树,在保持二叉排序树特性的前提下,调整最小不平衡子树中各结点之间的链接关系,进行相应的旋转,使之成为新的平衡子树。

一般情况下,设结点 A 为最小不平衡子树的根结点,对该子树进行平衡化调整的规律归纳起来有以下四种情况。

(1) LL 型平衡调整,又称单向右旋平衡处理。

图 8-15(a)为插入前的平衡二叉树。其中,B 为结点 A 的左子树的根结点,B_L、B_R 分别为结点 B 的左右子树,A_R 为结点 A 的右子树,且 B_L、B_R、A_R 三棵子树的深度均为 h。将结点 X 插在结点 B 的左子树 B_L 上,导致结点 A 的平衡因子由 1 变为 2,以结点 A 为根的子树失去了平衡,如图 8-15(b)所示。新插入的结点是插在结点 A 的左孩子的左子树上,属于 LL 型。

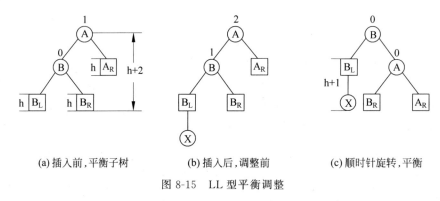

(a)插入前,平衡子树   (b)插入后,调整前   (c)顺时针旋转,平衡

图 8-15　LL 型平衡调整

此时,将支撑点由 A 改为 B,需要进行顺时针旋转。旋转后,结点 A 和 B_R 发生冲突,按照"旋转优先"原则,结点 A 成为结点 B 的右孩子,结点 B 的右子树 B_R 成为结点 A 的左子树,如图 8-15(c)所示。

(2) RR 型平衡调整,又称单向左旋平衡处理。

图 8-16(a)为插入前的平衡二叉树。其中,B 为结点 A 的右孩子,B_L、B_R 分别为结点 B 的左右子树,A_L 为结点 A 的左子树,且 B_L、B_R、A_L 三棵子树的深度均为 h。将结点 X 插入在结点 B 的右子树 B_R 上,导致结点 A 的平衡因子由 −1 变为 −2,以结点 A 为根的子树失去了平衡,如图 8-16(b)所示。新插入的结点是插在结点 A 的右孩子的右子树上,属于 RR 型。

此时,将支撑点由 A 改为 B,需要进行逆时针旋转。旋转后,结点 A 和结点 B 的左子树 B_L 发生冲突,按照"旋转优先"原则,结点 A 成为结点 B 的左孩子,结点 B 的左子树 B_L 成为结点 A 的右子树,如图 8-16(c)所示。

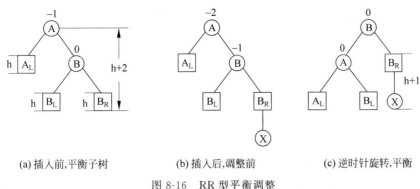

(a) 插入前,平衡子树   (b) 插入后,调整前   (c) 逆时针旋转,平衡

图 8-16 RR 型平衡调整

（3）LR 型平衡调整,又称双向旋转（先左后右）平衡处理。

图 8-17(a)为插入前的平衡二叉树。将结点 X 插在根结点 A 的左孩子的右子树上,使结点 A 的平衡因子由 1 变为 2,以结点 A 为根的子树失去了平衡,如图 8-17(b)所示。属于 LR 型,需要旋转两次。

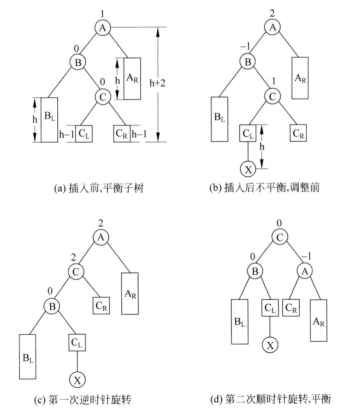

(a) 插入前,平衡子树   (b) 插入后不平衡,调整前

(c) 第一次逆时针旋转   (d) 第二次顺时针旋转,平衡

图 8-17 LR 型平衡调整

第一次旋转：根结点 A 不动,先调整结点 A 的左子树。将支撑点由结点 B 调整到结点 C 处,需要进行逆时针旋转。在旋转过程中,结点 B 和结点 C 的左子树 C_L 发生了冲突,按照"旋转优先"原则,结点 B 作为结点 C 的左孩子,结点 C 的左子树 C_L 作为结点 B 的右子树,其他结点之间的关系没有发生冲突,如图 8-17(c)所示。

第二次旋转：调整最小不平衡子树。将支撑点由结点 A 调整到结点 C,需要进行顺时针旋转。在旋转过程中,结点 A 和结点 C 的右子树 C_R 发生了冲突,按照"旋转优先"原则,结点 A 作为结点 C 的右孩子,结点 C 的右子树 C_R 作为结点 A 的左子树,如图 8-17(d)所示。

（4）RL 型平衡旋转,又称双向旋转(先右后左)平衡处理。

图 8-18(a)为插入前的平衡二叉树。将结点 X 插在根结点 A 的右孩子的左子树上,使结点 A 的平衡因子由 -1 变为 -2,以结点 A 为根的子树失去了平衡,如图 8-18(b)所示。属于 RL 型,需要旋转两次。

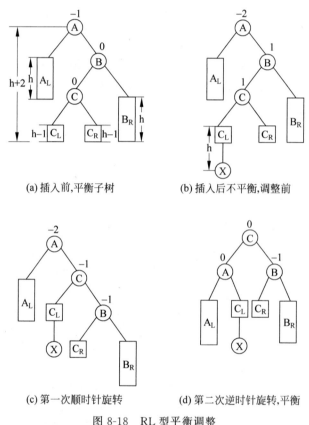

(a) 插入前,平衡子树　　　　　　(b) 插入后不平衡,调整前

(c) 第一次顺时针旋转　　　　　(d) 第二次逆时针旋转,平衡

图 8-18　RL 型平衡调整

第一次旋转：根结点 A 不动,先调整结点 A 的右子树。将支撑点由结点 B 调整到结点 C 处,需要进行顺时针旋转。在旋转过程中,结点 B 和结点 C 的右子树 C_R 发生了冲突,按照"旋转优先"原则,结点 B 作为结点 C 的右孩子,结点 C 的右子树 C_R 作为结点 B 的左子树,其他结点之间的关系没有发生冲突,如图 8-18(c)所示。

第二次旋转：调整最小不平衡子树。将支撑点由结点 A 调整到结点 C,需要进行逆时针旋转。在旋转过程中,结点 A 和结点 C 的左子树 C_L 发生了冲突,按照"旋转优先"原则,结点 A 作为结点 C 的左孩子,结点 C 的左子树 C_L 作为结点 A 的右子树,如图 8-18(d)所示。

构造平衡二叉树的过程就是从空树开始,不断执行上述插入操作,当某结点插入平衡二叉树时引起不平衡,则进行相应的调整。可以看到,在上述调整过程中,仅需要修改少量的指针,而且不需要考虑变动之外的结点,即可完成对整个二叉排序树的平衡处理。

例 8-6 设关键字序列为(20，35，40，15，30，25)，在一棵空的二叉排序树上构造一棵平衡二叉树。

解：

（1）插入 20 和 35，产生如图 8-19(a)所示的二叉排序树，此时显然平衡。

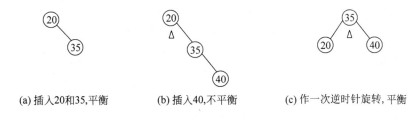

(a) 插入20和35,平衡   (b) 插入40,不平衡   (c) 作一次逆时针旋转,平衡

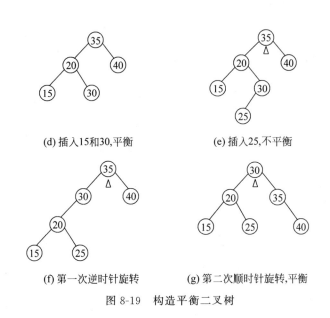

(d) 插入15和30,平衡   (e) 插入25,不平衡

(f) 第一次逆时针旋转   (g) 第二次顺时针旋转,平衡

图 8-19 构造平衡二叉树

（2）插入 40，出现不平衡现象，如图 8-19(b)所示。这就好比一条扁担出现了一头重一头轻的现象，如果将支撑点由 20 改为 35，则扁担恢复平衡。因此，作一次逆时针旋转，旋转后成为新的平衡二叉树，如图 8-19(c)所示。

（3）插入 15 和 30，二叉排序树是平衡的，如图 8-19(d)所示。

（4）插入 25，又出现不平衡现象，此时最小不平衡子树的根结点是 35，如图 8-19(e)所示。这时的平衡调整要复杂一些，需要将支撑点调整两次，做两次旋转。

第一次旋转：最小不平衡子树的根结点不动，先调整根结点的左子树。将支撑点由 20 调整为 30，显然应该进行逆时针旋转。在这次旋转中有一个冲突：25 是 30 的左孩子，旋转后 20 也应该作为 30 的左孩子，解决的办法是"旋转优先"，即 30 的左孩子应该是旋转下来的 20，而 25 比 30 小比 20 大，应该作为 20 的右孩子，如图 8-19(f)所示。

第二次旋转：调整最小不平衡子树，将支撑点由 35 调整为 30，显然应该进行顺时针旋转，如图 8-19(g)所示。

2) 平衡二叉树的旋转实现

(1) LL 型平衡调整——单向右旋平衡处理

算法 8-8

```
void R_Rotate(BSTree &p) {
// 对以 p 为根结点的二叉排序树做单向右旋处理,处理后 p 指向新的树根结点
    lc = p -> lchild;                        // 令 lc 指向 p 的左子树根结点
    p -> lchild = lc -> rchild;              // 令 lc 的右子树为 p 的左子树
    lc -> rchild = p;                        // 令 p 为 rc 的右子树
    p = lc;                                  // 令 p 指向新的根结点
}                                            // R_Rotate
```

(2) RR 型平衡调整——单向左旋平衡处理

算法 8-9

```
void L_Rotate(BSTree &p) {
// 对以 p 为根结点的二叉排序树做单向左旋处理,处理后 p 指向新的树根结点
    rc = p -> rchild;                        // 令 rc 指向 p 的右子树根结点
    p -> rchild = rc -> lchild;              // 令 rc 的左子树为 p 的右子树
    rc -> lchild = p;                        // 令 p 为 rc 的左子树
    p = rc;                                  // 令 p 指向新的根结点
}                                            // L_Rotate
```

(3) LR 型平衡调整——先左后右双向旋转平衡处理

算法 8-10

```
#define LH + 1                               // 左高
#define EH 0                                 // 等高
#define RH - 1                               // 右高
void LeftBalance(BSTree &T) {
// 对以 T 为根结点的二叉排序树做先左后右平衡旋转处理,处理后 T 指向新的树根结点
    lc = T -> lchild;                        // 令 lc 指向 T 的左子树根结点
    switch(lc -> bf) {                       // 检查 T 左子树平衡度并做相应平衡处理
        case LH :                            // 新结点插在 T 左孩子左子树,做 LL 处理
            T -> bf = lc -> bf = EH;
            R_Rotate(T);
            break;
        case RH :                            // 新结点插在 T 左孩子右子树,做 LR 处理
            rd = lc -> rchild;               // 令 rd 指向 T 左孩子的右子树根结点
            switch(rd -> bf) {               // 修改 T 及左孩子的平衡因子
                case LH : T -> bf = RH; lc -> bf = EH; break;
                case EH : T -> bf = lc -> bf = EH; break;
                case RH : T -> bf = EH; lc -> bf = LH; break;
            }
            rd -> bf = EH;
            L_Rotate(T -> lchild);           // 对 T 的左子树做 RR 处理
            R_Rotate(T);                     // 对 T 做 LL 处理
    }
}                                            // LeftBalance
```

（4）RL 型平衡旋转——先右后左双向旋转平衡处理

算法 8-11

```
#define LH + 1                                      // 左高
#define EH 0                                        // 等高
#define RH - 1                                      // 右高
void RightBalance(BSTree &T) {
// 对以 T 为根结点的二叉排序树做先右后左平衡旋转处理,处理后 T 指向新的树根结点
    rc = T - > rchild;                              // 令 rc 指向 T 的右子树根结点
    switch(rc - > bf) {                             // 检查 T 右子树平衡度,并做相应平衡处理
        case RH :                                   // 新结点插在 T 右孩子右子树,做 RR 处理
            T - > bf = rc - > bf = EH;
            L_Rotate(T);
            break;
        case LH :                                   // 新结点插在 T 右孩子左子树,做 RL 处理
            ld = rc - > lchild;                     // 令 ld 指向 T 右孩子的左子树根结点
            switch(ld - > bf){                      // 修改 T 及右孩子的平衡因子
                case LH : T - > bf = LH; rc - > bf = EH; break;
                case EH : T - > bf = rc - > bf = EH; break;
                case RH : T - > bf = EH; rc - > bf = RH; break;
            }
            ld - > bf = EH;
            R_Rotate(T - > rchild);                 // 对 T 的右子树做 LL 处理
            L_Rotate(T);                            // 对 T 做 RR 处理
        }
}                                                   // RightBalance
```

3）平衡二叉树的插入

（1）算法分析

在平衡的二叉排序树 T 上插入一个新记录 r,方法如下:

① 如果 T 为空,则插入记录 r 的新结点作为 T 的根结点,树的深度增加 1;

② 如果 r.key 等于 T 的根结点的关键字,则不进行插入;

③ 如果 r.key 小于 T 的根结点的关键字,且 T 的左子树中不存在关键字和 r.key 相等的结点,则插入记录 r 的新结点在 T 的左子树上,并当插入后的左子树深度增加 1 时,分别作以下处理:

当 T 的根结点的 BF 为 -1 时,将根结点的 BF 改为 0,T 的深度不变;

当 T 的根结点的 BF 为 0 时,将根结点的 BF 改为 1,T 的深度增加 1;

当 T 的根结点的 BF 为 1 时,若 T 的左子树 BF 为 1,则做单向右旋平衡处理,且在右旋处理后将根结点和其右子树根结点的 BF 改为 0,树的深度不变,若 T 的左子树 BF 为 -1,则做先左后右双向旋转平衡处理,且在旋转处理后修改根结点和其左右子树根结点的 BF,树的深度不变。

④ 如果 r.key 大于 T 的根结点的关键字,且 T 的右子树中不存在关键字和 r.key 相等的结点,则插入记录 r 的新结点在 T 的右子树上,并当插入后的右子树深度增加 1 时,分别就不同情况处理,与③中所述相对称。

（2）算法描述

算法 8-12

```
#define LH  +1                                    // 左高
#define EH   0                                    // 等高
#define RH  -1                                    // 右高
int Insert_AVL(BSTree &T, RedType r, int &taller) {
// 若在 AVL 树 T 中不存在和 r.key 相等的记录结点,则插入新结点 r,并返回 1; 否则返回 0
// 若因为插入而使二叉排序树失去平衡,则作平衡旋转处理,taller 为 1 或 0 反映 T 长高与否
    if(!T) {                                       // 插入 r; 若树"长高",则置 taller 为 1
        T = new BSTNode;
        T->data = r;
        T->lchild = T->rchild = NULL;
        T->bf = EH;
        taller = 1;
    }
    else {
        if(e.key == T->data.key) {                 // 若 T 存在和 r.key 相等的结点,则不插入
            taller = 0;
            return 0;
        }
        if(r.key < T->data.key) {                  // 继续在 T 左子树中搜索
            if(!Insert_AVL(T->lchild, r, taller))
                return 0;                          // 未插入
            if(taller)                             // 已插入到 T 左子树中,且左子树"长高"
                switch(T->bf) {                    // 检查 T 的平衡度
                    case LH :                      // 插入前左子树比右子树高
                        LeftBalance(T);            // 作左平衡处理
                        taller = 0;                // 树未增高
                        break;
                    case EH :                      // 插入前左右子树等高
                        T->bf = LH;                // 插入后左子树增高
                        taller = 1;                // 树增高
                        break;
                    case RH :                      // 插入前右子树比左子树高
                        T->bf = EH;                // 插入后左右子树等高
                        taller = 0;                // 树未增高
                        break;
                }
        }
        else {                                     // 继续在 T 右子树中搜索
            if(!Insert_AVL(T->rchild, r, taller))
                return 0;                          // 未插入
            if(taller)                             // 已插入到 T 右子树中,且右子树"长高"
                switch(T->bf) {                    // 检查 T 的平衡度
                    case LH :                      // 插入前左子树比右子树高
                        T->bf = EH;                // 插入后左右子树等高
                        taller = 0;                // 树未增高
                        break;
                    case EH :                      // 插入前左、右子树等高
                        T->bf = LH;                // 插入后右子树增高
                        taller = 1;                // 树增高
                        break;
```

```
            case RH :                         // 插入前右子树比左子树高
                RightBalance(T);              // 做右平衡处理
                taller = 0;                   // 树未增高
                break;
            }
        }
    }
    return 1;
}                                             // Insert_AVL
```

4）平衡二叉树的查找性能分析

在 AVL 树上进行查找的过程与二叉排序树相同。在查找的过程中，和关键字进行比较的次数不超过树的深度。n 个结点的 AVL 树平均深度为 $\log_2 n$。因此，在 AVL 树上进行查找的时间复杂度为 $O(\log_2 n)$。

8.3.3 B_树、B$^+$树和键树

B_树是一种平衡的多路查找树，它适合在磁盘等直接存取设备上组织动态的查找表，在文件系统中非常有用。一棵 m 阶的 B_树，或为空树，或为满足下列特性的 m 叉树：

（1）树中每个结点至多有 m 棵子树。

（2）如果根不是叶结点，则至少有两棵子树。

（3）除根之外的所有非终端结点至少有 $\lceil m/2 \rceil$ 棵子树。

（4）所有的非终端结点中包含下列信息数据：

$$(n, a_0, k_1, a_1, k_2, \cdots, k_n, a_n)$$

其中：$k_i(1 \leqslant i \leqslant n)$ 为记录关键字，且 $k_i < k_{i+1}(1 \leqslant i \leqslant n)$；$a_i(0 \leqslant i \leqslant n)$ 为指向子树根的指针，且 a_i 所指子树中所有记录结点的关键字均小于 k_{i+1}，a_n 所指子树中所有记录结点的关键字均大于 k_n；$n(\lceil m/2 \rceil - 1 \leqslant n \leqslant m-1)$ 为记录关键字的个数（或 n+1 为子树个数）。

（5）所有叶结点都出现在同一层次上，且不带信息（可以看作是外部结点或查找失败的结点，实际上这些结点并不存在，指向这些结点的指针为空）。

图 8-20 给出了一棵 4 阶 B_树，其深度为 4。

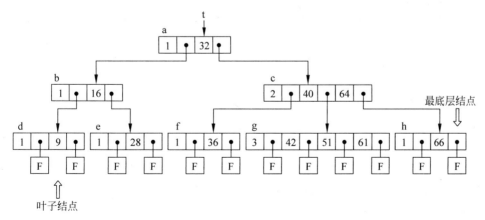

图 8-20 一棵 4 阶的 B_树

B_树的类型定义如下：

```
#define m 3                          // B_树的阶,暂设为3
typedef struct BTNode {
    int          keynum;            // 结点中关键字的个数,即结点大小
    ElemType     key[m+1];          // 关键字数组,key[0]未用
    struct BTNode * parent;         // 指向双亲结点
    Struct BTNode * ptr[m+1];       // 子树指针数组 ptr[0..keynum]
    RedType      * recptr[m+1];     // 记录指针数组,recptr[0]未用
} BTNode, * Btree;
typedef BTNode * BTree;
```

B_树查找结果的类型定义如下：

```
typedef struct {
    BTNode       * pt;              // 指向找到的结点
    int          i;                 // 在结点中的关键字序号 i∈(1..m)
    int          tag;               // 查找成功时为1,否则为0
} Result;
```

在实用中,与每个关键字存储在一起的不是相关的辅助信息域,而是一个指向另一磁盘页的指针,称为记录指针。磁盘页中包含该关键字所代表的记录,而相关的辅助信息正是存储在此记录中。

有的B_树(如后面介绍的B^+树)是将所有辅助信息都存于叶结点中,而内部结点(不妨将根亦看作是内部结点)中只存放关键字和指向孩子结点的指针,无须存储指向辅助信息的指针,这样使内部结点的度数尽可能最大化。

在大多数系统中,B_树上的算法执行时间主要由读、写磁盘的次数来决定,每次读写尽可能多的信息可以提高算法的执行速度。B_树有以下几个特点：

(1) B_树中的结点的规模一般是一个磁盘页,而结点中所包含的关键字及孩子的数目取决于磁盘页的大小。

(2) 对于磁盘上一棵较大的B_树,通常每个结点所拥有的孩子数目(即结点度数)m为50至2000不等。

(3) 选取较大的结点度数可以降低树的深度,减少查找任意关键字所需要的磁盘访问次数。

(4) 通常根可以始终置于主存中,因此在这棵B_树中查找任一关键字至多只需要二次访问外存。

1. B_树的查找规律

由B_树的定义可知,在B_树上进行查找的过程和二叉排序树的查找类似。

(1) 查找成功。

例如,在图 8-20 所示的B_树上给定查找关键字 42：从根开始,根据根结点指针 t 找到 a 结点；因为 42＞32,则顺指针找到 c 结点；因为 40＜42＜64,则顺时针找到 g 结点；在该结点中顺序查找找到关键字 42,查找成功。

(2) 查找不成功。

例如,在图 8-20 所示的B_树上给定查找关键字 23：从根开始,根据根结点指针 t 找到

a 结点;因为 23＜32,则顺指针找到 b 结点;因为 b 结点中只有一个关键字 16,且 23＞16,则顺指针找到 e 结点;因为 23＜28,则顺指针往下找;此时因为指针所指为叶结点,说明此棵 B_树中不存在关键字 23,查找失败。

由此可见,在 B_树上进行查找的过程是一个顺指针查找结点与在结点的关键字中查找交叉进行的过程。

算法 8-13

```
Result SearchBTree(Btree T,ElemType k) {
// 在 m 阶 B_树上查找关键字 k,返回结果(pt,i,tag)
// 若查找成功,则 tag = 1,pt - > key[i] = k; 否则 tag = 0,返回 k 的插入位置信息
    p = T; q = NULL;                         // 初始化: p 指向待查结点,q 指向其双亲
    found = 0;                               // 查找成功 found = 1,否则 found = 0
    i = 0;                                   // i 为找到结点中关键字的位置
    while(p&&(!found)) {
        n = p - > keynum;
        i = Search(p,k);                     // 查找 i,使 p - > key[i] < = k < p - > key[i + 1]
        if((i > 0)&&(p - > key[i] == k)) found = 1;
        else {
            q = p;
            p = p - > ptr[i];
        }
    }
    if(found) return(p,i,1);                 // 查找成功
    else return(q,i,0);                      // 查找失败,返回 k 的插入位置信息
}                                            // SearchBTree
```

2. B_ 树的插入规律

B_ 树的生成也是从空树开始,逐个插入关键字而得。但由于 B_ 树结点中的关键字个数必须大于等于⌈m/2⌉−1,因此每次插入一个关键字不是在树中添加一个叶子结点,而是首先在最底层的某个非终端结点中添加一个关键字,如果该结点的关键字个数不超过 m−1,则插入完成,否则要产生结点的"分裂"。

通过下面给出的例子,讨论 B_ 树的插入规律。图 8-21 所示的是一棵 3 阶 B_ 树(略去叶子结点)。

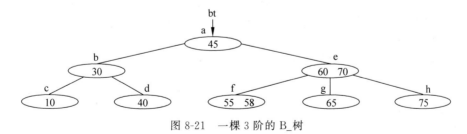

图 8-21 一棵 3 阶的 B_树

(1) 插入关键字 35。

从结点 a 开始查找,确定应该插入在结点 d 中;由于结点 d 中关键字数不超过 2(即 m−1),则完成插入,如图 8-22 所示。

(2) 插入关键字 33。

从结点 a 开始查找,确定应该插入在结点 d 中;由于结点 d 中关键字数超过 2,此时需

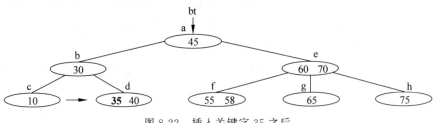

图 8-22　插入关键字 35 之后

要将结点 d 分裂成两个结点：关键字 33 及其前后两个指针仍然保留在结点 d 中，而关键字 40 及其前后两个指针存储到新结点 d′ 中；将关键字 35 和指示结点 d′ 的指针插入到其双亲结点 b 中，由于结点 b 中关键字数不超过 2，则完成插入，如图 8-23(a) 和 (b) 所示。

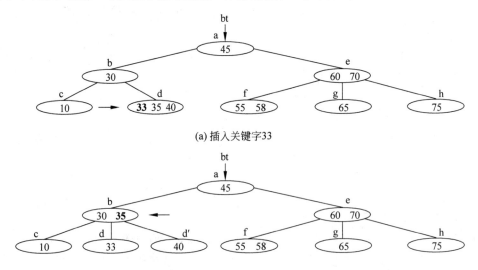

(a) 插入关键字33

(b) 将d结点进行分裂,使关键字个数不超过2,完成关键字33的插入

图 8-23　插入关键字 33 的过程

（3）插入关键字 50。

从结点 a 开始查找，确定应该插入在结点 f 中；由于结点 f 中关键字数超过 2，此时需要将结点 f"分裂"成两个结点：关键字 50 及其前后两个指针仍然保留在结点 f 中，而关键字 58 及其前后两个指针存储到新结点 f′ 中；将关键字 55 和指示结点 f′ 的指针插入到其双亲结点 e 中，由于结点 e 中关键字数超过 2，此时再次"分裂"结点，关键字 55 及其前后两个指针仍然保留在结点 e 中，而关键字 70 及其前后两个指针存储到新结点 e′ 中；将关键字 60 和指示结点 e′ 的指针插入到其双亲结点 a 中，由于结点 a 中关键字数不超过 2，因此完成插入，如图 8-24(a)、(b) 和 (c) 所示。

3. B_ 树的删除规律

在 B_ 树中删除一个关键字，首先应该找到该关键字所在的结点，并删除该关键字。如果待删除结点的关键字为非终端结点中的 k_i，则可以用指针 a_i 所指向子树中最小关键字 y 替代 k_i，然后在相应的结点中删除 y。如果该结点为最底层的非终端结点，且其关键字数大于 $\lceil m/2 \rceil - 1$，则删除完成，否则要进行"合并"结点的操作，共有下列三种可能：

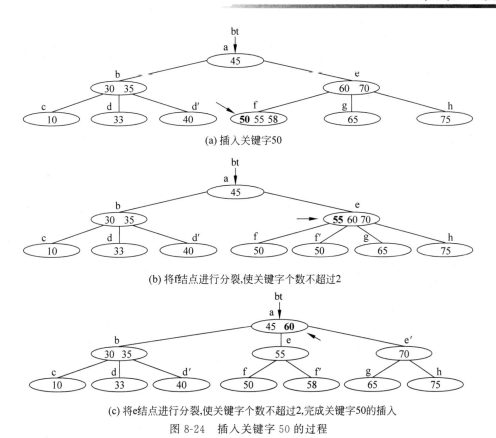

(a) 插入关键字50

(b) 将f结点进行分裂,使关键字个数不超过2

(c) 将e结点进行分裂,使关键字个数不超过2,完成关键字50的插入

图 8-24　插入关键字 50 的过程

其一,当待删除关键字所在结点中的关键字数大于⌈m/2⌉-1时,只需要从该结点中删除该关键字 k_i 和相应指针 a_i,树的其他部分不变。

其二,当待删除关键字所在结点中的关键字数等于⌈m/2⌉-1,而与该结点相邻右兄弟(或左兄弟)结点中的关键字数大于⌈m/2⌉-1时,需要将其兄弟结点中最小(或最大)的关键字上移至双亲结点中,而将双亲结点中小于(或大于)且紧靠该上移关键字的关键字下移至被删除关键字所在结点中。

其三,当待删除结点的关键字和其相邻的兄弟结点中的关键字数均等于⌈m/2⌉-1,假设该结点有右兄弟,且其右兄弟结点地址由双亲结点中的指针 a_i 所指向时,在删除关键字之后,它所在结点中剩余信息加上双亲结点中关键字 k_i 一起合并到 a_i 所指向兄弟结点中(如果没有右兄弟,则合并至左兄弟中)。

通过下面给出的例子,讨论 B_ 树的删除规律。图 8-25 所示的是一棵 3 阶 B_ 树(略去叶子结点)。

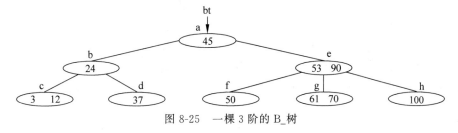

图 8-25　一棵 3 阶的 B_ 树

（1）删除关键字 12。

因为结点 c 中的关键字数大于 1，所以只需要从结点 c 中删除关键字 12 和相应指针即可，树的其他部分不变，如图 8-26 所示。

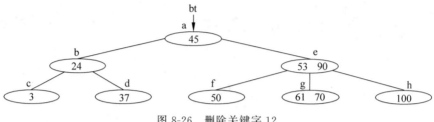

图 8-26　删除关键字 12

（2）删除关键字 50。

因为结点 f 中关键字数等于 1，而与结点 f 相邻的右兄弟结点 g 中关键字数大于 1，所以需要将结点 g 中的 61 上移至双亲结点 e 中，而将结点 e 中的 53 下移至结点 f 中，从而使 f 结点和 g 结点中的关键字数均不小于 1，而双亲结点中的关键字数不变，如图 8-27 所示。

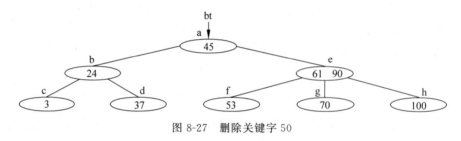

图 8-27　删除关键字 50

（3）删除关键字 53。

因为结点 f 和其相邻的右兄弟结点 g 中关键字数均等于 1，所以应该删除结点 f，并将结点 f 中的剩余信息（指针“空”）和双亲结点 e 中的 61 一起合并至右兄弟结点 g 中，如图 8-28 所示。

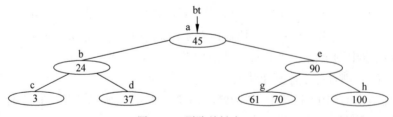

图 8-28　删除关键字 53

（4）删除关键字 37。

因为结点 d 中关键字数等于 1 且该结点没有右兄弟，所以应该删除结点 d，并将结点 d 中的剩余信息（指针“空”）和双亲结点 b 中的 24 一起合并至左兄弟结点 c 中；再将结点 b 中的剩余信息（指针 c）和双亲结点 a 中的 45 一起合并至右兄弟结点 e 中，如图 8-29 所示。

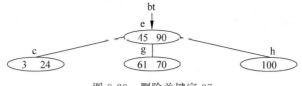

图 8-29 删除关键字 37

4. B_树的查找性能分析

从查找过程可知,在 B_树中进行查找所需要的时间取决于两个因素:一个是待查关键字所在结点在 B_树上的层次数,这是决定 B_树查找效率的首要因素;另一个是结点中关键字个数。当结点中关键字个数较大时,可以采用折半查找以提高效率。

B_树上操作的时间通常由存取磁盘的时间和 CPU 计算时间这两部分构成。B_树上大部分基本操作所需要访问磁盘的次数均取决于树的深度。在关键字总数相同的情况下,B_树的深度越小,磁盘 I/O 所花费的时间就越少。与高速的 CPU 计算相比,磁盘 I/O 要慢得多,所以有时忽略 CPU 的计算时间,只分析算法所需要的磁盘访问次数,磁盘访问次数乘以一次读写盘的平均时间(每次读写的时间略有差别)就是磁盘 I/O 的总时间。显然,结点所在最大层次数即为树的深度。那么,含有 n 个关键字的 m 阶 B_树的最大深度是多少?

(1) B_树的最大深度

先看一棵 3 阶 B_树。按照 B_树的定义,3 阶 B_树上的所有非终端结点至多有 2 个关键字,至少有 1 个关键字(即子树个数为 2 或 3)。因此,如果关键字数小于等于 2,树深度为 2(即叶子结点层次为 2);如果关键字数小于等于 6,树深度不超过 3。反之,如果 B_树的深度为 4,则关键字数必大于等于 7,此时每个结点都含有最小可能的关键字数,如图 8-30 所示。

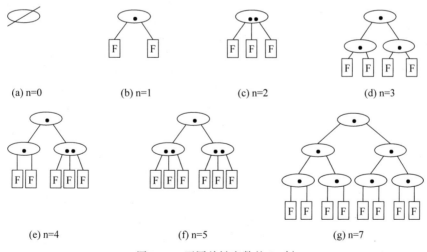

图 8-30 不同关键字数的 B_树

按照 B_树定义,第一层至少有 1 个结点,第二层至少有 2 个结点;由于除根之外的每个非终端结点至少有 $\lceil m/2 \rceil$ 棵子树,因此第三层至少有 $2 \times \lceil m/2 \rceil$ 个结点,依次类推,第 $L+1$

层至少有 $2 \times (\lceil m/2 \rceil)^{L-1}$ 个结点,而 L+1 层的结点为叶子结点。若 m 阶 B_ 树中具有 n 个关键字,则叶子结点(即查找不成功的结点)为 n+1 个,令 $t = \lceil m/2 \rceil$,因此有式(8-2)

$$n + 1 \geqslant 2t^{L-1} \tag{8-2}$$

反之,有式(8-3)

$$L \leqslant \log_t \left(\frac{n+1}{2} \right) + 1 \tag{8-3}$$

这也就是说,当在含有 n 个关键字的 B_ 树上进行查找时,从根到关键字所在结点的路径上涉及的结点数不超过式(8-4)所示的值

$$\log_t \left(\frac{n+1}{2} \right) + 1 \tag{8-4}$$

由上可知:B_ 树的最大深度为 $O(\log_t n)$,于是在 B_ 树上查找、插入和删除的读写磁盘次数为 $O(\log_t n)$,CPU 计算时间为 $O(m\log_t n)$。

(2) B_ 树的查找性能

n 个结点的 AVL 树的深度($\log_2 n$)比 B_ 树的深度约大 $\log_2 t$ 倍($t = \lceil m/2 \rceil$)。例如,如果 m=1024,则 $\log_2 t = \log_2 512 = 9$。此时若 B_ 树深度为 4,则 AVL 树深度约为 36。显然,m 越大,B_ 树深度越小。

如果要作为内存中的查找表,B_ 树并不一定比 AVL 树好,尤其是当 m 较大时更是如此。因为查找等操作的 CPU 计算时间在 B_ 树上是 $O(m\log_t n) = O(\log_2 n(m/\log_2 t))$,而 $m/\log_2 t > 1$,所以在 m 较大时,$O(m\log_t n)$ 比 AVL 树上相应操作的时间 $O(\log_2 n)$ 大得多。因此,仅在内存中使用的 B_ 树必须选取较小的 m。通常选取最小值 m=3,此时 B_ 树中每个内部结点可以有 2 或 3 个孩子,这种 3 阶的 B_ 树称为 2-3 树。

例 8-7 在图 8-31(a)给出的 7 阶 B_ 树中,插入关键字 3 和 25 后 B_ 树的状态如图 8-31(b)和(c)所示;对图 8-31(c)的 B_ 树删除关键字 4 和 60 后 B_ 树的状态如图 8-31(d)和(e)所示。

5. B$^+$ 树

B$^+$ 树是应文件系统所需而产生的一种 B_ 树的变形树(严格说来,它已经不是第 6 章中定义的树了)。在 B_ 树中关键字分布在整个 B_ 树,且在上层结点中出现过的关键字不再出现在最底层的结点中。这样顺序链就不能将树中所有的关键字连接在一起,B$^+$ 树在这一点上作了改进。假设不考虑外部结点,而直接称最底层的结点为叶子结点,则一棵 m 阶的 B$^+$ 树和 m 阶的 B_ 树的差异在于:

(1) 有 n 棵子树的结点中含有 n 个关键字;

(2) 所有的叶子结点中包含了全部关键字的信息及指向相应记录的指针,且叶子结点本身依关键字的大小自小而大顺序连接;

(3) 所有的非终端结点可以看成是索引部分,结点中仅含有其子树最大(或最小)关键字。

图 8-32 给出一棵 3 阶的 B$^+$ 树。通常在 B$^+$ 树上有两个头指针:一个指向根(如 bt),另一个指向关键字最小的叶子(如 sqt)。因此,可以对 B$^+$ 树进行两种查找运算:一种是从最小关键字开始进行顺序查找,另一种是从根结点开始进行随机查找。

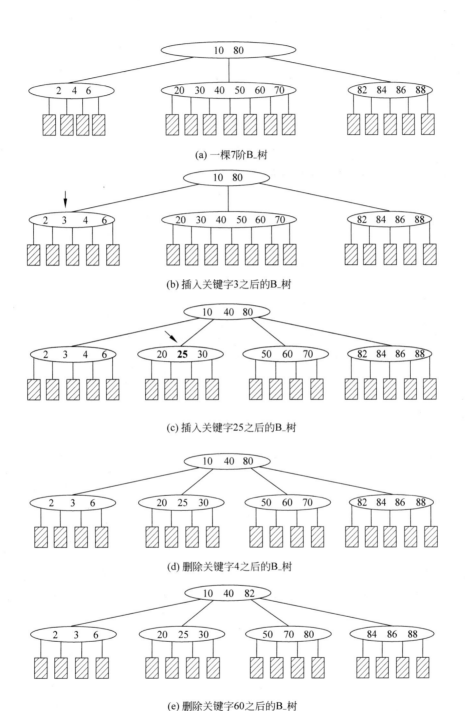

(a) 一棵7阶B_树

(b) 插入关键字3之后的B_树

(c) 插入关键字25之后的B_树

(d) 删除关键字4之后的B_树

(e) 删除关键字60之后的B_树

图 8-31 在 7 阶 B_ 树中的插入和删除

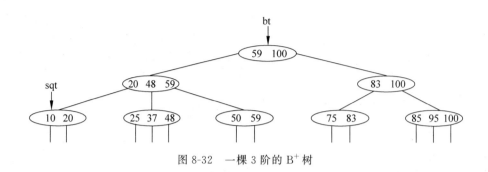

图 8-32 一棵 3 阶的 B$^+$ 树

在 B$^+$ 树上进行查找、插入和删除操作的过程基本上与 B$_-$ 树类似。只是在查找时,如果非终端结点上的关键字等于给定值 k,并不终止,而是继续向下直到叶子结点。因此在 B$^+$ 树中,不管查找成功与否,每次查找都是走了一条从根到叶子结点的路径。

6. 键树

与 B$_-$ 树和 B$^+$ 树类似,键树也是常用的外部树结构。键树又称为数字查找树(Digital Search Trees)或 Trie 树(retrieve 中间四个字符),其结构受启发于一部大型字典的"书边标目"。字典中标出首字母是 A,B,C,…,Z 的单词所在的页,再对各部分标出第二字母为 A,B,C,…,Z 的单词所在的页……

键树是一种特殊的查找树,它和其他查找树不同,树中每个结点不是包含一个或多个关键字,而是含有组成关键字的字符。如果关键字是数值,则结点中只包含一个数位;如果关键字是单词,则结点中只包含一个字母字符。例如,由关键字集{ BAI,BAO,BU,CAI,CAO,CHA,CHANG,CHAO,CHEN,CHENG,CHU,WANG,WEI,WU,ZHAN,ZHANG,ZHAO,ZHONG }构成的键树如图 8-33 所示。

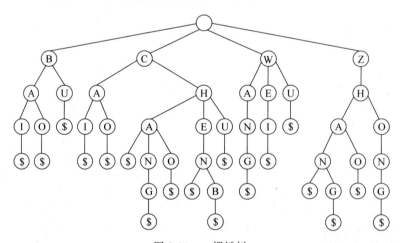

图 8-33 一棵键树

根结点不代表任何字符,根以下第一层的结点对应于字符串的第一个字符,第二层的结点对应于字符串的第二个字符……每个字符串可由一个特殊的字符如"$"等作为字符串的结束符,用一个叶子结点来表示该特殊字符。把从根到叶子的路径上,所有结点(除根以外)对应的字符连接起来,就得到一个字符串。因此,每个叶子结点对应一个关键字。在叶子结点还可以包含一个指针,指向该关键字所对应的元素。整个字符串集合中的字符串的数目等于叶子结点的数目。如果一个集合中的关键字都具有这样的字符串特性,那么,该关键字集合就可采用这样一棵键树来表示。事实上,还可以赋予"字符串"更广泛的含义,它可以是任何类型的对象组成的串。

键树的存储通常有两种方式:

(1) 双链树表示

如果以树的孩子兄弟表示,则每个结点包含三个域:symbol 域,存储关键字的一个字符;son 域,存储指向第一棵子树的根的指针,叶子结点的 son 域指向该关键字记录的指针;brother 域,存储指向右兄弟的指针。这时的键树又称为双链树。

```
// 双链树的存储表示
typedef struct DULNode {
    char symbol;                          //结点字符域
    struct DULNode * son, * brother;      //son 指向子树根结点,brother 指向右兄弟结点
}DULNode, * DLTree;
```

(2) 多重链表表示

如果以树的多重链表表示键树,则树的每个结点中应包含 d 个(d 为关键字符的基,例如字符集由英文大写字母构成时,d=26+1=27)指针域,此时的键树又称为 Trie 树。Trie 树中有两种结点:分支结点,含有 d 个指针域,整数 n 记录非空指针域的个数(可选);叶子结点,含有关键字域(完整的关键字,可选)、附加数据域名(可选)。

实际实现的时候,一般都只包含 d 个指针域。在标准 Trie 树的基础上,可以压缩,如果从键树中某个结点到叶子结点的路径上每个结点都只有一个孩子,则可将该路径上的所有结点压缩成一个叶子结点。

8.4　哈希表

在顺序查找表和动态查找表中,由于记录的存储位置和关键字之间不存在确定的对应关系,在查找时,只能通过一系列的给定值与关键字的比较,其算法均是建立在关键字"比较"的基础上,查找效率依赖于查找过程中进行的给定值与关键字的比较次数。

理想的情况是不经过任何比较,直接得到待查记录的存储位置,查找的期望复杂度为 O(1)。这就必须在记录的存储位置和其关键字之间建立一个确定的对应关系,使得每个关键字和唯一的一个存储位置相对应。在查找时,根据此对应关系找到给定值映射,如果查找表中存在这个记录,则必定在该映射的位置上。这种查找方法称为哈希(Hash)方法,因为 Hash 的原意本是杂凑,因此也称为杂凑方法。

8.4.1　哈希表的定义

1. 哈希表

设任意给定的关键字集合记为 K,设定一个函数 H 将 K 映射到表 T[0 .. m−1]的下标上,这样以 K 中记录的关键字为自变量,以 H 为函数的运算结果就是相应记录的存储地址,从而达到在 O(1)时间内就可以完成记录查找,如图 8-34 所示。

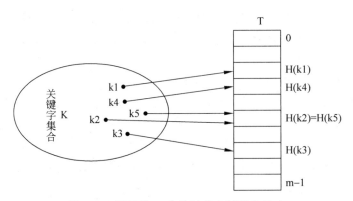

图 8-34 用函数 H 将关键字映射到表 T 中

根据设定的函数将一组关键字映射到一个有限的连续地址集（区间）上，并以关键字在地址集中的"象"作为记录在表中的存储位置，这种表称为哈希表（Hash Table），这一映射过程称为哈希造表或散列，所得到的存储位置称为哈希地址或散列地址。在图 8-34 中，H 是哈希函数，T 是哈希表，$H(k_i)$ 是关键字为 k_i 的记录的哈希地址。

哈希造表的过程分为两步：

（1）存储记录：通过哈希函数计算记录的哈希地址，并按此地址存储该记录。

（2）查找记录：通过同样的哈希函数计算记录的哈希地址，并按此地址访问该记录。

由此可见，哈希既是一种存储方法，也是一种查找方法。但哈希表不是一种完整的存储结构，因为它只是通过记录的关键字来定位该记录，很难完整地表达记录之间的逻辑关系，所以哈希表主要是面向查找的存储结构。

在哈希造表中，由于记录定位主要基于哈希函数的计算，不需要进行关键字的多次比较，因此在一般情况下，哈希方法的查找速度要比前面介绍的基于关键字比较的查找方法的查找速度高。但哈希方法一般不适用于允许多个记录有相同关键字的情况，也不适用于范围查找。也就是说，在哈希表中，不可能找到最大或最小关键字的记录，也不可能找到在某一范围内的记录。哈希方法最适合回答的问题是：如果有，则那个记录的关键字等于待查值。

2. 哈希表的冲突

哈希造表是通过哈希函数建立从记录关键字集合到哈希表地址集合的一个映射，而哈希函数的定义域是查找集合中全部记录的关键字，如果哈希表有 m 个地址单元，哈希函数的值域必须在 0～m−1 之间，这就产生了如何设计哈希函数的问题。

在理想情况下，对任意给定的记录关键字集合 K，如果选定了某个理想的哈希函数 H 及相应的哈希表 T，则对 K 中的每个记录在哈希表 T 中都有唯一对应的哈希地址，但在实际应用中这种情况很少出现。在大多数情况下，往往会出现这样的情况：对于两个不同的关键字 $k_1 \neq k_2$，有 $H(k_1) = H(k_2)$，即两个不同的记录需要存放在同一个存储位置中，这种现象称为冲突（Collision），此时，k_1 和 k_2 相对于 H 称作同义词（Synonym）。例如图 8-34 中的 k_2 和 k_5 的哈希地址相同，发生冲突。

如果记录按哈希函数计算出的地址加入哈希表时产生了冲突，就必须另外再找一个地方来存放它，这就产生了如何处理冲突的问题。

因此，采用哈希方法需要考虑的两个主要问题是：一是哈希函数的设计，二是冲突的处理。

8.4.2 哈希函数的构造

构造哈希函数的方法很多,但究竟什么是"好"的哈希函数呢?设计哈希函数一般应该遵循以下两个原则:

(1) 简单:指哈希函数的计算简单快速。

(2) 均匀:指对于关键字集合中的任一关键字,哈希函数能够以等概率将其映射到哈希表空间的任何一个位置上。也就是说,哈希函数能够将关键字集合 K 随机均匀地分布在哈希表的地址集{0,1,…,m−1}上,以使冲突最小化。

以上两个原则在实际应用中往往是矛盾的。为了保证哈希地址的均匀性较好,哈希函数的计算就必然要复杂;反之,如果哈希函数的计算比较简单,则均匀性就可能较差。一般来说,哈希函数依赖于关键字的分布情况,但在许多应用中,事先并不知道关键字的分布情况,关键字有可能高度汇集(即分布得很差)。因此,在设计哈希函数时,要根据具体情况,选择一个比较合理的方案。下面介绍几种常见的哈希函数。

1. 直接定址法

(1) 基本思想

哈希函数是关键字的线性函数,由式(8-5)表示:

$$H(k) = a \times k + b \quad (a、b 为常数) \tag{8-5}$$

例 8-8 关键字集合为{10,30,50,70,80,90},选取的哈希函数为 $H(k) = k/10$,采用直接定址法构造的哈希表如图 8-35 所示。

(2) 主要特点

直接定址法的特点是单调、均匀;由于直接定址所得地址集合和关键字集合的大小相同,因此对于不同关键字不会发生冲突,但实际中能使用这种哈希函数的情况很少。它适用于事先知道关键字的分布,且关键字集合不是很大而连续性较好的情况。

2. 除留余数法

(1) 基本思想

选取关键字被某个不大于哈希表表长 m 的正整数 p 除后所得余数作为哈希地址,由式(8-8)表示:

$$H(k) = k \bmod p \tag{8-6}$$

例 8-9 关键字集合为{14,21,28,35,42,49,56},选取 $p = 21$,采用除留余数法得到的哈希地址如图 8-36 所示。

0	1	2	3	4	5	6	7	8	9
	10		30		50		70	80	90

图 8-35 采用直接定址法构造的哈希表

关键字	14	21	28	35	42	49	56
哈希地址	14	0	7	14	0	7	14

图 8-36 采用除留余数法且选 p=21 时得到的哈希地址

可以看出,这一方法的关键在于选取合适的 p,如果 p 选不好,则容易产生同义词,例 8-9 中,14、35、56 是同义词,21 和 42 是同义词,28 和 49 是同义词。例如,如果选择 p 为偶数,则该哈希函数总是将奇数的关键字映射成奇数地址,偶数的关键字映射成偶数地址,因而增加了冲突的机会;如果 p 含有质因子即 $p = m \times n$,则所有含有 m 或 n 因子的关键字的哈希地址均为 m 或 n 的倍数,显然,这增加了冲突的机会;如果选取 p 等于关键字基数的幂次,则就等于是选择关键字的最后若干位数字作为地址,而与高位无关,于是高位不同而低位相同的关键字均互为同义词。一般情况下,可以选 p 为质数或不包含小于 20 的质因子的合数。

（2）主要特点

除留余数法是一种最简单、最常用的构造哈希函数的方法;且不要求事先知道关键字的分布。

3. 数字分析法

（1）基本思想

根据关键字在各个位上的分布情况,选取分布比较均匀的若干位组成哈希地址。

例 8-10 关键字如图 8-37(a)所示。分析这组关键字发现,第①位数字全是 1,第②位数字集中在 7、8、9 上,第④位数字集中在 0、1、2 上,第⑥位数字集中在 5、6、7 上,因此这几位分布不均匀,故不能选用;而第③、⑤、⑦位数字介于 1～9 之间,分布较均匀,因此可以作为哈希地址选用。如果哈希列地址是两位,则可以取这三位中的任意两位组合成哈希地址,本例中选取第③、⑦位数字作为哈希地址,得到的哈希地址如图 8-37(b)所示。

①	②	③	④	⑤	⑥	⑦
1	8	5	1	8	6	5
1	7	4	2	6	7	6
1	9	8	1	4	5	1
1	7	7	0	1	7	2
1	8	6	2	3	5	4
1	9	2	1	9	6	8
1	7	1	2	7	5	3

关键字							哈希地址
1	8	5	1	8	6	5	85
1	7	4	2	6	7	6	66
1	9	8	1	4	5	1	41
1	7	7	0	1	7	2	12
1	8	6	2	3	5	4	34
1	9	2	1	9	6	8	98
1	7	1	2	7	5	3	73

（a）关键字（第一行是关键字的位数）　　　　　（b）关键字及对应的哈希地址

图 8-37　采用数字分析法得到的哈希地址

（2）主要特点

数字分析法适合事先知道关键字的分布且关键字中有若干位分布较均匀的情况。

4. 平方取中法

（1）基本思想

对关键字平方后,按哈希表大小,取中间的若干位作为哈希地址（平方后截取）。之所以这样,是因为一个数平方后,中间的几位分布较均匀,也就是不同的关键字,较少有相同的平方后截取,从而冲突发生的概率较小。

例 8-11 关键字集合为{0100,0110,1010,1001,0111},分别求平方后得到序列{0010000,0012100,1020100,1002001,0012321};如果取哈希表长为1000,则可以取中间的三位数作为哈希地址,从而得到的哈希地址如图 8-38 所示。

关键字	对关键字求平方	哈希地址
0100	0010000	100
0110	0012100	121
1010	1020100	201
1001	1002001	020
0111	0012321	123

（2）主要特点

平均取中法适合于事先不知道关键字的分布且　图 8-38　采用平均取中法得到的哈希地址

关键字的位数不是很大的情况,例如有些编译器对标识符的管理采用的就是这种方法。

5.折叠法

(1)基本思想

将关键字从左到右分割成位数相等的几个部分,最后一个部分的位数可以短些,然后将这几部分叠加求和,并按照哈希表表长,取后几位作为哈希地址。通常有两种叠加方法:

① 移位叠加:将各部分的最后一位对齐相加。

② 间界叠加:从一端向另一端沿各部分分界来回折叠后,最后一位对齐相加。

例 8-12 设关键字为 k=25346358705,哈希表表长为三位,则可以对关键字每三位一分割,将关键字分割为四组:253、463、587、05,分别用移位叠加方法和间界叠加方法得到的哈希地址如图 8-39 所示。

(2)主要特点

折叠法适合关键字的位数很多,且关键字的每一位分布都大致均匀的情况。折叠法事先不需要知道关键字的分布。

```
   253              253 ┐
   463              364 ┘
   587              587 ┐
 +  05            +  50 ┘
 ─────            ─────
  1308             1254
H(k)=308         H(k)=254
(a)移位叠加       (b)间界叠加
```

图 8-39 采用折叠法得到的哈希地址

实际应用中,需要根据不同的情况采用不同的哈希函数,通常考虑的因素包括:

* 计算哈希函数效率,即所需要的时间(包括硬件指令的因素);
* 关键字的长度,包括是否等长;
* 哈希表的大小;
* 关键字的分布情况;
* 记录的查找频率。

8.4.3 处理冲突的方法

一般情况下,由于关键字的复杂性和随机性,很难有理想的哈希函数存在。如果某记录按照哈希函数计算出的哈希地址,在加入哈希表时产生了冲突,就必须另外再找一个地方来存放它,因此,需要有合适的处理冲突的方法。采用不同的处理冲突的方法可以得到不同的哈希表。常用的处理冲突方法有两种:开放定址法和链地址法。

1.开放定址法

(1)基本思想

开放定址法(Open Addressing)是指由关键字得到的哈希地址一旦产生冲突,就从冲突位置的下一个位置起,寻找另一个空的哈希地址,如式(8-7)所示,以此类推,只要哈希表足够大,空的哈希地址总能找到,并将记录存入。用开放定址法处理冲突得到的哈希表叫作闭哈希表。

$$H_i=(H(k)+d_i)\ MOD\ m \quad (i=1,2,\cdots,m-1) \tag{8-7}$$

其中:H(k)为哈希函数;m 为哈希表表长;d_i 为增量序列,可以有三种取法:

① $d_i=1,2,\cdots,m-1$,称为线性探测再散列;

② $d_i=1^2,-1^2,2^2,-2^2,\cdots,q^2,-q^2$,且 q≤m/2,称为二次探测再散列;

③ d_i 是一个随机数列,i=1,2,⋯,m−1,称为随机探测再散列。

例 8-13 设关键字集合为{47,7,29,11,16,92,22,8,3},哈希表表长为11,哈希函

数为 $H(k)=k \bmod 11$，用线性探测再散列法处理冲突。

47 和 7 的哈希地址没有冲突。$H(29)=7$，哈希地址发生冲突，需寻找下一个空的哈希地址，由 $H_1=(H(29)+1) \bmod 11=8$，找到空的哈希地址。11、16 和 92 的哈希地址没有冲突。$H(22)=0$，哈希地址发生冲突，由 $H_1=(0+1) \bmod 11=1$，找到空的哈希地址。$H(8)=8$，哈希地址发生冲突，由 $H_1=(8+1) \bmod 11=9$，找到空的哈希地址。$H(3)=3$，哈希地址发生冲突，由 $H_1=(H(3)+1) \bmod 11=4$，仍然冲突；$H_2=(H(3)+2) \bmod 11=5$，仍然冲突；$H_3=(H(3)+3) \bmod 11=6$，找到空的哈希地址。得到的闭哈希表如图 8-40 所示。

0	1	2	3	4	5	6	7	8	9	10
11	22		47	92	16	3	7	29	8	

图 8-40　线性探测再散列法处理冲突构造的闭哈希表

（2）主要特点

采用线性探测再散列法处理冲突的方法很简单，但同时也引出了一个新的问题。例如，当插入记录 3 时，3 和 92，3 和 16 本来都不是同义词，但 3 和 92 的同义词、3 和 16 的同义词都将争夺同一个后继地址 6，这种在处理冲突的过程中出现的非同义词之间对同一个哈希地址争夺的现象称为堆积（Mass）。显然，堆积大大降低了查找效率。

线性探测再散列处理冲突可以保证做到：只要哈希表未填满，总能找到一个不发生冲突的哈希地址 H_i；而二次探测再散列法处理冲突，只有在哈希表表长形如 $4j+3$（j 为整数）的素数时才可能；随机探测再散列法处理冲突，则取决于伪随机数列。

2. 链地址法（拉链法）

（1）基本思想

链地址法（Chaining）是将所有哈希地址相同的记录，即所有关键字为同义词的记录存储在一个单链表中，称为同义词子表；在哈希表中存储的是所有同义词子表的头指针。设 n 个记录存储在长度为 m 的哈希表中，则同义词子表的平均长度为 n/m。用链地址法处理冲突得到的哈希表称为开哈希表。

例 8-14　设关键字集合 $\{47, 7, 29, 11, 16, 92, 22, 8, 3\}$，哈希函数为 $H(k)=k \bmod 11$，用链地址法处理冲突，构造的开哈希表如图 8-41 所示。

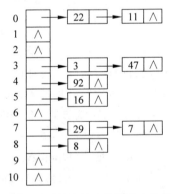

图 8-41　用链地址法处理冲突构造的开哈希表

（2）主要特点

链地址法处理冲突简单，且无堆积现象；由于链地址法中各链表上的结点空间是动态申请的，因此它更适合构造哈希前无法确定表长的情况。但指针需要额外的存储空间。

8.4.4　哈希表上的查找

在哈希表上进行查找的过程和哈希造表的过程基本一致。假设给定值为 k，根据造表时设定的哈希函数 H，计算出哈希地址 $H(k)$，如果表中该位置上没有记录，则查找失败；否则比较关键字：若和给定值 k 相等,则查找成功,若和给定值 k 不等,则根据造表时设定的处理冲突的方法找"下一个地址"。如此反复下去,直到表中某个位置为"空"(查找失败)或者表中所填记录的关键字等于给定值(查找成功)为止。

1. 闭哈希表上的查找

（1）算法设计

根据所设定的哈希函数及给定的记录 red 计算哈希地址 j,如果 T.r[j].key＝red.k,则查找成功,返回其在表中的位置,否则

① 按所设定的冲突处理方法查找下一个地址,如此反复,直到某个记录的关键字比较相等,返回其在表中的位置。

② 整个哈希表探测一遍,表已经满,给出相应信息。

③ 表中某个位置为"空",将待插记录插入表中,并返回－1。

```
// 闭哈希表的存储表示
#define HashTable_Size 100              // 哈希表容量,可根据实际需要而定
typedef struct {
    RedType     r[HashTable_Size];      // 记录数组
    int         length;                 // 哈希表当前记录个数
} HashTable;
```

（2）算法描述

算法 8-14

```
int HashSearch_Close(HashTable T, RedType red) {
// 在闭哈希表 T 上的查找记录 red,采用线性探测散列法处理冲突
// 若查找成功,则返回其地址;否则将其插入开放地址中并返回－1。NULLKEY 表示该单元无记录
    m = HashTable_Size;
    j = Hash(red.key, m);                   // 计算记录 red 的哈希地址
    if(T.r[j].key == red.key) return j;     // 未发生冲突,一次比较,查找成功
    i = (j + 1) % m;
    while((T.r[i].key != NULLKEY)&&(i!= j)) {
        if(T.r[i].key == red.key) return i; // 发生冲突,若干次比较,查找成功
        i = (i + 1) % m;                    // 向后线性探测一个位置
    }
    if(i == j) Error("Overflow!");          // 发生溢出,给出相应信息
    else {
        T.r[i] = red;                       // 查找失败,找到一个开放地址插入
        T.length++;                         // 哈希表长度增 1
        return -1;
    }
}                                           // HashSearch_Close

int Hash(ElemType k, int m) {
// 采用除留余数法求关键字 k 的哈希地址
    return k % m;
}                                           // Hash
```

2. 开哈希表上的查找

（1）算法设计

根据所设定的哈希函数及给定的记录 red 计算其哈希地址 j,在第 j 个同义词子表中顺

序查找：如果查找成功,则返回该记录结点的指针;否则将待查记录结点插在第 j 个同义词子表的表头,并返回空指针。

```
// 开哈希表的存储表示
#define HashTable_Size 100                    // 哈希表容量,可根据实际需要而定
typedef struct HTNode {
    RedType          r;                       // 记录域
    struct HTNode  * next;                    // 指针域
} HTNode;
typedef HTNode * HashList[HashTable_Size];
```

（2）算法描述

算法 8-15

```
HTNode * HashSearch_Open(HashList T,RedType red) {
// 在开哈希表 T 上的查找记录 red
// 若查找成功,则返回其记录结点指针;否则将其插在相应同义词子表的表头,并返回空指针
    m = HashTable_Size;
    j = Hash(red.key,m);                      // 计算记录 red 的哈希地址
    p = T[j];
    while((p!= NULL)&&(p-> r.key!= red.key)) p = p-> next;
    if(p-> r.key == red.key) return p;        // 查找成功,返回待查记录结点指针
    else {                                    // 查找失败,将待查记录结点插在表头
        q = new HTNode;
        q-> r = red;
        q-> next = T[j];
        T[j] = q;
        return NULL;
    }
}                                             // HashSearch_Open
```

3. 闭哈希表与开哈希表的比较

闭哈希表与开哈希表的比较类似于单链表与顺序表的比较。

1）存储与操作

闭哈希表不需要附加指针,因而存储效率较高,但由此带来的问题是容易产生堆积现象。另外,由于空闲位置是查找不成功的条件,实现删除操作时不能简单地将待删记录所在单元置空,否则将截断该记录后继哈希地址序列的查找路径;因此闭哈希表上的删除只能是在待删记录所在单元上做标记。仅当运行到一定阶段时,经过整体整理,才能真正删除有标记的单元。

开哈希表是用链接方法存储同义词,不会产生堆积现象,且使得动态查找的基本操作特别是查找、插入和删除操作易于实现。但由于附加指针域而增加了存储开销。

2）平均查找长度

哈希造表的原始动机是不需要经过关键字与待查值的比较而完成查找,由于同义词的存在,这个动机并未完全实现。对于闭哈希表来说,需要将给定值与后继哈希地址序列中记录的关键字进行比较;对于开哈希表来说,需要将给定值与同义词子表中各结点的关键字进行比较,但由于开哈希表不产生堆积,其平均查找长度较短。

3）适用性

闭哈希表必须事先估计容量,而开哈希表中各同义词子表的表长是动态变化的,不需要事先确定表容量(开哈希表由此得名);因此,开哈希表更适合事先难以估计容量的场合。

4. 哈希表的查找性能分析

在哈希造表中,处理冲突的方法不同,得到的哈希表就不同,哈希表的查找性能也不同。一些关键字可以通过哈希函数计算出的哈希地址直接找到,另一些关键字在哈希函数计算出的哈希地址上产生了冲突,需要根据处理冲突的方法进行查找。在上面介绍的处理冲突的方法中,产生冲突后的查找仍然是给定值与关键字进行比较的过程。所以,对哈希表查找效率的量度依然采用平均查找长度。

在查找过程中,关键字的比较次数取决于产生冲突的概率。产生的冲突越多,查找效率就越低。影响冲突产生的概率有以下三个因素:

(1)哈希函数是否均匀。哈希函数是否均匀直接影响冲突产生的概率。在一般情况下,所选择的哈希函数是均匀的,因此可以不考虑哈希函数对平均查找长度的影响。

(2)处理冲突的方法。就线性探测再散列法和链地址法处理冲突来看,相同关键字集合、相同哈希函数,但处理冲突方法不同,它们的平均查找长度就不同:例 8-13 采用线性探测再散列法的平均查找长度 $ASL=(5\times1+3\times2+1\times4)/9=15/9$;例 8-14 采用链地址法的平均查找长度 $ASL=(6\times1+3\times2)/9=12/9$。

可以看出,由于线性探测再散列法处理冲突可能会产生堆积,从而增加了平均查找长度;而链地址法处理冲突时哈希地址不同的记录存储在不同的同义词子表中,因此不会产生堆积,平均查找长度相对较小。

由于哈希表在查找不成功时所用比较次数也和给定值有关,因此可以类似地定义哈希表在查找不成功时的平均查找长度为:查找不成功时需要和给定值进行比较的关键字个数的期望值。

(3)哈希表的装填因子。冲突的频繁程度除了与哈希函数相关外,还与哈希表填满程度相关。在一般情况下,处理冲突方法相同的哈希表,其平均查找长度依赖于哈希表的装填因子 α。装填因子(Load Factor)的定义由式(8-8)表示:

$$哈希表的装填因子\ \alpha = \frac{填入表中的记录个数}{哈希表的长度} \tag{8-8}$$

α 标志着哈希表装满的程度。由于表长是定值,α 与填入表中的记录个数成正比,因此填入表中的记录越多,α 就越大,产生冲突的可能性就越大。实际上,哈希表的平均查找长度是装填因子 α 的函数,只是不同处理冲突的方法有不同的函数。表 8-1 给出了线性探测再散列法处理冲突的哈希表与链地址法处理冲突的哈希表的平均查找长度比较(证明略)。

表 8-1　线性探测再散列法与链地址法处理冲突的哈希表的平均查找长度比较

方　　法	查找成功时	查找失败时
线性探测再散列法	$\dfrac{1}{2}\left(1+\dfrac{1}{1-\alpha}\right)$	$\dfrac{1}{2}\left(1+\dfrac{1}{(1-\alpha)^2}\right)$
链地址法	$1+\dfrac{\alpha}{2}$	$\alpha+e^{-\alpha}$

从以上分析可见,哈希表的平均查找长度是装填因子 α 的函数,而不是查找集合中记录个数 n 的函数。不管 n 有多大,总可以选择一个合适的装填因子以便将平均查找长度限定在一个范围内。在很多情况下,哈希表的空间都比查找集合大,此时虽然浪费了一定的空间,但换来的是查找效率。

习题

一、填空题

1. 对于长度为 n 的线性表,如果进行顺序查找,则时间复杂度为(   );如果进行折半查找,则时间复杂度为(   );如果进行分块查找(假定总块数和每块长度均接近 $\sqrt{n}$ 的值),则时间复杂度为(   )。

2. 在哈希表中,装填因子 α 值越大,存取元素发生冲突的可能性就(   ),当装填因子 α 值越小,存取元素发生冲突的可能性就(   )。

3. 已知一组记录的关键字序列为{18,34,58,26,75,67,48,93,81},哈希函数为 H(k)=k MOD 11。如果采用线性探测再散列法解决冲突,则平均查找长度为(   );如果采用链地址法解决冲突,则平均查找长度为(   )。

4. 已知一组记录的关键字序列为{35,75,40,15,20,55,95,65},按依次插入结点的方法生成一棵二叉排序树,最后两层上的结点总数为(   )。

5. 在一棵 10 阶 B_ 树上,每个树根结点中所含关键字最多允许为(   )个,最少允许为(   )。

二、选择题

1. 静态查找与动态查找的根本区别在于(   )。
   (A) 它们的逻辑结构不一样　　　　　(B) 施加在其上的操作不同
   (C) 所包含的数据元素的类型不一样　　(D) 存储实现不一样

2. 按(   )遍历二叉排序树得到的序列是一个有序序列。
   (A) 先序　　　　(B) 中序　　　　(C) 后序　　　　(D) 层次

3. 在哈希函数 H(k)=k MOD m 中,一般来讲,m 应该取(   )。
   (A) 奇数　　　　(B) 偶数　　　　(C) 素数　　　　(D) 充分大的数

4. 哈希造表中的冲突指的是(   )。
   (A) 两个元素具有相同的序号
   (B) 两个元素关键字值不同,而其他属性相同
   (C) 数据元素过多
   (D) 不同关键字值元素对应于相同的存储地址

5. 在各种查找方法中,平均查找长度与结点个数无关的查找方法是(   )。
   (A) 顺序查找　　(B) 折半查找　　(C) 分块查找　　(D) 哈希查找

三、问答题

1. 将一组记录关键字序列{for, case, while, class, protected, virtual, public, private, do, template, const, if, int}依次插入到初态为空的二叉排序树中:

(1) 试画出所得到的二叉排序树 T;

(2) 试画出删除关键字"for"之后的二叉排序树 T′；

(3) 试回答将关键字"for"插入 T′中得到的二叉排序树 T″是否与 T 相同？

(4) 试给出 T″的先序、中序和后序序列。

2. 已知一组记录的关键字序列为{50, 20, 10, 100, 120, 30, 110, 60, 70, 90, 80, 40}，依次把记录插入到初始状态为空的平衡二叉排序树中，使得在每次插入后保持该树仍然是平衡二叉树。试画出每次插入后所形成的平衡二叉排序树。

3. 从空树开始，依次输入数据 20、30、50、52、60、68、70，试画出建立 3 阶 B_ 树（即 2-3 树）的过程。并画出删除 50 和 68 后的 B_ 树状态。

4. 设哈希函数为 $H(k) = k \bmod 101$，解决冲突的方法采用线性探测再散列法，表中用"−1"表示空单元，哈希表 T 如图 8-42 所示。

	0	1	2	3		100
T	202	304	507	707	⋯	

图 8-42 哈希表 T

(1) 如果删除 T 中的 304（即令 T[1]=−1）之后，在 T 中查找 707 将会发生什么？

(2) 如果将删除的表项标记为"−2"，查找时探测到−2 继续向前搜索，探测到−1 时终止搜索，则用这种方法删除 304 后能否正确地查找到 707？

5. 对于一组给定且固定不变的关键字序列，有可能设计出无冲突的哈希函数 H，此时称 H 为完备哈希函数（Perfect Hashing Function）。如果 H 能无冲突地将关键字完全填满哈希表，则称 H 是最小完备（Minimal Perfect）哈希函数。通常，寻找完备的哈希函数非常困难，寻找最小完备的哈希函数就更困难。

(1) 如果 H 是已知关键字集合 K 的完备哈希函数，则要增加一个新的记录关键字到集合 K，一般情况下 H 还是完备的吗？

(2) 已知一组记录关键字序列为{81, 129, 301, 38, 434, 216, 412, 487, 234}，哈希函数为 $H(k) = (k+18)/63$，请问 H 是完备的吗？ 它是最小完备的吗？

(3) 考虑由字符串构成的关键字序列{Bret, Jane, Shirley, Bryce, Michelle, Heather}，试为哈希表[0..6]设计一个完备哈希函数。（提示：考虑每个字符串的第 3 个字符，即 s[2]。）

四、应用题

1. 长度为 12 的有序表采用顺序存储结构，如果采用折半查找技术，则在等概率情况下计算查找成功时的平均查找长度以及查找失败时的平均查找长度。

2. 有一个 2000 项的表，要采用等分区间顺序查找的分块查找法，问：

(1) 每块理想长度是多少？ (2) 分成多少块最为理想？

(3) 平均查找长度 ASL 为多少？ (4) 若每块是 20，ASL 为多少？

3. 已知一组长度是 12 的记录关键字序列为{Jan, Feb, Mar, Apr, May, Jun, July, Aug, Sep, Oct, Nov, Dec}：

(1) 按序列中的顺序依次将其插入一棵初始为空的二叉树（字符之间以字典顺序比较大小），画出插入完成后的二叉排序树，并计算在等概率情况下查找成功的平均查找长度；

(2) 如果对序列中元素先排序构成有序表，再进行折半查找，则计算在等概率情况下查找成功的平均查找长度；

(3) 按序列中的顺序构造出一棵相应的平衡二叉树，并计算在等概率的情况下查找成功的平均查找长度。

4. 已知一组记录关键字序列为{SUN,GAO,HUA,WAN,PEN,YAN,LIU,ZHE, YAO,CHE},试构造装填因子 α=10/13 的哈希表,取关键字首字母在字母表中序号(字典序)作为哈希函数值,用线性探测再散列法解决冲突,画出其哈希表。

5. 假定一组记录关键字序列为{32,75,63,48,94,25,36,18,70},哈希地址空间为[0..10]。如果采用除留余法构造哈希函数,且分别采用步长为 1 及步长为 3 的线性探测再散列法处理冲突,试分别画出其哈希表,并分别计算在等概率情况下查找成功的平均查找长度。

五、算法设计题

1. 试设计一个算法:递归折半查找给定关键字。

2. 试设计一个算法:求给定结点在二叉排序树中所在的层数。

3. 试设计一个算法:判别给定的二叉树是否为二叉排序树。设此二叉树以二叉链表为存储结构,且树中记录结点的关键字均不相同。

4. 试设计一个算法:在二叉排序树上找出任意两个不同结点的最近公共祖先。

5. 假设哈希表上删除操作已将记录关键字标记为 DELETED(例如,设 DELETED 为 -2)。试设计一个查找及插入算法,使之能够正确地查找和插入。

## 第 9 章

排　　序

主要知识点

- 插入排序、交换排序、选择排序、归并排序和基数排序的方法。
- 各种排序方法的性能分析、主要特点及选择依据。

　　排序是计算机程序设计中的一种重要运算,其功能是将一组记录从任意序列排列成一个按关键字有序排列的序列。为了查找方便,通常希望查找表中的记录是按关键字有序的,在有序表上可以采用效率较高的折半查找法,其查找的时间复杂度为 $O(\log_2 n)$,而无序表上只能进行顺序查找,其查找的时间复杂度为 $O(n)$。因此,为了提高计算机对数据处理的工作效率,有必要学习和研究各种排序的方法和对应的算法。

9.1　排序的基本概念

1. 排序

　　给定一组记录序列 $\{r_1, r_2, \cdots, r_n\}$,其相应的关键字序列为 $\{k_1, k_2, \cdots, k_n\}$,将这组记录排列成顺序为 $\{r_{s1}, r_{s2}, \cdots, r_{sn}\}$ 的一个序列,使得相应的关键字满足 $k_{s1} \leqslant k_{s2} \leqslant \cdots \leqslant k_{sn}$(升序)或者 $k_{s1} \geqslant k_{s2} \geqslant \cdots \geqslant k_{sn}$(降序),此过程称为排序(Sorting)。简言之,排序就是将一个记录的任意序列重新排列成一个按关键字有序的序列。

2. 趟

　　在排序过程中,将待排序的记录序列扫描一遍称为一趟(Pass)。在排序操作中,深刻理解趟的含义能够更好地掌握排序方法的思想和过程。

3. 排序方法的稳定性

　　假定在待排序的记录序列中,存在多个具有相同关键字的记录,如果经过排序,这些记录的相对次序保持不变,即在原序列中 $k_i = k_j$,且 r_i 在 r_j 之前,而在排序后的序列中 r_i 仍在 r_j 之前,则这种排序方法是稳定的(Stable);否则是不稳定的(Unstable)。

　　对于不稳定的排序方法,只要举出一个实例,即可说明其不稳定性;而对于稳定的排序方法,必须对其进行分析从而得到稳定的特性。

　　需要注意的是,排序方法是否稳定是由具体算法决定的,不稳定算法在某种条件下可以变为稳定算法,而稳定算法在某种条件下也可以变为不稳定算法。

4. 排序方法的分类

　　由于待排序记录数量不同,使得排序过程中涉及的存储器不同。如果按排序过程中待排序记录是否全部放置在内存中来区分,则可以将排序方法分为内部排序和外部排序两大类。内部排序是指在排序的整个过程中,待排序的所有记录全部放置在内存中;外部排序是指由于待排序的记录个数太多,不能同时放置在内存中,而需要将一部分记录放置在内存中,另一部分记录放置在外存中,整个排序过程需要在内外存之间多次交换数据才能得到排序的结果。本章主要讨论内部排序。

(1) 按排序是否建立在关键字比较的基础上来区分,可以将排序方法分为基于比较的排序和不基于比较的排序。基于比较的排序主要通过关键字之间的比较和记录的移动这两种操作来实现;而不基于比较的排序是根据待排序数据的特点依据多关键字排序的思路对单逻辑关键字进行排序,通常没有大量的关键字之间的比较和记录的移动操作。

(2) 按排序过程中依据的不同原则来区分,可以将排序方法大致分为插入排序、交换排序、选择排序、归并排序和基数排序。

(3) 按排序过程中所需要的工作量来区分,可以将排序方法分为简单排序法,其时间复杂度为 $O(n^2)$;先进排序法,其时间复杂度为 $O(n\log_2 n)$;基数排序法,其时间复杂度为 $O(d\times n)$(d 为单逻辑关键字中关键字的个数)。

5. 排序的基本操作

通常,在排序过程中需要进行两种基本操作:

(1) 比较:即比较两个记录关键字大小。该操作对大多数排序方法来说都是必要的。

(2) 移动:将记录从一个位置移动至另一个位置。该操作可以通过改变记录的存储方式来予以避免。

6. 待排序记录序列的存储方式

通常,待排序记录序列有 3 种存储方式。

(1) 以顺序表存储待排序记录序列。待排序记录存储在一组地址连续的存储单元中,类似于线性表的顺序存储结构,在序列中相邻的两个记录,其存储位置也相邻。在这种存储方式中,记录之间的次序关系由其存储位置决定,实现排序必须移动记录。

(2) 以静态链表存储待排序记录序列。待排序记录存储在一个静态链表中,在这种存储方式中,记录之间的次序关系由指针指示,实现排序不需要移动记录,仅需要修改指针即可。该存储方式下的排序又称为链表排序。

(3) 以顺序表存储待排序记录序列,并另设一个指示各个记录存储位置的地址向量。在这种存储方式中,实现排序不需要移动记录本身,而移动地址向量中这些记录的"地址",在排序之后再按照地址向量中的值调整记录的存储位置。该存储方式下的排序又称为地址排序。

7. 排序的性能分析

排序的性能分析主要从两个方面考虑:一个是时间复杂度,另一个是空间复杂度。

(1) 时间复杂度

排序的执行时间随待排序记录的数量变化而变化的度量,称为排序的时间复杂度。大多数排序方法的时间开销主要是关键字之间的比较和记录的移动,因此高效率的排序方法应该具有尽可能少的关键字比较次数和尽可能少的记录移动次数。有的排序方法其执行时间不仅依赖于问题的规模,还取决于输入实例中数据的状态。

（2）空间复杂度

排序所需要的辅助空间随待排序记录的数量变化而变化的度量，称为排序的空间复杂度。辅助存储空间是指在待排序记录个数一定的条件下，除了存放待排序记录占用的存储空间之外，排序时所需要的其他存储空间。

8. 待排序记录的数据类型

为了方便，在本章讨论的待排序记录以顺序表存储，且设记录关键字均为整数，即在以后讨论的大部分算法中，待排序记录的类型定义如下：

```
typedef struct {
    RedType   * r;                      // 基址,建表时按实际值分配,r[0]空
    int       length;                   // 表长
} SqList;
```

9.2 插入排序

插入排序（Insertion Sort）是一类借助"插入"进行排序的方法，其基本思想是：每次将一个待排记录按其关键字大小插入到一个已排好的有序子序列中，直到全部记录排好顺序。插入排序的方法主要包括直接插入排序和希尔排序。

9.2.1 直接插入排序

直接插入排序（Straight Insertion Sort）是插入排序中最简单的一种排序方法，需要解决两个关键问题：一是如何构造初始有序子序列；二是如何查找待插记录插入位置。

（1）算法设计

① 构造初始的有序子序列。将 n 个待排序的记录序列 $\{r_1, r_2, \cdots, r_n\}$ 划分成有序区和无序区，初始时有序区为待排序记录序列中的第一个记录，无序区包括所有剩余待排序的记录。

② 查找待插入记录的插入位置。依次将无序区中的记录与有序区中记录关键字比较，确定插入位置并插入记录，从而使无序区减少一个记录，有序区增加一个记录；重复该过程，直到无序区中没有记录。

图 9-1 给出了直接插入排序的基本思想。

例 9-1 待排序记录关键字序列为 $\{49,38,65,97,76,13,27,\underline{49}\}$，图 9-2 给出了直接插入排序的过程（方括号括起来的为有序区）。关键字 49 和 $\underline{49}$ 表示两个不同记录具有相同的关键字（下同）。

图 9-1 直接插入排序基本思想

（2）算法描述

算法 9-1

```
void InsertSort(SqList &L) {
// 对顺序表 L 作直接插入排序; L.r[0]为哨兵
    for(i = 2; i < = L.length; ++i)
        if(L.r[i].key < L.r[i-1].key) {
```

```
        L.r[0] = L.r[i];                       // 复制为哨兵
        for(j = i-1;L.r[0].key < L.r[j].key; -- j)
            L.r[j+1] = L.r[j];
        L.r[j+1] = L.r[0];                     // 插入到正确位置
    }
}                                              // InsertSort
```

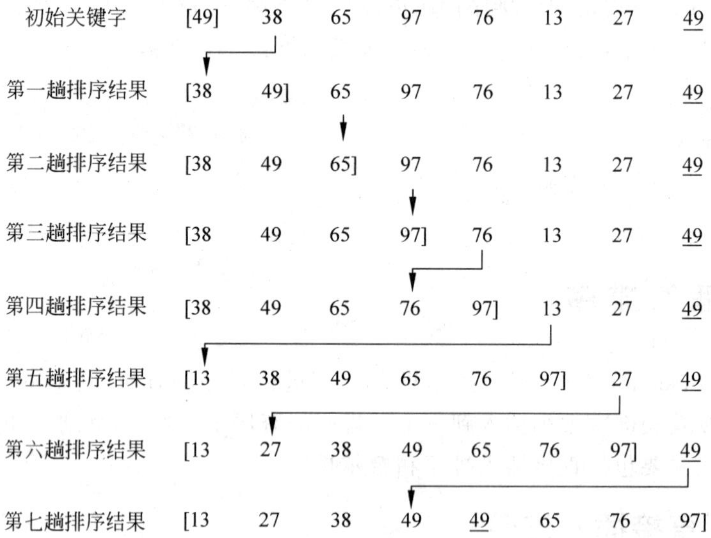

初始关键字	[49]	38	65	97	76	13	27	49
第一趟排序结果	[38	49]	65	97	76	13	27	49
第二趟排序结果	[38	49	65]	97	76	13	27	49
第三趟排序结果	[38	49	65	97]	76	13	27	49
第四趟排序结果	[38	49	65	76	97]	13	27	49
第五趟排序结果	[13	38	49	65	76	97]	27	49
第六趟排序结果	[13	27	38	49	65	76	97]	49
第七趟排序结果	[13	27	38	49	49	65	76	97]

图 9-2　直接插入排序过程

（3）算法分析

① L.r[0]的作用。

L.r[0]有两个作用：一是进入查找插入位置循环之前，暂存了 L.r[i]的值，使得不致于因记录后移而丢失 L.r[i]的内容；二是在查找插入位置循环中充当"哨兵"监视下标变量 j 是否越界，一旦越界（即 j=0），L.r[0].key 和自己比较，循环判定条件不成立使得查找循环结束，从而避免了在该循环内每一次均要检测 j 是否越界（即省略了循环判定条件"j>=1"）。引入"哨兵"后使得测试查找循环条件的时间大约减少了一半，对记录数较大的文件节约的时间相当可观。对于类似于排序这样使用频率很高的算法，要尽可能减少其运行时间，因此不能把上述算法中的"哨兵"视为无足轻重，而应该深刻理解并掌握这种算法的设计技巧。

② 时间复杂度。

假设待排序记录个数为 n，直接插入排序需要进行 n-1 趟排序。当初始文件记录为正序时，即 L.r[i].key≥L.r[i-1].key，内循环只进行 1 次关键字的比较，而不移动记录，因此，总关键字比较次数为 n-1，总记录移动次数为 0。当初始文件记录为反序时，即 L.r[i].key<L.r[i-1].key，内循环需要将 L.r[0].key 与有序子序列 L.r[1..i-1]中的 i-1 个记录的关键字进行比较，并将 L.r[1..i-1]中的 i-1 个记录后移，因此，总关键字比较次数为 $(n+2)(n-1)/2$，总记录移动次数为 $(n-1)(n+4)/2$。当初始文件记录为随机时，即待排序记录可能出现的各种排列的概率相同，关键字比较次数和记录移动次数均取上述最小值和最大值的平均，约为 $n^2/4$。因此算法 9-1 的时间复杂度为 $O(n^2)$。

③ 空间复杂度。

直接插入排序只需要一个记录的辅助空间,用来作为待插入记录的暂存单元和查找记录的插入位置过程中的"哨兵",因此算法 9-1 的空间复杂度为 O(1)(称为就地排序)。

④ 方法适用性。

算法 9-1 是一种稳定的排序方法。该方法简单且容易实现,当序列中的记录基本有序或待排序记录较少时,它是最佳的排序方法。但当待排序的记录个数较多时,大量的比较和移动操作使直接插入排序算法的效率降低。

9.2.2 希尔排序

希尔排序(Shell Sort)又称缩小增量排序,是对直接插入排序的改进。在直接插入排序中,如果待排序记录按关键字基本有序,则其效率很高;如果待排序记录个数较少,则其效率也很高。希尔排序正是从这两点分析出发对直接插入排序进行了改进,其基本思想是:先将整个待排序记录序列分割成若干个子序列,在子序列内分别进行直接插入排序,待整个序列基本有序时,再对全体记录进行一次直接插入排序。

希尔排序发明于 1959 年,它的名称源于它的发明者 Donald Shell,该算法是突破二次时间屏障 $O(n^2)$ 的第一批算法之一。

希尔排序需要解决两个关键问题:一是应该如何分割待排序记录,才能保证整个序列逐步向基本有序发展;二是子序列内如何进行直接插入排序。

(1)算法设计

① 分割待排序记录。

子序列的构成不能是简单地"逐段分割",而是将相距某个"增量"的记录组成一个子序列,这样才能有效地保证在子序列内分别进行直接插入排序后得到的结果是基本有序而不是局部有序。接下来的问题是增量应该如何取?到目前为止尚未有人求得一个最好的增量序列。希尔(D. L. shell)最早提出的方法是:$d_1=\lfloor n/2 \rfloor$,$d_{i+1}=\lfloor d_i/2 \rfloor$,且没有除 1 之外的公因子,并且最后一个增量必须等于 1。开始时增量的取值较大,每个子序列中的记录个数较少,并且提供了记录跳跃移动的可能,排序效率较高;后来增量逐步缩小,每个子序列中的记录个数增加,但已基本有序,效率也较高。

注意:基本有序和局部有序不同。基本有序是指已接近正序,例如{1,2,8,4,5,6,7,3,9};而局部有序只是某些部分有序,例如{6,7,8,9,1,2,3,4,5},而局部有序不能提高直接插入排序算法的时间性能。

② 在子序列内进行直接插入排序。

在每个子序列中,待插入记录和同一子序列中的前一个记录比较,在插入记录 r[i]时,自 r[i−d]起往前跳跃式(跳跃幅度为 d)查找待插入位置,在查找过程中,记录后移也是跳跃 d 个位置。r[0]只是暂存单元,不是"哨兵"。当搜索位置 j≤0 或者 r[0]≥r[j]时,表示插入位置已找到。在整个序列中,前 d 个记录分别是 d 个子序列中的第一个记录,所以从第 d+1 个记录开始进行插入。

例 9-2 待排序记录关键字序列为{25,38,65,97,76,27,13,25},图 9-3 给出了希尔排序的过程。

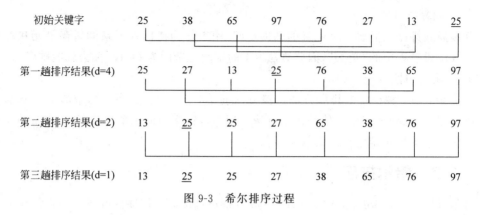

图 9-3 希尔排序过程

（2）算法描述

算法 9-2

```
void ShellSort(SqList &L) {
// 对顺序表 L 作希尔排序
    dk = L.length/2;
    while(dk!= 1) {
        ShellInsert(L,dk);
        dk = dk/2;
    }
}                                        // ShellSort


void ShellInsert(SqList &L, int d) {
// 对顺序表 L 做一趟希尔插入排序,前后增量是 d; L.r[0]只作为暂存单元
    for(i = d + 1;i <= L.length;++i)
        if(L.r[i].key < L.r[i-d].key) {
            L.r[0] = L.r[i];                 // 暂存在 L.r[0]
            for(j = i-d;(j > 0)&&(L.r[0].key < L.r[j].key);j -= d)
                L.r[j+d] = L.r[j];
            L.r[j+d] = L.r[0];               // 插入到正确位置
        }
}                                        // ShellInsert
```

（3）算法分析

① 与直接插入排序的区别。

希尔排序实质上是一种分组插入排序,每组插入与一趟直接插入排序相比,做了两处修改：一是前后记录位置的增量是 dk,而不为 1；二是 L.r[0]只作为暂存单元,而不作为"哨兵",当 j<=0 时,插入位置已经找到。

② 时间复杂度。

希尔排序的执行时间依赖于增量序列,这涉及一些数学上尚未解决的难题,到目前为止增量的选取无一定论,但无论增量序列如何取,应该使增量序列中的值没有除 1 之外的公因子,且最后一个增量值必须等于 1。有人在大量实验的基础上推出,当 n 在某个特定范围时,希尔排序所需要的关键字比较次数和记录移动次数约为 $n^{1.3}$。开始排序时由于增量较大,分组较多,每组记录数目少,因此各组内直接插入较快;后来增量 dk_i 逐渐缩小,分组数逐渐减少,各组记录数目逐渐增多,但由于已按照 dk_{i-1} 作为间隔排过序,使文件比较接近有序状态,因此新一趟排序过程也较快。按照希尔提法: $dk_1 = n/2, dk_{i+1} = \lfloor dk_i/2 \rfloor$,每次后一个增量是前一个增量的 $1/2$,则经过 $t = \log_2 n$ 次插入后,$dk_t = 1$。ShellSort 的执行次数为 $\log_2 n$,ShellInsert 的执行次数为 n。因此算法 9-2 的平均时间复杂度为 $O(n\log_2 n)$。

③ 空间复杂度。

希尔排序只需要一个记录的辅助空间,用来作为当前待插入记录的暂存单元,因此算法 9-2 的空间复杂度为 $O(1)$。

④ 方法适用性。

算法 9-2 是一种不稳定的排序方法。该方法简单且容易实现,其性能在待排记录数目较多时更能得到充分发挥。

9.3　交换排序

交换排序(Exchange Sort)是一类借助"交换"进行排序的方法,其基本思想是:在待排序序列中选择两个记录,将它们的关键字进行比较,如果反序则交换它们的位置。交换排序的方法主要包括冒泡排序和快速排序。

9.3.1　冒泡排序

冒泡排序(Bubble Sort)是交换排序中最简单的一种排序方法,需要解决两个关键问题:一是如何确定待排序记录的范围,使得已经位于最终位置的记录不参与下一趟排序;二是如何判别冒泡排序结束。

(1) 算法设计

① 确定待排序记录的范围。

将 n 个待排序记录序列 $\{r_1, r_2, \cdots, r_n\}$ 划分成有序区和无序区,初始时有序区为空,无序区包括所有待排序的记录。设有序区右边界为 bound,存储有序区最后一个记录的位置,即有序区记录为 $r_1..r_{bound}$;无序区中每趟待排序记录为 $r_{bound+1}..r_n$。

② 判别冒泡排序结束。

对无序区从后向前依次将相邻记录的关键字进行比较,如果反序则交换,从而使得关键字小的记录向前移,关键字大的记录向后移。重复执行该过程,直到无序区中没有反序记录为止。为了提高排序效率,设置标志 tag:tag=0 表示在一趟排序过程中进行过交换记录操作;tag=1 表示在一趟排序过程中没有进行过交换记录操作,提前结束冒泡排序。

图 9-4 给出了冒泡排序的基本思想。

图 9-4　冒泡排序基本思想

例 9-3 待排序记录关键字序列为{13,49,38,65,97,76,27,49},图9-5给出了冒泡排序的过程(方括号括起来的为有序区)。

```
初始关键字        13   49   38   65   97   76   27   49
第一趟排序结果 [13   27]  49   38   65   97   76   49
第二趟排序结果 [13   27   38]  49   49   65   97   76
第三趟排序结果 [13   27   38   49   49   65   76]  97
第四趟排序结果 [13   27   38   49   49   65   76   97]
```

图 9-5 冒泡排序过程

(2) 算法描述

算法 9-3

```
void BubbleSort(SqList &L) {
// 对顺序表 L 做冒泡排序
    tag = 0;                                    // 设置标志 tag
    for(bound = 0; tag == 0; ++bound) {
        tag = 1;
        for(i = n - 1; i > bound; -- i)          // 一趟冒泡排序
            if(L. r[i + 1]. key < L. r[i]. key) {
                L. r[0] = L. r[i + 1];
                L. r[i + 1] = L. r[i];
                L. r[i] = L. r[0];
                tag = 0;
            }
    }
}                                               // BubbleSort
```

(3) 算法分析

① 时间复杂度。

假设待排序记录个数为 n。当初始文件记录为正序时,只需要进行一趟排序,总关键字比较次数为 n−1,且不移动记录。当初始文件记录为反序时,需要进行 n−1 趟排序,总关键字比较次数为 n(n−1)/2,且作等量级的记录移动。因此算法 9-3 的时间复杂度为 $O(n^2)$。

② 空间复杂度。

冒泡排序只需要一个记录的辅助空间,用来作为记录交换的暂存单元,因此算法 9-3 的空间复杂度为 O(1)。

③ 方法适用性。

算法 9-3 是一种稳定的排序方法。该方法简单且容易实现,适用于待排记录序列基本有序,或待排记录数目较少的场合。

9.3.2 快速排序

快速排序(Quick Sort)又称划分交换排序,是对冒泡排序的改进。在冒泡排序中,记录的比较和移动是在相邻位置进行的,记录每次交换只能前移或后移一个位置,因而总的比较次数和移动次数较多。在快速排序中,记录的比较和移动是从两端向中间进行的,关键字较大的记录一次就能从前面移动到后面,关键字较小的记录一次就能从后面移动到前面,记录移动的距离较远,从而减少了总的比较次数和移动次数。其基本思想是:首先选一个轴值(即比较基准),将待排序记录分割成独立的两部分,左侧记录关键字均小于或等于轴值,右侧记录关键字均大于或等于轴值,然后分别对这两部分重复上述过程,直到整个序列有序。

快速排序需要解决三个关键问题:一是如何选择轴值;二是在待排序记录序列中如何进行分区(通常叫作一次划分);三是如何处理分区得到的两个待排序记录子序列以及如何判别快速排序的结束。

(1)算法设计

① 选取轴记录。

选择轴记录有多种方法,最简单的方法是选取待排序记录序列中的第一个记录。

② 在待排序记录序列中进行分区。

- 初始化:设置两个参数 low 和 high,分别用来指示将要与轴记录关键字进行比较的左侧记录位置和右侧记录位置,也就是本次划分的区间。
- 右扫描:将轴记录关键字与 high 指向记录关键字进行比较,如果 high 指向记录的关键字大,则 high 前移一个记录位置;重复右侧扫描过程,直到右侧的记录关键字小(即反序),如果 low<high,则将轴记录与 high 指向的记录进行交换。
- 左扫描:将轴记录关键字与 low 指向记录关键字进行比较,如果 low 指向记录的关键字小,则 low 后移一个记录位置;重复左侧扫描过程,直到左侧的记录关键字大(即反序),如果 low<high,则将轴记录与 low 指向的记录交换。

重复右扫描和左扫描,直到 low 与 high 指向同一个位置,即轴记录最终的位置,此时将待排序记录序列以轴记录为基准分成左侧和右侧两个子区间。

③ 对两个待排序记录子序列分别快速排序。

对待排序记录序列进行一次划分后,再分别对左右两个子序列进行递归快速排序;以此类推,直到每个分区都只有一个记录为止。

图 9-6 给出了快速排序的基本思想。

具体实现上述算法时,每交换一对记录需要进行三次记录移动。而实际上在排序过程中对枢轴记录的赋值是多余的,因为只有在一趟排序结束时,即 low=high 的位置才是枢轴记录的最后

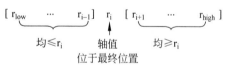

图 9-6 快速排序基本思想

位置。由此可以先将枢轴记录暂存在 L.r[0]中,排序过程中只做 L.r[low]或 L.r[high]的单向移动,直至一趟排序结束后再将枢轴记录移至正确位置上。

例 9-4 待排序记录关键字序列为{38,13,27,76,65,49,49,97},图 9-7 给出了快速排序的过程(方括号括起来的为子区间)。

(2)算法描述

算法 9-4

```
void QuickSort(SqList &L) {
// 对顺序表 L 做快速排序
    Qsort(L,1,L.length);                      // 排序整个文件记录
}                                              // QuickSort
```

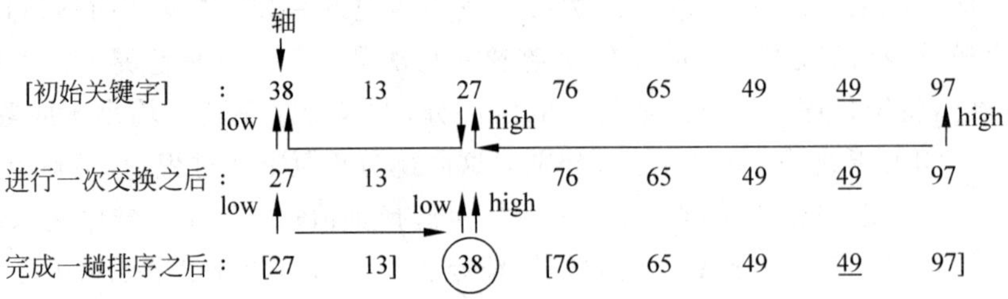

(a) 一次划分过程

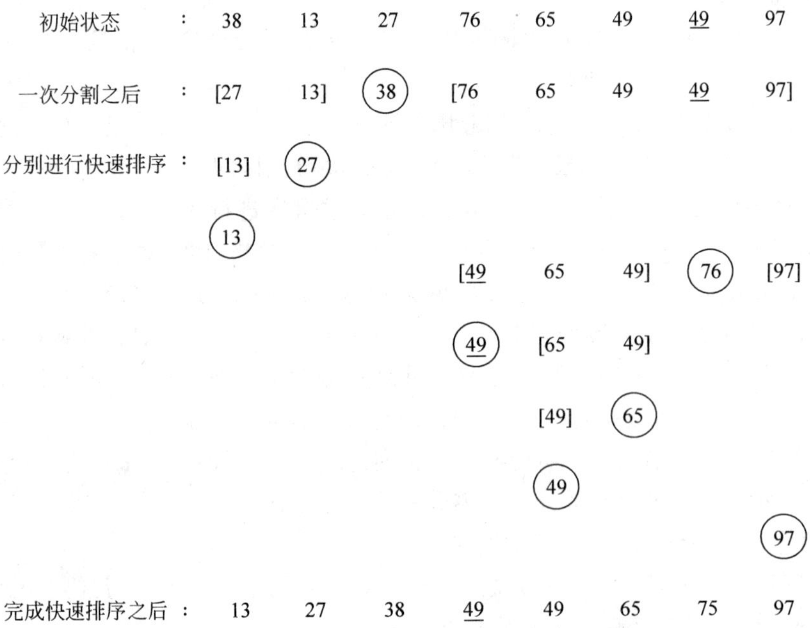

(b) 快速排序全过程

图 9-7　快速排序过程

```
void Qsort(SqList &L, int low, int high) {
// 对顺序表 L 中的子序列 L.r[low..hgh] 做快速排序. pivotpos 是轴记录位置
    if(low < high) {                                    // 仅当区间长度大于 1 时才进行排序
        pivotpos = Partition(L, low, high);            // 对 L.r[low..high] 做划分
        Qsort(L.low, pivotpos - 1);                    // 对左区间递归快速排序
        Qsort(L.pivotpos + 1, high);                   // 对右区间递归快速排序
    }
}                                                       // QSort


int Partition(SqList &L, int low, int high) {
// 交换顺序表 L 中子表 L.r[low..high]的记录,轴记录到位并返回其所在位置
    L.r[0] = L.r[low];                                  // 用区间第 low 个记录作轴记录
    pivotkey = L.r[low].key;                            // 取轴记录关键字
    while(low < high) {                                 // 从区间两端交替地向中间扫描
        while((low < high)&&(L.r[high].key >= pivotkey))
            -- high;
```

```
        L.r[low] = L.r[high];
        while((low < high)&&(L.r[low].key < = pivotkey))
            ++low;
        L.r[high] = L.r[low];
    }
    L.r[low] = L.r[0];                    // 轴记录到位
    return low;                           // 返回轴位置
}                                          // Partition
```

（3）算法分析

① 时间复杂度。

快速排序的时间主要耗费在划分操作上。从上述快速排序的执行过程可以看出,快速排序的趟数取决于递归的深度。

在最好的情况下,每次划分对一个记录定位后,该记录的左侧子序列与右侧子序列的长度相同。在具有 n 个记录的序列中,对一个记录定位要对整个待划分序列扫描一遍,则所需时间为 O(n)。设 T(n)是对 n 个待排序记录序列进行排序的时间,每次划分后,正好把待划分区间划分为长度相等的两个子序列,则有

$$T(n) \leqslant 2T(n/2) + n$$
$$\leqslant 2(2T(n/4) + n/2) + n = 4T(n/4) + 2n$$
$$\leqslant 4(2T(n/8) + n/4) + 2n = 8T(n/8) + 3n$$
$$\vdots$$
$$\leqslant nT(1) + n\log_2 n = O(n\log_2 n)$$

因此,最好的时间复杂度为 $O(n\log_2 n)$。

在最坏的情况下,待排序记录序列正序或逆序,每次划分只得到一个比上一次划分少一个记录的子序列(另一个子序列为空)。此时,必须经过 n−1 次递归调用才能把所有记录定位,且第 i 趟划分需要经过 n−i 次关键字的比较才能找到第 i 个记录的基准位置,总的比较次数为

$$\sum_{i=1}^{N-1} (n-i) = \frac{1}{2}n(n-1) = O(n^2)$$

记录的移动次数小于等于比较次数。因此,最坏的时间复杂度为 $O(n^2)$。

在平均情况下,设轴记录的关键字为 k 个($1 \leqslant k \leqslant n$),且 k 取 1~n 之间任何一值的概率相等,则有

$$T(n) = \frac{1}{n}\sum_{k=1}^{n} (T(n-k) + T(k-1)) + n$$
$$= \frac{2}{n}\sum_{k=1}^{n} T(k) + n$$

可以用归纳法证明,其数量级也为 $O(n\log_2 n)$。因此算法 9-4 的时间复杂度为 $O(n\log_2 n)$,这是快速排序的平均时间性能。

通常,快速排序认为是在所有同数量级($O(n\log_2 n)$)的排序方法中,其平均性能最好。但如果待排序记录序列按关键字有序或基本有序时,快速排序就将蜕化为冒泡排序,其时间复杂度为 $O(n^2)$。

② 空间复杂度。

由于快速排序是递归的,因此需要一个栈来存放每一层递归调用的必要信息,其最大容量应与递归调用的深度一致。最好情况下栈的深度为 $O(\log_2 n)$;最坏情况下,要进行 $n-1$ 次递归调用,栈的深度为 $O(n)$;平均情况下栈的深度为 $O(\log_2 n)$。

③ 方法适用性。

算法 9-4 是一种不稳定的排序方法。该方法适用于待排序记录个数很大且原始记录随机排列的情况。快速排序的平均性能是迄今为止所有内排序算法中最好的一种。快速排序应用广泛,典型的应用是 UNIX 系统调用库函数例程中 qsort 函数。

9.4 选择排序

排序(Selection Sort)是一类借助"选择"进行排序的方法,其基本思想是:每趟排序在当前待排序序列中选出关键字最小的记录,添加到有序序列中。该方法比较独特的地方是记录移动的次数较少。选择排序的方法主要包括简单选择排序和堆排序。

9.4.1 简单选择排序

简单选择排序(Simple Selection Sort)是选择排序中最简单的一种排序方法,需要解决两个关键问题:一是如何在待排序序列中选出关键字最小的记录;二是如何确定待排序序列中关键字最小的记录在有序序列中的位置。

(1) 算法设计

① 在待排序序列中选出关键字最小的记录。

将 n 个待排序记录序列 $\{r_1, r_2, \cdots, r_n\}$ 划分为有序区和无序区,初始时有序区为空,无序区含有待排序的所有记录。第 i 趟无序区待排序记录为 $r_i..r_n$,通过 $n-i$ 次关键字的比较,在 $n-i+1(1 \le i \le n-1)$ 个记录中选取关键字最小的记录。

② 确定待排序序列中关键字最小的记录在有序序列中的位置。

将选出的关键字最小的记录,与无序区中的第一个记录交换,使得有序区扩展了一个记录,而无序区减少了一个记录。在第 i 趟排序中,关键字最小的记录和第 i 个记录交换作为有序序列的第 i 个记录。不断重复该过程,直到无序区只剩下一个记录为止,此时所有的记录已经按关键字从小到大的顺序排列就位。

图 9-8 给出了简单选择排序的基本思想。

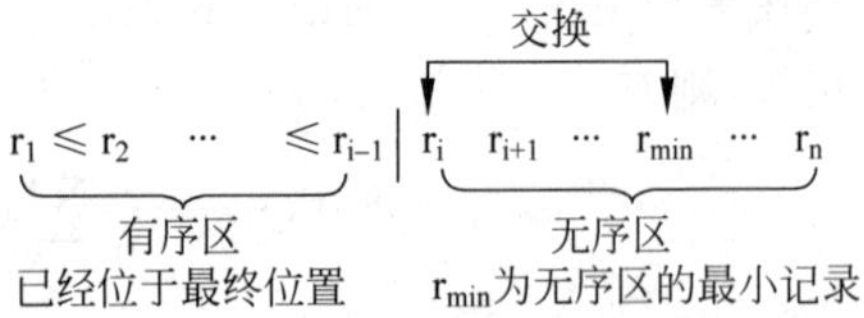

例 9-5 待排序记录关键字序列为 $\{49, 38, 65, \underline{49}, 76, 13, 27, 52\}$,图 9-9 给出了简单选择排序的过程(方括号括起来的为有序区)。

$$r_1 \le r_2 \quad \cdots \quad \le r_{i-1} \mid r_i \quad r_{i+1} \quad \cdots \quad r_{min} \quad \cdots \quad r_n$$

有序区　　　　无序区
已经位于最终位置　　r_{min}为无序区的最小记录

图 9-8　简单选择排序基本思想

(2) 算法描述

算法 9-5

```
void SelectSort(SqList &L) {
// 对顺序表 L 做简单选择排序
    for(i = 1; i < L.length; ++i) {          // 选择第 i 个小关键字记录并交换到位
        k = i;
```

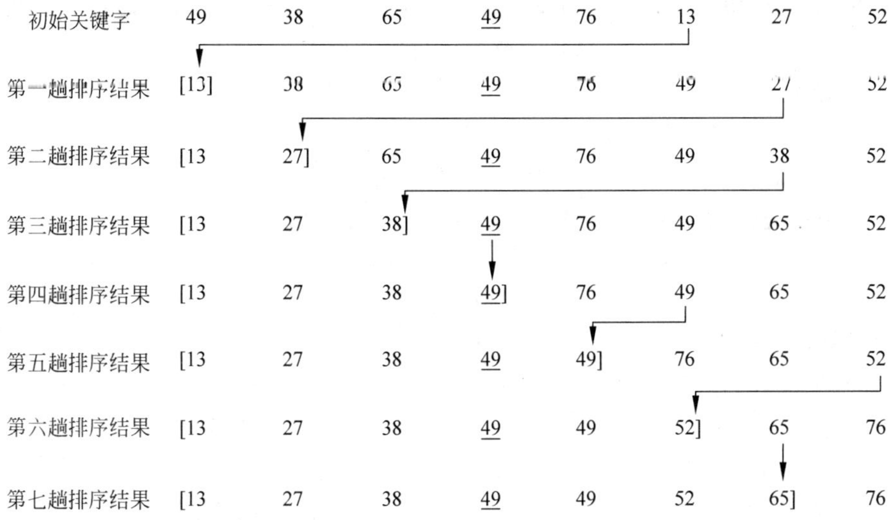

初始关键字	49	38	65	<u>49</u>	76	13	27	52
第一趟排序结果	[13]	38	65	<u>49</u>	76	49	27	52
第二趟排序结果	[13	27]	65	<u>49</u>	76	49	38	52
第三趟排序结果	[13	27	38]	<u>49</u>	76	49	65	52
第四趟排序结果	[13	27	38	<u>49</u>]	76	49	65	52
第五趟排序结果	[13	27	38	<u>49</u>	49]	76	65	52
第六趟排序结果	[13	27	38	<u>49</u>	49	52]	65	76
第七趟排序结果	[13	27	38	<u>49</u>	49	52	65]	76

图 9-9 简单选择排序过程

```
for(j = i + 1;j <= L.length;++j)          // 每趟扫描选择 key 最小记录,记为 k
    if(L.r[j].key < L.r[k].key) k = j;
if(i != k) {
    L.r[0] = L.r[i];
    L.r[i] = L.r[k];
    L.r[k] = L.r[0];
    }
    }
}                                          // SelectSort
```

（3）算法分析

① 时间复杂度。

假设待排序记录个数为 n。当初始文件记录为正序时,记录移动次数为 0；当初始文件记录为反序时,每趟排序均需要执行交换操作,总的记录移动次数取最大值 $3(n-1)$。因此简单选择排序中记录的移动次数较少。但无论文件初始状态如何,关键字的比较次数相同,在第 i 趟排序中选出最小关键字的记录,需要做 $n-i$ 次比较,总的比较次数为 $n(n-1)/2$。因此算法 9-5 的时间复杂度为 $O(n^2)$。

② 空间复杂度。

简单选择排序只需要一个记录的辅助空间,用来作为记录交换的暂存单元,因此算法 9-5 的空间复杂度为 $O(1)$。

③ 方法适用性。

算法 9-5 是一种不稳定的排序方法。该方法适用于待排记录数目较少的场合。

9.4.2 堆排序

在简单选择排序中,为了从 L.r[1 .. n]中选出关键字最小的记录,必须进行 $n-1$ 次比较；然后在 L.r[2..n]中选出关键字次小的记录,又需要做 $n-2$ 次的比较。事实上,后面的 $n-2$ 次比较中,有许多比较可能在前面 $n-1$ 次比较中已做过,但由于前一趟排序时未保留这些比较结果,所以后一趟排序时又重复执行了这些比较操作。可以通过树形结构保存部分比较结果,以减少比较次数,从而提高整个排序的效率。

1. 树形选择排序

树形选择排序的基本思想是:

(1) 把 n 个记录的关键字值两两比较,将其中关键字值较小的 n/2 个记录取出,然后将这 n/2 个关键字进行两两比较,继续选择具有较小关键字值的记录,直至选出一个最小关键字值;

(2) 对余下的 n−1 个记录的关键字值进行第二趟两两比较,再选出一个次小的关键字;如此反复,直至排序结束为止。

这种两两比较的过程可以用一棵有 n 个叶子结点的树来描述。上面一层分支结点两两比较得到较小的关键字。依次类推,树根表示最后选出来的最小关键字值,已经选出来的关键字的叶子结点用∞表示。

图 9-10 就是对线性表{33,25,46,13,58,95,18,63}进行树形选择排序过程的示例。

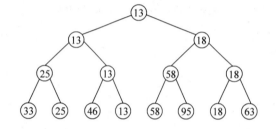

(a) 第一趟选择最小关键字过程示意

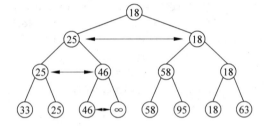

(b) 第二趟选择次小关键字过程示意

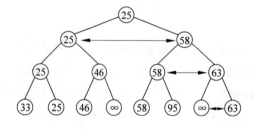

(c) 第三趟选下一次小关键字过程示意

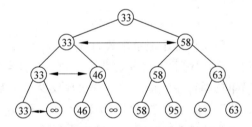

(d) 第四趟选择下一次小关键字过程示意

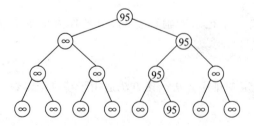

(e) 第八趟选择下一次小关键字过程示意

图 9-10 树形选择排序过程

由于含有 n 个叶子结点的完全二叉树的深度为 $\lceil \log_2 n \rceil + 1$,则在树形选择排序中,除了最小关键字之外,每选择一个次小关键字仅需要进行 $\lceil \log_2 n \rceil$ 次比较,因此,它的时间复杂度为 $O(n\log_2 n)$。但是,这种排序方法也有一些缺点:辅助存储空间较多,和"∞"进行多余的比较等。为了弥补这些缺点,威洛姆斯(J. Williams)在 1964 年提出了另外一种形式的选择排序——堆排序(Heap Sort)。

2. 堆排序

1) 堆的定义

n 个元素的序列 $\{k_1, k_2, \cdots, k_n\}$ 当且仅当满足式(9-1)的关系时,称为堆(Heap)。

$$\begin{cases} k_i \leqslant k_{2i} \\ k_i \leqslant k_{2i+1} \end{cases} \quad \text{或} \quad \begin{cases} k_i \geqslant k_{2i} \\ k_i \geqslant k_{2i+1} \end{cases} \quad 1 \leqslant i \leqslant \lfloor n/2 \rfloor \tag{9-1}$$

如果用一维数组存放该序列,并把这个一维数组看成是一棵完全二叉树的顺序表,则堆实质上是满足如下性质的完全二叉树:树中任意非叶子结点的关键字 k_i 均不大于其左右孩子结点的关键字 k_{2i} 和 k_{2i+1}(小根堆);或均不小于其左右孩子结点的关键字 k_{2i} 和 k_{2i+1}(大根堆)。由此,如果序列 $\{k_1, k_2, \cdots, k_n\}$ 是堆,则堆顶元素必为序列中 n 个元素的最小值(或最大值)。图 9-11 给出了两个堆及其顺序表。

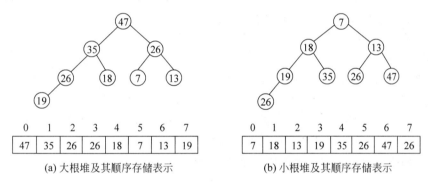

(a) 大根堆及其顺序存储表示   (b) 小根堆及其顺序存储表示

图 9-11　堆及其顺序表

堆排序是一种树形选择排序。其特点是:在排序过程中,将 L. r[l..n] 看成是一棵完全二叉树顺序表,利用完全二叉树中双亲和孩子之间的内在关系,使得在当前待排序记录中选取最小(或最大)关键字的记录变得简单。

2) 堆排序的方法

堆排序是利用堆(假设大根堆)的特点进行排序的一种方法,其基本思想是:首先将待排序记录序列构造成一个堆,选出堆中关键字最大的记录,即堆顶记录;然后将堆顶记录和堆中最后一个记录交换,并将其再调整成新堆,选出次大关键字的记录,即新堆顶记录。以此类推,直到堆中只有一个记录为止。

堆排序需要解决两个关键问题:一是如何将一个无序序列构造成一个堆,即初始建堆;二是在输出堆顶记录之后如何调整剩余记录成一个新堆,即重新建堆。

下面先讨论第二个问题。例如,图 9-12(a)是一个 6 个元素的大根堆,假设输出堆顶元素后,以堆中最后一个元素替代它,如图 9-12(b)所示,此时根结点的左右子树均为堆,则仅需要自上而下进行调整即可。首先以堆顶元素和其左右子树根结点的值字比较,由于左子树根结点的值大于右子树根结点的值且大于其根结点的值,则将 12 与 32 交换,如图 9-12(c)所示;经过这次交换破坏了左子树的"堆",由于左子树根结点的值大于右子树根结点的值且大于其根结点的值,则将 12 与 20 交换,如图 9-12(d)所示。此时堆顶元素为 5 个元素中的最大值。

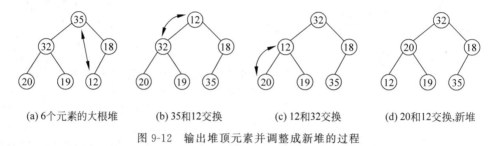

(a) 6个元素的大根堆　　(b) 35和12交换　　(c) 12和32交换　　(d) 20和12交换,新堆

图 9-12　输出堆顶元素并调整成新堆的过程

这个自堆顶至叶子的调整过程称为"筛选"。

(1) 算法设计

① 初始建堆。

将一个待排序记录组成的无序序列构造成一个堆的过程就是一个反复筛选的过程。如果将此序列看成是一个完全二叉树,则最后一个非终端结点记录是第$\lfloor n/2 \rfloor$个记录。因为所有的叶子结点记录都已经是堆,所以只需要从第$\lfloor n/2 \rfloor$个记录开始"筛选",直到根结点记录。

② 重新建堆。

初始建堆后,将待排序记录序列分成无序区和有序区两部分。其中,无序区为堆且包括全部待排序记录,有序区为空。将堆顶记录与堆(即无序区)中最后一个记录交换,则堆中减少了一个记录,而有序区增加了一个记录。在一般情况下,第 i 趟排序的堆中有 n−i+1 个记录,即堆中最后一个记录是 r[n−i+1],将 r[1] 与 r[n−i+1] 相交换。

由于初始建堆并完成第一次交换记录后,新的堆顶可能违反堆的性质,因此应该将当前无序区 r[1..n−1] 重新调整为堆。在一般情况下,对第 i 趟排序,在 n−i 个记录对应的完全二叉树中,只需要筛选根结点,即可重新建堆。

图 9-13 给出了堆排序的基本思想。

例 9-6　待排序记录关键字序列为{49,38, 65, 97, 40, 13, 27, 49},图 9-14 给出了初始建堆的过程,图 9-15 给出了重新建堆的过程。

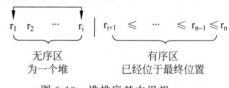

图 9-13　堆排序基本思想

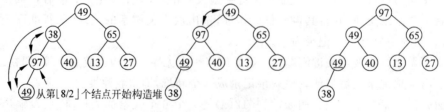

(a) 无序序列构成完全二叉树　　(b) 筛选L.r[2]后状态　　(c) 筛选L.r[1]后状态,大根堆

图 9-14　初始建堆的过程

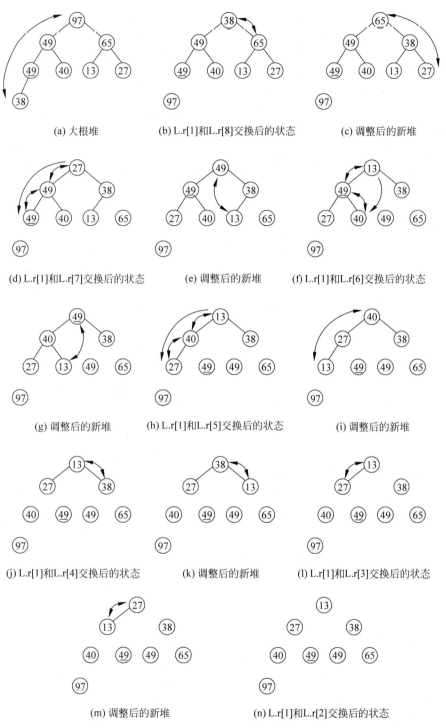

图 9-15 输出堆顶元素并调整建新堆的过程

（2）算法描述

算法 9-6

```
void HeapSort(SqList &L) {
// 对顺序表 L 进行堆排序
    for(i = L.length/2;i > 0; -- i)
        HeapAdjust(L,i,L.length);                // 初始建堆(大根堆)
    for(high = L.length;high > 1; -- high) {
        L.r[0] = L.r[1];                         // 堆顶记录和最后一个记录交换
        L.r[1] = L.r[high];
        L.r[high] = L.r[0];
        HeapAdjust(L,1,high - 1);                // 重新建堆
    }
} HeapSort

void HeapAdjust(SqList &L, int low, int high) {
// L.r[low..high]中除 L.r[low].key 外均满足堆定义,调整 L.r[low].key,重建大根堆
    L.r[0] = L.r[low];
    for(j = 2 * low;j <= high;j * = 2) {         // 沿着关键字较大的孩子结点向下筛选
        if((j < high)&&(L.r[j].key < L.r[j + 1].key))
            ++j;
        if(!(L.r[0].key < L.r[j].key))
            break;
        L.r[low] = L.r[j];
        low = j;
    }
    L.r[low] = L.r[0];                           // 插入在位置 low 上
}                                                // HeapAdjust
```

（3）算法分析

① 时间复杂度。

堆排序的运行时间主要消耗在初始建堆和调整重建新堆时进行的反复"筛选"上。对 n 个待排序记录序列$\{r_1,r_2,\cdots,r_n\}$,交换堆顶记录之后,调整重建新堆最坏的时间复杂度为 $O(\log_2 n)$,且共需要交换 n－1 次堆顶记录。因此算法 9-6 的时间复杂度为 $O(n\log_2 n)$。

② 空间复杂度。

堆排序只需要一个记录的辅助空间,用来作为记录交换的暂存单元,因此算法 9-6 的空间复杂度为 $O(1)$。

③ 方法适用性。

算法 9-6 是一种不稳定的排序方法。该方法对记录数较少的文件并不值得提倡,但对记录数较大的文件还是非常有效的,其性能在待排记录数目较多时能够得到充分发挥。堆排序对原始记录的排列状态并不敏感,相对于快速排序,这是堆排序最大的优点。

9.5　归并排序

归并排序(Merging Sort)是一种借助"归并"进行排序的方法,归并的含义是将两个或两个以上的有序序列组合成一个新的有序序列。其基本思想是：将若干个有序序列逐步归并,最终归并为一个有序序列。

9.5.1 2-路归并排序

2-路归并排序(2-Way Merge Sort)是归并排序中最简单的一种排序方法,将若干个有序序列进行两两归并,直至所有待排序记录都在一个有序序列为止,需要解决两个关键问题:一是如何构造初始有序序列;二是如何将两个相邻的有序序列归并成一个有序序列(称为一次归并)。

(1)算法设计

① 构造初始有序序列。

初始时,将 n 个待排序记录序列$\{r_1, r_2, \cdots, r_n\}$看成是长度为 1 的 n 个有序序列。

② 将两个相邻的有序序列归并成一个有序序列。

这是 2-路归并排序的核心操作。在归并过程中可能会破坏原来的有序序列,因此可将归并结果存入一个暂存数组 t。设两个相邻的有序序列为 r[low]～ r[m]和 r[m+1]～r[high],将这两个有序序列归并成一个有序序列 r[low]～r[high]。为此,设三个参数 i,j 和 p 分别指向两个待归并的有序序列和归并的有序序列的当前记录。初始时,i,j 分别指向两个有序序列的第一个记录,即 i=low,j=m+1,p 指向存放归并结果的位置,即 p=low。接下来比较 i 和 j 所指记录的关键字,取出较小者作为归并结果存入 p 所指位置,直至两个有序序列之一的所有记录都取完,再将另一个有序序列的剩余记录顺序送到归并之后的有序序列中。

因为暂存数组 t 采用动态方式申请空间,且申请空间可能很大,所以在算法中应该加入判断申请空间是否成功的处理。

例 9-7 待排序记录关键字序列为$\{49, 38, 65, 97, 76, 13, 27, \underline{49}\}$,图 9-16 给出了 2-路归并排序的过程。

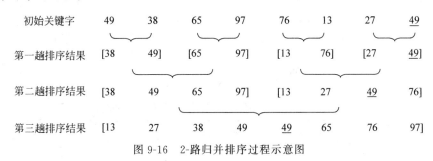

图 9-16 2-路归并排序过程示意图

(2)算法描述

算法 9-7

```
void Merge(RedType &L. r, int low, int m, int high) {
// 两个有序顺序表 L. r[low..m]和 L. r[m+1..high]归并一个有序顺序表 L. r[low..high]
    i = low;
    j = m + 1;
    p = 0;
    t = new RedType[high - low + 1];
    if(!t) Error("Error!");
    while((i <= m)&&(j <= high))                // 取其小者复制到 t. r[p]上
```

```
        if(L.r[i].key<=L.r[j].key) t[p++] = L.r[i++];
        else t[p++] = L.r[j++];
    while(i<=m) t[p++] = L.r[i++];              // 将第一个子文件剩余记录复制到 t 中
    while(j<=high) t[p++] = L.r[j++];           // 将第二个子文件剩余记录到复制 t 中
    for(p=0,i=low;i<=high;p++,i++) L.r[i] = t[p];
    delete []t;
}                                                // Merge
```

（3）算法分析

① 时间复杂度。

2-路归并排序的运行时间主要消耗在将 L.r[low]～L.r[m]和 L.r[m+1]～L.r[high]复制到暂存数组 t 中以及再将 t[low]～t[high]复制回 L.r 中，记录移动次数为 2n。因此算法 9-7 时间复杂度为 $O(n)$。

② 空间复杂度。

2-路归并排序在归并过程中需要与原始记录序列同样数量的存储空间，以便存放归并结果，因此算法 9-7 的空间复杂度为 $O(n)$。一般很少利用 2-路归并排序进行内部排序。

9.5.2 归并排序

（1）算法设计

① 将 n 个待排序记录序列 $\{r_1, r_2, \cdots, r_n\}$ 分为两个长度相等的子序列；

② 分别将这两个子序列递归调用归并方法进行排序；

③ 调用 2-路归并排序算法 Merge，将这两个有序子序列合并成一个含有全部记录的有序序列。

例 9-8 待排序记录关键字序列为 $\{49, 38, 65, 97, 76, 13, 27, \underline{49}\}$，图 9-17 给出了归并排序的过程。

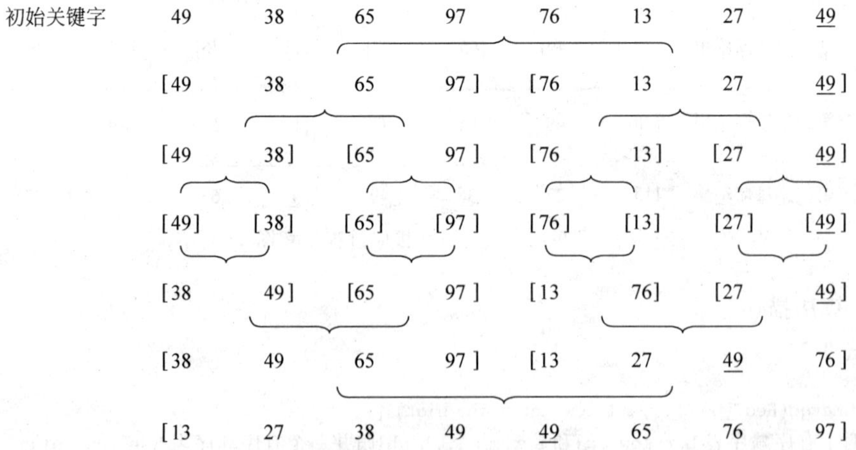

图 9-17 归并排序过程

（2）算法描述

算法 9-8

```
void MergeSort(RedType &L.r,int low,int high) {
```

```
// 用分治法对 L.r[low..high]进行两路归并排序
    if(low < high) {
    mid = (low + high)/2;                          // 分解
    MergeSort(L.r,low,mid);                        // 对 L.r[low..mid]递归归并
    MergeSort(L.r,mid + 1,high);                   // 对 L.r[mid + 1..high] 递归归并
    Merge(L.r,low,mid,high);                       // 将两个有序子区归并为一个有序区
    }
}                                                  // MergeSort

void MSort(SqList &L) {
// 对顺序表 L 作归并排序.
    MergeSort(L.r,1,L.length);
}                                                  // MSort
```

（3）算法分析

① 时间复杂度。

归并排序需要进行 $\log_2 n$ 趟 2-路归并排序,而每趟 2-路归并排序时间复杂度为 $O(n)$,因此算法 9-8 的时间复杂度无论是在最好情况下还是在最坏情况下均是 $O(n\log_2 n)$。

② 空间复杂度。

归并排序同 2-路归并排序一样,在归并过程中需要与原始记录序列同样数量的存储空间,以便存放归并结果,因此算法 9-8 空间复杂度为 $O(n)$。

③ 方法适用性。

归并排序是一种稳定的排序方法,相对于快速排序和堆排序,这是归并排序最大的特点。该算法性能在待排记录数目较多时更能得到充分发挥。值得提醒的是,递归形式的算法在形式上比较简洁,但实用性很差。非递归形式的算法请读者自己思考。

9.6　基数排序

基数排序(Radix Sort)是一种借助"多关键字"进行排序的方法,其基本思想是：不需要比较关键字和移动(交换)记录,而是基于多关键字排序的思路对单逻辑关键字进行排序。

9.6.1　多关键字排序

文件中任一记录的关键字 k 均由 d 个分量$(k^0 k^1 \cdots k^{d-1})$构成。如果这 d 个分量中的每个分量都是一个独立的关键字,则文件是多关键字的,而关键字 k 称为单逻辑关键字。多关键字中每个关键字的取值范围可以不同。例如扑克牌有两个关键字：点数和花色,点数取值有 13 种,而花色取值只有四种。

假设文件有 n 个记录序列$\{r_1, r_2, \cdots, r_n\}$,且每个记录 r_i 中含有 d 个关键字$(k_i^0, k_i^1, \cdots,$ $k_i^{d-1})$。对该记录序列排序,使得对于序列中任意两个记录 r_i 和 $r_j$$(1 \leqslant i < j \leqslant n)$都满足式(9-2)：

$$(k_i^0 k_i^1 \cdots k_i^{d-1}) < (k_j^0 k_j^1 \cdots k_j^{d-1}) \tag{9-2}$$

其中：k^0 为最主关键字,k^{d-1} 为最次关键字,称该序列对 d 个关键字$(k^0, k^1, \cdots, k^{d-1})$有序。该排序称为多关键字排序(Multi-Key Sort)。

为了实现多关键字排序,通常有两种方法：一种是最高位优先法(Most Singificant

Digit First，MSD)，另一种是最低位优先法(Least Significant Digit First，LSD)。

1. MSD 方法

（1）对最主关键字 k^0 进行排序，将序列分成若干个子序列，每个子序列中的记录都具有相同的 k^0 值。

（2）分别就每个子序列对关键字 k^1 进行排序，按照 k^1 值的不同再分成若干个更小的子序列；依次重复，直至对 k^{d-2} 进行排序之后得到的每一个子序列中的记录都具有相同的关键字($k^0 k^1 \cdots k^{d-2}$)。

（3）分别就每个子序列对关键字 k^{d-1} 进行排序，将所有子序列依次连接在一起成为一个有序序列。

2. LSD 方法

（1）对最次关键字 k^{d-1} 进行排序。

（2）对高一位的关键字 k^{d-2} 进行排序，依次重复，直至对 k^0 进行排序之后便成为一个有序序列。

3. MSD 方法与 LSD 方法的比较

MSD 方法和 LSD 方法只约定按什么样的"关键字次序"来进行排序，而未规定对每个关键字进行排序时所用的方法，但这两种排序方法具有不同的特点。

（1）如果按 MSD 法进行排序，则必须将序列逐层分割成若干子序列，然后对各子序列分别进行排序。

（2）如果按 LSD 法进行排序，则不必分成若干个子序列，对每个关键字都是整个序列参加排序，但对 $k^i (1 \leqslant i \leqslant d-2)$ 进行排序时要求采用稳定的排序方法。

（3）如果每个关键字 $k^i (1 \leqslant i \leqslant d-2)$ 的取值范围相同，则按 LSD 可以不用通过关键字之间的比较来实现排序，而是通过若干次的"分配"和"收集"来实现排序。

9.6.2 链式基数排序

基数排序是借助于"分配"和"收集"两种操作来实现对单逻辑关键字排序的一种内部排序方法。

有的关键字可以看成是由若干个关键字复合而成的。例如，如果关键字 k 是数值，且数值在 $0 \sim 999$ 之间，则可以把 k 看成是由三个关键字(k^0，k^1，k^2)组成，k^0 是百位数，k^1 是十位数，k^2 是个位数，每个关键字的范围相同($0 \leqslant k^0$，k^1，$k^2 \leqslant 9$)。如果关键字 k 是由五个字母组成的单词，则可以把 k 看成是由五个关键字(k^0，k^1，k^2，k^3，k^4)组成，k^i 是(从左至右)第 $i+1$ 位上的字母，每个关键字的范围相同('A' $\leqslant k^0$，k^1，k^2，k^3，$k^4 \leqslant$ 'Z')。

1. 链式基数排序的定义

对 d 个关键字，按 LSD 方法从最低位(左高右低)关键字开始，先按关键字的不同值将序列中记录"分配"到 rd 个子表中，再将其"收集"起来，如此重复 d 次。按这种方法实现排序的方法称为基数排序。其中"基"指的是 rd 的取值范围。例如上述两种关键字中的"基"分别为"10"和"26"。

因为在基数排序中，待排序记录的数据类型定义为静态链表，所以又称为链式基数排序(Linked Radix Sort)。其类型定义如下：

```
# difine Key_Size 8                                          // 关键字项数的最大值
# define RD 10                                               // 关键字基数,此时是十进制数基数
# define Space_Size 10000                                    // 最大空间,待比较记录最大个数
typedef struct {
    ElemType      keys[Key_Size];                            // 关键字
    InfoType      otherinfo;                                 // 其他数据项,InfoType 依赖于具体应用
    int           next;
} SLNode;
typedef struct {
    SLNode        r[Space_Size + 1];                         // 静态链表可利用空间,r[0]为头结点
    int           keynum;                                    // 记录的当前关键字个数
    int           length;                                    // 静态链表的当前长度
} SLList;
typedef int ArrType[RD];                                     // 指针数组类型
```

2. 链式基数排序的方法

下面通过例子介绍链式基数排序的过程和方法。设待排序记录的单逻辑关键字序列 k 为 {1183,1263,574,0092,5447,3988,6774,8478},因此 keynum=4,多关键字为 (k^0, k^1, k^2, k^3),其范围均为 $(0 \leqslant k^0, k^1, k^2, k^3 \leqslant 9)$,rd=10。

(1) 算法设计

以静态链表存储 n 个待排序记录,令表头指针指向第一个记录。

① 第一趟"分配"对关键字 k^3(个位数)进行。按照 k^3 的值将记录分配至 10 个子表中,每个子表中记录关键字的个位数相等;

② 第一趟"收集"是改变所有非空子表尾记录的指针域,令其指向下一个非空子表头记录,将 10 个子表中的记录重新组成一个链表;

③ 第二趟"分配"和"收集"、第三趟"分配"和"收集"、第四趟"分配"和"收集"分别是对关键字 k^2(十位数)、k^1(百位数)、k^0(千位数)进行的,其方法同①和②,直至链式基数排序结束。

图 9-18 给出了链式基数排序的过程。其中,f[i] 和 e[i] 分别为第 i 个子表的头指针和尾指针。

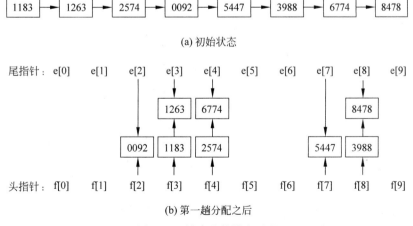

图 9-18 链式基数排序过程

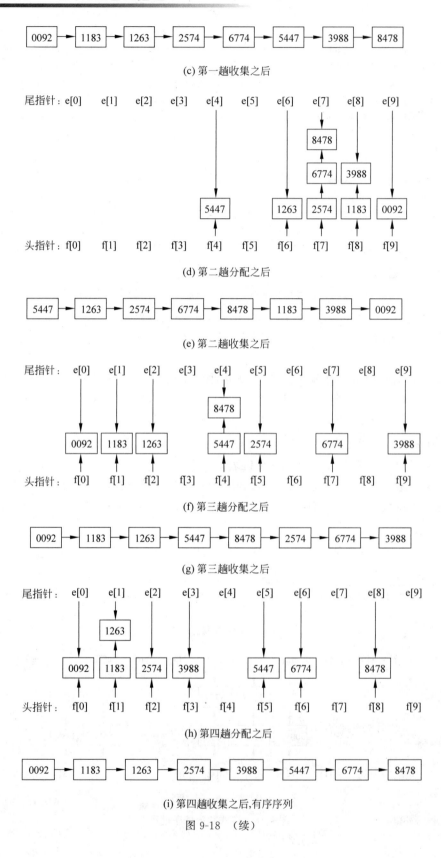

(c) 第一趟收集之后

(d) 第二趟分配之后

(e) 第二趟收集之后

(f) 第三趟分配之后

(g) 第三趟收集之后

(h) 第四趟分配之后

(i) 第四趟收集之后,有序序列

图 9-18　（续）

（2）算法描述

算法 9-9

```
void RadixSort(SLList &L) {
// 对静态链表 L 作基数排序
    for(i = 0; i < L.length; ++i) L.r[i].next = i + 1;
    L.r[L.length].next = 0;
    for(i = 0; i < L.keynum; ++i) {          // 按 LSD 依次对各关键字进行分配和收集
        Distribute(L.r, i, f, e);            // 第 i 趟分配
        Collect(L.r, i, f, e);               // 第 i 趟收集
    }
}                                            // RadixSort


void Distribute(SLNode &r, int i, ArrType &f, ArrType &e) {
// 静态链表 L 的 r 域中记录已经按(keys[0],keys[1],…,keys[i-1])有序
// 按第 i 个关键字 keys[i]建立 RD 个子表,使同一个子表中记录的 keys[i]相同
// f[0..RD-1]和 e[0..RD-1]分别指向各子表中的第一个记录和最后一个记录
    for(j = 0; j < RD; ++i) f[j] = 0;        // 各子表初始化为空表
    for(p = r[0].next; p; p = r[p].next) {
        j = Ord(r[p].keys[i]);               // 将记录第 i 个关键字映射到[0..RD-1]
        if(!f[j]) f[j] = p;
        else r[e[j]].next = p;
        e[j] = p;                            // 将 p 所指的结点插入到第 j 个子表中
    }
}                                            // Distribute


void Collect(SLNode &r, int i, ArrType f, ArrType e) {
// 按 keys[i]自小至大地将 f[0..RD-1]所指各子表依次链接成一个链表
// e[0..RD-1]指向各子表中的最后一个记录
    for(j = 0; !f[j]; j = Succ(j));          // 寻找第一个非空子表
    r[0].next = f[j];                        // 指向第一个非空子表中第一个结点
    t = e[j];
    while(j < RD-1) {
        for(j = Succ(j); (j < RD-1)&&(!f[j]); j = Succ(j));   // 寻找下一个非空子表
        if(f[j]) {                           // 链接两个非空字表
            r[t].next = f[j];
            t = e[j];
        }
    }
    r[t].next = 0;                           // t 指向最后一个非空子表中最后一个结点
}                                            // Collect


int Ord(int KeyBit) {
// 将记录中第 i 个关键字映射到[0..RD-1];若第 i 个关键字不合理,则给出相应信息
    for(j = 0; (j < RD)&&(j != KeyBit); j++);
```

```
    if(j!= KeyBit) Error("记录关键字不合理!");
    else return j;
}                                        // Ord

int Succ(int j) {
// 求 j 的后继函数
    j++;
    return j;
}                                        // Succ
```

（3）算法分析

① 时间复杂度。

对有 n 个待排序记录,设每个记录的单逻辑关键字含有 d＝keynum 个关键字,每个关键字的基数为 rd。链式基数排序的运行时间主要消耗在"分配"和"收集"上：每趟"分配"的时间复杂度为 O(n),每趟"收集"的时间复杂度为 O(rd)；整个排序需要进行 d 趟"分配"和"收集"。因此,算法 9-9 时间复杂度为 O(d(n＋rd))。当待排记录数目较多且关键字较小时,其时间复杂度为 O(dn)。

② 空间复杂度。

链式基数排序需要 rd 个子表的头指针和尾指针,共 2rd 个辅助空间；此外,因为采用静态链表作为存储结构,所以相对于其他以顺序表存储记录的排序方法而言,还增加了 n 个指针域的空间。因此,算法 9-9 的空间复杂度为 O(n＋rd)。

③ 方法适用性。

算法 9-9 是稳定的。该算法适合具有字符串和整数这类有明显结构特征关键字的记录排序,且适用于待排记录数目较多及关键字值较小的场合。

9.7 排序方法比较

到目前为止,已有的排序方法远远不止上面讨论的几种。人们之所以热衷于研究排序方法,一方面是由于排序在计算机操作中所处的重要地位；另一方面是由于这些方法各有优缺点,难以得出哪个最好和哪个最坏的结论。因此,在实际应用中选择排序方法应该根据具体情况而定,一般应该从以下几个方面综合考虑：

- 时间复杂度；
- 空间复杂度；
- 算法稳定性；
- 算法简单性；
- 待排序记录数 n 的大小；
- 待排序记录本身信息量的大小；
- 待排序记录关键字的分布情况。

表 9-1 给出了前面所述各种内部排序方法的时间和空间性能的比较。其中,基于关键字比较的排序方法是直接插入排序、希尔排序、冒泡排序、快速排序、简单选择排序、堆排序和归并排序；基数排序是根据待排序数据的特点依据多关键字排序的思路对单逻辑关键字

进行排序,通常没有大量的关键字之间的比较和记录的移动操作。

表 9-1 各种排序方法性能比较

排 序 方 法	平均时间复杂度	最好时间复杂度	最坏时间复杂度	辅助空间复杂度
直接插入排序	$O(n^2)$	$O(n)$	$O(n^2)$	$O(1)$
希尔排序	$O(n\log_2 n)$	$O(n^{1.3})$	$O(n^2)$	$O(1)$
冒泡排序	$O(n^2)$	$O(n)$	$O(n^2)$	$O(1)$
快速排序	$O(n\log_2 n)$	$O(n\log_2 n)$	$O(n^2)$	$O(\log_2 n)\sim O(n)$
简单选择排序	$O(n^2)$	$O(n^2)$	$O(n^2)$	$O(1)$
堆排序	$O(n\log_2 n)$	$O(n\log_2 n)$	$O(n\log_2 n)$	$O(1)$
归并排序	$O(n\log_2 n)$	$O(n\log_2 n)$	$O(n\log_2 n)$	$O(n)$
基数排序	$O(d(n+rd))$	$O(d(n+rd))$	$O(d(n+rd))$	$O(rd)$

下面就八种排序方法进行比较。

1. 时间复杂度

直接插入排序、简单选择排序和冒泡排序的时间复杂度为 $O(n^2)$。其中以直接插入排序方法最常用,特别是对于已按关键字基本有序的记录序列。堆排序、快速排序和归并排序的时间复杂度为 $O(n\log_2 n)$;其中快速排序被认为是目前最快的一种排序方法;在待排序记录个数较多的情况下,归并排序比堆排序更快。希尔排序的时间复杂度介于 $O(n^2)$ 和 $O(n\log_2 n)$ 之间。

从最好情况看,直接插入排序和冒泡排序的时间复杂度最好,为 $O(n)$,其他排序算法的最好情况与平均情况相同。从最坏情况看,快速排序时间复杂度为 $O(n^2)$,直接插入排序和冒泡排序虽然与平均情况相同,但系数大约增加一倍,因此运行速度将降低一半,最坏情况对简单选择排序、堆排序和归并排序影响不大。从平均时间性能而言,快速排序最佳,其所需要时间最省。

基数排序的时间复杂度也可以写成 $O(nd)$,因此,它最适合 n 的值很大而关键字较小的序列。如果关键字也很大,而序列中大多数记录的"最高位关键字"均不同,则也可以按"最高位关键字"不同将序列分成若干"小"序列,然后进行直接插入排序。

2. 空间复杂度

归并排序的空间复杂度为 $O(n)$;快速排序的空间复杂度为 $O(\log_2 n)\sim O(n)$;直接插入排序、希尔排序、冒泡排序、简单选择排序、堆排序的空间复杂度为 $O(1)$;基数排序的空间复杂度为 $O(n+rd)$(其中 rd 为关键字的基数)。

3. 算法稳定性

直接插入排序、冒泡排序、归并排序和基数排序是稳定的排序方法。简单选择排序、希尔排序、快速排序和堆排序是不稳定的。一般说来,排序过程中的"比较"是在"相邻的两个记录关键字"之间进行的排序方法是稳定的。值得提出的是,稳定性是由方法本身决定的,对不稳定的排序方法而言,不管其描述形式如何,总能举出一个说明不稳定的实例来。反之,对稳定的排序方法,总能找到一种不引起不稳定的描述形式。

4. 算法简单性

简单排序算法包括直接插入排序、简单选择排序和冒泡排序。改进排序算法包括希尔排序、堆排序、快速排序和归并排序。

5. 待排序记录数 n 的大小

因为待排序记录数 n 越小，$O(n^2)$ 同 $O(n\log_2 n)$ 的差距越小，且输入和调试简单算法比输入和调试改进算法要少用许多时间。所以当 n 越小时，采用简单排序方法越合适；当 n 越大时，采用改进的排序方法越合适。

6. 待排序记录本身信息量的大小

因为记录本身信息量越大，表明占用的存储空间就越多，移动记录所花费的时间就越多，所以对记录的移动次数较多的算法不利。表 9-2 中给出了三种简单排序算法中记录移动次数的比较：当记录本身的信息量较大时，对简单选择排序算法有利，而对其他两种排序算法不利。在四种改进排序算法中，记录本身信息量的大小对它们的影响不大。

表 9-2　三种简单排序算法中记录的移动次数的比较

排 序 方 法	平均时间复杂度	最好时间复杂度	最坏时间复杂度
直接插入排序	$O(n^2)$	0	$O(n^2)$
冒泡排序	$O(n^2)$	0	$O(n^2)$
简单选择排序	$O(n)$	0	$O(n)$

7. 待排序记录关键字的分布情况

当待排序记录序列为正序时，直接插入排序和冒泡排序能达到 $O(n)$ 的时间复杂度；而对于快速排序而言，这是最坏的情况，它将蜕化为冒泡排序，时间复杂度蜕化为 $O(n^2)$；简单选择排序、堆排序和归并排序的时间性能不随记录序列中关键字的分布而改变。由此给出如下几种排序方法选择建议：

（1）当待排序记录数 n 较大，关键字分布较随机，且对稳定性不作要求时，采用快速排序为宜。

（2）当待排序记录数 n 较大，内存空间允许，且要求排序稳定时，采用归并排序为宜。

（3）当待排序记录数 n 较大，关键字分布可能出现正序或逆序的情况，且对稳定性不作要求时，采用堆排序或归并排序为宜。

（4）当待排序记录数 n 较大，而只要找出最小的前几个记录时，采用堆排序或简单选择排序为宜。

（5）当待排序记录数 n 较小（如小于 100）时，记录已基本有序，且要求稳定时，采用直接插入排序为宜。

（6）当待排序记录数 n 较小，且记录所含数据项较多，所占存储空间较大时，采用简单选择排序为宜。

（7）当待排序记录数 n 较大及关键字值较小，且关键字具有字符串和整数这类有明显结构特征时，采用基数排序为宜。

快速排序和归并排序在待排序记录数 n 较小时的性能不如直接插入排序，因此在实际应用时，可以将它们和直接插入排序"混合"使用。例如在快速排序中划分的子序列的长度小于某个值时，转而调用直接插入排序；或者对待排序记录序列先逐段进行直接插入排序，然后再利用"归并"操作进行两两归并直至整个序列有序。

习题

一、填空题

1. 在待排序的记录序列基本有序的前提下,效率最高的排序方法是( )。

2. 在排序中,从待排序记录序列中依次取出记录,并将其依次放入有序序列(初始为空)一端的方法,称为( )。

3. 对一组记录关键字序列{54,38,96,23,15,72,60,45,83}进行直接插入排序,当把第七个记录的关键字60插入到有序序列时,为寻找插入位置需要比较( )次。

4. 设有1000个无序记录,希望用最快速度挑选出其中前10个关键字最大的记录,最好选用( )排序方法。

5. 在堆排序、快速排序和归并排序中,如果只从存储空间考虑,则应该选取( )方法,其次选取( )方法,最后选取( )方法;如果只从排序结果的稳定性考虑,则应该选取( )方法;如果只从平均情况下排序最快考虑,则应该选取( )方法;如果只从在最坏的情况下要求排序最快且要节省内存空间考虑,则应该选取( )方法。

二、选择题

1. 在对 n 个元素进行冒泡排序的过程中,至少需要( )趟完成。
   (A) 1   (B) n   (C) n−1   (D) $\lfloor n/2 \rfloor$

2. 如果对 n 个元素进行归并排序,则进行归并的趟数为( )。
   (A) n   (B) n−1   (C) $\lceil n/2 \rceil$ (D) $\lceil \log_2 n \rceil$

3. 在对 n 个元素进行简单选择排序的过程中,在第 i 趟需要从( )个元素中选择出最小值元素。
   (A) n−i+1   (B) n−i   (C) i   (D) i+1

4. 如果对 n 个元素进行堆排序,则在构成初始堆的过程中需要进行( )次筛运算。
   (A) 1   (B) $\lfloor n/2 \rfloor$ (C) n   (D) n−1

5. 如果对记录关键字序列{7,3,5,9,1,12}进行堆排序,且采用小根堆,则由初始数据构成的初始堆为( )。
   (A) 1,3,5,7,9,12   (B) 1,3,5,9,7,12
   (C) 1,5,3,7,9,12   (D) 1,5,3,9,12,7

三、问答题

1. 在高度为 h 的堆中,最多有多少个记录?最少有多少个记录?在大根堆中,关键字最小的记录可能存放在堆的哪些地方?

2. 将两个长度为 n 的有序表归并为一个长度为 2n 的有序表,最少需要比较 n 次,最多需要比较 2n−1 次,试说明这两种情况发生时,两个被归并的表有什么特征。

3. 如果记录关键字序列初态是反序的,且要求输入稳定,则在直接插入排序、冒泡排序和快速排序中选择哪种方法为宜?

4. 下列各种情况选择什么排序方法合适?
   (1) n=30,要求在最坏的情况下,排序速度最快;
   (2) n=30,要求排序速度既要快,又要排序稳定。

5. 已知下列各种初始状态(长度为 n)的记录关键字序列,试问当利用直接插入排序进行排序时,至少需要进行多少次比较(要求排序后的记录由小到大顺序排列)?

(1) 关键字从小到大有序($k_1 < k_2 < \cdots < k_n$)。

(2) 关键字从大到小有序($k_1 > k_2 > \cdots > k_n$)。

(3) 奇数关键字顺序有序,偶数关键字顺序有序($k_1 < k_3 < \cdots, k_2 < k_4 \cdots$)。

(4) 前半部分元素按关键字有序,后半部分元素按关键字有序,即:$k_1 < k_2 < \cdots < k_m$,$k_{m+1} < k_{m+2} < \cdots$。

四、应用题

1. 试构造对 5 个整数元素进行排序,最多只用 7 次比较的算法思想。

2. 对长度为 n 的记录序列进行快速排序时,所需要的比较次数依赖于这 n 个记录的初始序列。

(1) 当 n=8 时,在最好的情况下需要进行多少次比较?试说明理由。

(2) 给出 n=8 时的一个最好情况的初始排列实例。

3. 判别以下记录关键字序列是否为小根堆,如果不是,则把它调整为堆。

(1) {100,86,48,73,35,39,42,57,66,21};

(2) {12,70,33,65,24,56,48,92,86,33};

(3) {103,97,56,38,66,23,42,12,30,52,06,20};

(4) {05,56,20,03,23,40,38,29,61,05,76,28,100}。

4. 如果想得到一组记录关键字序列中第 k 个最小元素的部分有序序列,则最好采用什么排序方法;如果想得到一组记录关键字序列{57,40,38,11,13,34,48,75,25,6,19,9,7}中第四个最小元素之前的部分有序序列{6,7,9,11},则当使用所选择的算法实现时,要执行多少次比较。

5. 以记录关键字序列{265,301,751,129,937,863,742,694,076,438}为例,分别写出执行以下排序算法的各趟排序结束时,关键字序列的状态。

(1) 直接插入排序 (2) 希尔排序 (3) 冒泡排序 (4) 快速排序

(5) 简单选择排序 (6) 堆排序 (7) 归并排序 (8) 基数排序

五、算法设计题

1. 试设计一个算法:对给定的序号 j($1<j<n$),在无序记录 r[1..n]中找到按关键字从小到大排在第 j 位上的记录,要求利用快速排序的划分思想实现上述查找。

2. 试设计一个算法:已知{$k_1, k_2, \cdots, k_n$}是一个堆,要求删除其中一个记录结点,删除后还是堆。提示:先将 L.r[i]和堆中最后一个元素交换,并将堆长度减 1;再从位置 i 开始向下调整,使其满足堆性质。

3. 对于记录序列 r[1..n],可以按照如下方法实现奇偶交换排序:第一趟对所有奇数 i,将 r[i]和 r[i+1]进行比较;第二趟对所有偶数 i,将 r[i]和 r[i+1]进行比较;每次比较时如果 r[i]>r[i+1],则将二者交换,然后重复上述排序过程,直至整个数组有序。试设计一个算法,根据上述思想实现奇偶交换排序。

4. 已知记录序列 r[1..n]中关键字各不相同,可以按照如下方法实现计数排序:另设一个数组 count[1]~count[n],对每个记录 r[i]统计序列中关键字比它小的记录个数 count[i],则 count[i]=0 的记录必为关键字最小的记录,count[i]=1 的记录必为关键字次小的记录;

以此类推,即按 count[i]值的大小对记录序列 r[1..n]中记录进行重新排列。试设计一个算法,根据上述思想实现计数排序。

5. 荷兰国旗问题。要求重新排列一个由字符 R、W 和 B(R 代表红色,W 代表白色,B 代表蓝色,这都是荷兰国旗的颜色)构成的数组,使得所有的 R 都排在最前面,W 排在其次,B 排在最后。试为荷兰国旗问题设计一个算法,其时间复杂度是 O(n)。

第 10 章

CHAPTER 10

文　　件

主要知识点

- 文件的基本概念。
- 顺序文件、索引文件、索引顺序文件、哈希文件、多关键字文件的基本操作方法。

在处理数据时,经常需要将大量的数据以文件方式保存在外存中,如何在文件中有效地组织数据,提供方便而又高效利用数据信息的方法,正是本章所要讨论的内容。

10.1　文件的基本概念

1. 文件

文件(File)是性质相同的记录的集合。

(1) 文件的数据量通常很大,被放置在外存上;

(2) 数据结构中讨论的文件主要是数据库意义上的文件,不是操作系统意义上的文件;

(3) 操作系统中研究的文件是一维的无结构连续字符序列。数据库中所研究的文件是带有结构的记录集合,每个记录可以由若干个数据项构成。

记录是文件中存取的基本单位,数据项是文件可以使用的最小单位。数据项有时也称为字段(Field),或者称为属性(Attribute)。能够唯一标识一个记录的数据项或数据项的组合称为主关键字项。其他不能唯一标识一个记录的数据项则称为次关键字项。主关键字项(或次关键字项)的值称为主关键字(或次关键字)。

为讨论方便起见,一般不严格区分关键字项和关键字。即在不易混淆时,将主(或次)关键字项简称为主(或次)关键字,且假定主关键字项只包含一个数据项。

图 10-1 给出了一个简单的职工文件。每个职工情况是一个记录,由 7 个数据项组成。其中"职工号"可以作为主关键字,它能唯一标识一个记录,即它的值对任意两个记录都是不同的。而"姓名""性别"等数据项只能作为次关键字,因为它们的值对不同的记录可以是相同的。

职工号	姓名	性别	职务	婚姻状况	工资	其他
156	张　珊	女	程序员	已婚	2278	
875	李　保	男	分析员	已婚	7122	
513	赵莉莉	女	程序员	未婚	1969	
447	陈小萍	男	程序员	未婚	1862	
628	周同力	女	分析员	已婚	5189	
930	刘　菁	男	分析员	已婚	4103	

图 10-1　职工文件示例

2. 文件分类

1）单关键字文件和多关键字文件

（1）单关键字文件：文件中的记录只有一个唯一标识记录的主关键字。

（2）多关键字文件是指文件中的记录除了含有一个主关键字外，还含有若干个次关键字的文件。

2）定长文件和不定长文件

（1）定长文件：由定长记录组成的文件，含有的信息长度相同的记录称定长记录。

（2）不定长文件：文件中记录含有的信息长度不等的文件。

图 10-1 所示的职工文件就是一个定长文件。

3. 文件的逻辑结构

文件可以看成是以记录为数据元素的一种线性结构。文件上的操作主要有两类：检索和维护。

1）检索操作

检索即在文件中查找满足给定条件的记录。它既可以按照记录的逻辑号（即记录存入文件时的顺序编号）查找，也可以按照记录的关键字查找。按检索条件的不同，可以将检索分为四种询问：

（1）简单查询：只查询单个关键字等于给定值的记录。例如，在图 10-1 所示的职工文件中，查询职工号＝447，或姓名＝"张珊"的记录。

（2）范围查询：只查单个关键字属于某个范围内的所有记录。例如，在图 10-1 所示的职工文件中，查询工资＞2100 的所有职工的记录。

（3）函数查询：规定单个关键字的某个函数，询问该函数的某个值。例如，在图 10-1 所示的职工文件中，查询全体职工的平均工资是多少。

（4）布尔查询：以上三种询问用布尔运算（与、或、非）组合起来的询问。例如，在图 10-1 所示的职工文件中，要找出所有工资低于 2100 的程序员以及所有工资低于 5120 的分析员，查询条件是：

（职务 = "程序员"）AND（工资＜2100）OR（职务 = "分析员"）AND（工资＜5120）

2）维护操作

维护操作主要包括：

（1）对文件进行记录的插入、删除及修改等更新操作。

（2）为提高文件的效率，进行再组织操作。

（3）文件被破坏后的恢复操作，以及文件中数据的安全保护等。

3）文件操作的处理方式

文件上的检索和更新操作，都可以有实时和批量两种不同的处理方式。

（1）实时处理：响应时间要求严格，要求在接受询问后几秒钟内完成检索和更新。

（2）批量处理：响应时间要求宽松一些，不同的文件系统有不同的要求。

例如，一个民航订票系统，其检索和更新都应当实时处理；而银行的账户系统需要实时检索，但可以进行批量更新，即可以将一天的存款和提款记录在一个事务文件上，在一天的营业之后再进行批量处理。

4. 文件的物理结构

文件的物理结构是指文件在外存上的组织方式,也称为存储结构。

1) 组织方式

文件在外存上的基本组织方式有四种:顺序组织,索引组织,哈希组织和链组织;对应的文件名称分别为:顺序文件、索引文件、哈希文件和多关键字文件。文件组织的各种方式往往是这四种基本方式的结合。

2) 组织方式的选择

选择哪一种文件组织方式,取决于对文件中记录的使用方式和频繁程度、存取要求及外存的性质和容量。常用外存设备有:

(1) 磁带:顺序存取设备,只适用于存储顺序文件。

(2) 磁盘:直接存取设备,适用于存储顺序文件、索引文件、哈希文件和多关键字文件等。

3) 组织效率的评价标准

评价一个文件组织的效率,是执行文件操作所花费的时间和文件组织所需要的存储空间。通常文件组织的主要目的是为了能高效、方便地对文件进行操作,而检索功能的多寡和速度的快慢,是衡量文件操作质量的重要标志,因此,如何提高检索的效率,是研究各种文件组织方式首先要关注的问题。

10.2 顺序文件

顺序文件(Sequential File)是指按记录进入文件的先后顺序存放、其逻辑顺序和物理顺序一致的文件。一切存储在顺序存取存储器(如磁带)上的文件都只能是顺序文件。记录按其主关键字有序的顺序文件称为顺序有序文件;记录未按其主关键字有序排列的顺序文件称为顺序无序文件。为了提高检索效率,常将顺序文件组织成有序文件。

10.2.1 顺序文件的查找

1. 顺序存取存储器(磁带)上文件存取的查找方法

顺序查找法即顺序扫描文件,按记录的主关键字逐个查找。要检索第 i 个记录,必须检索前 i−1 个记录。这种查找法对于少量的检索是不经济的,但适合于批量检索。顺序存取存储器上的文件只能用顺序查找法存取。

2. 直接存取存储器(磁盘)上文件存取的查找方法

有三种查找方法,即顺序查找、分块查找和折半查找。

分块查找的方法是:设文件按主关键字的递增序,每 100 个记录为一块,各块的最后一个记录主关键字为 $k_{100}, k_{200}, \cdots, k_{100i}, \cdots$。查找时,将所要查找的记录主关键字 k 依次和各块的最后一个记录主关键字比较,当 k 大于 $k_{100(i-1)}$ 且小于或等于 k_{100i} 时,就在第 i 块内进行扫描。分块查找法在查找时不必扫描整个文件中的记录。

折半查找法只适合于对较小的文件或一个文件的索引进行查找。当文件很大,在磁盘上占有多个柱面时,折半查找将引起磁头来回移动,增加寻查时间;对磁盘等直接存取设备,还可以对顺序文件进行插值查找和跳步查找。

10.2.2　顺序文件的修改

由于文件中的记录不能像向量空间的数据那样"移动",因此只能通过复制整个文件的方法实现插入、删除和修改等更新操作。

磁带文件的批量处理过程如图 10-2 所示。

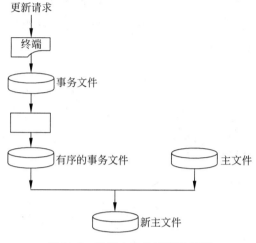

图 10-2　磁带文件批处理示意图

其工作原理如下:

(1) 把所有对顺序文件(以下称主文件)的更新请求,都放入一个较小的事务文件中;

(2) 当事务文件变得足够大时,将事务文件按主关键字排序;

(3) 再按事务文件对主文件进行一次全面的更新,产生一个新的主文件;

(4) 最后,清空事务文件,以便积累此后的更新内容。

批量处理的方式可以减少更新操作的代价。

10.2.3　顺序文件的特点

顺序文件具有连续存取特点。当文件中第 i 个记录刚被存取过,而下一个要存取的是第 i+1 个记录,则这种存取将会很快完成。

对存放在单一存储设备(如磁带)上的顺序文件连续存取速度快。但当顺序文件存放在多路存储设备(比如磁盘)上时,在多道程序的情况下,由于别的用户可能驱使磁头移向其他柱面,则会降低连续存取的速度。顺序文件多用于磁带。

10.3　索　引　文　件

索引文件(Index File)是由主文件和索引表构成的。主文件即为文件本身(称为数据区),索引表即为在文件本身外建立的一张表,它指明逻辑记录和物理记录之间的一一对应关系。索引表由若干个索引项组成。一般索引项由主关键字和该关键字所在记录的物理地址组成。索引表必须按主关键字有序,而主文件本身则可以按主关键字有序或无序。

10.3.1　索引文件的分类

1. 索引顺序文件

主文件按主关键字有序的文件称索引顺序文件(Indexed Sequential File)。在索引顺序文件中,可以对一组记录建立一个索引项,这种索引表称为稀疏索引。

索引顺序文件的主文件是有序的,适合于随机存取、顺序存取。因为索引顺序文件的索引是稀疏索引,所以索引占用空间较少,是最常用的一种文件组织。最常用的索引顺序文件: ISAM 文件和 VSAM 文件。

2. 索引非顺序文件

主文件按主关键字无序得文件称索引非顺序文件(Indexed Non-Sequential File)。在索引非顺序文件中,必须为每个记录建立一个索引项,这样建立的索引表称为稠密索引。

通常将索引非顺序文件简称为索引文件。索引非顺序文件主文件无序,顺序存取将会频繁地引起磁头移动,适合随机存取,不适合顺序存取。

10.3.2　索引文件的存储

索引文件在存储器上分为两个区:索引区和数据区。索引区存放索引表,数据区存放主文件。建立索引文件的方法如下:

(1) 按输入记录的先后次序建立数据区和索引表。其中索引表中关键字是无序的;

(2) 待全部记录输入完毕后对索引表进行排序,排序后的索引表和主文件一起就形成了索引文件。

例如,对于图 10-3(a)给出的数据文件,主关键字是职工号,排序前的索引表如图 10-3(b)所示,排序后的索引表如图 10-3(c)所示,图 10-3(a)和图 10-3(c)一起形成了一个索引文件。

物理地址	职工号	姓名	其他
101	03	丁一	
102	10	王二	
103	07	张三	
104	05	李四	
105	06	陈平	
106	12	刘宁	
107	14	李丽	
108	09	赵明	

(a) 数据文件

物理地址	关键字	物理地址
201	03	101
201	10	102
201	07	103
202	05	104
202	06	105
202	12	106
203	14	107
203	09	108

(b) 排序前的索引区

物理地址	关键字	物理地址
201	03	101
201	05	104
201	06	105
202	07	103
202	09	108
202	10	102
203	12	106
203	14	107

(c) 排序后的索引区

图 10-3　索引文件

10.3.3　索引文件的操作

1. 检索操作

(1) 将外存上含有索引区的页块送入内存,查找所需要记录的物理地址;

（2）将含有该记录的页块送入内存。

当索引表不大时，索引表可以一次读入内存，在索引文件中的检索只需要两次访问外存：一次读索引，一次读记录。由于索引表有序，因此对索引表的查找可以使用顺序查找或折半查找等方法。

2. 更新操作

（1）插入：将插入记录置于数据区的末尾，并在索引表中插入索引项。

（2）删除：删去相应的索引项。

当修改主关键字时，要同时修改索引表。

10.3.4　利用查找表建立多级索引

1. 查找表

对索引表建立的索引称为查找表。查找表的建立可以为占据多个页块的索引表的查阅减少外存访问次数。

图 10-3(c)的索引表占用了三个页块的外存，每个页块能容纳三个索引项，则可以为之建立一个查找表。在查找表中，列出索引表的每一页块最后一个索引项中的关键字（该块中最大的关键字）及该块的地址，如图 10-4 所示。检索记录时，先查查找表，再查索引表，然后读取记录，三次访问外存即可。

2. 多级索引

当查找表中项目仍然很多时，可以建立更高一级的索引。通常最高可达四级索引：数据文件→索引表→查找表→第二查找表→第三查找表。而检索过程从最高一级索引即第三查找表开始，仅需要 5 次访问外存。

最大关键字	物理页块号
06	201
10	202
14	203

图 10-4　查找表示例

多级索引是一种静态索引，多级索引的各级索引均为顺序表，结构简单，修改很不方便，每次修改都要重组索引。

3. 动态索引

当数据文件在使用过程中记录变动较多时，利用二叉排序树（或 AVL 树）、B-树（或其变形）等树表结构建立的索引，为动态索引。

1）树表特点

插入、删除操作方便；本身是层次结构，无须建立多级索引；建立索引表的过程即为排序过程。

2）树表结构选择

当数据文件的记录数不很多，内存容量足以容纳整个索引表时，可以采用二叉排序树（或 AVL 树）作索引；当文件很大时，索引表（树表）本身也在外存，查找索引时访问外存的次数恰为查找路径上的结点数。采用 m 阶 B-树（或其变形）作为索引表为宜（m 的选择取决于索引项的多少和缓冲区的大小）。

3）外存的索引表的查找性能评价

由于访问外存的时间比内存中查找的时间大得多，因此外存的索引表的查找性能主要着眼于访问外存的次数，即索引表的深度。

10.4 索引顺序文件

常用的索引顺序文件是 ISAM 文件和 VSAM 文件。

10.4.1 ISAM 文件

ISAM 为 Indexed Sequential Access Method(索引顺序存取方法)的缩写,它是一种专为磁盘存取文件设计的文件组织方式,采用静态索引结构。由于磁盘是以盘组、柱面和磁道三级地址存取的设备,则可以对磁盘上的数据文件建立盘组、柱面和磁道多级索引,下面只讨论在同一个盘组上建立的 ISAM 文件。

1. ISAM 文件的组成

ISAM 文件由多级主索引、柱面索引、磁道索引和主文件组成。当文件记录在同一盘组上存放时,应先集中放在一个柱面上,然后再顺序存放在相邻的柱面上。对同一柱面,则应该按盘面的次序顺序存放。

图 10-5 所示的文件是存放在同一个磁盘组上的 ISAM 文件。其中:C 表示柱面;T 表示磁道;$C_i T_j$ 表示 i 号柱面,j 号磁道;R_i 表示主关键字为 i 的记录。

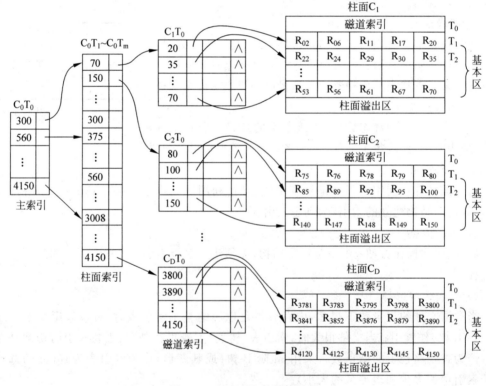

图 10-5　ISAM 文件结构示例

从图中可以看出,主索引是柱面索引的索引,这里只有一级主索引。如果文件占用的柱面索引很大,使得一级主索引也很大时,则可以采用多级主索引。当然,如果柱面索引较小时,则主索引可以省略。

通常主索引和柱面索引放在同一个柱面上（如图 10-5 是放在 0 号柱面上），主索引放在该柱面最前的一个磁道上，其后的磁道中存放柱面索引。每个存放主文件的柱面都建立有一个磁道索引，放在该柱面的最前面的磁道 T_0 上，其后的若干个磁道是存放主文件记录的基本区，该柱面最后的若干个磁道是溢出区。基本区中的记录是按主关键字大小顺序存储的，溢出区被整个柱面上的基本区中各磁道共享，当基本区中某磁道溢出时，就将该磁道的溢出记录，按主关键字大小链成一个链表（以下简称溢出链表）放入溢出区。

各级索引中的索引项结构如图 10-6 所示。磁道索引中的每一个索引项，都由两个子索引项组成：基本索引和溢出索引项。

主索引项：

柱面索引项：

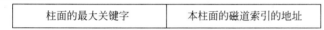

磁道索引项：

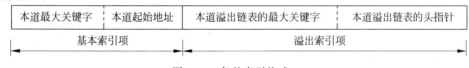

图 10-6　各种索引格式

2. ISAM 文件的检索

在 ISAM 文件上检索记录时：

（1）从主索引出发，找到相应的柱面索引；

（2）从柱面索引出发，找到记录所在柱面的磁道索引；

（3）从磁道索引出发，找到记录所在磁道的起始地址，由此出发在该磁道上进行顺序查找，直到找到为止。

如果找遍该磁道均不存在此记录，则表明该文件中无此记录；如果被查找记录在溢出区，则可以从磁道索引项的溢出索引项中得到溢出链表的头指针，再对该表进行顺序查找。

例如，要在图 10-5 中查找记录 R_{78}，先查主索引，即读入 C_0T_0；因为 78＜300，所以查找柱面索引的 C_0T_1（设每个磁道可以存放 5 个索引项），即读入 C_0T_1；因为 70＜78＜150，所以进一步把 C_2T_0 读入内存，查磁道索引；因为 78＜80，所以 C_2T_1 即为 R_{78} 存放的磁道，读入 C_2T_1，后即可查得 R_{78}。

为了提高检索效率，通常可以让主索引常驻内存，且将柱面索引放在数据文件所占空间居中位置的柱面上，这样，从柱面索引查找到磁道索引时，磁头移动距离的平均值最小。

3. ISAM 文件的插入

当插入新记录时，首先找到它应该插入的磁道。

（1）如果该磁道不满，则将新记录插入该磁道的适当位置上即可；

（2）如果该磁道已满，则新记录或者插在该磁道上，或者直接插入到该磁道的溢出链表上。插入后,可能要修改磁道索引中的基本索引项和溢出索引项。

例如,依次将记录 R_{72}、R_{87}、R_{91} 插入到图 10-5 所示的文件后,第 2 号柱面的磁道索引及该柱面中主文件的变化状况如图 10-7 所示。

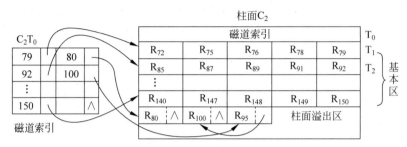

图 10-7　在图 10-5 所示文件中插入 R_{72}、R_{87}、R_{91} 后的状况

当插入记录 R_{72} 时,应该将它插在 C_2T_1;因为 $72<75$,所以 R_{72} 应该插在该磁道第一个记录的位置上,而该磁道上原记录依次后移一个位置,于是最后一个记录 R_{80} 被移入溢出区。由于该磁道上最大关键字由 80 变成 79,因此它的溢出链表也由空变为含有一个记录 R_{80} 的非空表。故将 C_2T_1 对应的磁道索引项中基本索引项最大关键字,由 80 改为 79;将溢出索引项的最大关键字置为 80,且令溢出链表的头指针指向 R_{80} 的位置。类似地,R_{87} 和 R_{91} 被先后插入到第 2 号柱面的第 2 号磁道 C_2T_2 上。当插入记录 R_{87} 时,R_{100} 被移到溢出区;当插入记录 R_{91} 时,R_{95} 被移到溢出区,即该磁道溢出链表上有两个记录。虽然在物理位置上 R_{100} 在 R_{95} 之前,但作为按关键字有序的链表,R_{95} 是链表上的第一个记录,R_{100} 是第二个记录。因此,C_2T_2 对应的溢出索引项中,最大关键字为 100,而溢出链表头指针指向 R_{95} 的位置;C_2T_2 移出 R_{95} 和移出 R_{100} 后,92 变为该磁道上最大关键字,所以 C_2T_2 对应的基本索引项中最大关键字由 100 变为 92。

4. ISAM 文件的删除

ISAM 文件中删除记录的操作,比插入简单得多,只要找到待删除的记录,在其存储位置上作删除标记即可,而不需要移动记录或改变指针。在经过多次的增删后,文件的结构可能变得很不合理。此时,大量的记录进入溢出区,而基本区中又浪费很多的空间。因此,通常需要周期性地整理 ISAM 文件,把记录读入内存重新排列,复制成一个新的 ISAM 文件,填满基本区而空出溢出区。

10.4.2　VSAM 文件

VSAM 是 Virtual Storage Access Method(虚拟存储存取方法)的缩写,它也是一种索引顺序文件的组织方式,采用 B^+ 树作为动态索引结构。

B^+ 树的每个叶子结点中的关键字均对应一个记录,适宜于作为稠密索引。但如果让叶结点中的关键字对应一个页块,则 B^+ 树可以用来作为稀疏索引。IBM 公司 VSAM 文件就是用 B^+ 树作为文件的稀疏索引的一个典型例子。

这种文件组织的实现,使用了 IBM370 系列的操作系统的分页功能,这种存取方法与存储设备无关,与柱面、磁道等物理存储单位没有必然的联系。例如,可以在一个磁道中放 n 个控制区间,也可以一个控制区间跨 n 个磁道。

1. VSAM 文件的组成

VSAM 文件的结构由三部分组成：索引集、顺序集和数据集，如图 10-8 所示。

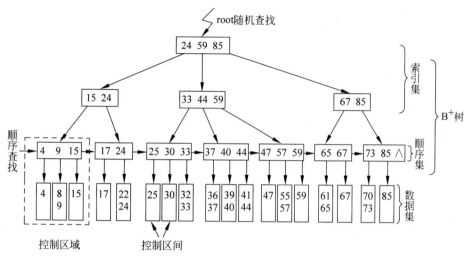

图 10-8　VSAM 文件结构示例

1）数据集

文件记录均存放在数据集中。数据集中一个结点称为控制区间（Control Interval），它是一个 I/O 操作的基本单位，每个控制区间含有一个或多个数据记录。

2）顺序集和索引集

顺序集和索引集一起构成一棵 B+ 树，作为文件的索引部分。顺序集中存放的每个控制区间的索引项由两部分信息组成：该控制区间中的最大关键字和指向控制区间的指针。若干相邻控制区间的索引项形成顺序集中的一个结点。结点之间用指针相链接，而每个结点又在其上一层的结点中建有索引，且逐层向上建立索引，所有的索引项都由最大关键字和指针两部分信息组成。这些高层的索引项形成 B+ 树的非终端结点。

VSAM 文件既可以在顺序集中进行顺序存取，又可从最高层索引（B+ 树的根结点）出发，进行按关键字的随机存取。顺序集中一个结点连同其对应的所有控制区间形成一个整体，称作控制区域（Control Range），它相当于 ISAM 文件中的一个柱面，而控制区间相当于一个磁道。

在 VSAM 文件中，记录可以是不定长的。因而在控制区间中，除了存放记录本身之外还有每个记录的控制信息（比如记录的长度等）和整个区间的控制信息（比如区间中存放的记录数等），控制区间的结构如图 10-9 所示。

图 10-9　控制区间的结构

2. VSAM 文件的插入

VSAM 文件中没有溢出区，解决插入的方法是在初建文件时留出空间：一是每个控制区间内并未填满记录，而是在最末一个记录和控制信息之间留有空隙；二是在每个控制区域中有一些完全空的控制区间，并在顺序集的索引中指明这些空区间。

当插入新记录时,大多数的新记录能插入到相应的控制区间内,但要注意:为了保持区间内记录的关键字从小至大有序,则需要将区间内关键字大于插入记录关键字的记录向控制信息的方向移动。

(1)如果在若干记录插入之后控制区间已满,则在下一个记录插入时要进行控制区间的分裂,即把近乎一半的记录移到同一控制区域内全空的控制区间中,并修改顺序集中相应索引。

(2)如果控制区域中已经没有全空的控制区间,则要进行控制区域的分裂,此时顺序集中的结点也要分裂,由此需要修改索引集中的结点信息。但由于控制区域较大,通常很少发生分裂的情况。

3. VSAM 文件的删除

在 VSAM 文件中删除记录时,需要将同一个控制区间中,比删除记录关键字大的记录向前移动,把空间留给以后插入的新记录。如果整个控制区间变空,则回收作为空闲区间使用,且需要删除顺序集中相应的索引项。

4. VSAM 文件的特点

和 ISAM 文件相比,基于 B^+ 树的 VSAM 文件能保持较高的查找效率,查找一个后插入记录和查找一个原有记录具有相同的速度;动态地分配和释放存储空间,可以保持平均 75% 的存储利用率,而且永远不必对文件进行再组织。因而基于 B^+ 树的 VSAM 文件通常被作为大型索引顺序文件的标准组织。

10.5　哈希文件

哈希文件是利用哈希法进行组织的文件,也称为直接存取文件。它类似于哈希表,即根据文件中关键字的特点,设计一个哈希函数和处理冲突的方法,将记录分布到存储设备上。哈希表与哈希文件的比较见表 10-1。

表 10-1　哈希表与哈希文件的比较

比 较 项 目	哈 希 表	哈 希 文 件
存储单位	若干记录为一组	桶
处理冲突办法	开放地址法、拉链法	拉链法

在哈希文件的存储单位叫桶(Bucket)。假如一个桶能存放 m 个记录,则当桶中已有 m 个同义词的记录时,存放第 m+1 个同义词会发生"溢出"。需要将第 m+1 个同义词存放到另一个桶中,通常称此桶为"溢出桶"。相对地,称前 m 同义词存放的桶为"基桶"。

溢出桶和基桶大小相同,相互之间用指针链接。当在基桶中没有找到待查记录时,就沿着指针到所指溢出桶中进行查找,因此,希望同一哈希地址的溢出桶和基桶在磁盘上的物理位置不要相距太远,最好在同一柱面上。

例如,某一个文件有 16 个记录,其关键字序列为{23,05,26,01,18,02,27,12,07,09,04,19,06,16,33,24}。桶的容量 m=3,桶数 b=7。用除留余数法作哈希函数 h(k)= k%7。由此得到的哈希文件如图 10-10 所示。

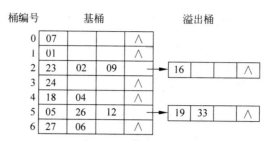

图 10-10 哈希文件示例

10.5.1 哈希文件的操作

1. 哈希文件的查找

在哈希文件中查找的过程是：首先根据给定值求出哈希桶地址；然后将基桶的记录读入内存，进行顺序查找；如果找到关键字等于给定值的记录，则检索成功，否则读入溢出桶的记录继续进行查找。

2. 哈希文件的删除

在哈希文件中删去一个记录，仅需要对被删记录作删除标记即可。

10.5.2 哈希文件的特点

哈希文件的优点：文件可以随机存放，记录不需要进行排序；插入及删除方便；存取速度快；不需要索引区，节省存储空间。

哈希文件的缺点：不能进行顺序存取，只能按关键字随机存取；询问方式限于简单询问；在经过多次插入及删除后，可能造成文件结构不合理，需要重新组织文件。

10.6 多关键字文件

多关键字文件包含多个次关键字索引，次关键字索引本身可以是顺序表或树表。在对文件进行检索操作时，不仅对主关键字进行简单询问，还经常需要对次关键字进行其他类型的询问检索。

多关键字文件和其他文件的区别见表 10-2。

表 10-2 多关键字文件和其他文件的比较

比 较 项 目	多关键字文件	其 他 文 件
包含的关键字	主关键字外还有多个次关键字	只含一个主关键字索引
建立的索引	建立主关键字索引和多个次关键字索引	只有（没有）主关键字索引查询
查询	对主关键字索引或次关键字索引查询	只能顺序存取主文件记录进行比较，效率低
文件组织方式	四种基本组织方法都可以	四种基本组织方法都可以

10.6.1　多重表文件

1. 多重表文件的组织

多重表文件采用的是将索引方法和链接方法相结合的一种组织方式。其具体组织方式是：对每个需要查询的次关键字建立一个索引，同时将具有相同次关键字的记录链接成一个链表，并将此链表的头指针、链表长度及次关键字作为索引表的一个索引项。通常多重表文件的主文件是一个顺序文件。图10-11所示的是一个多重表文件的示例。

物理地址	职工号	姓名	职务	工资级别	职务链	工资链
101	03	丁一	硬件人员	12	110	A
102	10	王二	硬件人员	11	107	106
103	07	张三	软件人员	13	108	107
104	05	李四	穿孔员	14	105	110
105	06	刘平	穿孔员	13	A	103
106	12	赵明	软件人员	11	A	A
107	14	陈刚	硬件人员	13	A	A
108	09	马丽	软件人员	10	106	A
109	01	郑华	穿孔员	14	104	104
110	08	林青	硬件人员	14	102	A

图 10-11　多重表文件示例

主关键字是职工号，次关键字是职务和工资级别。它设有两个链接字段，分别将具有相同职务和相同工资级别的记录链在一起，由此形成的职务索引表和工资级别索引表如图10-12(a)和(b)所示。有了这些索引，便易于处理各种有关次关键字的查询。

次关键字	头指针	链长
硬件人员	101	4
软件人员	103	3
穿孔员	109	3

（a）职务索引表

次关键字	头指针	链长
10	108	1
11	102	2
12	101	1
13	105	3
14	109	3

（b）工资级别索引表

图 10-12　次关键字索引表

2. 多重表文件的查询

（1）单关键字简单查询。

根据给定值，在对应次关键字索引表中找到对应索引项，从头指针出发，列出该链表上所有记录。例如，在图10-11所示的多重表文件中，查询所有软件人员，则只需要在职务索引表中先找到次关键字"软件人员"的索引项，然后从它的头指针出发，列出该链表上所有的记录即可。

（2）多关键字组合查询。

在图10-11所示的多重表文件中，如果要查询工资级别为11的所有硬件人员，则既可以从职务索引表的"硬件人员"的头指针出发,也可以从工资级别索引表"11"的头指针出发,读出链表上的每个记录,判定它是否满足查询条件。

在查找中,当同时满足两(多)个关键字条件的记录时,可以先比较两(多)个索引链表的长度,然后选较短的链表进行查找。

3. 多重表的更新

当相同次关键字链表不按主关键字大小链接时,如果在主文件中插入一个记录,则将记录插入在各个次关键字链表中的头指针之后即可;如果在主文件中删除一个记录,则需要在每个次关键字的链表中删去该记录。

10.6.2 倒排文件

1. 倒排文件的组织

倒排文件和多重表文件不同。在次关键字索引中,具有相同次关键字的记录之间不进行链接,而是列出具有该次关键字记录的物理地址。倒排文件中的次关键字索引称作倒排表。倒排表和主文件一起就构成了倒排文件。图 10-11 所示的多重表文件去掉两个链接字段后,作为主文件所建立的职务倒排表和工资级别倒排表,如图 10-13 所示。

次关键字	物理地址
硬件人员	101,102,107,110
软件人员	103,106,108
穿孔员	104,105,109

(a) 职务倒排表

次关键字	物理地址
10	108
11	102,106
12	101
13	103,105,107
14	104,109,110

(b) 工资级别倒排表

图 10-13 次关键字倒排表示例

2. 倒排文件的查询

倒排表的主要优点是在处理复杂的多关键字查询时,可以在倒排表中先完成查询的交和并等逻辑运算,得到结果后再对记录进行存取。这样不必对每个记录随机存取,把对记录的查询转换为地址集合的运算,从而提高查找速度。例如,要找出所有工资级别小于 13 的硬件人员,则只需要先将工资级别倒排表中的次关键字为 10、11 和 12 的物理地址集合先做"并"运算,再与职务倒排表中的硬件人员的物理地址集合做"交"运算:

$$\{108\} \bigcap \{102,106\} \bigcap \{101\} \bigcap \{101,102,107,110\} = \{101,102\}$$

符合条件的记录的物理地址是 101 和 102。

3. 倒排表的更新

在插入和删除记录时,还需要修改倒排表。

还有一种列出主关键字的倒排表,这种倒排表具有两个特点:一个是存取速度较慢,另一个是可以把主关键字看成是记录的符号地址,对于存储具有相对独立性。图 10-14 就是按列出主关键字对多重表文件所组织的职务倒排表。

次关键字	记录的主关键字
硬件人员	03,08,10,14
软件人员	07,09,12
穿孔员	01,05,06

图 10-14 列出主关键字的职务倒排表

4. 倒排文件与一般文件的区别

在一般的文件组织中,是先找记录,再找到该记录所含的各次关键字;而在倒排文件组织中,是先给定次关键字,再查找含有该次关键字的各个记录,这种文件的查找次序正好与一般文件的查找次序相反,因此称之为"倒排"。多重表文件实际上也是倒排文件,只不过索引的方法不同。

10.7　文件综合举例

例 10-1　一个职工文件的记录格式是:职工号、姓名、职称、性别、工资。其中"职工号"为主关键字,其他为次关键字,如图 10-15 所示。

(1) 索引无序文件如图 10-16 所示。

记录	职工号	姓名	职称	性别	工资
1	29	陈军	教　授	男	2000
2	05	王强	副教授	男	1800
3	02	李梅	副教授	女	1750
4	38	张兵	讲　师	男	1450
5	31	付强	助　教	男	1200
6	43	董威	讲　师	男	1500
7	17	赵红	教　授	女	2100
8	46	李芳	助　教	女	1100

图 10-15　一个职工文件

关键字	记录
02	3
05	2
17	7
29	1
31	5
38	4
43	6
46	8

图 10-16　索引无序文件

(2) 多重表文件如图 10-17 所示。

次关键字	长度	头指针
教　授	2	1
副教授	2	2
讲　师	2	4
助　教	2	5

(a) 职称索引

次关键字	长度	头指针
男	5	1
女	3	3

(b) 性别索引

图 10-17　多重表文件

(3) 采用倒排文件结构组织图 10-15 给出的职工文件,如图 10-18 所示。

次关键字	头指针
教　授	1,7
副教授	2,3
讲　师	4,6
助　教	5,8

(a) 职称索引

次关键字	指针
男	1,2,4,5,6
女	3,7,8

(b) 性别索引

图 10-18　倒排文件

例 10-2　凡在图书馆办了借书卡的读者均可以借阅一本书,期限为一个月,需要用计算机来管理借、还书的工作。这个系统除了能够正确完成日常的借、还书的工作外,还需要帮助管理员进行一些查询工作。例如：有些读者急需借阅某个作者的一本书，但此书被另一位读者借走，需要查一下是谁借走的。又如：有的读者丢失了借书卡，还书时需要查询他所借书的记录。再如：为了使图书流通，管理员每天需要给所有到期而未还书的读者寄催还书的通知单。请为该系统设计一个数据文件（包括记录的格式及其在磁盘上的组织方式），并说明该系统功能如何实现（不写算法）。

1）系统数据文件设计

根据题意，该系统数据文件的格式是：借书证号、姓名、书名、作者、借书日期。其中主关键字是"借书证号"，由于需要提供多种查询功能，除了按主关键字查询外，还按次关键字（如"作者""借书日期"）查询，因此，文件的组织方式可以采用多重表文件方式，如图 10-19 所示。

记录	借书证号	姓名	书号	作者	指针	借书日期	指针
A	101	…	…	Smith	∧	02.07.15	∧
B	205	…	…	John	∧	02.07.16	∧
C	085	…	…	Mary	∧	02.08.02	∧
D	035	…	…	John	B	02.08.02	C
E	040	…	…	John	D	02.08.02	∧
F	067	…	…	Smith	A	02.08.05	E
G	098	…	…	John	E	02.08.05	F

(a) 主文件

借书证号	记录
035	D
040	E
067	F
085	C
098	G
101	A
205	B

（b）主索引

次关键字	头指针	长度
John	B	4
Mary	C	1
Smith	A	2

（c）作者索引

次关键字	头指针	长度
02.07.15	A	1
02.07.16	B	1
02.08.02	C	3
02.08.05	F	2

（d）借书证号索引

图 10-19　多重表文件结构

2）系统实现功能设计

（1）借书：在主文件中的末尾添加一条借书记录，并修改相应的索引；

（2）还书：这里需要将对应的借书记录删除，但文件没有直接的记录删除功能，一般是重新生成一个同名的文件进行覆盖，这样非常花费时间。为此，在主索引中找到该"借书证号"的记录地址，对该地址的记录加上一个特殊标志，在带有删除标志的记录较多时再进行覆盖，这样会节省记录删除的时间，对相应的索引也要修改；

（3）按作者查询借书人：先在作者索引中找到该作者的记录，再到主文件中查找；

（4）按借书证号查询所借书：先在主索引中找到该借书证号的记录，再到主文件中查找；

（5）按借书日期查询过期者：先在借书日期索引中找到日期过期的记录，对每个记录再到主文件中查找。

习题

一、填空题

1. 索引顺序文件既能进行（   ）存取，又能进行（   ）存取，因而是最常用的文件组织方法之一，通常采用（   ）结构来组织索引。

2. 倒排文件的特点是（   ）。

3. 对一个大文件进行排序，要研究在外设上的排序技术，即（   ）。

4. 哈希文件使用哈希函数将记录的关键字值计算转化为记录的存放地址，因为哈希函数是一对一的关系，所以选择好的（   ）方法是哈希文件的关键。

5. 倒排文件包含有若干个倒排表，倒排表的内容是（   ）。

6. 顺序文件采用顺序结构实现文件的存储，对大型文件的少量修改要求重新复制整个文件，代价很高，采用（   ）方法可以降低所需要的代价。

7. （   ）文件要在磁盘上生成，在建立文件时，记录可以不必顺序存放，只要采用某种方式建立起逻辑记录与记录的物理地址的对应关系即可。

8. （   ）文件要在磁盘和磁带等多种媒体上生成，特别适宜于全文件的读写，原则上文件的更新用文件全体复制进行。

9. （   ）文件，在建立文件时，给每一个记录编号，系统保持记录号到记录的物理位置的对照表，记录号不作为记录中的内容，也不出现在对照表中。

10. 存放在磁盘上的链文件，也称为（   ）表，此表指出索引文件中各记录的物理位置。

二、问答题

1. 常见的文件组织方式有哪几种？各有何特点？

2. 文件上的操作有哪几种？如何评价文件组织的效率？

3. 索引文件、哈希文件和多关键字文件适合存放在磁带上吗？为什么？

三、综合题

1. 设有一个职工文件，其记录格式为（职工号、姓名、性别、职务、年龄、工资）。其中职工号为关键字，并设该文件有如下五个记录：

地址	职工号	姓名	性别	职务	年龄	工资
A	39	张恒珊	男	程序员	25	13270
B	50	王莉	女	分析员	31	15685
C	10	季迎宾	男	程序员	28	13575
D	75	丁达芬	女	操作员	18	11650
E	27	赵军	男	分析员	33	16280

（1）若该记录为顺序文件，请写出文件的存储结构；

（2）若该文件为索引顺序文件，请写出索引表；

（3）若该文件为倒排序文件，请写出关于性别的倒排表和关于职务的倒排表。

2. 在上题所述的文件中,对下列检索写出检索条件的表达式,并写出结果记录的职工号。

(1) 男性职工;

(2) 工资超过平均工资的职工;

(3) 职务为程序员和分析员的职工;

(4) 年龄超过25岁的男性程序员或分析员。

## 第 11 章

课 程 实 验

主要知识点

- 实验的教学目的和实验步骤。
- 验证实验和设计实验的问题描述及实验要求。

数据结构是一门实践性很强的课程,只靠读书和做习题是不能提高实践能力的,尤其是在数据结构中要解决的问题更接近于实际。数据结构实验是对学生的一种全面的综合训练,与程序设计语言课程中的实验不同,数据结构课程中的实验多属于创造性的活动,需要自己进行问题分析、结构设计、算法编写、编码实现、上机调试及程序测试。因此,数据结构实验是一种自主性很强的学习过程。

11.1 实验概述

11.1.1 教学目的

数据结构课程是计算机和信息管理等相关专业一门非常重要的专业基础课,具有承上启下的地位和作用。当我们用计算机解决实际问题时,要涉及数据表示及数据处理,而数据表示及数据处理正是数据结构课程的主要研究对象,通过这两方面内容学习,为后续课程,特别是软件方面的课程打下了厚实的知识基础,同时也提供了必要的技能训练。数据结构课程不仅具有较强的理论性,同时也具有较强的可应用性和实践性,要想学好这门课,仅通过课堂教学或课后自学获取理论知识是远远不够的,还必须加强实践,亲自动手设计,并上机输入、编辑、调试、运行已有的各种典型算法和(或)自己编写的算法,从成功和失败的经验中得到锻炼,才能够熟练掌握和运用理论知识解决软件开发中遇到的实际问题,真正达到学以致用的目的。

上机实验是数据结构课程的一个重要教学环节,通过实践,使学生对常用数据结构的基本概念及其不同实现方法的理论得到进一步的掌握,并对在不同存储结构上实现不同的运算方式和技巧有所体会。本书安排实验的内容包括:线性表、栈和队列、数组和广义表、树和二叉树、图、查找、排序;每个内容更包括两类实验:验证实验和设计实验。其中,验证实验的侧重点在于熟练掌握基本的数据结构,而不强调面面俱到;设计实验的主要内容是针对具体问题,应用某几个知识点,自己设计方案,并上机实现,目的是培养读者对数据结构的综合应用能力。

本章要达到的学习目的如下:

（1）深化理解和掌握书本上的理论知识，将书本上的知识变"活"。

（2）学会如何把书本上有关数据结构和算法的知识用于解决实际问题。

（3）培养数据结构的应用能力和软件工程所需要的实践能力。

11.1.2 实验步骤

拿到一个题目后，一般不要急于编写代码，而是首先要理解问题，明确给定的条件和要求解决的问题，然后按照自顶向下、逐步求精、分而治之的策略，逐一解决子问题。具体步骤如下：

1. 问题分析和任务定义

明确问题要求做什么，限制条件是什么。对问题的描述应避开算法和所涉及的数据类型，而应该就要完成的任务做出明确的回答。比如输入/输出数据的类型、值的范围以及输入的形式。这一步还应该为调试程序准备好测试数据，包括合法的输入数据和非法的输入数据。

2. 数据类型和系统设计

在设计这一步骤中分为概要设计和详细设计两步实现。

1）概要设计

对问题描述中涉及的数据定义抽象数据类型，设计数据结构，设计算法的伪代码描述。在这个过程中，要综合考虑系统的功能，使得系统结构清晰、合理、简单，抽象数据类型尽可能做到数据封闭，基本操作的说明尽可能明确。不必过早地设计存储结构，不必过早地考虑语言实现细节，不必过早地表述辅助数据结构和局部变量。

2）详细设计

设计具体的存储结构以及算法所需的辅助数据结构，算法在伪代码的基础上要考虑细节问题并用类 C 描述；此外，还要设计一定的用户界面。详细设计的结果是对数据结构和基本操作的规格说明做出进一步的求精，写出数据存储结构的类型定义，按照算法书写规范用类 C 语言写出函数形式的算法框架。

3. 算法转化和编码实现

编码是对详细设计结果的进一步求精，即用某种高级语言（比如 C 语言）表达出来。静态检查主要有两条路径，一是用一组测试数据手工执行程序（或分模块进行）；二是通过阅读或给别人讲解自己的程序而深入全面地理解程序逻辑，在这个过程中尽量多加一些注释语句，使程序清晰易懂。也尽量临时增加一些输出语句，便于程序调试，在程序调试成功后可以再删除这些注释。

4. 上机调试和实验总结

掌握调试工具，设计测试数据，上机调试和测试程序。调试最好分模块进行，自底向上，即先调试底层函数模块，必要时可以另写一个调用函数。表面上看起来，这样做似乎麻烦了一些，但实际上却可以大大降低调试时所面临的复杂性，提高工作效率。调试正确后，认真整理源程序和注释，给出带有完整注释且格式良好的源程序清单和结果。

上机实验之前要充分准备实验数据，上机实践过程中要及时记录实验数据，上机实践完成之后要及时总结分析。

11.2 实验内容

11.2.1 线性表

线性表是最简单、最常用的基本数据结构,在实际问题中有着广泛的应用。通过验证实验,巩固对线性表逻辑结构的理解,掌握线性表的存储结构及基本操作的实现,为应用线性表解决实际问题奠定良好的基础。通过设计实验,进一步培养以线性表作为数据结构解决实际问题的应用能力。

1. 验证实验

实验 1 顺序表基本操作

【题目】

线性表采用顺序存储结构,实现如下任务:

(1) 初始化顺序表 InitList_Sq(SqList &L);

(2) 创建顺序表 CreatList_Sq(SqList &L);

(3) 插入第 i 个元素 InsertElem_Sq(SqList &L,int i,ElemType e);

(4) 删除第 i 个元素 DeleteElem_Sq(SqList &L,int i,ElemType &e);

(5) 输出顺序表元素 TraverseList_Sq(SqList L);

(6) 销毁顺序表 DestroyList_Sq(SqList L)。

【输入】

(1) 线性表长及线性表元素;

(2) 插入位置及元素;

(3) 删除位置。

【输出】

(1) 创建的顺序表;

(2) 插入元素后的顺序表。若插入位置不合理,则给出相应信息;若插入元素后溢出,则给出相应信息;

(3) 删除的元素;

(4) 删除元素后的顺序表。若删除位置不合理,则给出相应信息。

实验 2 单链表基本操作

【题目】

线性表采用链式存储结构,实现如下任务:

(1) 初始化单链表 InitList_L(LinkList &L);

(2) 创建单链表 CreatList_L(LinkList &L);

(3) 求出第 i 个元素 GetElem_L(LinkList L,int i,ElemType &e);

(4) 求出给定元素的位置 LocateElem_L(LinkList L,ElemType e);

(5) 求出给定元素的前驱元素 PreElem_L(LinkList L,ElemType e);

(6) 求出给定元素的后继元素 NextElem_L(LinkList L,ElemType e);

(7) 插入第 i 个元素 ListInsert_L(LinkList &L,int i,ElemType e);

(8) 删除第 i 个元素 ListDelete_L(LinkList &L,int i,ElemType &e);

（9）输出单链表元素 TraverseList_L(LinkList L)；

（10）销毁单链表 DestroyList_L(LinkList L)。

【输入】

（1）线性表长及线性表元素；

（2）待取出元素的位置；

（3）待查找的元素；

（4）插入位置及元素；

（5）删除位置。

【输出】

（1）创建的单链表；

（2）给定位置的元素。若不存在,则输出相应信息；

（3）查找元素的位置。若不存在,则给出相应信息；

（4）给定元素的前驱元素。若不存在,则给出相应信息；

（5）给定元素的后继元素。若不存在,则给出相应信息；

（6）插入元素后的单链表。若插入位置不合理,则输出相应信息；

（7）删除的元素,以及删除元素后的单链表。若删除位置不合理,则给出相应信息。

2. 设计实验

实验 3　一元多项式相加问题

【题目】

已知 $A(x) = a_0 + a_1 x + a_2 x^2 + \cdots + a_n x^n$ 和 $B(x) = b_0 + b_1 x + b_2 x^2 + \cdots + b_m x^m$,并且在 $A(x)$ 和 $B(x)$ 中指数相差很多,求 $A(x) = A(x) + B(x)$。

要求：

（1）设计此两个多项式的数据结构；

（2）设计两个多项式相加的算法,且除两个多项式所占空间外,不开辟新的存储空间；

（3）分析算法的时间复杂度。

【输入】

（1）多项式 $A(x)$ 中每一项的系数和指数(以系数＝0 和指数＝0 表示结束)；

（2）多项式 $B(x)$ 中每一项的系数和指数(以系数＝0 和指数＝0 表示结束)。

【输出】

两个多项式相加的结果。

实验 4　约瑟夫环问题

【题目】

设有编号为 $1,2,\cdots,n$ 的 $n(n > 0)$ 个人围成一个圈,每个人持有一个密码 m,从第 1 个人开始报数,报到 m 时停止报数,报 m 的人出局,再从他的下一个人起重新报数,报到 m 时停止报数,报 m 的出局,$\cdots$,如此下去,直到剩下最后一个人为获胜者。当任意给定 n 和 m 后,设计算法求 n 个人出局的次序,以及获胜者。

要求：

（1）建立模型,确定存储结构；

（2）对任意 n 个人,密码为 m,实现约瑟夫环问题；

（3）分析算法的时间复杂度。

【输入】

（1）参与人数；

（2）出局密码。

【输出】

（1）参与人的编号；

（2）顺序出局的人；

（3）获胜人的编号。

11.2.2 栈和队列

栈和队列是两种重要的、特殊的线性数据结构，在实际问题中有广泛应用。通过验证实验，巩固对栈和队列逻辑结构的理解，掌握栈和队列的存储结构及基本操作的实现，为应用栈和队列解决实际问题奠定良好的基础。通过设计实验，进一步培养以栈和队列作为数据结构解决实际问题的应用能力。

1. 验证实验

实验 1　顺序栈基本操作

【题目】

栈采用顺序存储结构，实现如下任务：

（1）初始化顺序栈 InitStack_Sq(SqStack &S)；

（2）创建顺序栈 CreateStack_Sq(SqStack &S)；

（3）入栈 Push_Sq(SqStack &S,ElemType e)；

（4）出栈 Pop_Sq(SqStack &S,ElemType &e)；

（5）输出顺序栈元素 TraverseStack_Sq(SqStack S)；

（6）销毁顺序栈 DestroyStack_Sq(SqStack S)。

【输入】

栈的元素个数及元素值。

【输出】

（1）创建的顺序栈；

（2）出栈后的栈元素。

实验 2　链队列基本操作

【题目】

队列采用链式存储结构，实现如下任务：

（1）初始化链队列 InitQueue_L(LinkQueue &Q)；

（2）创建链队列 CrwateQueue_L(LinkQueue &Q)；

（3）入队 EnQueue_L(LinkQueue &Q,ElemType e)；

（4）出队 DeQueue_L(LinkQueue &Q, ElemType &e)；

（5）输出链队列元素 TraverseQueue_L(LinkQueue Q)；

（6）销毁链队列 DestroyQueue_L(LinkQueue &Q)。

【输入】

队列的元素个数及元素值。

【输出】

（1）创建的链队列；

（2）出队后的队列元素。

2．设计实验

实验 3　表达式求值问题

【题目】

对一个合法的中缀表达式求值。假设表达式只包含＋、－、×、÷ 四个双目运算符，且运算符本身不具有二义性。只能进行整数的四则运算，支持小括号。对不能整除的将按两个整数除法规则进行取整。

要求：

（1）正确解释表达式，符合四则运算规则；

（2）输出计算过程和最后计算结果；

（3）分析算法的时间复杂度。

【输入】

表达式。

【输出】

（1）表达式求值过程；

（2）表达式求值结果。

实验 4　双端队列问题

【题目】

双端队列是插入和删除操作可以在两端进行的线性表，表的两端分别称作端点 1 和端点 2。设计双端队列的数据结构，实现入队、出队等基本操作。

要求：

（1）设计存储结构表示双端队列；

（2）设计双端队列的插入和删除算法；

（3）分析算法的时间复杂度。

【输入】

（1）队列元素个数，以及入队元素值；

（2）分别从端点 1 和端点 2 入队的元素值；

【输出】

（1）创建的队列；

（2）从端点 1 入队后的队列，以及从端点 2 入队后的队列；

（3）从端点 1 出队的元素值和出队后的队列，以及从端点 2 出队的元素值和出队后的队列。

11.2.3　串

串是一种特殊的线性表，在信息处理及多媒体应用系统中有广泛应用。通过验证实验，巩固对串逻辑结构的理解，掌握串的存储结构及基本操作的实现，为应用串解决实际问题奠定良好的基础。通过设计实验，进一步培养以串作为数据结构解决实际问题的应用能力。

1. 验证实验

实验 1 串基本操作

【题目】

实现如下任务：

(1) 创建串 a、串 b、串 c、串 d 的堆分配顺序表；

(2) 输出串 a 和长度、串 b 和长度、串 c 和长度、串 d 和长度；

(3) 将串 b 合并到串 a 上，并输出合并后的串 a 和长度；

(4) 将串 c 插入到串 a 的第 i 个位置上，并输出插入后的串 a 和长度；

(5) 用串 d 替换串 a 从第 i 个位置开始连续 len 个字符，并输出替换后的串 a 和长度。

【输入】

(1) 串 a、串 b、串 c、串 d；

(2) 将串 c 插入到串 a 的位置 i；

(3) 用串 d 替换串 a 的起始位置 i 和字符个数 len。

【输出】

(1) 串 a 和长度、串 b 和长度、串 c 和长度、串 d 和长度；

(2) 将串 b 合并到串 a 上后的串 a 和长度；

(3) 将串 c 插入到串 a 的第 i 个位置上后的串 a 和长度；

(4) 用串 d 替换串 a 从第 i 个位置开始连续 len 个字符后的串 a 和长度。

实验 2 比较两个串大小

【题目】

设计实现串比较运算 Strcmp(s,t) 的算法。例如："ab" < "abcd"，"abc" = "abc"，"abcd" < "abd"。

要求：

(1) 如果 s 大于 t，则 Strcmp(s,t)=1；

(2) 如果 s 等于 t，则 Strcmp(s,t)=0；

(3) 如果 s 小于 t，则 Strcmp(s,t)=-1。

【输入】

串 s 和串 t。

【输出】

比较结果(Strcmp(s,t)值)。

2. 设计实验

实验 3 求最长连续相同字符平台问题

【题目】

实现求解串 S 中出现的第一个最长的连续相同字符构成的平台，并分析算法的时间复杂度。例如：输入串"2018ssss10ssssss"，输出第一个最长平台是"ssssss"。

【输入】

字符串。

【输出】

第一个最长的连续相同字符构成的平台。

实验4　BF算法实现模式匹配问题

【题目】

从主串 S＝"s1 s2 … sn"的第 pos 个字符开始寻找模式 T＝"t1 t2 … tm"的过程,通常称为模式匹配(Pattern Matching)。如果匹配成功则返回 T 在 S 中的位置,如果匹配失败则返回 0,并分析算法的时间复杂度。

【输入】

(1) 主串字符;

(2) 模式字符;

(3) 起始位置。

【输出】

模式匹配结果。

11.2.4　数组和广义表

数组和广义表是两种广义的线性表。数组在程序设计语言中用来描述一组数据的顺序存储;广义表在文本处理、人工智能及计算机图形学等领域得到了广泛应用,使用价值和应用效果逐渐受到人们重视。通过验证实验,巩固对数组和广义表逻辑结构的理解,掌握数组和广义表的存储结构及基本操作的实现,为应用数组和用广义表解决实际问题奠定良好的基础。通过设计实验,进一步培养以数组和广义表作为数据结构解决实际问题的应用能力。

1. 验证实验

实验1　三元组顺序表基本操作

【题目】

实现如下任务:

(1) 初始化三元组顺序表 InitSMatrix_TSM(TSMatrix &M);

(2) 创建三元组顺序表 CreateSMatrix_TSM(TSMatrix &M);

(3) 输出三元组顺序表元素 TraverseSMatrix_TSM(TSMatrix M);

(4) 使用直接取、顺序存方法转置 TransSMatrix_TSM(TSMatrix M,TSMatrix &T);

(5) 使用顺序取、直接存方法转置 FastTransSMatrix_TSM(TSMatrix M,TSMatrix &T);

(6) 销毁三元组顺序表 DestroySMatrix_TSM(TSMatrix M)。

【输入】

(1) 稀疏矩阵的行数、列数、非零元个数;

(2) 按照行优先顺序输入稀疏矩阵的非零元值。

【输出】

(1) 原三元组顺序表;

(2) 使用直接取、顺序存转置算法转置后的三元组顺序表;

（3）使用顺序取、直接存转置算法转置后的三元组顺序表；

实验 2　对称矩阵相乘

【题目】

已知两个 n×n 的对称矩阵按压缩存储方法存储在一维数组 A 和 B 中，试设计对称矩阵 A 和 B 相乘的算法，并实现。

（1）输入时对称矩阵只输入下三角形元素，存入一维数组；

（2）A×B 的结果存入二维数组，并输出。

【输入】

（1）对称矩阵的行数（即列数）；

（2）对称矩阵 A 的下三角形元素；

（3）对称矩阵 B 的下三角形元素。

【输出】

（1）对称矩阵 A 的下三角形元素；

（2）对称矩阵 B 的下三角形元素；

（3）A×B 的结果。

2．设计实验

实验 3　魔方阵问题

【题目】

魔方阵，又叫幻方阵，在我国古代称为"纵横图"。它是在一个 n×n 的矩阵中填入 1 到 n^2 的数字（n 为奇数），使得每一行、每一列、每条对角线的累加和都相等。图 11-1 就是一个 3 阶魔方阵。

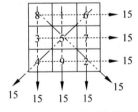

图 11-1　3 阶魔方阵示例

要求：

（1）设计存储结构表示魔方阵；

（2）设计算法完成 n 阶魔方阵的填数；

（3）分析算法的时间复杂度。

【输入】

方阵阶数 n（1≤n≤15，且为奇数）。

【输出】

填数后的 n 阶魔方阵。

实验 4　广义表元素查找问题

【题目】

在创建好的广义表存储结构中，查找给定元素。

要求：

（1）创建广义表的存储结构；

（2）在广义表中查找给定元素；

（3）分析算法的时间复杂度。

【输入】

（1）字符序列（广义表书写形式）；

（2）输入要查找的元素。

【输出】

（1）创建的广义表；

（2）查找结果。

11.2.5　树和二叉树

树是一种非常重要的非线性结构,可以很好地反映客观世界中广泛存在的具有分支关系或层次特性的对象,因此在计算机领域里有着广泛应用。通过验证实验,巩固对树和二叉树逻辑结构的理解,掌握树和二叉树的存储结构及基本操作的实现,为应用树和二叉树解决实际问题奠定良好的基础。通过设计实验,进一步培养以树和二叉树作为数据结构解决实际问题的应用能力。

1. 验证实验

实验 1　树的二叉链表基本操作

【题目】

实现如下任务：

（1）初始化树二叉链表 InitTree(CSTree &T)；

（2）创建树二叉链表 CreateTree(CSTree &T)；

（3）先序遍历树 PreOrderTraverse(CSTree T)；

（4）后序遍历树 PostOrderTraverse(CSTree T)；

（5）层序遍历树 FloorTraverse(CSTree T)。

【输入】

树的元素(元素用整数表示,0 代表空树,−1 为根结点的根结点)。

【输出】

（1）先序遍历序列；

（2）后序遍历序列；

（3）层序遍历序列。

实验 2　二叉树的二叉链表基本操作

【题目】

实现如下任务：

（1）初始化二叉树二叉链表 InitBiTree(BiTree &BT)；

（2）创建二叉树二叉链表 CreateBiTree(BiTree &BT)；

（3）先序遍历二叉树 PreOrderBiTree(BiTree BT)；

（4）中序遍历二叉树 InOrderBiTree(BiTree BT)；

（5）后序遍历二叉树 PostOrderBiTree(BiTree BT)。

【输入】

二叉树的元素(元素用字符表示,输入空格表示创建空树)。

【输出】

（1）先序遍历序列；

（2）中序遍历序列；

（3）后序遍历序列。

2. 设计实验

实验 3 判断两棵二叉树是否相似问题

【题目】

如果已知两棵二叉树 B1 和 B2 皆为空,或者皆不空且 B1 的左、右子树和 B2 的左、右子树分别相似,则称二叉树 B1 和 B2 相似。

要求:

(1) 设计算法并实现,判别给定两棵二叉树是否相似;

(2) 分析算法的时间复杂度。

【输入】

(1) 第 1 棵二叉树的字符序列(按照先序顺序,空树用字符 '♯' 表示);

(2) 第 2 棵二叉树的字符序列(按照先序顺序,空树用字符 '♯' 表示)。

【输出】

(1) 第 1 棵二叉树创建成功信息,以及第 1 棵二叉树先序序列;

(2) 第 2 棵二叉树创建成功信息,以及第 2 棵二叉树先序序列;

(3) 判别给定两棵二叉树是否相似信息。

实验 4 哈夫曼编码问题

【题目】

利用哈夫曼编码进行通信可以大大提高信道利用率,缩短信息传输时间,降低传输成本。但是,这要求在发送端通过一个编码系统对待传数据进行预先编码;在接收端将传来的数据进行解码。对于双工信道(即可以双向传输的信道),每端都要有一个完整的编/译码系统。试为这样的信息收发站设计一个哈夫曼的编码系统。

要求:

(1) 从终端读入字符集大小为 n,以及 n 个字符和 n 个权值,建立哈夫曼树,进行前缀编码并且输出;

(2) 利用已建好的哈夫曼编码,对键盘输入的正文进行编码,并输出该文的二进制码。

(3) 分析算法的时间复杂度。

【输入】

(1) 字符集大小 n;

(2) n 个字符;

(3) n 个权值。

【输出】

(1) 创建哈夫曼树成功信息;

(2) 字符集中所有字符的哈夫曼编码;

(3) 输入正文的编码。

11.2.6 图

图是一种复杂的非线性结构,可描述各种复杂数据对象,被广泛应用在工程、物理、化学、生物、语言学、逻辑学及计算机科学等领域。通过验证实验,巩固对图逻辑结构的理解,掌握图的存储结构及基本操作的实现,为应用图解决实际问题奠定良好的基础。通过设计实验,进一步培养以图作为数据结构解决实际问题的应用能力。

1. 验证实验

实验 1 无向图邻接矩阵基本操作

【题目】

实现如下任务:

(1) 创建无向图邻接矩阵 CreateUDG_MG(MGraph &G);

(2) 输出无向图邻接矩阵 TraverseUDG_MG(MGraph G);

(3) 深度优先遍历 DFSTraverseUDG_MG(MGraph G);

(4) 广度优先遍历 BFSTraverseUDG_MG(MGraph G)。

【输入】

(1) 无向图顶点数和边数;

(2) 无向图中的顶点信息;

(3) 图各边的起点和终点。

【输出】

(1) 无向图的邻接矩阵;

(2) 深度优先遍历序列;

(3) 广度优先遍历序列。

实验 2 有向图邻接表基本操作

【题目】

实现如下任务:

(1) 创建有向图邻接表 CreateDG_ALG(ALGraph &G);

(2) 输出有向图邻接表 TraverseDG_ALG(ALGraph G);

(3) 深度优先遍历 DFSTraverseDG_ALG(ALGraph G);

(4) 广度优先遍历 BFSTraverseDG_ALG(ALGraph G)。

【输入】

(1) 有向图顶点数和弧数;

(2) 有向图中的顶点信息;

(3) 图中各弧起点和终点。

【输出】

(1) 有向图的邻接表;

(2) 深度优先遍历序列;

(3) 广度优先遍历序列。

2. 设计实验

实验 3 学生选修课程问题

【题目】

图 11-2 给出了学生应该学习的课程。学生应该按照怎样的顺序学习这些课程,才能无矛盾、顺利地完成学业?

要求:

(1) 设计存储结构表示课程及课程之间的关系;

（2）实现学生无矛盾、顺利地完成学业的课程顺序；

（3）分析算法的时间复杂度。

课程编号	课程名称	直接先行课
C1	计算机基础	无
C2	高等数学	无
C3	线性代数	C2
C4	离散数学	D3
C5	C语言	C1、C3
C6	数据结构	C4、C5
C7	计算机原理	C8
C8	汇编语言	C1
C9	编译原理	C6、C8
C10	操作系统	C6、C7
C11	数据库概论	C1
C12	系统分析与设计	C5、C6、C11

图 11-2　学生应该学习的课程

【输入】

课程，以及课程关系。

【输出】

无矛盾、顺利地完成学业的课程顺序。

实验 4　建造物流配送中心问题

【题目】

给定 4 个城市之间的交通图如图 11-3 所示（图中弧上数字表示城市之间的道路长度）。要在 4 个城市之间选择一个城市建造一个物流配送中心，并使得到物流配送中心最远的城市到物流配送中心的路程最短。

要求：

（1）设计存储结构表示城市及城市之间的关系；

（2）求出物流配送中心最远城市到物流配送中心的最短路程；

（3）分析算法的时间复杂度。

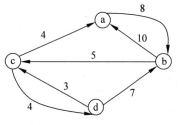

图 11-3　4 个城市交通图

【输入】

城市，以及城市关系。

【输出】

（1）建造物流配送中心的城市；

（2）物流配送中心最远城市到物流配送中心的最短路径及其长度。

11.2.7　查找

在日常生活中，人们几乎每天都要进行查找工作。查找也是数据处理中使用最频繁的一种基本操作。当问题所涉及的数据量相当大时，查找方法的效率就显得格外重要，在一些实时查询系统中尤其如此。通过验证实验,巩固对各种查找方法的理解,掌握各种查找操作的实现,为应用查找解决实际问题奠定良好的基础。通过设计实验,进一步培养用查找解决实际问题的应用能力。

1. 验证实验

实验 1 顺序表的查找

【题目】

创建顺序表,采用顺序查找技术查找表中与输入值 k 相等的元素。如果查找成功,则给出其比较次数及在表中位置,如果查找不成功,则给出相应信息。

【输入】

(1)顺序表元素;

(2)待查元素 k。

【输出】

(1)创建的顺序表;

(2)待查元素的比较次数;

(3)查找成功时,待查元素在表中位置;查找不成功时,相应信息。

实验 2 有序表的查找

【题目】

创建有序表,采用折半查找技术查找表中与输入值 k 相等的元素。如果查找成功,则给出其比较次数及在表中位置,如果查找不成功,则给出相应信息。

【输入】

(1)有序表元素;

(2)待查元素 k。

【输出】

(1)创建的有序表;

(2)待查元素的比较次数;

(3)查找成功时,待查元素在表中位置;查找不成功时,相应信息。

2. 设计实验

实验 3 二叉排序树查找问题

【题目】

在二叉排序树中动态查找输入值为 k 的元素。

要求:

(1)创建二叉排序树;

(2)如果查找成功,则给出其比较次数;

(3)如果查找不成功,则给出其比较次数,并将待查元素插入二叉排序树。

【输入】

(1)一组无序序列;

(2)待查元素 k。

【输出】

(1)创建的二叉排序树;

（2）待查元素的比较次数；

（3）查找不成功时，相应信息，以及插入待查元素后的二叉排序树。

实验 4　直方图问题

【题目】

直方图是用来整理观测数据，分析其分布状态的统计方法，用于对总体的分布特征进行推断。直方图问题是从一个具有 n 个关键字的集合中，输出不同关键字所代表的直方图。

要求：

（1）关键字的数据类型是整型，且用数组存储；

（2）求出每个关键字在数组中出现的次数；

（3）输出直方图（表格形式或图形形式）。

例如，关键字集合为{2，4，2，2，2，3，4，3，2，5}，直方图的表格形式和图形形式如图 11-4 所示。

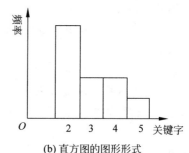

关键字	频率
2	5
3	2
4	2
5	1

(a) 直方图的表格形式　　　　　(b) 直方图的图形形式

图 11-4　求直方图示例

【输入】

n 个关键字。

【输出】

（1）计算直方图；

（2）输出直方图（表格形式或图形形式）。

11.2.8　排序

排序是计算机程序设计中的一种重要运算，其功能是将一组记录从任意序列排列成一个按关键字有序的序列，可以提高计算机对数据处理的工作效率。通过验证实验，巩固对各种排序方法的理解，掌握各种排序操作的实现，为应用排序解决实际问题奠定良好的基础。通过设计实验，进一步培养用排序解决实际问题的应用能力。

1. 验证实验

实验 1　直接插入排序

【题目】

对一组无序序列元素进行直接插入排序（按升序排列）。

【输入】

（1）无序序列元素个数；

（2）无序序列元素值。

【输出】

升序序列。

实验 2　冒泡排序

【题目】

对一组无序序列元素进行冒泡排序(按升序排列)。

【输入】

（1）无序序列元素个数；

（2）无序序列元素值。

【输出】

升序序列。

2．设计实验

实验 3　快速排序问题

【题目】

采用快速排序方法,对一组无序序列元素进行升序排序。

要求：

（1）实现快速排序一次划分；

（2）实现快速排序；

（3）分析算法的时间复杂度。

【输入】

（1）无序序列元素个数；

（2）无序序列元素值。

【输出】

升序序列。

实验 4　堆排序问题

【题目】

采用对排序方法,对一组无序序列元素进行升序排序。

要求：

（1）实现筛选；

（2）实现堆排序；

（3）分析算法的时间复杂度。

【输入】

（1）无序序列元素个数；

（2）无序序列元素值。

【输出】

升序序列。

习题参考答案

第1章 绪 论

一、填空题

1. 线性结构；树状结构；图状结构；网状结构。

2. 顺序存储结构；链式存储结构。

3. $O(1)$；$O(n\log_2 n)$。

4. 确定性。

5. 可行性。

二、选择题

1. B　　2. C　　3. D　　4. B　　5. D

三、问答题

1. 尽管算法的含义与程序非常相似,但两者还是有区别的。首先,一个程序不一定满足有穷性,因此它不一定是算法。例如,系统程序中的操作系统,只要整个系统不遭受破坏,它就永远不会停止,即使没有作业要处理,它仍处于等待循环中,以等待一个新作业的进入。因此操作系统就不是一个算法。其次,程序中的指令必须是计算机可以执行的,而算法中的指令却无此限制。如果一个算法采用机器可执行的语言来书写,那么它就是一个程序。

2. 数据元素之间的逻辑关系,也称为数据的逻辑结构。数据元素以及它们之间的相互关系在计算机存储器内的表示(又称映像),称为数据的存储结构,也称数据的物理结构。

3. 数据结构是指数据对象以及该数据对象集合中的数据元素之间的相互关系(即数据元素的组织形式)。

例如有一张学生体检情况登记表,记录了一个班的学生的身高、体重等各项体检信息。这张登记表中,每个学生的各项体检信息排在一行上。这个表就是一个数据结构,每个记录(姓名、学号、身高和体重等字段)就是一个结点,对于整个表来说,只有一个开始结点(它的前面无记录)和一个终端结点(它的后面无记录),其他的结点则各有一个也只有一个直接前驱和直接后继(它的前面和后面均有且只有一个记录)。这几个关系就确定了这个表的逻辑结构是线性结构。

这个表中的数据如何存储到计算机里,并且如何表示数据元素之间的关系呢？即用一片连续的内存单元来存放这些记录(例如用数组表示)还是随机存放各结点数据再用指针进行连接呢？这就是存储结构的问题。

在这个表的某种存储结构基础上,可以实现对这张表中的记录进行查询、修改、删除等操作。对这个表可以进行哪些操作以及如何实现这些操作就是数据的运算问题了。

4. 算法的时间复杂度不仅与问题的规模相关,还与输入实例中的初始状态有关。但是在最坏的情况下,其时间复杂度就是只与求解问题的规模相关的。在讨论时间复杂度时,一般是以最坏情况下的时间复杂度为准的。

5.

(1)

```
i = 1;                              // 频度 f(n) = 1
k = 0;                              // 频度 f(n) = 1
while(i < n) {                      // 频度 f(n) = n
    k = k + 10 * i;                 // 频度 f(n) = n − 1
    i++;                            // 频度 f(n) = n − 1
}
```

由以上列出的各语句的频度,可以得出该程序段的时间消耗:$T(n) = 1 + 1 + n + (n-1) + (n-1) = 3n$,因此可以表示为 $T(n) = O(n)$。

(2)

```
i = 0;                              // 频度 f(n) = 1
k = 0;                              // 频度 f(n) = 1
do {                                // 频度 f(n) = n
    k = k + 10 * i;                 // 频度 f(n) = n
    i++;                            // 频度 f(n) = n
}while(i < n);                      // 频度 f(n) = n
```

由以上列出的各语句的频度,可以得出该程序段的时间消耗:$T(n) = 1 + 1 + n + n + n + n = 4n + 2$,因此可以表示为 $T(n) = O(n)$。

(3)

因为 $x = n$ 且 x 的值在程序中不变,又从 while 的循环条件($x \geq (y+1) * (y+1)$)可知:当 $(y+1) * (y+1)$ 刚超过 n 的值时退出循环;由 $(y+1) * (y+1) < n$ 得到:$y < n^{1/2} - 1$,所以该程序段的执行时间为 $T(n) = O(n^{1/2})$。

(4)

通过分析以上程序段,可以将 $i+j$ 看成一个控制循环次数的变量,且每执行一次循环,$i+j$ 的值加 1。该程序段的主要时间消耗是 while 循环,而 while 循环共做了 n 次,所以该程序段的执行时间为 $T(n) = O(n)$。

(5)

```
x = 91;                             // 频度 f(n) = 1
y = 100;                            // 频度 f(n) = 1
while(y > 0)                        // 频度 f(n) = 1101
    if(x > 100) {                   // 频度 f(n) = 1100
        x = x − 10;                 // 频度 f(n) = 100
        y − − ;                     // 频度 f(n) = 100
    }
    else x++;                       // 频度 f(n) = 1000
```

该程序段实质上是一个双重循环,对于每个 y 值(y>0),if 语句执行 11 次,其中 10 次执行 x++。因此,if 语句的频度为 $11\times100=1100$ 次。

由以上列出的各语句的频度,可以得出该程序段的时间消耗:$T(n)=1+1+1101+1100+100+100=2403$,因此可以表示为 $T(n)=O(1)$。

四、算法设计题

1. 常见的时间复杂度按数量级递增排列,依次为:常数阶 $O(1)$、对数阶 $O(\log_2 n)$、线性阶 $O(n)$、线性对数阶 $O(n\log_2 n)$、平方阶 $O(n^2)$、立方阶 $O(n^3)$、k 次方阶 $O(n^k)$、指数阶 $O(2^n)$。

先将题中的函数分成如下几类:

- 常数阶:2^{100};
- 对数阶:$\lg n$;
- k 次方阶:$n^{0.5}$、$n^{(3/2)}$;
- 指数阶(按指数由小到大排):$n^{\lg n}$、$(3/2)^n$、2^n、$n!$、n^n。

注意:$(2/3)^{\wedge}n$ 由于底数小于1,所以是一个递减函数,其数量级应小于常数阶。

根据以上分析按增长率由小至大的顺序可排列如下:$(2/3)^n<2^{100}<\lg n<n^{0.5}<n^{(3/2)}<n^{\lg n}<(3/2)^n<2^n<n!<n^n$。

2. 第二种算法的时间性能要好些。第一种算法需要执行大量的乘法运算,而第二种算法进行了优化,减少了不必要的乘法运算。

3. 数学符号"O"严格的数学定义是:如果 $T(n)$ 和 $f(n)$ 是定义在正整数集合上的两个函数,则 $T(n)=O(f(n))$ 表示存在正的常数 C 和 n_0,使得当 $n\geq n_0$ 时都满足 $0\leq T(n)\leq C\cdot f(n)$。

通俗地说,就是当 $n\to\infty$ 时,$f(n)$ 的函数值增长速度与 $T(n)$ 的增长速度同阶。一般,一个函数的增长速度与该函数的最高次阶同阶。即:

- $O(f(n))=n^3$;
- $O(g(n))=n^3$;
- $O(h(n))=n^{1.5}$。

所以答案为:

(1) 成立。

(2) 成立。

(3) 成立。

(4) 不成立。

4. 要使前者快于后者,也就是前者的时间消耗低于后者,即:$100n^2<2^n$,求解可得 $n=15$。

5.

函数	大"O"表示	优劣
(1) $T_1(n)=5n^2-3n+60\lg n$	$5n^2+O(n)$	较差
(2) $T_2(n)=3n^2+1000n+3\lg n$	$3n^2+O(n)$	其次
(3) $T_3(n)=8n^2+3\lg n$	$8n^2+O(\lg n)$	最差
(4) $T_4(n)=1.5n^2+6000n\lg n$	$1.5n^2+O(n\lg n)$	最优

第2章 线 性 表

一、填空题

1. 108。

2. n−i+1；n−i。

3. p−>next＝(p−>next)−>next。

4. s−>next ＝rear−>next；rear−>next＝s；rear＝s；q＝rear−>next−>next；
rear−>next−>next＝q−>next；

   　delete q；。

5. O(1)；O(n)。

二、选择题

1. C　　2. D　　3. A　　4. B　　5. B

三、问答题

1. 在实际应用中,应根据具体问题的要求和性质来选择顺序表或链表作为线性表的存储结构,通常有以下几方面的考虑：

   (1) 基于空间的考虑。当要求存储的线性表长度变化不大,易于事先确定其大小时,为了节约存储空间,宜采用顺序表；反之,当线性表长度变化大,难以估计其存储规模时,采用动态链表作为存储结构为好。

   (2) 基于时间的考虑。如果线性表的操作主要是进行查找,很少做插入和删除操作时,采用顺序表作为存储结构为宜；反之,如果需要对线性表进行频繁的插入或删除等操作时,宜采用链表作为存储结构。并且,若链表的插入和删除主要发生在表的首尾两端,则采用尾指针表示的单循环链表为宜。

2. 在单循环链表中,设置尾指针,可以更方便地判断链表是否为空。

3. (1) 在单链表中,当知道指针 p 指向某结点时,能够根据该指针找到其直接后继,但由于不知道其头指针,无法访问到 p 指针所指向结点的直接前驱,因此无法删除该结点。

   (2) 在双向链表中,根据 p 所指向结点的前驱和后继指针可以查找到其直接前驱和直接后继,因此可以删除该结点,其时间复杂度为 O(1)。

   (3) 在单循环链表中,和双向链表类似,根据 p 所指向结点也可以找到该结点的直接前驱和直接后继,因此也可以删除该结点,其时间复杂度为 O(n)。

4. (38，56，25，60，42，74)。

5. 该算法的功能是：将开始结点摘下连接到终端结点之后成为新的终端结点,而原来的第二个结点成为新的开始结点,返回新链表的头指针。

四、算法设计题(略)

第 3 章　栈 和 队 列

一、填空题

1. 线性；任何；栈顶；队尾；队头。

2. 6；1。

3. 5；9。

4. 栈。

5. n−1。

二、选择题

1. C　　2. B　　3. B　　4. D　　5. C

三、问答题

1. 假溢出。

2. 不能得到出栈序列 c、e、a、b、d,因为在 c、e 出栈的情况下,a 一定在栈中且在 b 的下面,不可能先于 b 出栈。能得到出栈序列 c、b、a、d、e,设 Push 为进栈操作,Pop 为入栈操作,则其操作序列为 Push、Push、Push、Pop、Pop、Pop、Push、Pop、Push、Pop。

3. $(rear-front+n) \% n$。

4. $n-i+1$。

5. 当需要向队列中插入一个元素时,用 S1 来存放已输入的元素,即通过向栈 S1 执行入栈操作来实现;当需要从队列中删除元素时,先将 S1 中元素全部送入到 S2 中,再从 S2 中删除栈顶元素,最后再将 S2 中元素全部送入到 S1 中;判断队空的条件是:栈 S1 和 S2 同时为空。

四、算法设计题(略)

第 4 章   串

一、填空题

1. 空串是长度为零(n=0)的串,它不包含任何字符;空格串是由空格字符组成的串,它的长度为串中空格字符的个数。

2. 两个串的长度相等,并且各个对应位置的字符也都相同。

3. 15。

4. 无关。

5. 01122312。

二、选择题

1. B   2. B   3. B   4. A   5. D

三、问答题

1. (1) 串变量和串常量:串变量和其他类型的变量一样,其取值是可以改变的,它必须用名字来识别;而串常量和整常数、实常数一样,具有固定的值,在程序中只能被引用但不能改变其值,即只能读不能写。

(2) 主串和子串:主串和子串是相对的,子串指串中任意个连续字符组成的子序列;包含子串的串称为该子串的主串。

(3) 串名和串值:串名指串的名称;串值指用双引号("")括起的字符序列。

(4) 空串和空白串:空串是指不包含任何字符的串,它的长度为零;空白串是指包含一个或多个空格的串,空格也是字符。

2. 定长顺序串的存储特点是指串的存储空间是在程序执行之前分配的,其大小在编译时就已经确定。堆分配顺序串的存储特点是指串的存储空间在程序执行过程中按照串值的实际大小分配的。

3. (1) Sub="student"。

(2) Sub="o"。

(3) S="I am a worker"。

(4) A="a good student"。

4. 因为 S="(xyz)+*",所以有:

- SubString(Sub1,S,1,5):Sub1="(xyz)"。
- SubString(Sub2,S,6,1):Sub2="|"。
- StrReplace(Sub1,3,1,Sub2):Sub1="(x+z)"。
- SubString(Sub3,S,7,1):Sub3="*"。
- SubString(Sub4,S,3,1):Sub4="y"。
- StrConcat(Q,Sub3,Sub4):Q="*y"。
- StrConcat(T,Sub1,Q):T="(x+z)*y"。

5.

(1)

j	1	2	3	4
模式 T	a	a	a	b
next[j]	0	1	2	3

(2)

j	1	2	3	4	5	6	7
模式 T	a	b	c	a	b	a	a
next[j]	0	1	1	1	2	3	2

(3)

j	1	2	3	4	5	6	7	8
模式 T	a	a	a	b	c	a	a	b
next[j]	0	1	2	3	1	1	2	3

(4)

j	1	2	3	4	5	6	7	8	9	10	11	12	13	14	15	16	17	18	19	20
模式 T	a	b	c	a	a	b	b	a	b	c	a	b	a	a	c	b	a	c	b	a
next[j]	0	1	1	1	2	2	3	1	2	3	4	5	3	2	2	1	1	2	1	1

四、算法设计题(略)

第 5 章 数组和广义表

一、填空题

1. 存取;修改;顺序存储。

2. 1140。

3. $LOC(a_{00})+41$。

4. 3;4;(a);((((b),c)),(d))。

5. GetHead(GetHead(GetTail(LS)))。

二、选择题

1. B   2. D   3. D   4. B   5. B

三、问答题

1. 后者在采用压缩存储后将会失去随机存储的功能。因为在这种矩阵中,非零元素的分布是没有规律的,为了压缩存储,就需要将每个非零元素的值和它所在的行、列号作为一个结点存放在一起,这样的结点组成的线性表叫三元组表,它已不是简单的向量,所以无法用下标直接存取矩阵中的元素。

2. 广义表是线性表的推广,线性表是广义表的特例。当广义表中元素都是原子时,即为线性表。数组可以看作是线性表的一种。

3. (1) 因为含 $5*6=30$ 个元素,所以 A 共占 $30*4=120$ 字节。

(2) a_{45} 的起始地址为:$LOC(a_{45})=LOC(a_{00})+(i*n+j)*d=1000+(4*6+5)*4=1116$。

(3) 按行优先顺序排列时:$LOC(a_{25})=LOC(a_{00})+(i*n+j)*d=1000+(2*6+5)*4=1068$。

(4) 按列优先顺序排列时:$LOC(a_{25})=LOC(a_{00})+(j*n+i)*d=1000+(5*5+2)*4=1108$。

4.

(1)

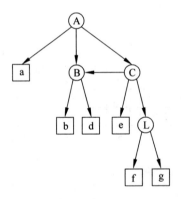

(2)

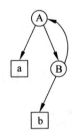

5. (1) $GetHead(GetTail(((a, b), (c, d), (e, f))))=GetHead(((c, d), (e, f)))=(c, d)$。

(2) $GetTail(GetHead(((a, b), (c, d), (e, f))))=GetTail((a, b))=(b)$。

(3) $GetHead(GetTail(GetHead(((a, b), (e, f)))))=GetHead(GetTail((a, b)))=$

GetHead((b))＝b。

（4）GetTail(GetHead(GetTail(((a，b)，(e，f)))))＝GetTail(GetHead(((e，f))))＝
GetTail((e，f))＝(ᵗ)。

（5）GetTail(GetTail(GetHead(((a，b)，(e，f)))))＝GetTail(GetTail((a，b)))＝
GetTail((b))＝()。

四、算法设计题(略)

第6章　树和二叉树

一、填空题

1. k_1；k_2、k_5、k_7、k_4；2；3；4；k_5、k_6；k_1。

2. 2^{k-1}；2^k-1；$2^{k-2}+1$。

3. 2^{i-1}；(n＋1)/2；(n－1)/2。

4. CDBGFEA。

5. 2n；n－1；n＋1。

二、选择题

1. D　　2. C　　3. A　　4. A；B　　5. D；A

三、问答题

1. 设该树中的叶子数为 n_0 个。该树中的总结点数为 n 个,则有:
$$n＝n_0＋n_1＋n_2＋\cdots＋n_m \tag{1}$$
又有除根结点外,树中其他结点都有双亲结点,且是唯一的(由树中的分支表示),所以,
有双亲的结点数为:
$$n－1＝0×n_0＋1×n_1＋2×n_2＋\cdots＋m×n_m \tag{2}$$
联立(1)和(2)方程组,可得叶子数为:
$$n_0＝n_2＋2n_3＋\cdots＋(m－1)n_m＋1$$

2. （1）层号为 h 的结点数目为 k^{h-1}。

（2）编号为 i 的结点的双亲结点的编号是:$\lfloor(i-2)/k\rfloor＋1$(不大于(i－2)/k 的最大整数,也就是(i－2)与 k 整除的结果)。

（3）编号为 i 的结点的第 j 个孩子结点编号是:k＊(i－1)＋1＋j。

（4）编号为 i 的结点有右兄弟的条件是(i－1)不能被 k 整除((i－1)％k≠0),右兄弟的编号是 i＋1。

3. （1）先序序列和中序序列相同的二叉树是:空二叉树或没有左子树的二叉树(右单支树)。

（2）中序序列和后序序列相同的二叉树是:空二叉树或没有右子树的二叉树(左单支树)。

（3）先序序列和后序序列相同的二叉树是:空二叉树或只有根的二叉树。

（4）先序、中序、后序序列均相同的二叉树:空二叉树或只有根结点的二叉树。

4. （1）已知二叉树的先序序列为 ABDGHCEFI 和中序序列 GDHBAECIF,则可以根据先序序列找到根结点为 A,由此,通过中序序列可知它的两棵子树分别含有 GDHB 和 ECIF 结点,又由先序序列可知 B 和 C 分别为两棵子树的根结点,……,以此类推可画出所有结点的二叉树如下:

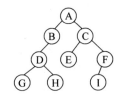

（2）以同样的方法可画出该二叉树如下：

（3）这两棵不同的二叉树如下：

5. 对应的二叉树二叉链表如下：

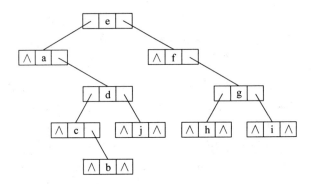

四、应用题

1.（1）先序序列：ABCFKLMGDEHIJ。

后序序列：BKLMFGCDHIJEA。

层序序列：ABCDEFGHIJKLM。

（2）对应的二叉树如下：

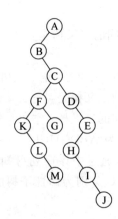

2. （1）先序序列：ABCFGHDEIJKLMNOPSTR。

中序序列：BFGHCDEAKLMJIOSTPRN。

（2）对应的二叉树如下：

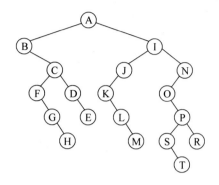

3. 根据算法 6-12,构造的哈夫曼树如下：

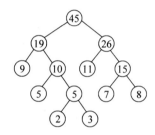

此哈夫曼树的带权路径长度为：WPL＝5×3＋2×4＋9×2＋11×2＋8×3＋3×4＋7×3＝120。

4. 证明采用归纳法。

设二叉树的先序遍历序列为 $a_1 a_2 a_3 \cdots a_n$,中序遍历序列为 $b_1 b_2 b_3 \cdots b_n$。

当 n＝1 时,先序遍历序列为 a_1,中序遍历序列为 b_1,二叉树只有一个根结点,所以,$a_1＝b_1$,可以唯一确定该二叉树;

假设当 n＝k 时,先序遍历序列 $a_1 a_2 a_3 \cdots a_k$ 和中序遍历序列 $b_1 b_2 b_3 \cdots b_k$ 可唯一确定该二叉树;下面证明当 n＝k+1 时,先序遍历序列 $a_1 a_2 a_3 \cdots a_k a_{k+1}$ 和中序遍历序列 $b_1 b_2 b_3 \cdots b_k b_{k+1}$ 可唯一确定一棵二叉树。

在先序遍历序列中第一个访问的一定是根结点,即二叉树的根结点是 a_1,在中序遍历序列中查找值为 a_1 的结点,假设为 b_i,则 $a_1＝b_i$ 且 $b_1 b_2 b_3 \cdots b_{i-1}$ 是对根结点 a_1 的左子树进行中序遍历的结果,先序遍历序列 $a_2 a_3 \cdots a_i$ 是对根结点 a_1 的左子树进行先序遍历的结果,由归纳假设,先序遍历序列 $a_2 a_3 \cdots a_i$ 和中序遍历序列 $b_1 b_2 b_3 \cdots b_{i-1}$ 唯一确定了根结点的左子树,同样可证先序遍历序列 $a_{i+1} a_{i+2} \cdots a_{k+1}$ 和中序遍历序列 $b_{i+1} b_{i+2} \cdots b_{k+1}$ 唯一确定了根结点的右子树。

5. （1）将 8 个字母在电文中出现的概率序列转换为整数序列：{7，19，2，6，32，3，21，10},按照书中算法 6-12 构造的哈夫曼树如下图所示：

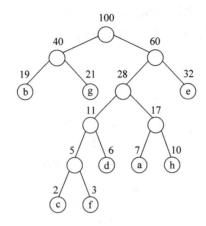

根据第 6.4.2 节中给出的哈夫曼编码规则,得到 8 个字母的哈夫曼编码:a 为 1010, b 为 00,c 为 10000,d 为 1001,e 为 11,f 为 10001,g 为 01,h 为 1011。

(2) 用 3 位二进制数对这 8 个字母进行等长编码,其平均长度为 3;而根据哈夫曼编码的平均码长为:$4\times0.07+2\times0.19+5\times0.02+4\times0.06+2\times0.32+5\times0.03+2\times0.21+4\times0.10=2.61$。因此哈夫曼编码的平均码长是等长编码平均码长的 $2.61/3=0.87=87\%$;它使电文总长平均压缩了 13%。

五、算法设计题(略)

第7章　图

一、填空题

1. 第 i 行中非零元素的个数;第 i 列中非零元素的个数+第 i 行中非零元素的个数(入度+出度)。

2. 0;n(n-1)/2;0;n(n-1)。

3. 先序;栈;层序;队列。

4. (n^2);$O(e\log_2 e)$。

5. 回路。

二、选择题

1. A;B　2. D　3. B　4. C　5. B

三、问答题

1. (1) 邻接矩阵中非零元素个数的总和除以 2。

(2) 当邻接矩阵 A 中 A[i][j]=1(或 A[j][i]=1)时,表示两顶点之间有边相连。

(3) 计算邻接矩阵上该顶点对应行上非零元素的个数。

2. (1) 所有顶点对应链表中的结点个数之和除以 2。

(2) 第 i 顶点对应链表是否含有结点 j。

(3) 该顶点对应链表中所含结点个数。

3. (1) 所有的简单环(同一个环可以任一顶点作为起点):

(a) 1231;

(b) 无;

（c）1231、2342、12341；

（d）无。

（2）连通图：（a）、（c）、（d）是连通图；（b）不是连通图,因为从 1 到 2 没有路径。具体连通分量为：

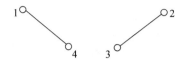

（3）自由树（森林）：自由树是指没有确定根的树,无回路的连通图称为自由树。

（a）不是自由树,因为有回路。

（b）是自由森林,其两个连通分量为两棵自由树。

（c）不是自由树。

（d）是自由树。

4.（1）该图是强连通的,所谓强连通图是指有向图中任意顶点都存在到其他各顶点的路径。

（2）简单路径有：$v_1 v_2$、$v_2 v_3$、$v_3 v_1$、$v_1 v_4$、$v_4 v_3$、$v_1 v_2 v_3$、$v_2 v_3 v_1$、$v_3 v_1 v_2$、$v_1 v_4 v_3$、$v_4 v_3 v_1$、$v_3 v_1 v_4$，$v_2 v_3 v_1 v_4$，$v_4 v_3 v_1 v_2$。简单回路有：$v_1 v_2 v_3 v_1$、$v_1 v_4 v_3 v_1$。

（3）每个顶点的度、入度和出度：

$D(v_1) = 3$　$ID(v_1) = 1$　$OD(v_1) = 2$；

$D(v_2) = 2$　$ID(v_2) = 1$　$OD(v_2) = 1$；

$D(v_3) = 3$　$ID(v_3) = 2$　$OD(v_3) = 1$；

$D(v_4) = 2$　$ID(v_4) = 1$　$OD(v_4) = 1$。

5.（1）邻接矩阵：

$$\begin{bmatrix} 0 & 1 & 0 & 1 & 0 & 1 \\ 1 & 0 & 1 & 1 & 1 & 0 \\ 0 & 1 & 0 & 0 & 1 & 0 \\ 1 & 1 & 0 & 0 & 1 & 1 \\ 0 & 1 & 1 & 1 & 0 & 0 \\ 1 & 0 & 0 & 1 & 0 & 0 \end{bmatrix}$$

邻接表：

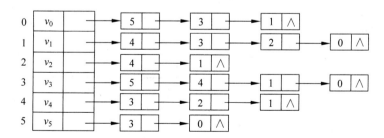

（2）深度优先遍历序列为：$v_0 v_1 v_2 v_4 v_3 v_5$。广度优先遍历序列为：$v_0 v_1 v_3 v_5 v_2 v_4$。

四、应用题

1. 按普里姆算法求解最小生成树的过程如下：

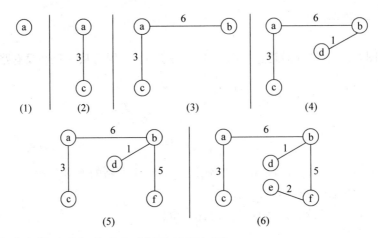

(1)　(2)　(3)　(4)

(5)　(6)

按克鲁斯卡尔算法求解最小生成树的过程如下：

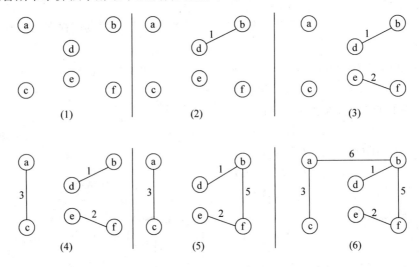

(1)　(2)　(3)

(4)　(5)　(6)

2.

	S	从 v_0 到其他各顶点最短路径的求解过程				
		v_1 (dist[1]、path[1])	v_2 (dist[2]、path[2])	v_3 (dist[3]、path[3])	v_4 (dist[4]、path[4])	v_5 (dist[5]、path[5])
初始	$\{v_0\}$	$(45,"v_0v_1")$	$(15,"v_0v_2")$	$(\infty,"")$	$(15,"v_0v_4")$	$(\infty,"")$
1	$\{v_0,v_2\}$	$(25,"v_0v_2v_1")$	输出	$(75,"v_0v_2v_3")$	$(15,"v_0v_4")$	$(\infty,"")$
2	$\{v_0,v_2,v_4\}$	$(25,"v_0v_2v_1")$		$(75,"v_0v_2v_3")$	输出	$(\infty,"")$
3	$\{v_0,v_2,v_4,v_1\}$	输出		$(45,"v_0v_2v_1v_3")$		$(40,"v_0v_2v_1v_5")$
4	$\{v_0,v_2,v_4,v_1,v_5\}$			$(45,"v_0v_2v_1v_3")$		输出
5	$\{v_0,v_2,v_4,v_1,v_5,v_3\}$			输出		

源点	终点	最短路径	最短路径长度
v_0	v_2	$v_0\ v_2$	15
v_0	v_4	$v_0\ v_4$	15
v_0	v_1	$v_0\ v_2\ v_1$	25
v_0	v_5	$v_0\ v_2\ v_1\ v_5$	40
v_0	v_3	$v_0\ v_2\ v_1\ v_3$	45

3. 所有拓扑序列如下：

$v_0 \, v_1 \, v_5 \, v_2 \, v_3 \, v_6 \, v_4$；

$v_0 \, v_1 \, v_5 \, v_2 \, v_6 \, v_3 \, v_4$；

$v_0 \, v_1 \, v_5 \, v_6 \, v_2 \, v_3 \, v_4$。

4.（1）所有事件的最早开始时间和最迟开始时间：

事件的最早发生时间 ve[k]	事件的最迟发生时间 vl[k]
$ve[0]=0$	$vl[0]=\min(vl[1]-3,vl[2]-2)=0$
$ve[1]=3$	$vl[1]=\min(vl[3]-2,vl[4]-3)=4$
$ve[2]=2$	$vl[2]=\min(vl[3]-4,vl[5]-3)=2$
$ve[3]=\max(ve[1]+2,ve[2]+4)=6$	$vl[3]=vl[8]-2=6$
$ve[4]=ve[1]+3=6$	$vl[4]=vl[8]-1=7$
$ve[5]=\max(ve[2]+3,ve[3]+2,ve[4]+1)=8$	$vl[5]=8$

（2）所有活动的最早发生时间和最迟发生时间：

活动的最早发生时间 ee[k]	活动的最迟发生时间 el[k]
$ee[1]=ve[0]=0$	$el[1]=vl[1]-3=1$
$ee[2]=ve[0]=0$	$el[2]=vl[2]-2=0$
$ee[3]=ve[1]=3$	$el[3]=vl[3]-2=4$
$ee[4]=ve[2]=2$	$el[4]=vl[3]-4=2$
$ee[5]=ve[1]=3$	$el[5]=vl[4]-3=4$
$ee[6]=ve[2]=2$	$el[6]=vl[5]-3=5$
$ee[7]=ve[3]=6$	$el[7]=vl[5]-2=6$
$ee[8]=ve[4]=6$	$el[8]=vl[5]-1=7$

（3）工程完成的最短时间是 8。

（4）关键活动是 a_2、a_4 和 a_7，其关键路径如下图所示：

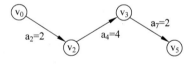

5. 对于 n 个选手参加单循环比赛。假设用 v_i 表示 n 个选手中第 i 个，由于是参加单循环比赛，所以每一个选手都必须与其他 n−1 个选手进行比赛。从 v_1 选手开始，v_1 分别与其他 n−1 个选手比赛，需要进行 n−1 场比赛；然后选手 v_2 再与其他 n−1 个选手进行比赛，由于他已与 v_1 比赛过，所以选手 v_2 要进行 n−2 场比赛；……；最后，选手 v_{n-1} 要进行 n−(n−1)=1 场比赛。因此共进行了 (n−1)+(n−2)+…+2+1=n(n−1)/2 场比赛。在图中用选手 v_i 表示第 i 个顶点，两选手比赛则两顶点间有边相连，于是该图共有 (n−1)+(n−2)+…+2+1=n(n−1)/2 条边。

五、算法设计题（略）

第 8 章　查　　找

一、填空题

1. $O(n)$；$O(\log_2 n)$；$O(\sqrt{n})$。

2. 大；小。

3. $(5×1+3×2+1×5)/9=16/9$；$(6×1+2×2+1×3)/9=13/9$。

4. 2。

5. 9；1。

二、选择题

1. B   2. B   3. C   4. D   5. D

三、问答题

1.（1）二叉排序树 T 如下图：

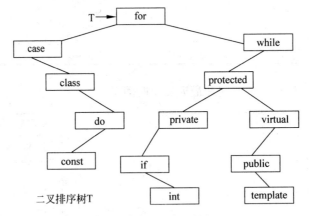

二叉排序树T

（2）删除关键字"for"之后的二叉排序树 T'如下图：

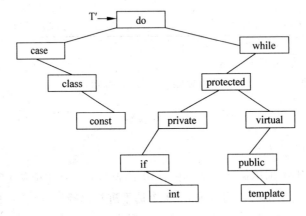

或者

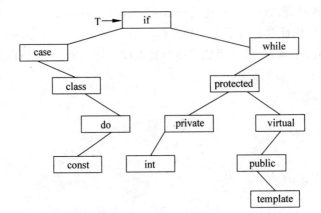

（3）再插入关键字"for"后的二叉排序树 T″如下图：

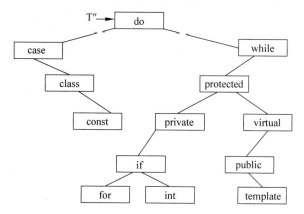

或者

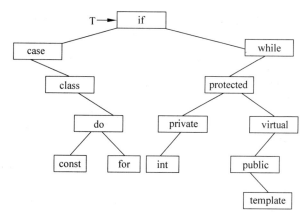

可以看到，二叉排序树 T″与 T 不同。

（4）T″的先序序列：do case class const while protected private if for int virtual public template；

或者：if case class do const for while protected private int virtual public template；

T″的中序序列：case class const do for if int private protected public template virtual while；

或者：case class const do for if int private protected public template virtual while；

T″的后序序列：const class case for int if private template public virtual protected while do；

或者：const for do class case int private template public virtual protected while if；

2.

第 1 步：插入结点 50、20、10 后，需要对根结点为 50 的子树做 LL 调整。

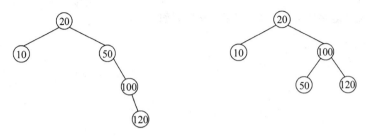

第2步：插入结点100、120后，需要对根结点为50的子树做RR调整。

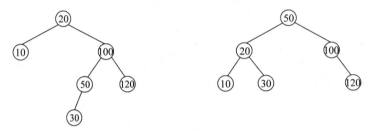

第3步：插入结点30后，需要对根结点为20的子树做RL调整。

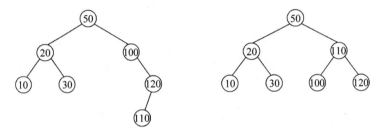

第4步：插入结点110后，需要对根结点为100的子树做RL调整。

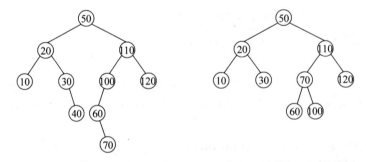

第5步：插入结点60、70后，需要对根结点为100的子树做LR调整。

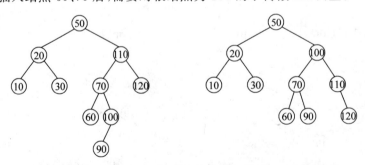

第6步：插入结点90后，需要对根结点为110的子树做LR调整。

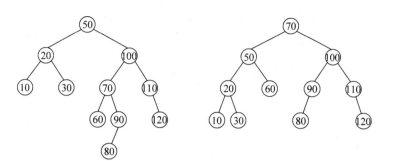

第 7 步：插入结点 80 后，需要对根结点为 50 的子树做 RL 调整。

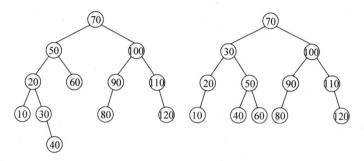

第 8 步：插入结点 40 后，需要对根结点为 50 的子树做 LR 调整。

3.

（1）（插入 20、50：

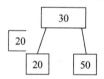

（3）（插入 52、60：

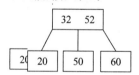

（5）（插入 68、70：

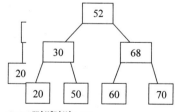

（7）（删除 68：

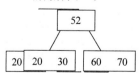

4. (1) 查找 707 时,首先根据哈希函数计算得出该元素应该在哈希表中的 0 单元,但是在 0 单元没有找到,因此将向下一单元探测,结果发现该单元是 −1(为空单元),所以结束查找,这将导致 707 无法找到。

(2) 如果改用"−2"作为删除标记,则可以正确找到 707 所在的结点。

5. (1) 一般情况下 H 不是完备的。如果说插入一个新的关键字它还是完备的,那么再插入一个呢? 它岂不是永远是完备的哈希函数了? 因此一般情况下它不能总是完备的,只有一些很少的情况下它才可能是完备的。

(2) 这个 H 是完备的,其函数值依次为:1、2、5、0、7、3、6、8、4。如果哈希表长 m = 9 时,它就是最小完备的。

(3) 这个函数如下:

```
int Hash( char key[]) {
    return key[2] % 7;
}
```

四、应用题

1. 长度为 12 的折半查找判定树如下,其中:内部结点 12 个,外部结点 13 个。

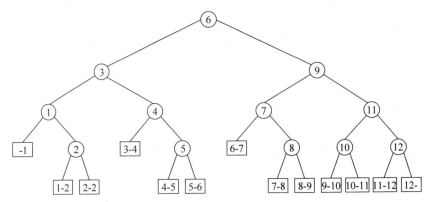

查找成功时:$ASL = (1 \times 1 + 2 \times 2 + 4 \times 3 + 5 \times 4)/12 = 37/12$。

查找失败时:$ASL = (3 \times 4 + 10 \times 5)/13 = 62/13$。

2. (1) 理想的块长 d 为 $\sqrt{n}$,即 $\sqrt{2000} \approx 45$ 块。

(2) 设 d 为块长,长度为 n 的表分成 $b = \lceil \frac{n}{d} \rceil$,因此有 $b = \lceil \frac{n}{d} \rceil = \lceil \frac{2000}{45} \rceil = 45$。

(3) 因为块查找和块内查找均采用顺序查找法,因此:

$$ASL = \frac{b+1}{2} + \frac{d+1}{2} = \frac{45+1}{2} + \frac{45+1}{2} = 46$$

(4) 每块的长度为 20,因此 $b = \lceil \frac{n}{d} \rceil = \lceil \frac{2000}{20} \rceil = 100$ 块,所以:

$$ASL = \frac{b+1}{2} + \frac{d+1}{2} = \frac{100+1}{2} + \frac{20+1}{2} = 61$$

3. (1) 插入完成之后的二叉排序树如下所示:

在等概率情况下,查找成功时的 $ASL = (1 \times 1 + 2 \times 2 + 3 \times 3 + 4 \times 3 + 5 \times 2 + 6 \times 1)/12 = 42/12 = 7/2$。

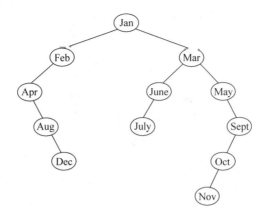

（2）经排序之后的有序表及在折半查找时找到表中元素所经过的比较次数如下表：

有序表	Apr	Aug	Dec	Feb	Jan	July	June	Mar	May	Nov	Oct	Sept
查找次数	3	4	2	3	4	1	3	4	2	4	3	4

在等概率情况下，对此有序表进行折半查找时，查找成功的 ASL＝（1×1＋2×2＋3×4＋4×5）/12＝37/12。

（3）按照表中元素的顺序，构造出的平衡二叉树如下所示：

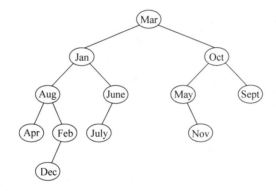

在等概率情况下，查找成功的 ASL＝（1×1＋2×2＋3×4＋4×4＋5×1）/12＝38/12＝19/6。

4. 已知装填因子为 10/13，所以哈希表的长度＝哈希表中的记录数＝10/（10/13）＝13。由于哈希表的长度为 3，因此为了尽可能避免"冲突"，选择不超过表长的最大素数 13 作为模，则可以得到其哈希函数为：H（k）＝k MOD 13。如果遇到冲突，则采用线性探测再散列法处理：H（k）＝（H（k）＋d_i）MOD m（d_i＝1，2，…，12）。

以关键字的首字母的字典顺序的序号作为哈希函数值，对应的地址如下：

H（SUN）＝ 19 mod 13 ＝ 6；

H（GAO）＝ 7 mod 13 ＝ 7；

H（HUA）＝ 8 mod 13 ＝ 8；

H（WAN）＝ 23 mod 13 ＝ 10；

H（PEN）＝ 16 mod 13 ＝ 3；

H(YAN) = 25 mod 13 = 12；

H(LIU) = 12 mod 13 = 12(冲突)，H(LIU) = (12+1) mod 13 = 0；

H(ZHE) = 26 mod 13 = 0(冲突)，H(ZHE) = (0+1) mod 13 = 1；

H(YAO) = 25 mod 13 = 12(冲突)，H(YAO) = (12+1) mod 13 = 0(仍冲突)，

H(YAO) = (0+1) mod 13 = 1(仍冲突)，hash (YAO) = (1+1) mod 13 = 2；

H(CHE) = 3 mod 13 = 3(冲突)，H(CHE) = (3+1) mod 13 = 4。

哈希表

地 址	0	1	2	3	4	5	6	7	8	9	10	11	12
关键字	LIU	ZHE	YAO	PEN	CHE		SUN	GAO	HUA		WAN		YAN

5. (1) 采用除留余数法构造哈希函数，即 H(k)＝k MOD 11,且采用步长为1的线性探测再哈希法处理冲突,对应的地址如下：

H(32)＝32 MOD 11＝10；

H(75)＝75 MOD 11＝9；

H(63)＝63 MOD 11＝8；

H(48)＝48 MOD 11＝4；

H(94)＝94 MOD 11＝6；

H(25)＝25 MOD 11＝3；

H(36)＝36 MOD 11＝3(冲突)，H(36)＝(3+1) MOD 11＝4(仍冲突)，H(36)＝(4+1) MOD 11＝5；

H(18)＝18 MOD 11＝7；

H(70)＝70 MOD 11＝4(冲突)，H(70)＝(4+1) MOD 11＝5(仍冲突)，H(70)＝(5+1) MOD 11＝6(仍冲突)，H(70)＝(6+1) MOD 11＝7(仍冲突)，H(70)＝(7+1) MOD 11＝8(仍冲突)，H(70)＝(8+1) MOD 11＝9(仍冲突)，H(70)＝(9+1) MOD 11＝10(仍冲突)，H(70)＝(10+1) MOD 11＝0。

哈希表

地 址	0	1	2	3	4	5	6	7	8	9	10
关键字	70			25	48	36	94	18	63	75	32

平均查找长度 ASL＝(1×7+3×1+8×1)/9＝18/9＝2/1。

(2) 采用除留余数法构造哈希函数,即 H(k)＝k MOD 11,且采用步长为3的线性探测再哈希法处理冲突,对应的地址如下：

H(32)＝32 MOD 11＝10；

H(75)＝75 MOD 11＝9；

H(63)＝63 MOD 11＝8；

H(48)＝48 MOD 11＝4；

H(94)＝94 MOD 11＝6；

H(25)＝25 MOD 11＝3；

H(36)＝36 MOD 11＝3(冲突),H(36)＝(3＋3) MOD 11＝6(仍冲突),H(36)＝(6＋3) MOD 11＝9(仍冲突),H(36)＝(9＋3) MOD 11＝1;

H(18)＝18 MOD 11＝7;

H(70)＝70 MOD 11＝4(冲突),H(70)＝(4＋3) MOD 11＝7(仍冲突),H(70)＝(7＋3) MOD 11＝10(仍冲突),H(70)＝(10＋3) MOD 11＝2。

哈希表

地　址	0	1	2	3	4	5	6	7	8	9	10
关键字		36	70	25	48		94	18	63	75	32

平均查找长度 ASL＝(1×7＋4×2)/9＝15/9＝5/3。

五、算法设计题(略)

第9章　排　　序

一、填空题

1. 直接插入排序。

2. 简单选择排序。

3. 3。

4. 堆排序。

5. 堆排序;快速排序;归并排序;归并排序;快速排序;堆排序。

二、选择题

1. A　　2. D　　3. A　　4. B　　5. B

三、问答题

1. 高度为 h 的堆实际上为一棵高度为 h 的完全二叉树,因此根据二叉树的性质可以算出,它最少应有 2^{h-1} 个元素;最多可有 2^h-1 个元素。在大根堆中,关键字最小的元素可能存放在堆的任一叶子结点上。

2. 前一种情况下,这两个被归并的表中其中一个表的最大关键字不大于另一表中最小的关键字,也就是说,两个有序表是直接可以连接为有序的,因此,只需比较 n 次就可以将一个表中元素转移完毕,另一个表全部照搬就行了。另一种情况下,是两个被归并的有序表中关键字序列完全一样,这时就要按次序轮流取其元素归并,因此比较次数达到 2n−1。

3. 在这三种排序算法中,快速排序是不稳定的,因此先予以排除。

直接插入排序:关键字比较次数 C_{max}＝(n＋2)(n−2)/2;

记录移动次数 M_{max}＝(n−1)(n＋4)/2;

$T_{max}＝C_{max}＋M_{max}＝n^2−4n−3$。

冒泡排序:关键字比较次数 $C_{max}＝n(n−1)/2$;

记录移动次数 $M_{max}＝3n(n−1)/2$;

$T_{max}＝C_{max}＋M_{max}＝2n^2−2n$。

由于直接插入算法所费时间比冒泡法更少,因此选择直接排序算法为宜。

4. (1) 从平均时间性能而言,在所有的内部排序中,快速排序最佳,其所需要的时间最少,但快速排序在最坏情况下的时间性能不如堆排序和归并排序。而后两者相比较的结果是,只有在 n 较大时,归并排序所需要的时间才比堆排序少,但它所需要的辅助存储量最多。根据题意,n＝30,要求在最坏的情况下排序速度最快,因此可以选择堆排序或归并排序方法。

（2）在所有的内部排序中,稳定的排序方法有:直接插入排序、冒泡排序、归并排序和基数排序,其中只有归并排序速度最快。根据题意,n＝30,要求排序速度既要快,又要排序稳定,因此可以选择归并排序方法。

5. 依题意,最好情况下的比较次数即为最少比较次数。

（1）插入第 i(2≤i≤n)个元素比较次数为 1,因此总比较次数为 1+1+…+1＝n−1;

（2）插入第 i(2≤i≤n)个元素比较次数为 i,因此总比较次数为 2+3+…+n＝(n−1)(n+2)/2;

（3）比较次数最少的情况是所有记录关键字按升序排列,总比较次数为 n−1;

（4）在后半部分元素关键字均大于前半部分元素关键字时需要的比较次数最少,总的比较次数为 n−1。

四、应用题

1. 设 5 个元素分别用 a、b、c、d、e 表示,取 a 与 b,c 与 d 进行比较:如果 a>b,c>d(也可能是 a<b,c<d,此时情况类似),显然此时进行了 2 次比较;取 b 与 d 再比较:如果 b>d,则 a>b>d,如果 b<d,则 c>d>b,此时已进行了 3 次比较;要使排序比较最多 7 次,可以把另外两个元素按折半检索排序插入到上面所得的有序序列中,此时共需要 4 次比较。从而经过 7 次比较对 5 个数进行排序。

2.（1）当 n＝8 时,在最好的情况下需要进行 13 次比较。快速排序的最好情况是指经每一次划分后得到的两个子序列的长度基本相等。

第一次划分将长度为 8 的原序列"一分为二",分为两个子序列,一个子序列的长度为 3,另一个子序列长度为 4,这次划分需要进行 7 次比较;第二次划分将长度为 4 的子序列"一分为二",分为两个子序列,一个子序列的长度为 1,另一个子序列的长度为 2,这次划分需要进行 3 次比较;第三次划分将长度为 2 的子序列分为长度为 1 的一个子序列,这次划分需要进行 1 次比较;第四次划分将长度为 3 的子序列"一分为二",分为两个子序列,一个子序列的长度为 1,另一个子序列的长度也为 1,这次划分需要进行 2 次比较。完成整个排序共需要进行 7+3+1+2＝13 次比较。

（2）当 n＝8 时,一个最好情况的初始排列实例如下。

初始关键字:	23	13	17	21	60	30	18	28
一次划分后:	{18	13	17	21}	[23]	{30	60	28}
二次划分后:	{17	13}	[18]	{21}				
三次划分后:	{13}	[17]						
	[13]							
			[21]					
四次划分后:						{28}	[30]	{60}
						[28]		[60]
最终排序结果:	13	17	18	21	23	28	30	60

3. 小根堆的性质是:任一非叶结点上的关键字均不大于其孩子上的关键字。

(1) 是大根堆,不是小根堆,调整为(21,35,39,57,86,48,42,73,66,100);

(2) 不是堆,调整为(12,24,33,65,33,56,48,92,86,70);

(3) 是大根堆,不是小根堆,调整为(06,12,20,30,52,23,42,38,103,97,66,56);

(4) 不是堆,调整为(03,05,20,29,05,28,38,56,61,23,76,40,100)。

4. 采用堆排序最合适。如果想得到一组记录关键字序列{57,40,38,11,13,34,48,75,25,6,19,9,7}中第 4 个最小元素之前的部分有序序列{6,7,9,11},则当使用堆排序实现时,其执行比较次数如下:

构建堆	20 次	得到 6
调整堆	5 次	得到 7
调整堆	4 次	得到 9
调整堆	5 次	得到 11

因此,总共要执行 34 次比较。

5. 以记录关键字序列{265,301,751,129,937,863,742,694,076,438}为例,分别写出执行以下排序算法的各趟排序结束时,关键字序列的状态。

(1) 直接插入排序　　(2) 希尔排序　　(3) 冒泡排序　　(4) 快速排序

(5) 简单选择排序　　(6) 堆排序　　(7) 归并排序　　(8) 基数排序

(1) 直接插入排序:(方括号表示有序区)

初始态:[265]　301　751　129　937　863　742　694　076　438

第一趟:[265　301]　751　129　937　863　742　694　076　438

第二趟:[265　301　751]　129　937　863　742　694　076　438

第三趟:[129　265　301　751]　937　863　742　694　076　438

第四趟:[129　265　301　751　937]　863　742　694　076　438

第五趟:[129　265　301　751　863　937]　742　694　076　438

第六趟:[129　265　301　742　751　863　937]　694　076　438

第七趟:[129　265　301　694　742　751　863　937]　076　438

第八趟:[076　129　265　301　694　742　751　863　937]　438

第九趟:[076　129　265　301　438　694　742　751　863　937]

(2) 希尔排序:(增量分别为5,3,1)

初始态:265　301　751　129　937　863　742　694　076　438

第一趟:265　301　694　076　438　863　742　751　129　937

第二趟:076　301　129　265　438　694　742　751　863　937

第三趟:076　129　265　301　438　694　742　751　863　937

(3) 冒泡排序:(方括号为有序区)

初始态:265　301　751　129　937　863　742　694　076　438

第一趟:[076]　265　301　751　129　937　863　742　694　438

第二趟:[076　129]　265　301　751　438　937　863　742　694

第三趟:[076　129　265]　301　438　694　751　937　863　742

第四趟:[076　129　265　301]　438　694　742　751　937　863

第五趟：〔076   129   265   301   438〕694   742   751   863   937

第六趟：〔076   129   265   301   438   694   742   751   863   937〕

（4）快速排序：（方括号表示被轴分成的左侧和右侧两个子区间，层表示对应的递归树的层数）

初始态：265   301   751   129   937   863   742   694   076   438

第二层：〔076   129〕265   〔751   937   863   742   694   301   438〕

第三层：076   〔129〕265   〔438   301   694   742〕751   〔863   937〕

第四层：076   129   265   〔301〕438   〔694   742〕751   863   〔937〕

第五层：076   129   265   301   438   694   〔742〕751   863   937

第六层：076   129   265   301   438   694   742   751   863   937

（5）简单选择排序：（方括号为有序区）

初始态：265   301   751   129   937   863   742   694   076   438

第一趟：〔076〕301   751   129   937   863   742   694   265   438

第二趟：〔076   129〕751   301   937   863   742   694   265   438

第三趟：〔076   129   265〕301   937   863   742   694   751   438

第四趟：〔076   129   265   301〕937   863   742   694   751   438

第五趟：〔076   129   265   301   438〕863   742   694   751   937

第六趟：〔076   129   265   301   438   694〕742   751   863   937

第七趟：〔076   129   265   301   438   694   742〕751   863   937

第八趟：〔076   129   265   301   438   694   742   751〕937   863

第九趟：〔076   129   265   301   438   694   742   751   863   937〕

（6）堆排序：（方括号表示有序区；通过画二叉树可以一步步得出排序结果）

初始态：   265   301   751   129   937   863   742   694   076   438

建立初始堆：   937   694   863   265   438   751   742   129   076   301

第一次排序重建堆：863   694   751   765   438   301   742   129   076   〔937〕

第二次排序重建堆：751   694   742   265   438   301   076   129   〔863   937〕

第三次排序重建堆：742   694   301   265   438   129   076   〔751   863   937〕

第四次排序重建堆：694   438   301   265   076   129   〔742   751   863   937〕

第五次排序重建堆：438   265   301   129   076   〔694   742   751   863   937〕

第六次排序重建堆：301   265   076   129   〔438   694   742   751   863   937〕

第七次排序重建堆：265   129   076   〔301   438   694   742   751   863   937〕

第八次排序重建堆：129   076   〔265   301   438   694   742   751   863   937〕

第九次排序重建堆：〔076   129   265   301   438   694   742   751   863   937〕

（7）归并排序：（为了表示方便，采用自底向上的归并，方括号为有序区）

初始态：〔265〕〔301〕〔751〕〔129〕〔937〕〔863〕〔742〕〔694〕〔076〕〔438〕

第一趟：〔265   301〕〔129   751〕〔863   937〕〔694   742〕〔076   438〕

第二趟：〔129   265   301   751〕〔694   742   863   937〕〔076   438〕

第三趟：〔129   265   301   694   742   751   863   937〕〔076   438〕

第四趟：〔076   129   265   301   438   694   742   751   863   937〕

（8）基数排序：（共有 10 个子表，子表标号从 0 到 9）

初始态：　　　265　301　751　129　937　863　742　694　076　438

第一趟分配：

0	1	2	3	4	5	6	7	8	9
	301,751	742	863	694	265	076	937	438	129

第一趟收集：　301　751　742　863　694　265　076　937　438　129

第二趟分配：

0	1	2	3	4	5	6	7	8	9
301		129	937,438	742	751	863,265	076		694

第二趟收集：　301　129　937　438　742　751　863　265　076　694

第三趟分配：

0	1	2	3	4	5	6	7	8	9
076	129	265	301	438			694	742,751	863	937

第三趟收集：　076　129　265　301　438　694　742　751　863　937

五、算法设计题（略）

第 10 章　文　　件

一、填空题

1. 顺序；折半；树。

2. 能大大提高基于非关键字的检索速度。

3. 外排序法。

4. 哈希函数和冲突处理。

5. 一个属性值和该属性的全部记录的地址。

6. 附加文件。

7. 直接。

8. 顺序。

9. 相对。

10. 索引。

二、问答题

1. 常用的文件组织方式有：顺序文件、索引文件、哈希文件和多关键字文件。

顺序文件的特点是，它是按记录进入文件的先后顺序存放，其逻辑结构和物理顺序是一致的。

索引文件的特点是，在主文件之外还另外建立了一张表，由这张表来指明逻辑记录和物理记录之间的一一对应关系。索引文件在存储器上分为两个区：索引区和数据区，前者存放索引表，后者存放主文件。

　　哈希文件是利用散列存储方式组织的,它类似于哈希表,即根据文件中关键字的特点,设计一个哈希函数和处理冲突的方法,将记录存储到设备上,对于哈希文件,磁盘上的文件记录通常是成组存放的。

　　多关键字文件则包含有多个次关键索引的,不同于前述几种文件,只含有一个主关键字。

　　2.

　　(1) 文件的操作有两种:检索和维护。

　　(2) 评价一个文件组织的效率,是执行文件操作(如查找、删除等)所花费的时间和文件组织所需的存储空间。

　　3. 这几种文件不适合存放在磁带上。因为磁带是一种顺序存储器,在其上存放的数据只能按顺序存取,而索引文件、哈希文件和多关键字文件等均不能只通过顺序存取就能够完成文件的各种操作。因此上述文件适合于存放在磁盘上。磁带则适合于存放顺序文件。

三、综合题

　　1.

　　(1) 这个结构就是把五个记录依次排列起来。形成线性结构。

　　(2) 索引表如下:

职工号(关键字)	地　　址
10	C
27	E
39	A
50	B
75	D

　　(3) 倒排序文件:

　　关于性别的倒排表如下:

次关键字(性别)	地　　址
男	A C E
女	B D

　　关于职务的倒排表如下:

次关键字(职务)	地　　址
程序员	A C
分析员	B E
操作员	D

　　2.

　　(1) 性别＝"男"

　　结果记录的职工号为 10、27、39。

（2）工资＞(A－＞工资＋B－＞工资＋C－＞工资＋D－＞工资＋E－＞工资)/5

结果为 50、27

（3）(职务－"程序员")or(职务－"分析员")

结果为 10、27、39、50.

（4）(年龄＞25)and(性别＝"男")and((职务＝"程序员")or(职务＝"分析员"))

结果为：10、27。

图书资源支持

感谢您一直以来对清华版图书的支持和爱护。为了配合本书的使用,本书提供配套的资源,有需求的读者请扫描下方的"清华电子"微信公众号二维码,在图书专区下载,也可以拨打电话或发送电子邮件咨询。

如果您在使用本书的过程中遇到了什么问题,或者有相关图书出版计划,也请您发邮件告诉我们,以便我们更好地为您服务。

我们的联系方式:

地　　址:北京市海淀区双清路学研大厦 A 座 701

邮　　编:100084

电　　话:010-62770175-4608

资源下载:http://www.tup.com.cn

客服邮箱:tupjsj@vip.163.com

QQ:2301891038(请写明您的单位和姓名)

用微信扫一扫右边的二维码,即可关注清华大学出版社公众号"清华电子"。

教学交流、课程交流

清华电子

扫一扫,获取最新目录